危险化学品安全丛书
（第二版）

"十三五"
国家重点出版物出版规划项目

应急管理部化学品登记中心
中国石油化工股份有限公司青岛安全工程研究院 ｜ 组织编写
清华大学

化学品环境安全

苑春刚　姚子伟　张海燕　李晓敏　江桂斌　等 编著

化学工业出版社

·北京·

内 容 简 介

《化学品环境安全》是"危险化学品安全丛书"(第二版)的一个分册。化学品环境过程与行为是化学品全生命周期管理和可持续发展的关键,对环境安全至关重要。本书主要针对健康效应显著、持久性强、毒性大以及新型的化学品进行讨论。全书共分六章,首先介绍了化学品在环境中的迁移转化规律、存在的环境健康风险、安全评价的基本理论和方法,随后围绕金属及其化合物(含典型人工金属纳米材料)、农药、传统有机污染物和新型有机污染物的结构及理化性质、生产与应用、环境赋存、毒性作用过程及效应、人体暴露风险等方面进行了详细阐述。

本书内容丰富、涵盖面广、针对性强,兼具专业前沿和科普通识的特点,可供化学品研发、生产、经营和使用的科技人员和管理人员阅读,也可供高等院校化学、化工、环境、卫生、安全与应急及相关专业的高年级本科生、研究生学习参考。

图书在版编目(CIP)数据

化学品环境安全/应急管理部化学品登记中心,中国石油化工股份有限公司青岛安全工程研究院,清华大学组织编写;苑春刚等编著.—北京:化学工业出版社,2021.10(2023.2 重印)

(危险化学品安全丛书:第二版)

"十三五"国家重点出版物出版规划项目

ISBN 978-7-122-39595-5

Ⅰ.①化… Ⅱ.①应…②中…③清…④苑… Ⅲ.①化学品-危险物品管理 Ⅳ.①TQ086.5

中国版本图书馆 CIP 数据核字(2021)第 143865 号

责任编辑:高 震 杜进祥　　　文字编辑:林 丹 骆倩文
责任校对:宋 夏　　　　　　　装帧设计:韩 飞

出版发行:化学工业出版社(北京市东城区青年湖南街 13 号　邮政编码 100011)
印　　装:北京建宏印刷有限公司
710mm×1000mm　1/16　印张 23　字数 401 千字　2023 年 2 月北京第 1 版第 2 次印刷

购书咨询:010-64518888　　　　　售后服务:010-64518899
网　　址:http://www.cip.com.cn
凡购买本书,如有缺损质量问题,本社销售中心负责调换。

定　价:99.00 元　　　　　　　　　　　　　　　　版权所有　违者必究

"危险化学品安全丛书"(第二版)编委会

主　任： 陈丙珍　清华大学，中国工程院院士
　　　　　曹湘洪　中国石油化工集团有限公司，中国工程院院士

副主任（按姓氏拼音排序）：
　　　　　陈芬儿　复旦大学，中国工程院院士
　　　　　段　雪　北京化工大学，中国科学院院士
　　　　　江桂斌　中国科学院生态环境研究中心，中国科学院院士
　　　　　钱　锋　华东理工大学，中国工程院院士
　　　　　孙万付　中国石油化工股份有限公司青岛安全工程研究院/应急管理部
　　　　　　　　　化学品登记中心，教授级高级工程师
　　　　　赵劲松　清华大学，教授
　　　　　周伟斌　化学工业出版社，编审

委　员（按姓氏拼音排序）：
　　　　　曹湘洪　中国石油化工集团有限公司，中国工程院院士
　　　　　曹永友　中国石油化工股份有限公司青岛安全工程研究院，教授级高
　　　　　　　　　级工程师
　　　　　陈丙珍　清华大学，中国工程院院士
　　　　　陈芬儿　复旦大学，中国工程院院士
　　　　　陈冀胜　军事科学研究院防化研究院，中国工程院院士
　　　　　陈网桦　南京理工大学，教授
　　　　　程春生　中化集团沈阳化工研究院，教授级高级工程师
　　　　　董绍华　中国石油大学（北京），教授
　　　　　段　雪　北京化工大学，中国科学院院士
　　　　　方国钰　中化国际（控股）股份有限公司，教授级高级工程师
　　　　　郭秀云　应急管理部化学品登记中心，主任医师
　　　　　胡　杰　中国石油天然气股份有限公司石油化工研究院，教授级高级
　　　　　　　　　工程师
　　　　　华　炜　中国化工学会，教授级高级工程师

嵇建军	中国石油和化学工业联合会，教授级高级工程师
江桂斌	中国科学院生态环境研究中心，中国科学院院士
姜　威	中南财经政法大学，教授
蒋军成	南京工业大学/常州大学，教授
李　涛	中国疾病预防控制中心职业卫生与中毒控制所，研究员
李运才	应急管理部化学品登记中心，教授级高级工程师
卢林刚	中国人民警察大学，教授
鲁　毅	北京风控工程技术股份有限公司，教授级高级工程师
路念明	中国化学品安全协会，教授级高级工程师
骆广生	清华大学，教授
吕　超	北京化工大学，教授
牟善军	中国石油化工股份有限公司青岛安全工程研究院，教授级高级工程师
钱　锋	华东理工大学，中国工程院院士
钱新明	北京理工大学，教授
粟镇宇	上海瑞迈企业管理咨询有限公司，高级工程师
孙金华	中国科学技术大学，教授
孙丽丽	中国石化工程建设有限公司，中国工程院院士
孙万付	中国石油化工股份有限公司青岛安全工程研究院/应急管理部化学品登记中心，教授级高级工程师
涂善东	华东理工大学，中国工程院院士
万平玉	北京化工大学，教授
王　成	北京理工大学，教授
王凯全	常州大学，教授
王　生	北京大学，教授
卫宏远	天津大学，教授
魏利军	中国安全生产科学研究院，教授级高级工程师
谢在库	中国石油化工集团有限公司，中国科学院院士
胥维昌	中化集团沈阳化工研究院，教授级高级工程师
杨元一	中国化工学会，教授级高级工程师
俞文光	浙江中控技术股份有限公司，高级工程师
袁宏永	清华大学，教授
袁纪武	应急管理部化学品登记中心，教授级高级工程师

张来斌	中国石油大学（北京），中国工程院院士
赵东风	中国石油大学（华东），教授
赵劲松	清华大学，教授
赵由才	同济大学，教授
郑小平	清华大学，教授
周伟斌	化学工业出版社，编审
周　炜	交通运输部公路科学研究院，研究员
周竹叶	中国石油和化学工业联合会，教授级高级工程师

丛书序言

人类的生产和生活离不开化学品（包括医药品、农业杀虫剂、化学肥料、塑料、纺织纤维、电子化学品、家庭装饰材料、日用化学品和食品添加剂等）。化学品的生产和使用极大丰富了人类的物质生活，推进了社会文明的发展。如合成氨技术的发明使世界粮食产量翻倍，基本解决了全球粮食短缺问题；合成染料和纤维、橡胶、树脂三大合成材料的发明，带来了衣料和建材的革命，极大提高了人们生活质量……化学工业是国民经济的支柱产业之一，是美好生活的缔造者。近年来，我国已跃居全球化学品第一生产和消费国。在化学品中，有一大部分是危险化学品，而我国危险化学品安全基础薄弱的现状还没有得到根本改变，危险化学品安全生产形势依然严峻复杂，科技对危险化学品安全的支撑保障作用未得到充分发挥，制约危险化学品安全状况的部分重大共性关键技术尚未突破，化工过程安全管理、安全仪表系统等先进的管理方法和技术手段尚未在企业中得到全面应用。在化学品的生产、使用、储存、销售、运输直至作为废物处置的过程中，由于误用、滥用、化学事故处理或处置不当，极易造成燃烧、爆炸、中毒、灼伤等事故。特别是天津港危险化学品仓库"8·12"爆炸及江苏响水"3·21"爆炸等一些危险化学品的重大着火爆炸事故，不仅造成了重大人员伤亡和财产损失，还造成了恶劣的社会影响，引起党中央国务院的重视和社会舆论广泛关注，使得"谈化色变""邻避效应"以及"一刀切"等问题日趋严重，严重阻碍了我国化学工业的健康可持续发展。

危险化学品的安全管理是当前各国普遍关注的重大国际性问题之一，危险化学品产业安全是政府监管的重点、企业工作的难点、公众关注的焦点。危险化学品的品种数量大，危险性类别多，生产和使用渗透到国民经济各个领域以及社会公众的日常生活中，安全管理范围包括劳动安全、健康安全和环境安全，危险化学品安全管理的范围包括从"摇篮"到"坟墓"的整个生命周期，即危险化学品生产、储存、销售、运输、使用以及废弃后的处理处置活动。"人民安全是国家安全的基石。"过去十余年来，科技部、国家自然科学基金委员会等围绕危险化学品安全设置了一批重大、重点项目，取得了示范性成果，愈来愈多的国内学者投身于危险化学品安全领域，推动了危险化学品安全技术与管理方法的不断创新。

自 2005 年"危险化学品安全丛书"出版以来，经过十余年的发展，危险化学品安全技术、管理方法等取得了诸多成就，为了系统总结、推广普及危险化学品安全领域的新技术、新方法及工程化成果，由应急管理部化学品登记中心、中国石油化工股份有限公司青岛安全工程研究院、清华大学联合组织编写了"十三五"国家重点出版物出版规划项目"危险化学品安全丛书"（第二版）。

丛书的编写以党的十九大精神为指引，以创新驱动推进我国化学工业高质量发展为目标，紧密围绕安全、环保、可持续发展等迫切需求，对危险化学品安全新技术、新方法进行阐述，为减少事故，践行以人民为中心的发展思想和"创新、协调、绿色、开放、共享"五大发展理念，树立化工（危险化学品）行业正面社会形象意义重大。丛书全面突出了危险化学品安全综合治理，着力解决基础性、源头性、瓶颈性问题，推进危险化学品安全生产治理体系和治理能力现代化，系统论述了危险化学品从"摇篮"到"坟墓"全过程的安全管理与安全技术。丛书包括危险化学品安全总论、化工过程安全管理、化学品环境安全、化学品分类与鉴定、工作场所化学品安全使用、化工过程本质安全化设计、精细化工反应风险与控制、化工过程安全评估、化工过程热风险、化工安全仪表系统、危险化学品储运、危险化学品消防、危险化学品企业事故应急管理、危险化学品污染防治等内容。丛书是众多专家多年潜心研究的结晶，反映了当今国内外危险化学品安全领域新发展和新成果，既有很高的学术价值，又对学术研究及工程实践有很好的指导意义。

相信丛书的出版，将有助于读者了解最新、较全的危险化学品安全技术和管理方法，对减少化学品事故、提高危险化学品安全科技支撑能力、改变人们"谈化色变"的观念、增强社会对化工行业的信心、保护环境、保障人民健康安全、实现化工行业的高质量发展具有重要意义。

中国工程院院士 陈丙珍

中国工程院院士

2020 年 10 月

丛书第一版序言

危险化学品,是指那些易燃、易爆、有毒、有害和具有腐蚀性的化学品。危险化学品是一把双刃剑,它一方面在发展生产、改变环境和改善生活中发挥着不可替代的积极作用;另一方面,当我们违背科学规律、疏于管理时,其固有的危险性将对人类生命、物质财产和生态环境的安全构成极大威胁。危险化学品的破坏力和危害性,已经引起世界各国、国际组织的高度重视和密切关注。

党中央和国务院对危险化学品的安全工作历来十分重视,全国各地区、各部门和各企事业单位为落实各项安全措施做了大量工作,使危险化学品的安全工作保持着总体稳定,但是安全形势依然十分严峻。近几年,在危险化学品生产、储存、运输、销售、使用和废弃危险化学品处置等环节上,火灾、爆炸、泄漏、中毒事故不断发生,造成了巨大的人员伤亡、财产损失及环境重大污染,危险化学品的安全防范任务仍然相当繁重。

安全是和谐社会的重要组成部分。各级领导干部必须树立以人为本的执政理念,树立全面、协调、可持续的科学发展观,把人民的生命财产安全放在第一位,建设安全文化,健全安全法制,强化安全责任,推进安全科技进步,加大安全投入,采取得力的措施,坚决遏制重特大事故,减少一般事故的发生,推动我国安全生产形势的逐步好转。

为防止和减少各类危险化学品事故的发生,保障人民群众生命、财产和环境安全,必须充分认识危险化学品安全工作的长期性、艰巨性和复杂性,警钟长鸣,常抓不懈,采取切实有效措施把这项"责任重于泰山"的工作抓紧抓好。必须对危险化学品的生产实行统一规划、合理布局和严格控制,加大危险化学品生产经营单位的安全技术改造力度,严格执行危险化学品生产、经营销售、储存、运输等审批制度。必须对危险化学品的安全工作进行总体部署,健全危险化学品的安全监管体系、法规标准体系、技术支撑体系、应急救援体系和安全监管信息管理系统,在各个环节上加强对危险化学品的管理、指导和监督,把各项安全保障措施落到实处。

做好危险化学品的安全工作,是一项关系重大、涉及面广、技术复杂的系统工程。普及危险化学品知识,提高安全意识,搞好科学防范,坚持化害为利,是各级党委、政府和社会各界的共同责任。化学工业出版社组织编写的"危险化学品安全丛书",围绕危险化学品的生产、包装、运输、储存、营销、使用、消防、事故应急处理等方面,系统、详细地介绍了相关理论知识、先进工艺技术和科学管理制度。相信这套丛书的编辑出版,会对普及危险化学品基本知识、提高从业人员的技术业务素质、加强危险化学品的安全管理、防止和减少危险化学品事故的发生,起到应有的指导和推动作用。

李毅中

2005 年 5 月

《化学品环境安全》编写委员会

主　　任：江桂斌　中国科学院生态环境研究中心，中国科学院院士
副主任：苑春刚　华北电力大学，教授
　　　　姚子伟　国家海洋环境监测中心，研究员
委　　员：张海燕　国科大杭州高等研究院，副教授
　　　　李晓敏　中国农业科学院农业质量标准与检测技术研究所，研究员
　　　　周庆祥　中国石油大学（北京），教授
　　　　龙艳敏　江汉大学，副研究员
　　　　庞　龙　郑州轻工业大学，博士
　　　　郑晓燕　中国环境监测总站，研究员
　　　　王　玲　青岛大学，教授
　　　　曾力希　暨南大学，教授
　　　　汪　畅　江汉大学，副研究员
　　　　孙玉贞　江汉大学，博士
　　　　张静星　中国环境监测总站，工程师
　　　　徐恒振　国家海洋环境监测中心，研究员

前言

随着我国社会经济的高速发展，化学品需求量和生产量迅猛增长，新化学品被不断研发并投入市场。化学品在生产、运输和使用过程中不可避免地会通过各种途径进入环境，经过在各类环境介质中的迁移转化，最终对人类健康构成一定威胁。化学品在环境中的迁移转化、存在形态均可对环境健康效应产生影响。全面了解典型化学品在环境中的行为、归趋将为全面评价和深入认识化学品全生命周期环境安全提供重要参考。一些新型化学品的出现也受到了环境科学、公共卫生学等领域的高度关注，在广泛应用的同时所导致的环境问题逐渐凸显。依托"持久性有机污染物的环境安全演变趋势与控制原理（2003CB415000）""典型持久性有机污染物的环境界面过程及生物有效性（20890110）""持久性有机污染物的环境行为、毒性效应与控制技术原理（2009CB421600）""典型污染物的环境暴露与健康危害机制（XDB14000000）""新型持久性有机污染物的生殖发育毒性机制与筛选方法研究（2141101029）"等科学技术部、财政部、国家自然科学基金委员会和中国科学院的科研项目，环境化学与生态毒理学国家重点实验室长期以来开展了有毒化学品环境健康效应研究。同时，随着国内外环境科学和公共卫生学等领域研究的不断深入，近年来对一些有毒化学品、新型化合物的环境过程和行为、环境健康效应有了更深入的认识，出现了大量新的研究成果。这些研究成果对完善化学品安全生产和管理体系建设、环境效应评估具有重要的参考意义。

2020年2月，中共中央办公厅、国务院办公厅印发了《关于全面加强危险化学品安全生产工作的意见》并即将颁布实施《中华人民共和国危险化学品安全法》。为适应化学品安全生产、使用和管理的需求，应急管理部化学品登记中心、中国石油化工股份有限公司青岛安全工程研究院、清华大学组织国内外专家、学者编写了"危险化学品安全丛书"（第二版）。本书是丛书的一个分册，主要包括六方面的内容：①化学品环境行为与健康风险防控；②化学品的环境安全评价；③金属及有机金属化合物；④农药；⑤传统有机污染物；⑥新型有机污染物。全书反映了典型有毒化学品包括金属和有机化合物的一般环境迁移转化规律、环境安全评价的基本理论和方法、环境毒性作用效应、环境赋存状况以及人群健康风险，较深入、系统地介绍了国内外典型有毒化学品环境安全方面的新理论、新技术和新成果。

本书由中国科学院生态环境研究中心江桂斌院士、华北电力大学苑春刚教授、国家海洋环境监测中心姚子伟研究员、国科大杭州高等研究院张海燕副教授、中国农业科学院李晓敏研究员、中国石油大学（北京）周庆祥教授、江汉大学龙艳敏副研究员、郑州轻工业大学庞龙博士等共同组织编著。第一章由庞龙、苑春刚、姚子伟共同编写，第二章由龙艳敏、汪畅和孙玉贞共同编写，第三章由苑春刚和庞龙共同编写，第四章由周庆祥和郑晓燕共同编写，第五章由李晓敏和王玲共同编写，第六章由张海燕和曾力希共同编写。国家海洋环境监测中心徐恒振、江汉大学王静和杨青青参与了第一章部分内容的编写和图表整理工作，中国环境监测总站张静星和吴静参与了第四章部分内容的编写和图表整理工作。全书由江桂斌、苑春刚和姚子伟负责组织统稿。

在本书组织编写过程中，中国科学院生态环境研究中心史建波、阴永光、胡立刚，江汉大学梁勇对书稿提出了很多宝贵建议，给予了很大帮助。河南理工大学邰超教授在前期组织过程中做了大量工作，周群芳、杨瑞强、曹丹丹、殷诺雅、高伟、刘倩、徐琳为本书编写提供了大量资料和文献。另外，在本书编写过程中段雪雷、郭祺、文若曦等多名研究生参与了部分资料检索和整理。向以上各位老师、同仁和同学表示衷心的感谢！

化学工业出版社的编辑在本书编写过程中提供了很多帮助并对本书进行了认真细致的编校，付出了大量心血。在此向所有参与本书编辑出版的工作人员表示衷心的感谢！感谢教育部新工科研究与实践项目资助（E-HGZY 20202003）。

由于化学品种类繁多、环境行为复杂，编者能力水平和编写时间有限，书中难免存在不足之处，恳请读者不吝指正。

编著者
2021 年 6 月 23 日

目录

第一章 绪论　1

第一节 化学品与环境 …………………………………………… 1
一、化学品 ……………………………………………………… 1
二、化学品与环境问题 ………………………………………… 2

第二节 化学品环境行为 ………………………………………… 4
一、环境介质属性 ……………………………………………… 4
二、化学品在环境介质中的迁移转化 ………………………… 7

第三节 化学品环境健康效应与风险防控 ……………………… 13
一、化学品环境健康效应 ……………………………………… 13
二、风险防控与管理 …………………………………………… 15

参考文献 ……………………………………………………………… 23

第二章 化学品的环境安全评价　27

第一节 化学品的危害识别 ……………………………………… 27
一、化学品的理化性质 ………………………………………… 28
二、化学品在生产和应用中的分类标识 ……………………… 28

第二节 化学品的暴露评估 ……………………………………… 28
一、环境暴露评估 ……………………………………………… 29
二、人体暴露评估 ……………………………………………… 34

第三节 化学品的影响评估 ……………………………………… 40
一、生态毒性影响 ……………………………………………… 40
二、人体健康危害 ……………………………………………… 45

参考文献 ……………………………………………………………… 67

第三章 金属及有机金属化合物　79

第一节 概述 ……………………………………………………… 79

一、重金属污染及其来源 …………………………………… 80
　　二、典型行业重金属排放 …………………………………… 81
　　三、大宗工业固体废物重金属环境释放 …………………… 81
第二节　铅及其化合物 …………………………………………… 83
　　一、理化性质 ………………………………………………… 83
　　二、生产与应用 ……………………………………………… 84
　　三、环境赋存 ………………………………………………… 84
　　四、毒性作用过程及效应 …………………………………… 85
　　五、人体暴露风险 …………………………………………… 87
第三节　镉及其化合物 …………………………………………… 88
　　一、理化性质 ………………………………………………… 88
　　二、生产与应用 ……………………………………………… 89
　　三、环境赋存 ………………………………………………… 90
　　四、毒性作用过程及效应 …………………………………… 91
　　五、人体暴露风险 …………………………………………… 91
第四节　汞及其化合物 …………………………………………… 92
　　一、理化性质 ………………………………………………… 92
　　二、生产与应用 ……………………………………………… 93
　　三、环境赋存 ………………………………………………… 95
　　四、毒性作用过程及效应 …………………………………… 99
　　五、人体暴露风险 …………………………………………… 101
第五节　铬及其化合物 …………………………………………… 102
　　一、理化性质 ………………………………………………… 102
　　二、生产与应用 ……………………………………………… 103
　　三、环境赋存 ………………………………………………… 104
　　四、毒性作用过程及效应 …………………………………… 105
　　五、人体暴露风险 …………………………………………… 106
第六节　锡及其化合物 …………………………………………… 107
　　一、理化性质 ………………………………………………… 107
　　二、生产与应用 ……………………………………………… 108
　　三、环境赋存 ………………………………………………… 109
　　四、毒性作用过程及效应 …………………………………… 112
　　五、人体暴露风险 …………………………………………… 113
第七节　砷及其化合物 …………………………………………… 114
　　一、理化性质 ………………………………………………… 114

二、生产与应用 …………………………………… 115
　　三、环境赋存 ……………………………………… 115
　　四、毒性作用过程及效应 ………………………… 120
　　五、人体暴露风险 ………………………………… 121
第八节　金属纳米材料 ………………………………… 122
　　一、理化性质 ……………………………………… 122
　　二、生产与应用 …………………………………… 122
　　三、环境赋存 ……………………………………… 123
　　四、毒性作用过程及效应（以纳米银为例） …… 124
　　五、人体暴露风险 ………………………………… 126
参考文献 ………………………………………………… 127

第四章　农药　　　　　　　　　　　　　　　　141

第一节　概述 …………………………………………… 141
　　一、发展与现状 …………………………………… 141
　　二、生产与应用 …………………………………… 142
　　三、农药分类 ……………………………………… 145
　　四、环境意义 ……………………………………… 150
第二节　有机氯农药 …………………………………… 152
　　一、结构及理化性质 ……………………………… 152
　　二、环境赋存 ……………………………………… 153
　　三、毒性作用过程及效应 ………………………… 155
　　四、人体暴露风险 ………………………………… 155
第三节　有机磷农药 …………………………………… 156
　　一、结构及理化性质 ……………………………… 156
　　二、环境赋存 ……………………………………… 157
　　三、毒性作用过程及效应 ………………………… 158
　　四、人体暴露风险 ………………………………… 159
第四节　拟除虫菊酯类农药 …………………………… 160
　　一、结构及理化性质 ……………………………… 160
　　二、环境赋存 ……………………………………… 164
　　三、毒性作用过程及效应 ………………………… 165
　　四、人体暴露风险 ………………………………… 165

第五节　苯甲酰脲类农药 …………………………………… 166
　　　　一、结构及理化性质 ……………………………………… 166
　　　　二、环境赋存 ……………………………………………… 168
　　　　三、毒性作用过程及效应 ………………………………… 168
　　　　四、人体暴露风险 ………………………………………… 170
　　第六节　三嗪类除草剂 ……………………………………… 171
　　　　一、结构及理化性质 ……………………………………… 171
　　　　二、环境赋存 ……………………………………………… 174
　　　　三、毒性作用过程及效应 ………………………………… 175
　　　　四、人体暴露风险 ………………………………………… 176
　　第七节　氨基甲酸酯类农药 ………………………………… 176
　　　　一、结构及理化性质 ……………………………………… 176
　　　　二、环境赋存 ……………………………………………… 178
　　　　三、毒性作用过程及效应 ………………………………… 179
　　　　四、人体暴露风险 ………………………………………… 180
　　第八节　磺酰脲类除草剂 …………………………………… 180
　　　　一、结构及理化性质 ……………………………………… 180
　　　　二、环境赋存 ……………………………………………… 183
　　　　三、毒性作用过程及效应 ………………………………… 184
　　　　四、人体暴露风险 ………………………………………… 185
　　第九节　杀菌剂 ……………………………………………… 186
　　　　一、结构及理化性质 ……………………………………… 186
　　　　二、环境赋存 ……………………………………………… 191
　　　　三、毒性作用过程及效应 ………………………………… 193
　　　　四、人体暴露风险 ………………………………………… 194
　　第十节　杀鼠剂 ……………………………………………… 195
　　　　一、结构及理化性质 ……………………………………… 195
　　　　二、环境赋存 ……………………………………………… 195
　　　　三、毒性作用过程及效应 ………………………………… 199
　　　　四、人体暴露风险 ………………………………………… 200
　　第十一节　新型农药 ………………………………………… 201
　　　　一、简介 …………………………………………………… 201
　　　　二、新型化学农药 ………………………………………… 202
　　　　三、生物农药 ……………………………………………… 202
　　　　四、纳米农药 ……………………………………………… 203

参考文献 …………………………………………………………… 205

第五章 传统有机污染物 219

第一节 概述 …………………………………………………………… 219
第二节 多氯联苯 …………………………………………………… 221
一、结构及理化性质 …………………………………………… 221
二、生产与应用 ………………………………………………… 224
三、环境赋存 …………………………………………………… 225
四、毒性作用过程及效应 ……………………………………… 233
五、人体暴露风险 ……………………………………………… 235
第三节 二噁英 ……………………………………………………… 236
一、结构及理化性质 …………………………………………… 236
二、产生与释放 ………………………………………………… 238
三、环境赋存 …………………………………………………… 238
四、毒性作用过程及效应 ……………………………………… 240
五、人体暴露风险 ……………………………………………… 241
第四节 多环芳烃 …………………………………………………… 242
一、结构及理化性质 …………………………………………… 242
二、产生与释放 ………………………………………………… 244
三、环境赋存 …………………………………………………… 244
四、毒性作用过程及效应 ……………………………………… 247
五、人体暴露风险 ……………………………………………… 248
第五节 挥发性有机物 ……………………………………………… 250
一、结构及理化性质 …………………………………………… 250
二、产生与释放 ………………………………………………… 251
三、环境赋存 …………………………………………………… 252
四、毒性作用过程及效应 ……………………………………… 254
五、人体暴露风险 ……………………………………………… 255
参考文献 …………………………………………………………… 256

第六章 新型有机污染物 264

第一节 概述 …………………………………………………………… 264

第二节　全氟及多氟烷基化合物 …… 264
一、结构及理化性质 …… 264
二、生产与应用 …… 265
三、环境赋存 …… 266
四、毒性作用过程及效应 …… 268
五、人体暴露风险 …… 271

第三节　氯化石蜡 …… 272
一、结构及理化性质 …… 272
二、生产与应用 …… 273
三、环境赋存 …… 273
四、毒性作用过程及效应 …… 274
五、人体暴露风险 …… 275

第四节　多氯萘 …… 276
一、结构及理化性质 …… 276
二、生产与应用 …… 277
三、环境赋存 …… 279
四、毒性作用过程及效应 …… 282
五、人体暴露风险 …… 284

第五节　六氯丁二烯 …… 285
一、结构及理化性质 …… 285
二、生产与应用 …… 286
三、环境赋存 …… 287
四、毒性作用过程及效应 …… 289
五、人体暴露风险 …… 290

第六节　多溴二苯醚 …… 291
一、结构及理化性质 …… 291
二、生产与应用 …… 292
三、环境赋存 …… 292
四、毒性作用过程及效应 …… 296
五、人体暴露风险 …… 297

第七节　双酚A …… 298
一、结构及理化性质 …… 298
二、生产与应用 …… 299
三、环境赋存 …… 300
四、毒性作用过程及效应 …… 302

五、人体暴露风险 …………………………………… 303
第八节　四溴双酚A ………………………………………… 304
　　一、结构及理化性质 ………………………………… 304
　　二、生产与应用 ……………………………………… 304
　　三、环境赋存 ………………………………………… 306
　　四、毒性作用过程及效应 …………………………… 308
　　五、人体暴露风险 …………………………………… 310
第九节　药物和个人护理用品 …………………………… 310
　　一、结构及理化性质 ………………………………… 310
　　二、生产与应用 ……………………………………… 312
　　三、环境赋存 ………………………………………… 313
　　四、毒性作用过程及效应 …………………………… 315
　　五、人体暴露风险 …………………………………… 316
参考文献 …………………………………………………… 316
索引 ………………………………………………………… 338

第一章

绪 论

第一节 化学品与环境

化学品与人类的生活息息相关，但在使用的过程中也会对环境和人体健康造成潜在危害。在众多化学品当中，有毒有害化学品尤其值得关注。因此，了解化学品在其全生命周期中的迁移转化、环境健康风险及毒性效应，是科学制订风险防控与管理措施的基础和依据。本书重点针对用量大、毒性强、风险高的化学品，包括金属及其化合物、农药、多氯联苯（PCBs）、多溴二苯醚（PBDEs），以及新型化学品全氟及多氟烷基化合物（PFASs）、氯化石蜡等，对其结构与物理化学性质、生产使用状况、环境赋存、迁移转化、毒性效应、暴露风险等内容进行介绍。

一、化学品

化学品广泛应用于医疗、农药、化肥、塑料、纺织、电子产品、建筑装饰以及食品添加剂等几乎所有生产生活中的各个领域，是现代社会不可缺少的生产资料和消费品。在化学品的生产、运输、存储、销售、使用以及作为废物处置的整个生命周期过程中，误用、滥用化学品，化学事故，事故处理处置不当，给生态环境和人体健康造成了不利影响。随着生产量和消费量的逐年递增，由化学品造成的区域和全球性环境健康问题日渐凸显。释放到环境中的化学品，经迁移转化和生物富集作用，直接或间接地对生态环境和人体健康造成威胁。其中一部分化学品，由于用途广泛、使用量大、毒性效应强、具有环境持久性，引起了人们更多的关注。例如，在有机合成领域作为催化剂使用的金属有机化合物，广泛用作绝缘油、热载体、润滑油的 PCBs，大量用作阻燃剂使用的 PBDEs 和四溴双酚 A（TBBPA），用于合成聚碳酸酯和环氧树脂等材料的双酚 A（BPA），用于生产整理剂和表面活性剂的 PFASs，作为阻燃剂和增塑剂广泛使用的短链氯化石蜡（SCCPs），以及在医疗卫生、半导体、新能源、催化等领域应用越来越多的纳米材料等。研究表明，这些化学品在工业生产中发挥了巨大作用的同时，也表现出显著的生物毒性，包括内分泌干扰作用、神经毒性、生殖毒性、细胞毒性以及行为异常等[1-4]。因此，加强化学品全生命周期管理，提高化学品安全管理水平，预防和减少危险化学品事故，保障人民群众生命财产安全，对保护生态环境具有重要意义。

二、化学品与环境问题

化学品在生产储运、消费使用、废弃处置、"三废"排放等环节均可能被有意或无意地排放进入环境，随后在各环境介质中进行迁移转化，并可被生物体吸收、累积，经食物链不断放大，最终对生态环境和人体健康构成威胁。《危险化学品目录》中将具有毒害、腐蚀、爆炸、燃烧、助燃等性质，对人体、设施、环境具有危害的剧毒化学品和其他化学品进行了归纳和分类。但是，PBDEs、PFASs、BPA、SCCPs 等新型化学品仍未纳入《危险化学品目录》，本书将重点对此类化学品构成的环境问题或潜在环境问题进行介绍。

环境水体中的化学品主要来源于工业废水、生活污水和农业污染。工业废水成分复杂，在环境中不易净化且难以处理；生活污水主要由城市生活污水、垃圾和废物造成；农业污染引起的水环境问题主要以农药、化肥的不合理使用为主。其他特定行业，如矿井排水中释放的大量重金属也是造成环境水体污染的原因之一。污水中的污染物按照成分可以分为无机污染物和有机污染物，其中无机污染物涉及的化学品主要包括铅、镉、汞、铬、锡、砷及其化合物，有机污染物包括有机农药、PCBs、多环芳烃（PAHs）、芳香胺类、苯酚等高毒性化合物。PFASs、BPA、SCCPs 等新型化学品的广泛使用，引发了新的水污染问题。全氟辛酸（PFOA）和全氟辛烷磺酸（PFOS）是水体中主要的PFASs，我国地表水中的检出浓度分别为 $0\sim245\text{ng/L}$ 和 $0\sim94\text{ng/L}$[5,6]。PFASs 性质稳定，不易降解，具有生物累积性，可随食物链进行传递，具有生殖毒性、内分泌干扰毒性、遗传毒性和神经毒性等。BPA 具有较大的溶解度，易通过工业废水、城市污水和建筑垃圾进入环境水体，在地表水中广泛存在，其浓度范围从每升几纳克到每升几千纳克不等。BPA 能够在生物体内蓄积，并表现出显著的生殖毒性、神经毒性和内分泌干扰毒性，甚至有增加癌变的风险。作为一类重要的阻燃剂，污水处理厂和电子垃圾拆解地是 SCCPs 污染的重点区域。SCCPs 在电子垃圾拆解地的陆生鸟类中检出含量高达 620~

17000ng/g 脂重，具有极强的生物富集能力[7]。SCCPs 还具有显著的内分泌干扰毒性，能够引起动物甲状腺激素水平下降。人工纳米材料具有潜在的环境风险，被认为是一类新型污染物。纳米二氧化钛 TiO_2NPs 和纳米银 AgNPs 作为使用量最大的两类纳米材料，普遍存在于环境水体中。其中 TiO_2NPs 在水环境中的浓度达到 $0.7\sim16\mu g/L$，已接近或高于最小无作用浓度（$<1\mu g/L$）[8]。污水处理厂出水是环境水体中 AgNPs 的主要来源，进入环境水体后的 AgNPs 可在植物体内进行迁移和累积，并表现出显著的毒性效应[9]。

排放到环境中的化学品可以通过扩散、蒸发等途径进入大气，同时受气象条件和化学品物理化学性质的影响。具有较高蒸气压的化学品，其挥发能力也较强，能够通过挥发进入大气。尽管六六六（HCHs）、滴滴涕（DDT）、PCBs 等化学品已禁止使用多年，但在大气和其他环境介质中仍能够检测到此类化学品，表明其具有显著的环境持久性。化学品在大气中的分布特征与其产地、工业区、污染源、人类活动等因素相关。一般来说，城市等人口密集地区的大气中化学品含量高于农村和偏远地区。例如，印度沿海城市大气中有机氯农药含量普遍较高，HCHs 和 DDT 浓度分别达到 $1.45\sim35.8ng/m^3$ 和 $0.16\sim5.93ng/m^3$；城市地区大气中 PCBs 较乡村地区高出 $5\sim10$ 倍，且与当地人口密度呈显著正相关；城市地区大气中 PBDEs 的含量比农村高 1 个数量级左右，说明工业生产和日常生活是引起化学品环境问题的重要原因。此外，电子垃圾拆解地、化学品生产工厂、废物焚烧地、电子器件工厂等是造成大气中化学品含量较高的重要污染点源。例如，垃圾焚烧是大气中 BPA 的重要来源，钢铁厂附近大气中 PBDEs 的含量显著高于附近乡村，金属冶炼企业附近大气中 Pb、Hg 等重金属的含量较周边区域高。化学品的挥发性与其物理化学性质相关，是影响化学品在大气中分布的重要因素之一。四氯联苯和五氯联苯是城市大气中主要的 PCBs 单体，而乡村则以低氯代单体为主。同样，城市大气中主要以高分子量的有机磷酸酯阻燃剂（OPFRs）为主，而乡村和偏远地区大气中低分子量单体含量较高[10-12]。化学品除了能够以气态分子的形式存在外，一些具有环境持久性、半挥发性的化学品还可以附着在颗粒物上进行迁移。一般来说，低分子量的化学品主要分配在气相中，而高分子量的化学品易于分配在颗粒相上。由于化学品在家具、电器、织物等物品中的广泛使用，在居民住宅、办公室、超市等室内灰尘中普遍发现各类化学品的存在。吸附在颗粒物上的化学品能够通过呼吸作用进入人体，对人体健康造成不利影响。人工纳米颗粒粒径极小，可在大气中迅速扩散，在稳定存在的前提下能够在大气中发生长距离的迁移。纳米颗粒大的比表面积有利于吸附灰尘、微生物和各类污染物，从而导致纳米颗粒的毒性增强。

土壤是生物生长、发育、繁衍和栖息的场所,是人类生存和发展的基础。人类的生产和生活促进了土壤结构的变化,同时也使土壤发生污染和退化。化学品通过固体废物、工业废水和大气沉降等进入土壤,是造成土壤污染的重要途径。根据化学品的类型,土壤污染可以分为无机物污染和有机物污染。无机物污染主要有汞、铬、铅、镉等重金属和砷、硒等类金属;有机物污染主要以有机农药、油类、酚、苯并芘类等化学品为主。我国是农药生产和使用大国,每年使用的农药量达到 50 万~60 万吨,其中约 80% 的农药直接进入环境。我国平均每公顷农田施用农药 13.9 kg,比发达国家高约 1 倍,但利用率不足 30%,易造成土壤污染问题。电子垃圾是增长速度最快的一类固体废物,在拆解过程中产生大量有毒化学品并释放到环境中,主要包括重金属、二噁英、PCBs、PBDEs 等。Hg、Cu、Cd、Pb 是电子垃圾拆解区土壤中主要的重金属,PCBs 是旧变压器和电容器中的导热介质和绝缘油,PBDEs 是塑料中的一种添加型溴代阻燃剂,电子垃圾在堆放和加热过程中会将其释放到环境中。此外,电子垃圾焚烧则是环境中二噁英的重要来源[13]。剩余活性污泥的吸附是城市污水中持久性化学品得以去除的重要原因,因此,将城市污泥用于农田土壤改良时容易造成土壤污染问题。多次施用污泥的土壤中的 PBDEs 含量是未施用污泥土壤的 10 倍左右[14]。化学品还可以通过大气沉降进入土壤,由此导致的镉污染不容忽视[15]。重金属进入土壤后易在农作物体内富集,造成食品安全隐患。例如,从湖南、贵州、广东 10 个矿区采集的 155 个水稻样品中,总汞的平均含量几乎都高于国家规定的农作物中最高允许限量 20μg/kg(GB 2762—2017),表现出较强的生物富集能力[16]。

第二节 化学品环境行为

一、环境介质属性

1. 天然水

(1) 天然水的组成

天然水体是气、液、固组成的混合体系,一般包括可溶性物质、悬浮物质、底泥和生物体。可溶性物质主要是岩石风化过程中经水溶解迁移的地壳矿物质;悬浮物质主要包括泥沙、黏土等颗粒物以及硅、铝、铁的水合氧化物胶体物质,黏土矿物胶体物质,腐殖质等有机高分子化合物;生物体主要包括细菌、病毒、藻类及原生生物等。天然水中以 K^+、Na^+、Ca^{2+}、Mg^{2+}、

HCO_3^-、NO_3^-、Cl^-、SO_4^{2-} 8种离子为主，其占天然水中溶解物质总量的95%～99%。河水中 Ca^{2+}、HCO_3^- 含量占优，海水中主要以 Cl^-、Na^+ 为主。水体中通常还会溶解微量或痕量的金属离子，这些金属离子可通过酸碱化合、沉淀、配合及氧化-还原等物理化学作用达到稳定状态。溶解在水体中的气体分子服从 Henry 定律，其溶解度随温度升高而降低，溶解速率受气体不饱和程度、水体单位体积表面积、扰动程度和温度影响。溶解氧浓度是耗氧与复氧过程动态平衡的结果，释放到环境中的化学品在生物降解过程中大量消耗水体中的溶解氧，溶解氧浓度下降可造成鱼类等水产品死亡。水生生物则可以通过代谢、摄取、转化、存储和释放等方式直接或间接影响环境水体中多种物质的浓度及组成。

(2) 天然水的性质

天然水的性质（主要包括碳酸平衡、碱度和酸度、缓冲能力等）可以影响化学品在水体中的存在形态及其迁移转化过程。二氧化碳溶解产生的碳酸盐可与岩石圈、大气圈进行均相或多相反应，使天然水体具有了一定的缓冲能力。碱度是指水中能与强酸发生中和作用的全部物质，即能够接受质子的物质的总量。组成水中碱度的物质包括强碱 [$NaOH$、$Ca(OH)_2$ 等]、弱碱（NH_3、$C_6H_5NH_2$ 等）和强碱弱酸盐（碳酸盐、重碳酸盐、硅酸盐、磷酸盐、硫化物、腐殖酸盐等）。酸度是指水中能与强碱发生中和作用的全部物质，即释放或经水解能产生质子的物质的总量。组成水中酸度的物质包括强酸（HCl、H_2SO_4、HNO_3 等）、弱酸（CO_2、H_2CO_3、H_2S、蛋白质以及各种有机酸类物质等）以及强酸弱碱盐 [$FeCl_3$、$Al_2(SO_4)_3$ 等]。各种碳酸化合物能够调控水体的 pH 值，因此，天然水体的 pH 值一般为 6～9。此外，环境水体中的其他物理、化学和生物反应过程对稳定水体的 pH 值也有一定作用。

2. 大气

(1) 大气的组成

地球低空大气是由多种气体混合而成的气相及悬浮的固、液态杂质组成的。大气的主要成分为氮、氧、氩，也称为永久成分，占大气总量的 99.96%；次要成分包括二氧化碳、氢、氖、氦、氪、氙、氡及臭氧等稀有气体，也称为可变成分。水汽是在自然界的温度和压力下唯一能发生相变的成分，其数值一般在 1%～3% 范围内发生变化。水在相变过程中吸收和放出潜热能，同时强烈吸收和放出长波辐射，对地面和空气温度影响极大。大气杂质粒子是悬浮在空气中的固体或液体微粒，主要包括尘埃、烟粒、细菌、病毒、花粉和微小盐粒，也称为气溶胶粒子。大气杂质粒子对云、雾的形成具有重要作用，同时固体颗粒还能散射、漫射和吸收一部分太阳辐射，减少地面长波辐射的外逸。大气污染物既包括常规污染物如一氧化碳、二氧化硫、氮氧化物、硫化氢等，也包括重金属、有机污染物等。近年来，随着化学品的生产和消费量不断增加，越来越多的化学品进入环境介质，在地气交换、大气循环作用下，部分化学品进入大气，引发了新的大气环境问题。

(2) 大气层结构

地表大气总质量约为 5.3×10^{18} kg，随着高度的增加其密度逐渐减小。大气总质量的 99.9% 集中在 50km 高度范围内，而其中的 50% 又集中在 5.5km 范围内，由此可见，大气密度分布是不均匀的，且存在显著的垂直分布规律。根据气温垂直变化规律，可将大气层分为对流层、平流层、中间层、热层和散逸层。对流层温度随海拔高度的增加而降低，大气容易发生强烈的垂直对流运动。在气压梯度力的作用下，大气水平运动显著，风向变动频繁。大气垂直运动活跃，湍流运动显著，污染物容易从地面向高空扩散，并发生水平迁移。与整个大气层相比，对流层的厚度很薄，但却集中了约 80% 的大气质量和几乎全部水汽。此外，由于海陆分布和地形差异，对流层气象要素在水平方向上分布不均，易形成气团和锋。因此，对流层是化学品进入大气环境、参与大气循环和进行迁移转化的最主要场所。平流层温度随海拔高度的增加而略有上升，整体上气温趋于稳定。平流层空气对流运动微弱，主要以平流运动为主，受地面影响不明显。平流层温度分布呈上热下冷的静态分布，污染物不易扩散，停留时间长。随着航空业的发展，特别是民用航空业的发展，大量航空器在平流层运行，排放出的气态污染物可能逐渐引发新的环境问题。

3. 土壤

(1) 土壤的组成

土壤是由固、液、气组成的三相体系，各相之间相互联系，并发生物质和能量交换。固相包括土壤矿物质和土壤有机质，液相主要包括土壤颗粒间隙水分及土壤溶液，土壤颗粒之间被气体和液体填充。此外，土壤中还存在昆虫、线虫、节肢动物、土壤微生物、细菌、病毒等土壤生物。土壤矿物质是岩石经物理风化和化学风化长期发育形成的，构成了土壤的主要固体部分，按成因可分为原生矿物和次生矿物。原生矿物是岩石受到物理风化而未经化学风化产生的碎屑物，次生矿物是原生矿物经化学风化或蚀变后形成的新矿物。土壤有机质是存在于土壤中的含碳有机物的总称，包括土壤中各种动植物残体、微生物及其分解和合成的各种有机物质。土壤水分是土壤的重要组成部分，主要来源于大气降水、灌溉和地下水。土壤水分存在于土壤孔隙中，是土壤中各种成分和污染物溶解形成的溶液。土壤水分既是植物养分的主要来源，也是土壤中污染物向其他圈层迁移的主要媒介。土壤空气指土壤中未被水分占据的孔隙中存在的气体，来源于大气及土壤内部进行的生物化学过程产生的气体。土壤空气组成与大气基本相似，主要成分都是 N_2、O_2 和 CO_2，被污染的土壤空气中还可能存在污染物。生活在土壤中的微生物、动物和植物总称为土壤生物，可分为土壤微生物和土壤动物两大类。前者包括细菌、放线菌、真菌等，后者以无脊椎动物为主。土壤生物参与岩石的风化和原始土壤的生成，对土壤的生长发育、土壤肥力的形成以及化学品在土壤中的迁移转化发挥了重要作用。

（2）土壤的性质

土壤是一个复杂的体系，具有吸附性、酸碱性和氧化还原性，这些特性对化学品在土壤中的迁移转化具有重要意义。首先，土壤具有吸附各种离子、分子、气体和悬浮微粒的能力，是土壤能够保存营养物质并向植物提供养分的主要原因。土壤的吸附作用可分为机械吸附、物理吸附、化学吸附和生物吸附。土壤胶体是土壤中最细微的颗粒部分，具有巨大的比表面积和表面能。土壤胶体微粒的内部一般带负电荷，形成一个负离子层，其外部由于电性吸引形成一个正离子层，合称为双电层。土壤胶体的带电性使土壤具有代换吸收离子的能力。根据致酸离子的存在状态和化学活性，可将土壤酸度分为活性酸度和潜性酸度。活性酸度是指土壤溶液中 H^+ 所引起的酸度；而潜性酸度来源于土壤胶体吸附的可代换性致酸离子，如 H^+ 和 Al^{3+}。土壤碱性主要来自土壤中大量存在的碱金属和碱土金属盐类的水解，比如 K、Na、Ca、Mg 的碳酸盐和重碳酸盐。土壤中含有的多种弱酸及盐类构成了复杂的化学缓冲体系，对酸碱均表现出一定的缓冲作用。土壤中的两性物质，如腐殖酸、蛋白质、氨基酸等，同样具有一定的缓冲能力。氧化还原反应是土壤中无机物和有机物发生迁移转化并对土壤生态系统产生影响的重要化学过程。土壤中主要的氧化剂包括土壤中的氧气、NO_3^- 和高价金属离子（如 Fe^{3+}、Mn^{4+}、V^{5+}、Ti^{4+} 等）。土壤中的还原剂主要包括有机质和低价金属离子。土壤中植物的根系和土壤生物也是氧化还原反应的重要参与者。

二、化学品在环境介质中的迁移转化

1. 化学品在水中的迁移转化

（1）化学品在水中的迁移

化合物在水环境中的迁移主要取决于本身的物理化学性质以及水体的环境

条件，其迁移方式主要包括吸附-解吸、溶解-沉淀、分配、挥发等。环境水体中含有多种颗粒物，包括矿物微粒、黏土矿物、金属水合氧化物、腐殖质等。黏土矿物是天然水中最重要、最复杂的无机胶体，是天然水中具有显著胶体化学特性的微粒；金属水合氧化物经水解后可形成具有重要胶体作用的聚合无机高分子化合物；腐殖质在环境水体中普遍存在，是一类带负电的高分子弱电解质，其形态结构与官能团的解离程度有关。溶解态有机质（DOM）能够吸附在纳米颗粒和胶体表面，从而起到抑制团聚的作用，增加了纳米颗粒与胶体的迁移能力。硫化汞（HgS）水溶性极低，DOM可在其表面吸附，通过静电斥力提高HgS的分散性。沉淀可分为成核、晶体聚集和晶体生长三个阶段，而溶解是沉淀的逆过程，其溶解速率与固体物质的性质、接触界面、溶剂性质和温度等条件有关。一般而言，化合物在水体中的迁移能力随溶解度的增大而增强。此外，沉积物从水中吸着憎水化合物的量与有机质含量相关。在沉积物-水体系中，沉积物对非离子有机物的吸着主要是溶质的分配过程，而挥发作用则是有机物从溶解态迁移到气相的过程，气-液交换是评价化学品环境行为和风险的重要依据之一。根据化合物物理化学性质的差异，高分子量的化合物一般表现为净沉降过程，而低分子量化合物则以净挥发为主，化合物浓度水平和温度是影响气-液扩散通量的重要因素。

（2）化学品在水中的转化

化学品在环境水体中的转化包括配合、氧化还原、光解、水解和降解等。通过这些作用，化学品转化为一种或多种形态，并对其物理化学性质、迁移行为及毒性产生重要影响。环境水体中的各种阴离子、阳离子、腐殖酸等能够与金属离子成键，是金属离子发生配合的主要途径。水体中氧化还原类型、速率和平衡，决定了水体中重要溶质的性质。水解作用是水体中有机化合物发生的重要反应之一，有机物通过水解反应改变了原有的化学结构，是其在环境中降解的重要途径。生物降解是有机化合物分解的重要途径，其生物代谢与化合物分子结构相关。如氯含量高的 $C_{14\sim17}$-CPs 难以被生物降解，只有氯含量低于46%的氯代短链石蜡才能够被微生物利用。

光降解作用不可逆地改变了反应分子，是化学品真正的分解过程。水体光化学过程对化学品转化、降解发挥重要作用。在环境水体中，DOM作为一种重要的光敏剂能够促进化合物的光化学转化。例如，在光照条件下，银离子和氯化银可通过DOM的供电子作用被还原为纳米银，而硫化银则很难被还原。环境水体中的 Hg^{2+} 与天然有机质（NOM）结合生成有机结合态，并作为前驱体在汞的还原过程中起着至关重要的作用。同时，NOM在光照下可产生半醌自由基、羟基自由基等氧化性物质，对汞的光氧化产生一定的影响。NOM

作为自然界中含量丰富的甲基化供体，通过甲基化，使重金属毒性增强。研究表明，低分子量 DOM 在甲基化中起着更为重要的作用，而高分子量 DOM 几乎无甲基化能力。在太阳辐射下，DOM 生成三重激发态（^{3}DOM*）和活性氧（如单线态氧^{1}O$_2$、超氧阴离子·O$_2^-$、羟基自由基·OH）等反应中间体，促使化学品在光照条件下发生光转化[17]。光照条件下，水体中的腐殖酸能够促进^{1}O$_2$、·OH 和 ^{3}DOM* 等活性物质发挥作用，加速高氯代多氯联苯 2,2′,4,4′,5,5′-六氯联苯（PCB153）分解为 2,4,5-三氯苯甲酸和 4-羟基-2,2′,4′,5,5′-五氯联苯[18]。DOM 还对直接光氧化反应有抑制作用，能够通过光屏蔽和（或）反应中间体猝灭抑制化合物的光转化[19]。在紫外线的照射下，腐殖酸吸收光子产生的·OH、^{1}O$_2$、H$_2$O$_2$ 等活性氧物质能够猝灭溶液中的电子，使其不能与 PFOS 等化合物发生直接反应，减慢了化学品的光降解速率[20]。

卤素自由基的存在是化学品在环境水体中发生光降解的又一个重要原因，主要包括 Cl·、Br·、·Cl$_2^-$、·BrCl$^-$、·Br$_2^-$ 等。在地表水和其他富含卤化物的水体中（如海水、河水、卤水等），卤素自由基的浓度比其他自由基（如·OH）高几个数量级，是驱动有机化学品光化学反应的主要原因[21]。即使在卤素含量较低的水体中，卤素自由基同样能够通过光解作用影响化学品在水体中的降解过程[22,23]。

2. 化学品在大气中的迁移转化

（1）化学品在大气中的迁移

大气中污染物的迁移是指污染物由于空气的运动而传输和分散的过程，主要通过大气气相或颗粒相进行传输，也可以通过水-气交换、土-气交换及蒸腾作用进入大气环境，参与化学品的全球分配。温度差异是空气运动的动力来源，温度的变化对环境持久性和半挥发性化学品的全球分配都具有重要影响。中纬度地区季节变化明显，化学品在温度较高的夏季易于挥发，而在温度较低的冬季易于沉降，因此，化学品在向高纬度迁移的过程中会有一系列距离相对较短的跳跃过程，即"蚱蜢跳效应"。基于以上机制可以预测，极地将成为全球半挥发性化学品的归宿。研究表明，在极地和高海拔地区发现了浓度较高的 PCBs、PBDEs、有机氯农药等传统化学品[24]。近年来，在极地地区的大气、土壤等介质中又陆续发现了 PFASs[25]、SCCPs[26]、PBDEs[27] 等新型污染物，证实了化学品通过大气参与全球分配的可能性。化学品在极地环境介质中不断沉积，并通过食物链进入生态系统。全氟丁酸（PFBA）是南极生物样品中主要的 PFASs，其含量占 PFASs 总量的 22%～57%。全氟己烷磺酸（PFHxS）和 PFOS 的营养级放大因子分别为 2.09 和 2.92，表明 PFASs 可以通过食物链进行生物放大[28]。气粒分配是影响半挥发性化学品大气传输和迁移转化的关键过程，也是评价其环境风险的重要参数。化学品的气粒分配受环境温度、风向、风速、颗粒物浓度等条件影响，还与自身物理化学性质有关，如过冷液体蒸气压（P_L）、正辛醇-空气分配系数（K_{OA}）等。一般而言，化学品的 P_L 越大、K_{OA} 越小，就越容易分配在气相中；反之，化学品的 P_L 越小、K_{OA} 越大，在颗粒相上的分配就越多。此外，颗粒相中有机质含量越高，对化学品的结合能力越强，在颗粒相上分配的量也越多；颗粒粒径越小，其比表面积越大，对化学品的吸附能力也越强[29]。

(2) 化学品在大气中的转化

光化学是化学品在大气中发生转化的主要途径，其作用机制一般是母体化合物与大气中的·OH反应生成新的化合物。大气的氧化能力取决于·OH，·OH是化学品发生氧化的引发剂[30]。在对流层的上层，·OH主要来自 O_3 的光解；而在对流层的下层，O_3 的吸收带与太阳辐射的重叠度较弱，O_3 的分解并不是·OH的主要来源。在未受污染的偏远地区，空气中 NO_x 浓度往往较低，·OH可与一氧化碳或甲烷反应生成 HO_2· 和 CH_3O_2·，HO_2· 继续与 O_3 反应生成·OH。HO_2· 也可以与自身重新结合生成 H_2O_2，在羟基的参与下发生光解反应重新生成 HO_2·。H_2O_2 或·OH与NO反应生成催化产物 NO_2，NO_2 的光解导致 O_3 的生成，重新成为生成·OH的前驱体[31]。·OH一般通过加成、攫氢等反应与大多数有机化学品发生作用。PBDEs可通过两种方式与·OH反应生成羟基多溴联苯醚（HO-PBDEs），即Br被·OH取代或有氧条件下BDE-OH中OH上的攫氢反应[32]。环氧甲基硅氧烷与·OH发生氢原子摘除反应，生成环氧甲基硅氧烷甲基自由基和水，随后和 O_2 发生加成反应，生成环氧甲基硅氧烷过氧自由基，进一步与 HO_2· 反应生成环氧甲基硅氧烷过氧化合物[33]。·OH能够和氨基甲酸酯杀虫剂异丙威在芳香环和C=O双键上发生加成反应，使化学品发生光降解。无机化学品在大气中的光化学反应以零价汞（Hg^0）最为典型。Hg^0 的氧化是大气中汞去除的关键步骤，氧化途径包括 O_3、H_2O_2、·OH、NO_3· 和各种卤素对 Hg^0 的氧化。卤素对 Hg^0 的氧化通过两步反应发生，先生成卤化汞中间体，随后与 NO_2、HO_2·、ClO·、BrO· 发生反应。一般认为，NO_3· 不能和 Hg^0 形成较强的共价键，不太可能引发气相中 Hg^0 的氧化反应。但是 NO_3· 有可能参与了不稳定的 Hg^I 形态的二次氧化反应，因此，Hg^0 的氧化在白天以臭氧和·OH为主，而晚上则以 H_2O_2 为主[34]。

3. 化学品在土壤中的迁移转化

(1) 重金属在土壤中的迁移转化

土壤具有吸附特性，对金属离子具有较强的吸附能力。这种吸附特性取决于土壤的物理化学性质，如黏土含量、有机质比例、pH 值、含水率、土壤温度以及金属离子的性质。土壤胶体对重金属的吸附能力与金属离子的性质及胶体的种类有关。同一类土壤胶体对阳离子的吸附与阳离子的价态相关。阳离子价态越高，电荷越多，土壤胶体与阳离子的静电作用越强，结合强度越大。价态相同时，离子水合半径越小，吸附能力越强。土壤对重金属的吸附还与胶体的性质有关，包括矿物类型、化学组成、阳离子交换量、比表面积等。土壤胶体一般带负电荷，对金属离子的吸附量随 pH 值的升高而增加。土壤颗粒粒径越小，比表面积越大，吸附金属离子的能力就越强，金属离子迁移能力下降，生物有效性减弱。金属离子与土壤中的无机配位体配合能够提高难溶重金属化合物的溶解度，减弱土壤胶体的吸附，使其迁移能力增强。作为一类有机配体，腐殖质含有大量的羧基和酚基基团，基团上的氢易被金属离子取代而发生螯合，影响金属离子的形态和迁移能力。金属离子在碱性条件下一般以难溶的氢氧化物形态存在，使其在土壤中的迁移能力下降。此外，金属在氧化还原电位较低的土壤中易生成金属硫化物，因此，在土壤溶液中的浓度较低。随着氧化还原电位的升高，金属和土壤中 DOM 的结合力增强，溶解态和交换态含量增加，因此，在土壤溶液中的浓度升高。但以阴离子形态存在的金属或非金属离子则恰恰相反，如以砷酸根形态存在的砷。

(2) 有机化学品在土壤中的迁移转化

有机化学品在土壤中通过吸附、挥发、扩散等方式进行迁移。进入土壤中的化学品可以通过物理吸附、化学吸附、氢键结合、配位结合等形式吸附在土壤颗粒表面，使其迁移能力和毒性效应发生变化。土壤中的有机质、矿物质以及黑炭等对有机化学品的迁移具有重要影响。有机化学品在腐殖质层土壤中的分布与总有机碳含量正相关，极性强或分子量小的化学品在土壤中表现出较高的迁移率，而土层的成土过程与疏水性化合物分布有关。土壤特性和生态过程对化学品的归趋有重要影响，特别是在腐殖化过程中，有机质对不同极性的化合物表现出迥然不同的迁移作用。在温带和北方环境中，持久性有机化合物在未受扰动的土壤中非常稳定，其蓄积能力与凋落物和与大气接触的有机质层相关[35]；而在热带雨林生态系统中，有机质周转速度快、降水量大、气温高、土壤保持养分和有机质的能力差，易通过径流和淋溶作用以颗粒和溶解态的形式造成土壤有机质流失，使化合物迅速向土壤下层转运，从而表现出极强的流动性，疏水性强的化合物尤其明显。

有机化学品在土壤中的分布并不稳定，有机质层中化学品的迁移受生物地球化学驱动，而矿物质层中化学品的富集则主要受淋滤控制。化学品与腐殖质的吸附很大程度上受土壤含水率的影响[36]，与水合矿物表面的吸附则主要依赖于含水量。土壤中矿物质的表面积是干燥条件下控制土壤中化学品挥发的主要因素，因此，湿度对土壤中化学品挥发的影响可通过干燥条件下矿物表面的吸附机理进行解释。比如，土壤的吸附作用是影响农药从裸露土壤表面挥发的主要原因[37]。干燥条件下，受矿物表面的脱水作用影响，矿物表面形成的吸附点位使农药在土壤中的挥发受到抑制[38]。受太阳辐射影响，干燥条件经常发生在裸露土壤表面，而较深的土壤通常能够保持湿润，也就是说土壤矿物质对有机化学品的迁移影响主要在土壤表层，而深层土壤则以有机质的影响为主。

黑炭是化石燃料和生物质未充分燃烧的副产物，土壤中的黑炭主要来源于森林火灾[39]。黑炭具有多孔和芳香结构，可以将化学品吸附并固定起来，限制其在土壤中的迁移能力，使化学品的毒性效应减弱[40]。黑炭比有机碳有更大的比表面积，对化学品的吸附能力明显强于有机碳[41]。黑炭具有很强的惰性，在环境中难以分解，而有机碳则会随着时间推移被生物作用或者化学作用降解，这也是黑炭吸附能力更强的原因[42]。土壤有机质由无定形有机质和黑炭组成，黑炭对化合物的吸附能力较无定形有机质强得多，对于土壤中化合物的吸附起主要作用[43]。因此，化合物与土壤有机质的相关性可能部分取决于黑炭的吸附作用[44]。

4. 化学品在生物体内的迁移转化

（1）化学品在生物体内的迁移

化学品通过体表吸收、根系吸收或吞食等途径进入生物体内，生物类型、部位、化合物形态是影响其富集的重要方面。一般来说，水生植物中沉水植物对重金属的富集能力最强，漂浮植物次之，挺水植物最弱；植物的根系对重金属的富集能力最强，茎、叶次之。化学品在生物体内的分布具有一定的规律性，脑组织中的含量一般高于其他部位，内脏对化学品的富集能力往往高于肌肉组织。人工纳米材料作为一类新型化学品，可通过植物细胞壁到达细胞膜，经细胞的内吞作用、膜渗透作用或载体蛋白和离子通道等运输到细胞内部，通过氧化胁迫或自由基作用造成脂质过氧化损伤，引起细胞膜破损、细胞凋亡或死亡。化学品能够在生物体内富集并随营养级的升高而放大。在湖泊生态系统中，化学品在水体和底泥中的含量较低，而在生物体内的含量却很高，并随食物链逐级放大。与传统化学品相比，人工纳米材料可通过生物的自身代谢被排出体外，尚未证实纳米材料具有生物放大效应。生物从周围环境中蓄积某些环境持久性化学品，随着生物的生长发育，浓缩系数不断增大，造成生物累积。生物累积性取决于化学品在生物体内的代谢转化和降解能力。比如 PCBs、SCCPs 等化学品在生物体内经生物酶作用发生转化，使生物累积效应减弱。化学品在生物体内的半减期（又称半衰期）、分子结构、生物有效性等被认为是影响化学品在生物体内累积的重要因素。

（2）化学品在生物体内的转化

生物转化是毒物在生物体内消除之前发生的重要过程，多数化合物经生物转化最终生成无毒或低毒代谢产物。在有些情况下生物转化产生毒性更强的代谢产物的现象被称为生物活化作用。绝大多数的生物转化是在生物酶的参与下进行的，某些化学品会引起酶的活性降低，导致其在体内的滞留时间延长和毒性增强；或者通过影响与生物转化有关的酶的合成，促进异物的代谢，使其毒性下降。植物体内的酶系统可以降解多种有机化学品，其生物转化能力与化合物的物理化学性质和植物的种类有关。生物转化一般分为两个连续过程：化合物在有关酶系统的催化下经氧化、还原或水解反应使其化学结构发生改变，生成羟基、羧基、巯基、氨基等活性基团；一级代谢物在另外的一些酶系统的催化下，通过上述活性基团与细胞内的某些化合物结合，生成二级代谢产物。第一步生物转化过程中的氧化反应是在混合功能氧化酶系的催化作用下进行的，而还原反应大多是在各种还原酶（如醇脱氢酶、醛脱氢酶、硝基还原酶、偶氮还原酶等）的催化下进行的。水解反应是酯类、酰胺类等化合物在生物体内的主要转化途径。

第三节 化学品环境健康效应与风险防控

一、化学品环境健康效应

化学品进入生物体后，经转运在各组织器官进行分布，并对生物体产生毒性效应。部分化学品性质稳定、难以分解，具有较强的生物蓄积性和很强的毒性，可通过食物链进行生物累积和放大。化学品对生物的毒性效应主要包括致癌毒性、内分泌干扰毒性、神经毒性、生殖毒性、遗传毒性等。

化学品可直接损伤免疫细胞的形态和功能或干扰神经内分泌系统，使有机体免疫功能降低，导致个体易感性增强。汞、镉等金属能够与含有巯基的蛋白质结合，引起部分酶功能的丧失，免疫力下降；甲氧滴滴涕、氯丹等农药能够在分子水平上引发类似的过氧化应激效应，引起肝功能异常和免疫系统受损；有机磷农药能够引起大鼠促甲状腺激素分泌增加，干扰内分泌系统作用，使淋巴组织增生性疾病的发病率升高。化学品还可以通过诱发 DNA 损伤导致癌症的发生。除重金属、苯并芘、苯乙烯等传统化学品外，PCBs、BPA 等化学品也表现出潜在的致癌风险。研究表明，低氯代 PCBs 暴露能够引起乳腺肿瘤组织中的 DNA 氧化损伤，使乳腺癌的发病率升高；BPA 可诱发早发型前列腺癌症[45]、恶性乳腺癌和卵巢癌[46]；PFOS 暴露与膀胱癌有一定关联[47]；SCCPs 对兔、鼠都有致癌的潜力，可能引起雄性大鼠的肾脏肿瘤；纳米材料渗透到膜细胞后，通过神经细胞突触、血管和淋巴管传播，引起炎症反应，甚至诱发肿瘤。

部分化学品被生物体摄入后，并不直接表现出局部损伤或其他急慢性毒性效应，而是干扰人类或动物体内分泌系统，表现出类激素效应，如个体行为异常、性畸变、发育障碍、种群性别比例失调等。例如，有机氯农药可诱导芳香化酶的产生，造成雄性生殖系统功能障碍；三唑酮能够抑制细胞色素 P450 酶的活性，影响水生生物繁殖和生长发育[48]；PCBs、BPA 能够导致动物精子质量下降或不孕[49]。近年来研究发现，PCBs、BPA 还能够通过干扰内分泌系统诱发肥胖、糖尿病等慢性疾病[50]。TBBPA、PFOS、SCCPs 等化学品能够干扰甲状腺素水平，造成内分泌干扰效应，影响动物的生殖和发育。

化学品可以在染色体水平、分子水平和碱基水平上对生物个体造成损伤，导致遗传毒性，比较典型的化学品如农药、TBBPA、PFOA 等。草甘膦能够对发育早期的鳄鱼胚胎 DNA 造成损伤，干扰胚胎发育，导致部分胚胎出现畸形；TBBPA 能够增加精子 DNA 损伤程度，通过诱导产生异常 DNA 片段，具有改变精子染色体表观遗传性状的潜能；PFOA 可能会引起细胞内过量 ROS 的生成，进而造成 DNA 损伤，表现出潜在的遗传毒性。化学品还可以抑制生物体内酶的正常分泌，从而引起神经毒性症状。有机氯农药可以抑制生物体脑内轴突 ATP 酶，增加帕金森病患病风险；有机磷杀虫剂能够引起过量乙酰胆碱积累于胆碱能受体及效应器周围，导致神经中毒；PBDEs 可通过甲状腺干扰效应产生神经毒性和生殖毒性，导致个体神经发育和行为异常；TBBPA 可引起大鼠小脑颗粒神经元细胞（CGCs）活性氧（ROS）的形成，进而引起细胞坏死，导致斑马鱼严重丧失方向感和出现嗜睡症；PFOS 和 PFOA 能够干扰小鼠的胆碱能系统发育，导致新生小鼠神经行为学表现改变，PFASs 导致的这种改变反映在人体上则表现为儿童的注意缺陷和多动障碍等。

二、风险防控与管理

随着我国经济的快速发展，化学品生产和使用量持续增加，新型化学品不断投放市场，化学品生产、储运、回收、处置等环节的环境风险日益增大。目前，我国化学品风险防控和管理较为薄弱，化学品环境管理的相关法律法规、环境安全标准、环境管理体系还不够健全，化学品环境风险防控能力和水平有待提升。根据形势发展的要求，进一步加强化学品管理，防控环境风险，保障人民群众身体健康，促进经济的可持续发展，已经成为国际社会广泛关注的问题，也是我国环境保护工作的重点之一。

1. 国际化学品管理体系

在国际上被认可的危险化学品管理体系主要由管理公约、技术系统、相关国际组织和技术联盟所组成。《关于危险废物越境转移的巴塞尔公约》《关于化学品和农药的鹿特丹公约》《关于持久性有机污染物的斯德哥尔摩公约》《关于汞的水俣公约》是当今世界化学品污染防控领域最重要的四个管理公约。《全球化学品统一分类和标签制度》是化学品安全管理的一项重要基础性工作，是化学品风险防控技术体系的重要组成部分。通过建立全球统一的化学品分类和标签制度，规范化学品在运输、使用、储存等各个环节的风险管控。国际组织［如海洋环境保护科学联合专家组（GESAMP）］和技术联盟［如《国际化学品管理战略方针》（SAICM）、《化学品的注册、评估、许可和限制》（REACH）等］是全球化学品风险防控和管理体系的重要组成部分，为世界各国建立健全化学品安全管理政策框架、完善化学品监管体系起到了助推作用。

（1）《关于危险废物越境转移的巴塞尔公约》（简称《巴塞尔公约》）[51]

该公约于 1992 年 5 月 5 日生效。《巴塞尔公约》对危险废物跨国境的转移和处置进行了规范，做出了比较全面的规定，是针对危险废物跨境转移和无害管理的第一个全球性公约，囊括了危险废物越境转移与处置原则、危险废物定义与范围、缔约国一般义务、危险废物越境转移控制措施、非法运输等条款，要求各国采取措施促进危险废物减量化，采用环境无害化的方式储存和处置。对国际合作、双边、多边和区域协定，再进口的责任等做出规定。其主要目标包括：①不论危险废物的处置地点在何处，皆应减少危险废物的产生，促进其无害环境管理；②除非危险废物的转移被认为符合无害环境管理的原则，均应限制其越境转移；③在允许危险废物越境转移的情况下，应实行管制制度。

（2）《关于化学品和农药的鹿特丹公约》（简称《鹿特丹公约》）[52]

该公约于 2004 年 2 月 24 日正式生效。《鹿特丹公约》要求各缔约方对公约管制的化学品未来是否同意进口做出决定，各缔约方应通报由于人类健康和环境原因而禁止或严格限制使用的化学品，在出口这些化学品前要通知进口方，出口时附带相关健康安全和环境的最新数据资料。其目标是控制该危险化学品和农药在国际贸易中可能对健康、环境造成的影响，加强危险化学品在国际贸易中相关技术、经济和法律的信息交流，促进缔约方在国际贸易中分担该化学品的责任。

（3）《关于持久性有机污染物的斯德哥尔摩公约》（简称《斯德哥尔摩公约》）

该公约于 2004 年 5 月 17 日生效。《斯德哥尔摩公约》的目标是根据预防原则，保护免受持久性有机污染物（简称 POPs）危害，号召并要求各缔约国，通过控制生产、进出口、使用和处置等措施，尽快减少并最终消除有意生产的 POPs；对于有意生产和使用产生的 POPs，各缔约国应当禁止和消除这些化学品的生产和使用；各缔约国有义务查明 POPs 的库存量及其废物，明确其环境风险，并采用环境无害化方式进行管理；对 POPs 的进出口，仅限于特定的案例，如以环境无害化处置为目的的进出口交易。

（4）《关于汞的水俣公约》（简称《水俣公约》）[53]

2013 年 10 月 3 日至 11 日，在日本熊本县通过了《水俣公约》，并开放签字。中国于 2016 年 4 月 28 日通过《水俣公约》。公约对汞的生产、运输、排放、处理等诸多环节都给出了硬性的指标与规定，使缔约国明确各自的义务与责任。一是在源头（如生产）和流通（进出口）等方面，加大力度控制汞污染产品，减少污染源，限制汞废物的扩散，强化无害环境管理等。二是采取有效措施控制汞污染，并对生产、开采及其他行为过程中的排放（大气中）和释放（水体和土壤中）以及汞废物无害环境管理等方面做了详细规定。三是资金、技术、机制方面的义务，主要包括资金来源和资金机制及能力建设、技术援助和技术转让等的规定。

2. 中国的化学品环境管理

（1）化学品环境管理相关法律法规

作为世界上最大的化学品生产和消费大国，化学品的风险防控和管理关系到我国经济的持续健康发展。为此国家相关部门陆续颁布了《中华人民共和国环境保护法》《固体废物污染环境防治法》《危险化学品安全管理条例》《农药管理条例》等相关法律法规。《中华人民共和国环境保护法》确立了生态文明建设和可持续发展的理念，明确了"预防为主""绿色化工"的发展策略；《固体废物污染环境防治法》对危险废物污染环境防治进行了具体规定，对其用语进行了严密的定义，对其含义进行了特别的说明；《危险化学品安全管理条例》对各行政管理部门的职责进行了规定，同时也明确了企业为防范危险化学品事故应承担的责任和义务。为覆盖危险化学品的生产、经营、储存、运输、使用和废物处置全过程监督管理，国家建立了危险化学品安全生产监管部际联席会议制度，构建了较为完善的化学品环境管理组织体系。国家和地方各级部门及其隶属下的研究机构和实验室，为政府主管部门对化学品的环境风险防控提供了技术支撑。为加强化学品环境过程管理，生态环境部还相继颁布了《新化学物质环境管理办法》《有毒化学品进出口环境管理登记批准程序》等制度文件，规范了新化学品注册与监管、进出口、流通和运输、生产和使用、废弃和排放等环节的过程管理。

（2）化学品环境安全标准

为不断提高我国危险化学品预警应急水平，防治危险化学品对人体健康的危害，有效控制环境风险，遏制危险化学品环境事件突发，目前，国家已构建了较完整的具有中国特色的化学品环境安全标准管理体系。重点关注对象为化工、石油、医药、金属冶炼、纺织、煤化工、电池等行业中重点防控的化学品（如金属及其有机金属、农药、典型有机污染物、新型化合物等），典型标准分为环境质量标准（8项）、污染排放控制标准（34项）、检测方法标准（123项）。具体见表1-1～表1-6。

表1-1 化学品环境质量标准

序号	标准编号与标准名称
1	GB 3095—2012 环境空气质量标准
2	GB/T 18883—2002 室内空气质量标准
3	GB 3838—2002 地表水环境质量标准
4	GB/T 14848—2017 地下水质量标准
5	GB 5749—2006 生活饮用水卫生标准
6	GB 15618—2018 土壤环境质量 农用地土壤污染风险管控标准(试行)
7	GB 36600—2018 土壤环境质量 建设用地土壤污染风险管控标准(试行)
8	GB 5084—2021 农田灌溉水质标准

表 1-2　化学品污染排放控制标准

序号	标准编号与标准名称
1	GB 16297—1996 大气污染物综合排放标准
2	GB 8978—1996 污水综合排放标准
3	GB 18918—2002 城镇污水处理厂污染物排放标准
4	GB 31573—2015 无机化学工业污染物排放标准
5	GB 30770—2014 锡、锑、汞工业污染物排放标准
6	GB 25467—2010 铜、镍、钴工业污染物排放标准
7	GB 25466—2010 铅、锌工业污染物排放标准
8	GB 31574—2015 再生铜、铝、铅、锌工业污染物排放标准
9	GB 21900—2008 电镀污染物排放标准
10	GB 28661—2012 铁矿采选工业污染物排放标准
11	GB 31571—2015 石油化学工业污染物排放标准
12	GB 31570—2015 石油炼制工业污染物排放标准
13	GB 26451—2011 稀土工业污染物排放标准
14	GB 18466—2005 医疗机构水污染物排放标准
15	GB 21523—2008 杂环类农药工业水污染物排放标准
16	GB 30485—2013 水泥窑协同处置固体废物污染控制标准
17	GB 31572—2015 合成树脂工业污染物排放标准
18	GB 30484—2013 电池工业污染物排放标准
19	GB 29495—2013 电子玻璃工业大气污染物排放标准
20	GB 20426—2006 煤炭工业污染物排放标准
21	GB 18485—2014 生活垃圾焚烧污染控制标准
22	GB 16889—2008 生活垃圾填埋场污染控制标准
23	GB 18598—2019 危险废物填埋污染控制标准
24	GB 4284—2018 农用污泥污染物控制标准
25	GB 13015—2017 含多氯联苯废物污染控制标准
26	GB 21904—2008 化学合成类制药工业水污染物排放标准
27	GB 21903—2008 发酵类制药工业水污染物排放标准
28	GB 15581—2016 烧碱、聚氯乙烯工业污染物排放标准
29	GB 37822—2019 挥发性有机物无组织排放控制标准
30	GB 37823—2019 制药工业大气污染物排放标准
31	GB 37824—2019 涂料、油墨及胶粘剂工业大气污染物排放标准
32	GB 39726—2020 铸造工业大气污染物排放标准
33	GB 39727—2020 农药制造工业大气污染物排放标准
34	GB 39731—2020 电子工业水污染物排放标准

表 1-3　大气样品中化学品检测方法标准

序号	标准编号与标准名称
1	GB/T 15264—1994 环境空气　铅的测定　火焰原子吸收分光光度法
2	HJ 539—2015 环境空气　铅的测定　石墨炉原子吸收分光光度法
3	HJ 542—2009 环境空气　汞的测定　巯基棉富集-冷原子荧光分光光度法(暂行)
4	HJ 657—2013 空气和废气　颗粒物中铅等金属元素的测定　电感耦合等离子体质谱法
5	GB 8971—1988 空气质量　飘尘中苯并[a]芘的测定　乙酰化滤纸层析荧光分光光度法
6	GB/T 13580.10—1992 大气降水中氟化物的测定　新氟试剂光度法

续表

序号	标准编号与标准名称
7	HJ 956—2018 环境空气 苯并[a]芘测定 高效液相色谱法
8	GB/T 15502—1995 空气质量 苯胺类的测定 盐酸萘乙二胺分光光度法
9	HJ/T 400—2007 车内挥发性有机物和醛酮类物质采样测定方法
10	HJ 955—2018 环境空气 氟化物的测定 滤膜采样/氟离子选择电极法
11	HJ 481—2009 环境空气 氟化物的测定 石灰滤纸采样氟离子选择电极法
12	HJ 583—2010 环境空气 苯系物的测定 固体吸附/热脱附-气相色谱法
13	HJ 584—2010 环境空气 苯系物的测定 活性炭吸附/二硫化碳解吸-气相色谱法
14	HJ 638—2012 环境空气 酚类化合物的测定 高效液相色谱法
15	HJ 644—2013 环境空气 挥发性有机物的测定 吸附管采样-热脱附/气相色谱-质谱法
16	HJ 645—2013 环境空气 挥发性卤代烃的测定 活性炭吸附-二硫化碳解吸/气相色谱法
17	HJ 646—2013 环境空气和废气 气相和颗粒中多环芳烃的测定 气相色谱-质谱法
18	HJ 647—2013 环境空气和废气 气相和颗粒中多环芳烃的测定 高效液相色谱法
19	HJ 683—2014 环境空气 醛、酮类化合物的测定 高效液相色谱法
20	HJ 77.2—2008 环境空气和废气 二噁英类的测定 同位素稀释高分辨气相色谱-高分辨质谱法
21	HJ 541—2009 黄磷生产废气 气态砷的测定 二乙基二硫代氨基甲酸银分光光度法(暂行)
22	HJ 604—2017 环境空气 总烃、甲烷和非甲烷总烃的测定 直接进样-气相色谱法
23	HJ 618—2011 环境空气 PM10 和 PM2.5 的测定 重量法
24	HJ 684—2014 固定污染源废气 铍的测定 石墨炉原子吸收分光光度法
25	HJ 738—2015 环境空气 硝基苯类化合物的测定 气相色谱法
26	HJ 739—2015 环境空气 硝基苯类化合物的测定 气相色谱-质谱法
27	HJ 734—2014 固定污染源废气 挥发性有机物的测定 固相吸附-热脱附/气相色谱-质谱法
28	HJ 759—2015 环境空气 挥发性有机物的测定罐采样/气相色谱-质谱法
29	HJ 777—2015 空气和废气 颗粒物中金属元素的测定 电感耦合等离子体发射光谱法
30	HJ 779—2015 环境空气 六价铬的测定 柱后衍生离子色谱法
31	HJ 829—2017 环境空气 颗粒物中无机元素的测定 能量色散 X 射线荧光光谱法
32	HJ 830—2017 环境空气 颗粒物中无机元素的测定 波长色散 X 射线荧光光谱法
33	HJ 836—2017 固定污染源废气 低浓度颗粒物的测定 重量法
34	HJ 900—2017 环境空气 有机氯农药的测定 气相色谱-质谱法
35	HJ 901—2017 环境空气 有机氯农药的测定 气相色谱法
36	HJ 903—2017 环境空气 多氯联苯的测定 气相色谱法
37	HJ 904—2017 环境空气 多氯联苯混合物的测定 气相色谱法
38	HJ 910—2017 环境空气 气态汞的测定 金膜富集/冷原子吸收分光光度法
39	HJ 1006—2018 固定污染源废气 挥发性卤代烃的测定 气袋采样-气相色谱法
40	HJ 1079—2019 固定污染源废气 氯苯类化合物的测定 气相色谱法
41	HJ 1133—2020 环境空气和废气 颗粒物中砷、硒、铋、锑的测定 原子荧光法
42	HJ 1153—2020 固定污染源废气 醛、酮类化合物的测定 溶液吸收-高效液相色谱法
43	HJ 1154—2020 环境空气 醛、酮类化合物的测定 溶液吸收-高效液相色谱法

表 1-4　水质样品中化学品检测方法标准

序号	标准编号与标准名称
1	HJ 757—2015 水质 铬的测定 火焰原子吸收分光光度法
2	HJ 908—2017 水质 六价铬的测定 流动注射-二苯碳酰二肼光度法
3	GB/T 7471—1987 水质 镉的测定 双硫腙分光光度法

续表

序号	标准编号与标准名称
4	GB/T 7485—1987 水质 总砷的测定 二乙基二硫代氨基甲酸银分光光度法
5	GB/T 11900—1989 水质 痕量砷的测定 硼氢化钾-硝酸银分光光度法
6	GB/T 13896—1992 水质 铅的测定 示波极谱法
7	HJ 977—2018 水质 烷基汞的测定 吹扫捕集/气相色谱-冷原子荧光光谱法
8	GB/T 17132—1997 环境 甲基汞的测定 气相色谱法
9	HJ 597—2011 水质 总汞的测定 冷原子吸收分光光度法
10	HJ 694—2014 水质 汞、砷、硒、铋和锑的测定 原子荧光法
11	HJ 700—2014 水质 65种元素的测定 电感耦合等离子体质谱法
12	HJ 776—2015 水质 32种元素的测定 电感耦合等离子体发射光谱法
13	HJ 959—2018 水质 四乙基铅的测定 顶空/气相色谱-质谱法
14	GB/T 7492—1987 水质 六六六、滴滴涕的测定 气相色谱法
15	GB/T 13192—1991 水质 有机磷农药的测定 气相色谱法
16	HJ 699—2014 水质 有机氯农药和氯苯类化合物的测定 气相色谱-质谱法
17	GB/T 14552—2003 水、土中有机磷农药测定的气相色谱法
18	HJ 822—2017 水质 苯胺类化合物的测定 气相色谱-质谱法
19	GB/T 11890—1989 水质 苯系物的测定 气相色谱法
20	GB/T 11895—1989 水质 苯并[a]芘的测定 乙酰化滤纸层析荧光分光光度法
21	GB/T 13901—1992 水质 二硝基甲苯的测定 示波极谱法
22	HJ/T 73—2001 水质 丙烯腈的测定 气相色谱法
23	HJ/T 74—2001 水质 氯苯的测定 气相色谱法
24	HJ/T 83—2001 水质 可吸附有机卤素（AOX）的测定 离子色谱法
25	HJ 478—2009 水质 多环芳烃的测定 液液萃取和固相萃取高效液相色谱法
26	HJ 503—2009 水质 挥发酚的测定 4-氨基安替比林分光光度法
27	HJ 591—2010 水质 五氯酚的测定 气相色谱法
28	HJ 620—2011 水质 挥发性卤代烃的测定 顶空气相色谱法
29	HJ 621—2011 水质 氯苯类化合物的测定 气相色谱法
30	HJ 639—2012 水质 挥发性有机物的测定 吹扫捕集/气相色谱-质谱法
31	HJ 676—2013 水质 酚类化合物的测定 液液萃取/气相色谱法
32	HJ 686—2014 水质 挥发性有机物的测定 吹扫捕集/气相色谱法
33	HJ 77.1—2008 水质 二噁英类的测定 同位素稀释高分辨气相色谱-高分辨质谱法
34	HJ 715—2014 水质 多氯联苯的测定 气相色谱-质谱法
35	HJ 744—2015 水质 酚类化合物的测定 气相色谱-质谱法
36	HJ 753—2015 水质 百菌清及拟除虫菊酯类农药的测定 气相色谱-质谱法
37	HJ 754—2015 水质 阿特拉津的测定 气相色谱法
38	HJ 909—2017 水质 多溴二苯醚的测定 气相色谱-质谱法
39	HJ 1018—2019 水质 磺酰脲类农药的测定 高效液相色谱法

表 1-5　土壤和沉积物样品中化学品检测方法标准

序号	标准编号与标准名称
1	HJ 923—2017 土壤和沉积物 总汞的测定 催化热解-冷原子吸收分光光度法
2	GB/T 22105—2008 总汞、总砷、总铅的测定 原子荧光法
3	HJ 803—2016 土壤和沉积物 12种金属元素的测定 王水提取-电感耦合等离子体质谱法
4	HJ 974—2018 土壤和沉积物 11种元素的测定 碱熔-电感耦合等离子体发射光谱法

续表

序号	标准编号与标准名称
5	GB/T 23739—2009 土壤质量 有效态铅和镉的测定 原子吸收法
6	HJ 491—2019 土壤和沉积物 铜、锌、铅、镍、铬的测定 火焰原子吸收分光光度法
7	HJ 680—2013 土壤和沉积物 汞、砷、硒、铋、锑的测定 微波消解/原子荧光法
8	GB/T 14550—2003 土壤中六六六和滴滴涕测定的气相色谱法
9	HJ 703—2014 土壤和沉积物 酚类化合物的测定 气相色谱法
10	HJ 921—2017 土壤和沉积物 有机氯农药的测定 气相色谱法
11	HJ 605—2011 土壤和沉积物 挥发性有机物的测定 吹扫捕集/气相色谱-质谱法
12	HJ 642—2013 土壤和沉积物 挥发性有机物的测定 顶空/气相色谱-质谱法
13	HJ 77.4—2008 土壤和沉积物 二噁英类的测定 同位素稀释高分辨气相色谱-高分辨质谱法
14	HJ 650—2013 土壤和沉积物 二噁英类的测定 同位素稀释/高分辨气相色谱-低分辨质谱法
15	HJ 735—2015 土壤和沉积物 挥发性卤代烃的测定 吹扫捕集/气相色谱-质谱法
16	HJ 741—2015 土壤和沉积物 挥发性有机物的测定 顶空/气相色谱法
17	HJ 784—2016 土壤和沉积物 多环芳烃的测定 高效液相色谱法
18	HJ 805—2016 土壤和沉积物 多环芳烃的测定 气相色谱-质谱法
19	HJ 890—2017 土壤和沉积物 多氯联苯混合物的测定 气相色谱法
20	HJ 960—2018 土壤和沉积物 氨基甲酸酯类农药的测定 柱后衍生-高效液相色谱法
21	HJ 961—2018 土壤和沉积物 氨基甲酸酯类农药的测定 高效液相色谱-三重四极杆质谱法
22	HJ 998—2018 土壤和沉积物 挥发酚的测定 4-氨基安替比林分光光度法

表 1-6 固体废物样品中化学品检测方法标准

序号	标准编号与标准名称
1	GB/T 15555.1—1995 固体废物 总汞的测定 冷原子吸收分光光度法
2	HJ 751—2015 固体废物 镍和铜的测定 火焰原子吸收分光光度法
3	HJ 786—2016 固体废物 铅、锌和镉的测定 火焰原子吸收分光光度法
4	GB/T 15555.3—1995 固体废物 砷的测定 二乙基二硫代氨基甲酸银分光光度法
5	HJ 687—2014 固体废物 六价铬的测定 碱消解/火焰原子吸收分光光度法
6	HJ 750—2015 固体废物 总铬的测定 石墨炉原子吸收分光光度法
7	HJ 760—2015 固体废物 挥发性有机物的测定 顶空-气相色谱法
8	HJ 702—2014 固体废物 汞、砷、硒、铋、锑的测定 微波消解/原子荧光法
9	HJ 766—2015 固体废物 金属元素的测定 电感耦合等离子体质谱法
10	HJ 781—2016 固体废物 22 种金属元素的测定 电感耦合等离子体发射光谱法
11	HJ 711—2014 固体废物 酚类化合物的测定 气相色谱法
12	HJ 714—2014 固体废物 挥发性卤代烃的测定 顶空/气相色谱-质谱法
13	HJ 77.3—2008 固体废物 二噁英类的测定 同位素稀释高分辨气相色谱-高分辨质谱法
14	HJ 892—2017 固体废物 多环芳烃的测定 高效液相色谱法
15	HJ 891—2017 固体废物 多氯联苯的测定 气相色谱-质谱法
16	HJ 912—2017 固体废物 有机氯农药的测定 气相色谱-质谱法
17	HJ 950—2018 固体废物 多环芳烃的测定 气相色谱-质谱法
18	HJ 951—2018 固体废物 半挥发性有机物的测定 气相色谱-质谱法
19	HJ 963—2018 固体废物 有机磷类和拟除虫菊酯类等 47 种农药的测定 气相色谱-质谱法

3. 化学品环境管理体系

(1) 化学品环境管理组织体系

目前，涉及化学品安全和环境管理的部门主要有生态环境部、应急管理部、卫生健康委员会、市场监督管理总局、农业农村部、交通运输部、公安部、人力资源和社会保障部等。生态环境部设有固体废物与化学品司，负责全国固体废物、化学品、重金属等污染防治的监督管理，拟订和组织实施相关政策、规划、法律、行政法规、部门规章、标准及规范，组织实施危险废物经营许可及出口核准、固体废物进口许可、有毒化学品进出口登记、新化学物质环境管理登记等环境管理制度。同时，地方各级政府在应急部门或生态环境部门也设有相应的化学品环境管理处，负责辖区内危险化学品的安全与环境保护监督管理工作。在此之前，为实施对危险化学品安全的监督管理，2007年6月，国家建立了危险化学品安全生产监管部际联席会议制度，包括国家安全生产监督管理总局、国家发展和改革委员会等16个与危险化学品安全监管相关的部委。通过联席会议制度，建立危险化学品安全监管部门联合执法机制、情况通报与信息共享机制。

(2) 化学品环境管理技术体系

2003年，国家环境保护总局颁布了《新化学物质环境管理办法》，对中国境内从事生产和进口新化学物质实行生产前或进口前申报登记的环境管理制度。2004年，制定和颁布了与之配套的3项行业标准：《化学品测试导则》（HJ/T 153—2004）、《新化学物质危害评估导则》（HJ/T 154—2004）和《化学品测试合格实验室导则》（HJ/T 155—2004）。《中国现有化学物质名录》(IECSC)，已收录近五万种化学物质标识信息。

4. 化学品环境管理存在的问题和建议

我国化学品环境管理起步较晚，明显滞后于化学品产业的发展。化学品环境管理的相关法律法规、环境安全标准、环境管理体系还不够健全，缺乏一套综合性科学管理政策和指导原则，尚未建立起与国际接轨的化学品风险评价和风险管理制度。尤其是对新化学品环境的风险防控能力和水平有待提升，缺少必要的监控手段和经验，对危险化学品潜在危害认识不足，尚不能满足环境保护和公众健康安全要求[54]。

随着我国化学品工业的快速发展，化学品风险防控和管理越发重要。面对化学品风险防控压力，应从转变大众观念、提高社会认知、树立绿色理念入手，不断完善化学品环境管理法律法规和管理制度，完善化学品风险评估和预警机制，科学构建化学品监管体制，加强化学品环境健康研究，强化化学品全生命周期风险意识，突出化学品管理的科学性、前瞻性和综合性，不断提升我国化学品风险防控和管理水平，为绿色发展和环境健康保驾护航。

参考文献

[1] Yan X T, He B, Liu L H, et al. Organotin exposure stimulates steroidogenesis in H295R Cell via cAMP pathway [J]. Ecotoxicology and Environmental Safety, 2018, 156: 148-153.

[2] Liang X X, Yin N Y, Liang S X, et al. Bisphenol A and several derivatives exert neural toxicity in human neuron-like cells by decreasing neurite length [J]. Food and Chemical Toxicology, 2020, 135: 111015.

[3] 王亚韡, 王莹, 江桂斌. 短链氯化石蜡的分析方法、污染现状与毒性效应 [J]. 化学进展, 2017, 29 (9): 919-929.

[4] Yin N Y, Liu Q, Liu J Y, et al. Silver nanoparticle exposure attenuates the viability of rat cerebellum granule cells through apoptosis coupled to oxidative stress [J]. Small, 2013, 9 (9-10): 1831-1841.

[5] Shi Y L, Pan Y Y, Wang J M, et al. Distribution of perfluorinated compounds in water, sediment, biota and floating plants in Baiyangdian Lake, China [J]. Journal of Environmental Monitoring, 2012, 14 (2): 636-642.

[6] Jin Y H, Liu W, Sato I, et al. PFOS and PFOA in environmental and tap water in China [J]. Chemosphere, 2009, 77 (5): 605-611.

[7] Zeng L X, Wang T, Ruan T, et al. Levels and distribution patterns of short chain chlorinated paraffins in sewage sludge of wastewater treatment plants in China [J]. Environmental Pollution, 2012, 160: 88-94.

[8] Mueller N C, Nowack B. Exposure modeling of engineered nanoparticles in the environment [J]. Environmental Science & Technology, 2008, 42 (12): 4447-4453.

[9] Wang H H, Kou X M, Pei Z G, et al. Physiological effects of magnetite (Fe_3O_4) nanoparticles on perennial ryegrass (*Lolium perenne* L.) and pumpkin (*Cucurbita mixta*) plants [J]. Nanotoxicology, 2011, 5 (1): 30-42.

[10] Ma Y, Venier M, Hites R A. 2-Ethylhexyl tetrabromobenzoate and bis(2-ethylhexyl) tetrabromophthalate flame retardants in the Great Lakes atmosphere [J]. Environmental Science & Technology, 2012, 46: 204-208.

[11] Salamova A, Ma Y N, Venier M, et al. High levels of organophosphate flame retardants in the Great Lakes atmosphere [J]. Environmental Science & Technology, 2014, 48 (1): 8-14.

[12] Cao D D, Guo J H, Wang Y W, et al. Organophosphate esters in sediment of the Great Lakes [J]. Environmental Science & Technology, 2017, 51: 1441-1449.

[13] 傅建捷, 王亚韡, 周麟佳, 等. 我国典型电子垃圾拆解地持久性有毒化学污染物污染现状 [J]. 化学进展, 2011, 23 (8): 1755-1768.

[14] Kim M, Li L Y, Gorgy T, et al. Review of contamination of sewage sludge and amended soils by polybrominated diphenyl ethers based on meta-analysis [J]. Environmental Pollution, 2017,

220：753-765.

[15] 陈雅丽,翁莉萍,马杰,等. 近十年中国土壤重金属污染源解析研究进展. 农业环境科学学报,2019, 38 (10)：2219-2238.

[16] Meng M, Li B, Shao J J, et al. Accumulation of total mercury and methylmercury in rice plants collected from different mining areas in China [J]. Environmental Pollution, 2014, 184：179-186.

[17] Li Y Y, Pan Y H, Lian L S, et al. Photosensitized degradation of acetaminophen in natural organic matter solutions：The role of triplet states and oxygen [J]. Water Research, 2017, 109：266-273.

[18] Chen L, Shen C F, Zhou M M, et al. Accelerated photo-transformation of 2,2′,4,4′,5,5′-hexachlorobiphenyl (PCB 153) in water by dissolved organic matter [J]. Environmental Science and Pollution Research, 2013, 20：1842-1848.

[19] Janssen E M L, Erickson P R, McNeill K. Dual roles of dissolved organic matter as sensitizer and quencher in the photooxidation of tryptophan [J]. Environmental Science & Technology, 2014, 48 (9)：4916-4924.

[20] Lyu X J, Li W W, Lam P K S, et al. Insights into perfluorooctane sulfonate photodegradation in a catalyst-free aqueous solution [J]. Scientific Reports, 2015, 5：9353.

[21] Yang Y, Pignatello J J, Ma J, et al. Comparison of halide impacts on the efficiency of contaminant degradation by sulfate and hydroxyl radical-based advanced oxidation processes (AOPs) [J]. Environmental Science & Technology, 2014, 48 (4)：2344-2351.

[22] Guo K H, Wu Z H, Shang C, et al. Radical chemistry and structural relationships of PPCPs degradation by UV/chlorine treatment in simulated drinking water [J]. Environmental Science & Technology, 2017, 51 (18)：10431-10439.

[23] Cheng S S, Zhang X R, Yang X, et al. The multiple role of bromide ion in PPCPs degradation under UV/chlorine treatment [J]. Environmental Science & Technology, 2018, 52 (4)：1806-1816.

[24] Hao Y F, Li Y M, Han X, et al. Air monitoring of polychlorinated biphenyls, polybrominated diphenyl ethers and organochlorine pesticides in West Antarctica during 2011-2017：Concentrations, temporal trends and potential sources [J]. Environmental Pollution, 2019, 249：381-389.

[25] Rankin K, Mabury S A, Jenkins T M, et al. A North American and global survey of perfluoroalkyl substances in surface soils：Distribution patterns and mode of occurrence [J]. Chemosphere, 2016, 161：333-341.

[26] Ma X D, Zhang H J, Zhou H Q, et al. Occurrence and gas/particle partitioning of short- and medium-chain chlorinated paraffins in the atmosphere of Fildes Peninsula of Antarctica [J]. Atmospheric Environment, 2014, 90：10-15.

[27] Zhao J P, Wang P, Wang C, et al. Novel brominated flame retardants in West Antarctic atmosphere (2011-2018)：Temporal trends, sources and chiral signature [J]. Science of the Total Environment, 2020, 720：137557.

[28] Gao K, Miao X, Fu J, et al. Occurrence and trophic transfer of per- and polyfluoroalkyl sub-

stances in an Antarctic ecosystem [J]. Environmental Pollution, 2020, 257: 113383.

[29] Zhang X, Zheng M H, Liang Y, et al. Particle size distributions and gas-particle partitioning of polychlorinated dibenzo-p-dioxins and dibenzofurans in ambient air during haze days and normal days [J]. Science of the Total Environment, 2016, 573: 876-882.

[30] Gligorovski S, Strekowski R, Barbati S, et al. Environmental implications of hydroxyl radicals (center dot OH) [J]. Chemical Reviews, 2015, 115 (24): 13051-13092.

[31] Zhou J, Chen J W, Liang C H, et al. Quantum chemical investigation on the mechanism and kinetics of PBDE photooxidation by center dot OH: A case study for BDE-15 [J]. Environmental Science & Technology, 2011, 45 (11): 4839-4845.

[32] Xiao R Y, Zammit I, Wei Z S, et al. Kinetics and mechanism of the oxidation of cyclic methylsiloxanes by hydroxyl radical in the gas phase: An experimental and theoretical study [J]. Environmental Science & Technology, 2015, 49 (22): 13322-13330.

[33] Liu G L, Cai Y, O'Driscoll N. Environmental Chemistry and Toxicology of Mercury [M]. Hoboken: John Wiley & Sons, 2012.

[34] Ye Z Y, Mao H T, Lin C J, et al. Investigation of processes controlling summertime gaseous elemental mercury oxidation at midlatitudinal marine, coastal, and inland sites [J]. Atmospheric Chemistry and Physics, 2016, 16 (13): 8461-8478.

[35] Moeckel C, Nizzetto L, Strandberg B, et al. Air-boreal forest transfer and processing of polychlorinated biphenyls [J]. Environmental Science & Technology, 2009, 43 (14): 5282-5289.

[36] Niederer C, Goss K U, Schwarzenbach R P. Sorption equilibrium of a wide spectrum of organic vapors in Leonardite humic acid: Experimental setup and experimental data [J]. Environmental Science & Technology, 2006, 40 (17): 5368-5373.

[37] Reichman R, Rolston D E, Yates S R, et al. Diurnal variation of diazinon volatilization: Soil moisture effects [J]. Environmental Science & Technology, 2011, 45 (6): 2144-2149.

[38] Davie-Martin C L, Hageman K J, Chin Y P, et al. Influence of temperature, relative humidity, and soil properties on the soil-air partitioning of semivolatile pesticides: Laboratory measurements and predictive models [J]. Environmental Science & Technology, 2015, 49 (17): 10431-10439.

[39] Semple K T, Riding M J, McAllister L E, et al. Impact of black carbon on the bioaccessibility of organic contaminants in soil [J]. Journal of Hazardous Materials, 2013, 261: 808-816.

[40] Ali U, Mahmood A, Syed J H, et al. Assessing the combined influence of TOC and black carbon in soil-air partitioning of PBDEs and DPs from the Indus River Basin, Pakistan [J]. Environmental Pollution, 2015, 201: 131-140.

[41] Bucheli T D, Gustafsson O. Soot sorption of non-ortho and ortho substituted PCBs [J]. Chemosphere, 2003, 53 (5): 515-522.

[42] Hung C C, Gong G C, Ko F C, et al. Relationships between persistent organic pollutants and carbonaceous materials in aquatic sediments of Taiwan [J]. Marine Pollution Bulletin, 2010, 60 (7): 1010-1017.

[43] Nam J J, Gustafsson O, Kurt-Karakus P, et al. Relationships between organic matter, black carbon and persistent organic pollutants in European background soils: Implications for sources and

environmental fate [J]. Environmental Pollution, 2008, 156 (3): 809-817.

[44] Lohmann R, MacFarlane J K, Gschwend P M. Importance of black carbon to sorption of native PAHs, PCBs, and PCDDs in Boston and New York, Harbor sediments [J]. Environmental Science & Technology, 2005, 39 (1): 141-148.

[45] Tarapore P, Ying J, Ouyang B, et al. Exposure to bisphenol A correlates with early-onset prostate cancer and promotes centrosome amplification and anchorage-independent growth in vitro [J]. Plos One, 2014, 9: 1-11.

[46] Acevedo N, Davis B, Schaeberle C M, et al. Perinatally administered Bisphenol-A as a potential mammary gland carcinogen in rats [J]. Environmental Health Perspectives, 2013, 121: 1040-1046.

[47] Alexander B H, Olsen G W. Bladder cancer in perfluorooctanesulfonyl fluoride manufacturing workers [J]. Annals of Epidemiology, 2007, 17 (6): 471-478.

[48] Liu N, Jin X W, Zhou J Y, et al. Predicted no-effect concentration (PNEC) and assessment of risk for the fungicide, triadimefon based on reproductive fitness of aquatic organisms [J]. Chemosphere, 2018, 207: 682-689.

[49] Rahman M S, Kwon W S, Lee J S, et al. Bisphenol-A affects male fertility via fertility-related proteins in spermatozoa [J]. Scientific Reports, 2015, 5: 1-9.

[50] Arrebola J P, Ocana-Riola R, Arrebola-Moreno A L, et al. Associations of accumulated exposure to persistent organic pollutants with serum lipids and obesity in an adult cohort from Southern Spain [J]. Environmental Pollution, 2014, 195: 9-15.

[51] 绿会成为巴塞尔公约/鹿特丹公约/斯德哥尔摩公约 2019 缔约方大会观察员 [EB/OL]. (2019-02-16) [2020-10-26]. https://www.sohu.com/a/295151689_100001695.

[52] 吴厚斌, 楼云燕, 任晓东, 等.《鹿特丹公约》的历史背景——"事先知情同意程序"的历史演变 [J]. 农业科学与管理, 2005, 26 (8): 36-37, 40.

[53] 马忠法.《关于汞的水俣公约》与中国汞污染防治法律制度的完善 [J]. 复旦学报（社会科学版）, 2015, 57 (2): 157-164.

[54] 中国环境与发展国际合作委员会. 第八期：中国化学品环境管理问题与建议 [R]. http://www.china.com.cn/tech/zhuanti/wyh/2008-02/04/content_9651647.htm.

第二章

化学品的环境安全评价

1986年11月,瑞士巴塞尔桑多兹化学公司仓库起火,大量有毒化学品外泄流入莱茵河,导致事故地段的生物几乎绝迹,100英里(1mile=1.609344km)以内的鱼类大量死亡,德国、荷兰两国居民的供水被迫受限,这就是国际上闻名的莱茵河污染事件。该事件提醒了各国政府亟须对化学品进行环境安全评价研究。化学品或其降解/转化产物在生产、运输、使用、处置过程中可能会泄漏进入环境,进而对生态环境构成威胁。环境中的化学品不仅可对人类造成直接影响,也可通过破坏生态系统平衡产生间接影响。联合国环境与发展大会通过的《21世纪议程》第19章第一项内容就是有关扩大、促进化学风险的国际评估[1],2002年世界首脑可持续发展会议上化学品风险评估被再次提上日程。化学品环境安全已引起世界范围内的广泛关注,且受重视程度与日俱增。环境安全评价是基于环境安全性,与风险评价密切相关的综合性分析。安全性是相对的概念。通常,某一化学品的环境浓度在特定水平以下,可认为属于低风险,具有安全性。化学品的暴露评估是环境安全评价的基础,依据工作范围和目的、数据来源以及其他相关因素而采取不同形式[2],适用于包括全球、国家、区域、特定环境等不同空间尺度的安全性评价,可用于评估已发生的污染事故所产生的影响,也可以预测新开发化学品对人体健康或生态环境可能产生的危险。化学品的风险评估包括危害识别、暴露评估、影响评估和风险表征四个方面的全部或部分内容[3],本章将围绕这四个过程就化学品风险评估的具体方法、程序及标准进行介绍。

第一节 化学品的危害识别

危害是指化学品对生物体、系统或(亚)种群暴露后可能引起的不良效应。这些不良效应包括但不限于生殖和免疫系统缺陷或癌症等,也包括鱼类和鸟类死亡、植物种群衰退等生态环境危害。危害识别是指对化学品所具有的潜在的，能够引起生物体、系统或（亚）种群产生不良影响的类型和性质的识别。相关数据可来源于实验室研究、突发事故、自然灾害、流行病学调查等。危害识别数据（化学品理化性质参数及生产和应用等信息）是风险评估中最为基础的数据集。

一、化学品的理化性质

化学品的内在性质特别是物理化学性质是影响化学品在生态环境中的迁移、转化和归趋行为的关键因素，决定了其在环境中的存在形态、分布范围和浓度，最终影响其环境毒性和生态效应。化学品的风险评估通常需要掌握的主要物理化学参数包括物质状态、蒸气压、表面张力、正辛醇-水分配系数、解离常数、黏度、颗粒粒度、水溶性、相对密度、熔点、沸点、氧化性等。有关物理化学参数对安全性的影响方式和程度将在本章第二节相关内容中进行具体描述。

二、化学品在生产和应用中的分类标识

有毒、有害及危险化学品在生产、流通、使用等环节的暴露会严重危害人体健康、污染生态环境。为有效管控化学品、降低其不利影响，国际相关组织已缔结了包括《关于危险废物越境转移的巴塞尔公约》《关于化学品和农药的鹿特丹公约》《关于持久性有机污染物的斯德哥尔摩公约》《关于汞的水俣公约》等针对不同类型化学品的管理性公约。化学品的种类和数量繁多，为消除各国在分类标准、方法和术语上的差异，国际劳工组织（ILO）、经济合作与发展组织（OECD）和联合国合作制定了《全球化学品统一分类和标签制度》（GHS），该制度规定了化学品的分类标准和危险性公示要素，包括包装标签和化学品安全技术说明书（SDS）。

第二节　化学品的暴露评估

化学品的暴露评估是指化学品的剂量或暴露水平与其影响范围及程度之间关系的估算[3]。已有化学品的暴露情况可通过环境浓度的测量数据进行评估，新化学品的暴露主要基于模型预测，通过对排放（量及途径）、迁移（速率）、转化或降解等过程的估算，获得新化学品对人类或环境可能产生的暴露剂量或

浓度。由于非生物条件（时空、工艺等）的差异和生物条件的多样性，基于实际测量得到的暴露评估结果也具有不确定性。因此，采用模型进行预测在化学品的风险评估方面具有重要的现实意义。

一、环境暴露评估

环境暴露评估多基于数学模型方法定量描述环境化学品的分布和浓度。常用于描述化学品在环境排放后变化的暴露模型有空气模型、水体模型、土壤模型和多介质模型等。为了选择更为客观的数据用于风险表征阶段，往往通过三个步骤对预测浓度和测量浓度进行比较：①依据评估分析技术和时间尺度，选择可靠数据；②结合所选数据与适当的排放场景，对暴露场景建模；③比较代表性数据与对应的模型预测值，并严格分析两者的差异，模型预测与测量结果二者是相辅相成的。

1. 空气模型

空气模型可给出物质由大气输入土壤或地表水中的综合情况，它对大气中微量成分分布进行建模，主要处理大气中发生的平流、分散、化学和沉降等过程，建模所需的参数包括化学品的物理化学参数（气相-颗粒间的分配系数、沉降系数、溶解常数等）、气象学参数（风向、风速、温度、大气湍流、太阳辐射、降水等）和排放数据［污染物排放速率（浓度和体积）、排放源地理位置等］，有时还需考虑地形学数据。常用的空气模型包括高斯烟羽模型、欧拉网格模型和综合空气质量模型等[4-7]，模型的复杂程度因具体研究目的和输出要求而不同。

高斯烟羽模型基于湍流扩散统计理论，采用了简单和参数化的线性机制来描述复杂的大气物理过程，该模型假设污染物在空间（y和z轴）上符合正态分布，适用于：①存在稳定的污染物和气流状态，如恒定的释放速率、稳定的风速和均匀的湍流；②化学转化和沉降可忽略；③风速超过1m/s；④与源头距离小于30km等环境条件[8-10]下的推导估算。对于一个高架连续点污染源下风向空间某处的污染物浓度可用以下模型公式进行计算：

$$\rho(x,y,z,H) = \frac{Q}{2\pi \bar{u} \sigma_y \sigma_z} \exp\left(\frac{-y^2}{2\sigma_y^2}\right) \left\{ \exp\left[-\frac{(z-H)^2}{2\sigma_z^2}\right] + \exp\left[-\frac{(z+H)^2}{2\sigma_z^2}\right] \right\}$$

(2-1)

式中，ρ为污染物的质量浓度，g/m^3；σ_y和σ_z分别为污染物在大气空间y轴和z轴上的散布系数；Q为污染源的污染物释放速率，g/s；$\bar{u}$为平均风速，m/s；y和z分别为水平和垂直方向上的坐标，m；H为污染源距地面的有效高度，m。

对于地面点污染源而言，即污染源中心距地面高度 $H=0$，该模型公式可简化为：

$$\rho(x,y,z,0)=\frac{Q}{\pi \bar{u} \sigma_y \sigma_z}\exp\left[-\frac{1}{2}\left(\frac{y^2}{\sigma_y^2}+\frac{z^2}{\sigma_z^2}\right)\right]$$

高斯烟羽模型结构简单，计算便捷，对于数据输入要求不高，在20世纪60年代得到了广泛应用。研究发现，化学反应对污染物大气过程的影响非常显著，因此，第二代空气质量模型如欧拉网格模型等也随之发展起来。欧拉网格模型引入了更为复杂的气象模式和包括化学变化在内的非线性机制，它将被评估区域划分为多个规则的空间单元，基于每个单元内物质沉降和浓度的质量守恒，可模拟预测时间跨度从1个月至10年，空间范围从距源头100m至约2000km×2000km的陆地洲际范围。当进一步考虑大气中各组分间的物理、化学反应对污染物分布、浓度等的贡献时，20世纪90年代发展了以三维欧拉模型等为代表的第三代综合空气质量模型。由美国大气研究中心开发的WRF-CHEM模型，考虑了气象和大气污染的双向反馈过程的影响，是目前主流的第三代模型，而中国科学院大气物理研究所自主研发的嵌套网格空气质量预报模型NAQPMS则是我国第三代空气质量模型的代表。

2. 水体模型

地表水等水体是污染物主要的受纳介质之一，人们直接饮用地表水或食用受污染水体中的水生生物都会产生污染物的暴露，因此，对于地表水中污染物的暴露评估也是化学品风险评估的重点。水体模型是预测化合物在地表水中分布的重要模型，也是环境暴露评估中最常用的模型。典型的水体模型包括稀释模型、分散模型和区间模型等，其中，稀释模型是最简单的水体模型，该模型以待评估物质的流出浓度与特定稀释因子的商值作为物质在水体中的浓度，并未考虑物质进入水体区间后的归趋。利用简单的稀释模型可对河水中特定化学物质的浓度（C_∞）进行计算，模型计算公式为[3]：

$$C_\infty=\frac{Q_w C_w+Q_e C_e}{Q_w+Q_e} \tag{2-2}$$

式中，C_w 和 C_e 分别为化学品在河水和排放污水中的浓度，mol/m^3；Q_w 和 Q_e 分别为河水和污水的流量，m^3/s。

若计算化合物为新物质或者排放源只有一个，即 $C_w=0$，则稀释模型可简化为：

$$C_\infty=C_e \cdot DF \tag{2-3}$$

式中，DF 为污水的稀释因子，$DF=Q_e/(Q_W+Q_e)$。

因此，对于化学物质在水体中的浓度估算，就转变为在各种环境条件下对稀释因子的求算。这里的稀释因子可以是选定地区或国家所有 DF 的中值或平均值。在对进入市场的新物质进行初始暴露评估时，通常使用 10 作为化学品的 DF 值。这里需要注意，简单的稀释模型均假设化学品在水体中是均匀分布的，因此，该模型并不适用于所有污染排放的情况。

除了以上简单的稀释模型外，还有分散模型和区间模型等复杂的水体模型，这两种模型补充考虑了物质的挥发、吸附、沉淀及生物/非生物降解过程。分散模型主要用于描述污染物的空间浓度与位置函数间的关系，其中代表性示例为泄漏模型，该模型主要基于化学品的平流和分散迁移过程，用于描述化学品意外排放到水体后的分布，适用于较短的时间范畴。除泄漏模型外，代表性的分散模型还有 Alarmmodel Rhine 模型、Dilmod 模型和 CORMIX1 模型等[3]。已有研究[11]利用分散模型对荷兰境内所有污水处理场排放的污水稀释情况进行了预测，计算了每个污水处理厂的流体参数，例如雷诺数（Reynolds number）等，并基于这些数据进一步计算了距污水处理场排污口 1km 处所有物质的稀释因子分布情况。区间模型则把地表水划分为多个区间，每个区间仅含有一种组分，这些组分与相邻区间的流量交换即可用于描述污染物的迁移、转化。每个区间内均可得到一个质量平衡方程，以此为基础来建立预测模型。除化学品的平流和扩散外，该模型还考虑了组分在碎石、沙子等无机颗粒或有机质上的吸附、沉积及再悬浮过程。针对有机物，还考虑了生物降解、光解、水解等转化过程。区间模型的典型示例是 WASP4 模型、EXAMS 模型[12]等，由于区间内情况较为复杂，需要结合大量的背景数据，才能获得较为合理的预测结果。在选择预测模型时需依据以下数据进行综合考虑：①排放场景（如排放时间及频率）；②化学性质［吸附性质（固体-水分配系数 K_p、有机碳标准化固体-水分配系数 K_{oc}）、离子化常数、蒸气压、亨利常数等］；③环境特征（排放量、水流、降水、河道宽度等）。

3. 土壤模型

土壤是土壤颗粒、空气、水三相组成的复杂综合体，具有较高的反应活性且富含有机质，同时含有有氧发生层和少氧发生层[13,14]。土壤的阴阳离子交换能力、pH 值、有机质含量、氧化还原电位、盐度和微生物群落结构等均可对重金属和有机化合物的吸附、降解等迁移、转化过程产生重要影响。氧化还原电位升高，金属硫化物会发生氧化，促进重金属溶解释放并在土壤中迁移；pH 值降低，则可增大重金属化合物的溶解性，改变土壤微生物群落结构，进而影响有毒有机化合物的降解；微生物群落结构变化反过来还会影响 pH 值和氧化还原电位等土壤条件[13,14]。土壤的特性以及其他多种因素均会影响化学品在土壤中的迁移、转化和归趋等行为（图 2-1），因此，通过模型对土壤污染进行准确预测十分困难。

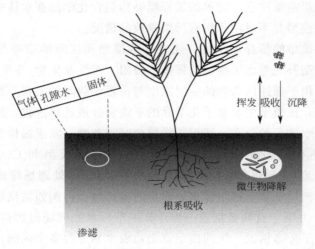

图 2-1 化学品在土壤中的归趋

化学品在空气-土壤、水-土壤相间的分配性质决定了化学品在固体相中的固定程度，很大程度上也决定了其在土壤中的迁移行为。土壤组分可下渗进入地下水，因此，对于土壤污染物归趋行为的预测通常既会涉及土壤模型也会涉及地下水模型。数据模型建模需涉及的典型数据包括：①用途、引入数据（如杀虫剂的使用量和持续时间等）；②化学品的理化性质参数（如亨利常数、正辛醇-水分配系数等）；③土壤特征参数（土壤孔隙率、水分、有机质或有机碳含量等）；④气象学数据（土层水通量、降水量、土壤水分的蒸发/蒸腾量、径流量、温度、光照等）。相对于空气模型和水体模型而言，土壤模型的选择更大程度上取决于应用目的。常用于评估化学品在土壤中归趋的模型有两类：①用于模拟地下水不饱和带中化学品归趋的模型，如杀虫剂根区模型（PRZM）[15-17]和季节性土壤归趋模型（SESOIL）[18,19]。大多数不饱和带模型一般在假设固相、孔隙水相和气相达到平衡的前提下，模拟化学品在一维垂直方向上的迁移。PRZM 模型模拟的是杀虫剂在作物根区及向下空间的垂直运动和向水层中的扩散，该迁移需考虑渗透、径流、植物吸收、挥发及降解等多个过程。SESOIL 模型用于预测有机物和金属在不饱和带中的迁移及其向邻近地下水区域的渗透。该模型综合考虑了垂直对流、挥发、吸附、离子交换、金属水解等过程的影响。②用于预测地下水饱和带中化学品归趋的模型，例如在进一步考虑化学品的消除后，PESTLA 模型[20] 得到有效修正，修正模型可用于计算杀虫剂从土壤层渗透到饱和水区的分布，预测结果可为杀虫剂管理的决策制订提供指导。欧洲化学品生态毒理学和毒理学中心采用了类似方法，计算临近点源土壤中化学品达到稳定分布时的含量。模型中规定自然土壤中化学品仅通过沉降过程积累，而可耕作土壤中的化学品可通过沉降和施用污泥等多个途径获得积累。可耕作土壤中化学品的稳态含量可通过以下公式进行计算[21]：

$$C_s = \frac{Dp_t + Sl_a}{(k_d + k_1 + k_e) H_s R_s} \tag{2-4}$$

式中，C_s 为稳态下化学品在土壤中的含量，kg/kg；Dp_t 为总沉降速度，kg/(m^2·s)；Sl_a 为以活化污泥形式施用某化学品的速度，kg/(m^2·s)；k_d 为生物降解速率常数，s^{-1}；k_1 为渗透消除速率常数，s^{-1}；k_e 为挥发消除速率常数，s^{-1}；H_s 为土壤深度，m；R_s 为土壤密度，kg/m^3。

当计算天然土壤时，可将式中污泥相关计算项去掉。

4. 多介质模型

当化学品同时排放到多种介质或排放到一个区域后又在多个介质间迁移时，就需要使用多介质模型对化学品分布和归趋进行预测评估。多介质归趋模型是区间质量平衡模型的典型示例，它将整个环境划分为一组空间上均一的区间，每种环境介质都定义为一个区间，并假定化合物在其中分布是均匀的。该模型结合化学品的典型理化数据，包括化学品在不同介质中的半减期，以及在各相间的分配系数例如亨利常数、固体-水之间的分配系数、正辛醇-水分配系数等，可描述 $10^4 \sim 10^5 \text{km}^2$ 范围以内含空气、水、悬浮固体、沉积物、土壤的多介质区域污染分布状况。

依据不同的热力学平衡状态，多介质模型可分为四级[22]：①第一级模型描述了在理想的热力学平衡状态下，特定化学品在各介质区间中的分布；②第二级模型假设化学品在介质间的传输无限快，在考虑物质的平流、分配和降解时，模拟了某种热力学平衡状态下化学品向多介质环境中连续排放的情况；③第三级模型考虑并假定了介质间输送的真实动力学，模拟计算可能不处于热力学平衡状态时化学品在各区间内的稳态分布；④第四级模型假设了一种非稳态，给出了化学品在这种状态下浓度与时间的关系。第三级模型可计算在恒定的排放场景中化学物质的环境浓度和分布情况，第四级模型的计算结果预测了达到稳定状态所需的时间。Mackay 提出的多介质模型已应用于科学研究中，例如 HAZCHEM[23]、ChemCAN[24]、SimpleBox[25,26]、EQC[27] 等。

多数多介质模型将大尺度环境简化为均质性的区间，导致其在实际应用中受限，因此，部分此类模型采取了相应的修正方法，如 SimpleBox 模型引入了"嵌套"的概念，它是将区域或更小的空间与较大尺度的区间范围联系起来，通过此种方式，可在考虑区域内特定环境特征的基础上评估化学品的整体归趋。

物质的流动性强意味着其会在全球范围内分布，造成更大范围的污染，因此，物质在环境中的持久性及远程迁移能力是管理决策中的重要判定依据。化学品的持久性（P_{ov}）反映了物质的抗降解能力，可通过降解半减期或在排放事件中的反应性滞留时间进行量化表示；远程迁移能力（LRTP）则反映了物质从排放场所向外迁移的能力。P_{ov} 和 LRTP 两者均不能通过简单测定得到，必须结合可测量的理化参数如降解速率常数、分配系数、质量转移速率等，再选择合适的模型进行计算得到。多介质模型可用于计算化合物的暴露浓度、环境总体持久性和远程迁移能力，计算公式为：

$$P_{ov} = \frac{1}{k_{ov}} = \frac{\sum_i M_i}{\sum_i M_i k_i} \tag{2-5}$$

式中，k_{ov} 为整体降解速率常数，d^{-1}；k_i 为纯介质中的降解速率常数，d^{-1}；M_i 为稳态介质中的质量，kg。

可见化学品的分配系数和转移过程是其在环境中持久性的重要决定因素，与半减期并无直接联系。

LRTP 有多种表示方式，如果以环境中的含量占总排放量的比例作为表示方式，则其求算公式为：

$$\text{LRTP} = \frac{adv_a + adv_w}{E} \tag{2-6}$$

式中，adv_a 和 adv_w 分别为空气和水介质平流过程中的质量流，kg/d；E 为总排放速度，kg/d。

基于以上模型可对多种化学品的 P_{ov} 和 LRTP 等参数进行计算。

二、人体暴露评估

依据环境暴露评估结果，可明确环境源排放、化学品在各环境介质中的归趋以及在食物链中的传递。环境介质中赋存的化学品可通过多种途径对直接或间接接触污染介质的人群产生外暴露。外暴露是指某种物质在进入机体前与受体接触的过程，这里的受体可以理解为通过消化道途径暴露时的胃肠道上皮、通过呼吸道暴露时的肺部上皮以及通过皮肤接触暴露时的表皮。外暴露剂量可结合化学品的环境浓度及暴露参数进行估算，环境暴露剂量是决定人体外暴露剂量的因素之一。因此，化学品的环境暴露评估结果是进行人体暴露评估的前提条件。当化学品穿过生物膜进入循环系统被人体内化吸收时，则产生内暴露，内暴露剂量可采用生物可利用度即被吸收化学品的剂量与外暴露剂量的比值来进行估算。

当前，美国、加拿大、中国和日本等世界各国都已开展了暴露参数的调查研究工作，并编制发布了符合各自国情的人群暴露参数手册，大部分是基于美国环保局（EPA）颁布的《暴露数据手册》框架。《中国人群暴露参数手册》于 2016 年由国家生态环境部发布，内容具体包括人群摄入量参数（呼吸、饮水、饮食和土壤/尘）、与各种暴露途径相关的时间活动模式参数（空气、水、土壤、电磁等暴露）以及期望寿命、体重、住宅状况等其他参数。经济合作与发展组织（OECD）和国际化学品安全规划署（IPCS）按照典型的人体暴露场景将暴露人群分为三类，他们分别通过接触日常环境、使用消费品和工作场所等途径暴露于化学品，并依据暴露来源、暴露人群、暴露时限、微环境等暴露场景参数对化学品的人体暴露水平进行估算[28,29]。

1. 环境导致的人体暴露评估

化学品的环境暴露包括摄入、呼吸、皮肤接触三个主要途径，根据化学品的暴露方式不同可以分为直接暴露（直接摄入、吸入或皮肤接触）和间接暴露（通过食用受污染的食物和饮用水摄入）。暴露人群的可靠监测数据（如水果、蔬菜等食品或水中的残留农药量评估等）直接用于人体暴露评估是较为理想的，但由于化学品的暴露水平、生物浓缩等背景数据的缺乏，仍然需要模型计算。环境导致的人体暴露评估可分为三个步骤：①介质的日摄入总量评估；②摄入介质中的物质浓度评估；③结合生物可利用度（K_{ow} 是重要参数）、介质浓度、摄入总量等给出综合评估结果。间接暴露评估可通过模型和实测资料来进行。第一步选择以较为通用及保守的假设为基础的模型，第二步输入可靠、有代表性的实测数据进行模型估算。

目前用于估算环境导致的外暴露浓度模型主要包括 CalTOX[30]、EU-SES[31]、UMS[32] 等。CalTOX 模型是美国加利福尼亚州环境保护局与国家暴露研究实验室合作开发的模型，主要用于污染区域的风险评估和土壤修复的标准制定。该模型需基于实测污染物的环境浓度和人群暴露参数（可查阅相关暴露手册）等进行综合评估分析，具体模型公式为：

$$ADE_{ing} = C_k \times TF_{k \to i} \times \frac{IR_s}{BW} \times FI \times \frac{EF \times ED}{365 \times AT} \times 10^{-6} \quad (2\text{-}7)$$

$$ADE_{der} = C_k \times TF_{k \to i} \times \frac{AF \times ABS \times SA}{BW} \times n \times FC \times \frac{EF \times ED}{365 \times AT} \times 10^{-6}$$

(2-8)

$$ADE_{inh} = C_k \times TF_{k \to i} \times \frac{IR_{air}}{BW} \times FI \times \frac{EF \times ED}{365 \times AT}$$

(2-9)

式中，ADE_{ing}、ADE_{der}、ADE_{inh} 为污染物分别经口、经皮和经吸入途径的日均暴露量，mg/(kg·d)；C_k 为污染物在介质 k 中的浓度，mg/kg 或 mg/m³；$TF_{k \to i}$ 为环境介质 k 和暴露介质 i 的转化系数；IR_s 和 IR_{air} 分别为土壤摄入率和土壤吸入率，mg/d；BW 为受体体重，kg；FI 为摄入土壤中源于污染区域的占比；EF 为暴露频率，d/a；ED 为暴露时间，a；AT 为致癌平均时间，a；SA 为暴露皮肤面积，cm²；FC 为附着于皮肤的土壤中源于污染区域的占比；AF 为表皮土壤附着系数，mg/cm²；ABS 为皮肤吸收率。

该公式中包含了各参数的平均值和变异系数，因此，可在该模型内进行结果不确定性和敏感性分析。

UMS 模型是由德国开发，用于人体暴露评估的工具模型。EUSES 模型是由欧盟研发用于定量评估化学品风险的工具，可用于化学品的环境和人体暴露情景，已为欧盟制定风险评估导则提供了三类化学品的排放因子作为参考（即主分类、工业分类以及用途和功能分类）。

饮食暴露是指通过粮食、鱼类、肉类、蛋类、奶类、饮用水以及母乳等间接途径产生的暴露。农作物在人类食物清单中占据很大比例，种类繁多。同时，受环境因素影响，化学品在植物个体不同部位、不同来源/产地植物体内的分布存在差异，导致综合评估具有复杂性和不确定性。例如，某些化学品可通过悬浮颗粒沉降在植物的地上部分，并在植物体内累积。蒸气压和水溶性较低的化学品易于吸附在颗粒物和土壤颗粒表面，干沉降是这类化学品植物暴露的重要途径，沉降质量可占植物干重的 0.2%~20%。中等亲水性/疏水性或 $0 < \lg K_{OW} < 3.5$ 的化学品具有较高的蒸腾液流浓度系数（TSCF），更容易被植物吸收后转移至芽[26,33]。植物累积是化学品暴露的重要途径。镍可通过大气颗粒物沉降、含镍废水灌溉、岩石风化、动植物残体腐烂等途径富集在土壤中，而植物在生长过程中可吸收土壤中的镍，蔬菜和烟草中的镍含量可高达 1.5~3mg/kg。

生活在受污染水体中的鱼类等水生生物可通过鳃呼吸或摄食等方式吸收相当数量的化学污染物。生物富集因子（bioconcentration factor，BCF）是化合物在生物组织中的含量与溶解在水中的浓度之比，常用来表示污染物在生物体内的生物富集作用大小。借助生物性迁移相关模型，结合表层水中化学品的含量数据，可估算食用鱼类中化学品的含量及相关生物性迁移参数，结果显示对

于 $\lg K_{OW} < 6$ 且未发生转化的有机化合物，其 BCF 与 $\lg K_{OW}$ 值呈线性关系；$\lg K_{OW} > 6$ 的有机物，其 BCF 与 $\lg K_{OW}$ 则不完全符合线性关系。饮用水通常来自地表水或地下水，均可受到直接或间接污染，构成人体暴露；同时，其他水体如游泳或淋浴用水等也可对人体构成化学品暴露。源于地表水的饮用水污染特征主要取决于水处理过程[34]。

肉类和奶类是人类食物的重要来源，脂溶性物质可在肉类中蓄积，也可存在于乳汁中。生物转化因子（biotransformation factor，BTF）是指某化学物质在生物组织中的含量与通过膳食摄入量的比值，通常被用以估算肉、奶中蓄积性化学品的浓度。有研究[35]对奶类中 28 种有机化合物和肉类中 36 种有机化合物的 lgBTF 值与对应的 $\lg K_{OW}$ 值做了线性回归分析，发现两者具有一定的相关性。还有研究引入分子连接指数（molecular connectivity index，MCI）预测了有机化合物在肉类和奶类中的 BTF[36]。基于药代动力学逸性模型分别估算 $\lg K_{OW}$ 值较高或较低的有机化合物在肉、蛋类食物中的 BTF 值，结果表明[37,38]，化学品可能在消化道-血液以及血液-脂肪两相间发生扩散转运，而在消化道或血液内发生转化，脂肪部分则用于储存[39,40]。人群调查研究结果显示，2007 年和 2011 年我国城区母乳中短链氯化石蜡（SCCPs）的含量中值分别为 681ng/g 脂重和 733ng/g 脂重，中链氯化石蜡（MCCPs）的含量中值分别为 60.4ng/g 脂重和 64.3ng/g 脂重，而农村地区母乳中 SCCPs 的浓度分别为 303ng/g 脂重和 360ng/g 脂重，MCCPs 的浓度分别为 35.7ng/g 脂重和 45.4ng/g 脂重[41,42]。

人体对特定化学品的日摄取总量是该化学品在全部摄入物质（饮用水、空气、鱼类、粮食作物等）中的综合浓度，可通过人群对该物质的日摄取量进行估算。计算物质在各种介质中浓度的通用公式为[3]：

$$Dose_{medium} = \frac{c_{mediumx} IH_{mediumx}}{BW} \tag{2-10}$$

式中，$Dose_{medium}$ 为通过某种介质对化学物质的日摄取剂量，$mg/(kg_{bw} \cdot d)$；$c_{mediumx}$ 为该介质中化学物质的浓度，mg/kg 或 mg/m^3；$IH_{mediumx}$ 为对该介质的日摄取总量，kg/d 或 m^3/d；BW 为人体重量（平均），kg。

在估算通过受污染空气的暴露剂量时，需在式(2-10)中引入呼吸利用度的校正因子。当将化合物在各介质中的摄取总剂量即加和值，与其最大无作用剂量（no observed adverse effect level，NOAEL）、每日允许摄入量（acceptable daily intake，ADI）或每日耐受摄入量（tolerable daily intake，TDI）进行比较时，即可给出风险评估结果。

2. 消费暴露评估

人类在消费品的接触、使用和日常处置过程中会产生相关化学品的暴露，消费品包括个人护理用品、衣物、家具、玩具等。暴露途径包括皮肤接触（如洗漱用品等）、吸入（如发胶）和经口摄入（如牙膏等），依据接触参数和浓度参数可对消费暴露剂量进行估算。接触参数包括消费品暴露发生的部位、频次及持续时间，它与消费品使用途径、消费者的使用习惯等密切相关。浓度参数是指化学品在可能与人体发生接触的介质中的浓度。早在1970年就有针对消费者使用不同洗衣剂导致的暴露差异的初步研究[43]。20世纪70~80年代，许多国家开展了大量有关消费暴露的深入研究[44-46]。美国EPA在已有研究基础上，编制了《美国环保局暴露参数手册》，列出了消费品种类，阐述了不同消费品潜在暴露途径和原理[47-49]。同时期，欧盟、世界卫生组织、OECD等国际组织也对消费暴露高度关注，欧盟还颁布了《技术指南文件》[50]，提供了关于暴露评估的详细信息。

经口暴露是消费品暴露的重要途径，儿童玩具、家具等日常生活用品中往往含有微量或痕量的铅。此外，室内空气或尘埃中的铅也可通过沉降附着在物品的表面，儿童通过手口接触，以吞咽的方式经消化道将环境表面的含铅颗粒摄入体内。

经皮暴露是人体通过消费品暴露化学品的另一主要途径，评估过程主要包括以下两个步骤：①预测可能接触并被皮肤吸收的化学品的剂量；②确定经皮摄入体内的比例即生物可利用度。生物可利用度取决于化学品的脂/水分配系数、分子大小、环境因素以及皮肤生理状况等。$\lg K_{OW}$小于-1或大于5或分子量大于700的物质对皮肤不具有明显的生物可利用性。

消费品还可通过呼吸道对人体构成暴露。使用或储存过程中，不同消费品可在室内释放一定量的化学品，其释放程度与消费习惯和方式、家居环境、空气质量等有关。多数化学物质在新产品中的释放速度较快，对于压制木质产品中的化学物质则是维持一个相对低水平的缓慢释放。以住宅内吸入暴露为例，暴露评估需要考虑的因素应包括来源特征、个体因素、理化性质、住宅建筑结构特征等。全氟及多氟烷基化合物（PFASs）广泛应用于人类家居用品和装饰材料中，因此，PFASs在室内空气及灰尘中被广泛检出，且室内浓度通常高于室外大气。北京地区普通成人SCCPs和MCCPs的膳食摄入水平分别为316~1101ng/(kg·d)体重和153~1307ng/(kg·d)体重。SCCPs在室内侧的富集水平高于室外侧，且SCCPs同族体在玻璃的室内外膜中的浓度水平存在差异，提示SCCPs的室内外来源并不相同，室内装饰材料可能是其重要的室内释放源[51,52]。室内空气化学品人体吸入暴露可以采用美国EPA发布的典型暴露程序MCCEM进行模拟[53]，该程序中包含了多种源和汇的模型，并结合了空气浓度-时间和时间-活动模式等多种模式。

除了以上三种暴露途径外，还有部分特定场景暴露，例如医院就医、皮肤破损引起的直接内暴露等。用于评价消费品多途径暴露的常用程序主要为 ConsExpo[54]。ConsExpo 程序支持多暴露参数数据库,针对性估算室内环境中消费品释放的半挥发性有机物（SVOCs）,暴露途径包括呼吸道吸入、经皮吸收以及消化道摄入,三种途径的暴露估算公式如下：

① 经空气途径的日吸入量：

$$A_{\text{inh}} = f_{\text{abs,inh}} Q_{\text{inh}} (C_{\text{air}} + C_{\text{air,p}}) T_{\text{exp}} \quad (2\text{-}11)$$

式中,$f_{\text{abs,inh}}$ 为吸入占比因子；Q_{inh} 为每小时的吸入速率；C_{air} 为分配在空气中的化学品浓度；$C_{\text{air,p}}$ 为分配在空气颗粒物中的化学品浓度；T_{exp} 为日持续吸入时间。

② 经皮肤途径的日吸收量：

$$A_{\text{dermal}} = S_{\text{skin}} J T_{\text{exp}} \quad (2\text{-}12)$$

式中,S_{skin} 为暴露皮肤的表面积；J 为经皮吸收的质量流,$J = C_{\text{air}} k_{\text{p,g}}$,$k_{\text{p,g}}$ 为经皮吸收渗透率。

③ 经消化道途径的日摄入量：

$$A_{\text{dust}} = f_{\text{abs,oral}} A_{\text{dust,ingest}} C_{\text{dust}} \quad (2\text{-}13)$$

式中,$f_{\text{abs,oral}}$ 为消化道摄入占比因子；$A_{\text{dust,ingest}}$ 为日经消化道吸收的灰尘量；C_{dust} 为分配在灰尘中的化学品含量。

可见,估算中的相关参数（C_{air}、$C_{\text{air,p}}$ 等）与多种暴露数据有关,例如灰尘性质、化学品理化性质、室内墙面等表面性质、暴露人群属性以及室内颗粒物性质等,这些背景数据的可获得性及可靠程度为估算结果带了不确定性,所以在模型估算结束后,通常会对估算结果做不确定性分析,以检验模型预测的可靠性,该模型常使用一维蒙特卡洛模拟作为不确定性分析方法。

3. 职业暴露评估

早在 16 世纪的欧洲,就有关于德国矿工疾病的描述,并认为工人的致病原因与当时采矿业的工作环境有关[55]。在英国,人们十分关注纺织工业与采矿业的工作环境对人们健康的影响,并于 1831 年和 1842 年先后建立了纺织厂和矿场的公众委员会。随后,开始了关于暴露强度、频率等职业因素与疾病发生、发展间相关性的广泛研究[56]。

化学品职业暴露主要通过吸入暴露和皮肤暴露两个途径发生。在工作场景中被描述为"外部暴露",通常定义为吸入和/或与皮肤接触的物质的量。吸入暴露可描述为可吸入空气中物质的浓度,通常采用一定时间内的平均浓度来表示。皮肤暴露分为实际皮肤暴露和潜在皮肤暴露。实际皮肤暴露是对实际接触到皮肤的污染物的量进行估算,潜在皮肤暴露是对衣服和裸露皮肤表面污染物的量进行估算。潜在皮肤暴露易于测量，被作为皮肤暴露评估中最常使用的评价指标。

针对职业暴露的排放、来源，欧盟健康与安全框架指令指出进行工作场所暴露评估时，需要考虑工人在工作中可能接触到的所有化学物质以及所有可能的其他共同压力（例如工效压力与心理紧张程度）因素。具有代表性的职业暴露模型包括基于有限经验的 EASE 模型[57] 和美国 EPA 开发的数学模型例如 EPA ChemSteer 等[58]，该类模型与消费暴露模型、环境暴露模型评估类似，需要提供化学品的理化性质（蒸气压、溶解性等）、职业暴露的特定场景（工人暴露时间、频次、接触方式等）和商业来源（运输、销售等）等参数，用于职业暴露场所中任何物质的暴露风险评估或预测，是较为通用的模型。以皮肤暴露为例，EASE 模型和美国 EPA 模型都采用了相同的计算公式对化学品的暴露量进行估算，具体形式为：

$$D = QS \tag{2-14}$$

式中，D 为经皮暴露总量，mg；Q 为特定化学品因职业缘故吸附在皮肤上的量，mg/cm^2；S 为皮肤的暴露面积，cm^2。

两种模型中的 Q 值来源有所不同，EASE 模型最初引用的 Q 值是基于美国 EPA 提供的部分实验数据，现在已由该模型自己给出，而美国 EPA 模型提供的 Q 值则参考自己的实验数据和最新的文章数据，且 Q 值不断更新。参数 S 可在部分暴露目录/手册中查询得到。最后，将估算值与 NOAEL 值进行比较，从而获得风险评估结果。

第三节　化学品的影响评估

影响评估即剂量-效应评估，化学品的影响评估主要包括生态毒性影响评估和人体健康危害评估。评估内容包括：①环境污染状况即化学品的环境接触剂量或浓度，以及对生态环境中的生物和非生物的危害效应；②通过离体或活体动物试验外推化学品对人体健康的危害。

一、生态毒性影响

当有毒化学物质进入生态环境后，将在个体、种群、群落和生态系统水平上产生毒性效应，而化学品的生态毒理学影响主要强调化学品对环境和组成生态系统的生物群体的影响。传统的生态毒理学研究尤其是以急、慢性毒性研究为主。随着工业革命的推进，以及生命科学和医学的不断发展，化学品的毒理学研究除考察繁殖率、死亡率等表型性终点指标外，还涉及更深层次病理机制指标，包括"三致"效应（致突变、致癌、致畸）、内分泌干扰效应等。此外，研究人员也逐渐意识到，化学品在生物体内的转化、代谢以及食物链传递过程会明显影响化学品生态毒性效应。我国建立了化学品安全检验检测方法标准体系，该体系也是我国《危险化学品安全管理条例》《新化学物质环境保护管理办法》等其他相关制度贯彻实施的技术基础。依据我国2012年6月发布的《化学品安全检验检测方法》国家标准汇编，评价指标包括化学品的理化性质与物理危险、卫生毒理和生态毒理与降解蓄积等方面内容[59,60]。

1. 生态毒性影响评估

进行生态毒性影响评估时，受试生物的选择应具有代表性，所选物种可参考国际惯用物种，同时应结合我国实际情况和研究需求。受试生物主要有鱼类、水蚤、藻类等水生物和体型较小的哺乳动物如大鼠、小鼠、兔等。蚯蚓、土壤微生物、鸟类、蜜蜂、家禽等也被用于土壤和大气污染毒性评价。这一部分仅关注除哺乳动物外的其他受试生物的毒性评价试验，哺乳动物相关试验参见本节第二部分。

生态毒性影响评估试验按染毒周期可分为急性、亚急/慢性、慢性毒性试验。经济合作与发展组织（OECD）推荐采用"96h鱼类急性毒性试验""48h水蚤急性毒性试验""14d蚯蚓急性毒性试验""5d鸟类饲喂毒性试验""72h藻类生长抑制试验"等进行急性毒性测试。亚急性毒性试验暴露期显著长于急性试验，OECD推荐了"14d鱼类延长毒性试验"，美国EPA则推荐了"28d蚯蚓亚慢性毒性试验"等。虽然死亡率仍是常用测试终点，但在此类试验中更加关注个体发育指标。慢性毒性试验的暴露期几乎覆盖受试生物的整个生命周期，美国EPA推荐了"21d蚤类繁殖毒性试验"，OECD推荐了"摇蚊沉积物毒性试验"等[61-68]。

鱼类急性毒性试验可用于水环境安全评价。我国一般采用基于半静态法的96h鱼类急性毒性试验评价受试化学品对鱼类可能产生的影响。试验密度的大小一般控制在1g/L的范围内，试验用水为高质量的自然水或者标准稀释水，也可以用饮用水，必要时应除氯。选择满足全年可得、易于饲养、便于试验、遗传背景清晰、生物/生态背景因素清晰等条件的鱼种。此外，应保证试验用鱼健康无病。试验用鱼在正常试验进行前需提前驯养至少7d，驯养条件包括与试验相同的背景水质和水温、12~16h的日光照时间以及试验用水不小于80%的空气饱和值。驯养开始48h后，开始记录驯养鱼的死亡率（存活率），7d内死亡率应稳定在不大于10%，即可开始预试验。每个预试验暴露组设

3~4尾鱼，暴露时间为24~48h，确定全部存活和全部致死的最高化学品浓度（LOAEC）和最低化学品浓度（NOAEC），并在这个范围内按对数间距至少设置5个暴露浓度梯度进行后续的正式毒性试验。正式毒性试验周期一般为96h，将鱼暴露于不同浓度的受试化学品溶液当中，每组受试鱼类不得少于7尾。分别在不同暴露时间点观察试验鱼的情况，记录死亡数目。以受试化学品浓度为横坐标、累积死亡率为纵坐标绘制曲线，利用统计学方法计算给出半致死浓度（LC_{50}），作为受试化学品对鱼类急性毒性的量化指标。毒物对水蚤的毒性一般分为三个等级：LC_{50}>10mg/L 为低毒级，1.0~10mg/L 为中毒级，<1.0mg/L 为高毒级。

48h水蚤急性毒性试验是将幼蚤在含有一定浓度受试化学品的溶液中分别暴露24h和48h，并观察记录化学品对蚤类活动的影响情况，结合数据，进一步统计24h或48h的半数抑制浓度（IC_{50}）。该试验首选大型蚤（*Daphnia magna* Straus），也可选用蚤状蚤（*Daphnia pulex*）等其他蚤类，选用的试验蚤应为健康、未受到任何胁迫的非头胎蚤。在正式试验开始前，将试验蚤在试验条件下提前驯养至少48h。试验用水可采用天然水、重组水或去氯自来水等，使用前充分曝气使其溶解氧达到饱和，pH值保持在6~9范围内。至少设置5个暴露浓度梯度和1个空白对照组，梯度应包括LOAEC和NOAEC，公比不大于2.2，每组至少包含5只蚤。依据受试化学品的剂量-效应曲线，利用概率单位法等统计方法计算出24h或48h的IC_{50}及其对应的95%置信区间，作为受试化学品对水蚤急性毒性的量化指标。

21d蚤类繁殖试验是将蚤龄小于24h的幼雌蚤（亲蚤）暴露于含有一定浓度的受试化学品的溶液中，暴露21d后，统计每只亲蚤繁殖的存活幼蚤总数量，同时记录存活的亲蚤数目和产头胎的时间以及体长、内禀增长率等其他生长繁殖参数。试验可分成4个平行，每组10只蚤均分开单独培养，从头胎幼蚤开始，应每天从试验器皿中移除幼蚤，以免因为食物消耗而影响亲蚤，并对幼蚤数量（存活、死亡率等）进行统计。至少每周定期监测暴露液中受试物的浓度。对于半静态试验而言，受试物浓度应保持在配置浓度的±20%的范围内。统计计算出受试化学品对蚤类繁殖活力的半数抑制浓度 IC_{50}，以此作为受试化学品对水蚤繁殖毒性的主要量化指标。

72h藻类生长抑制试验原理是将处于指数生长期的藻类暴露于含一定浓度受试物的水中，暴露试验周期为72h，测量并记录24h、48h和72h藻类的生物量，以对照组为参考，计算抑制率，给出IC_{50}值。该试验一般选取不易附于瓶壁的绿藻和蓝藻，试验温度保持在21~24℃，连续光照，光照强度和波长范围应适宜受试藻类生长，同时保持匀速振荡（一般约100次/min）。取预培养 2～4d 达到指数生长且生长状况良好的藻用于试验,试验浓度梯度最好在对藻类产生 5%～75% 生长抑制效应剂量范围之内,并以几何级数至少设置 5 个试验浓度梯度,浓度间隔系数不小于 3.2,每个梯度设 3 个平行。试验开始后,每隔 24h 从试验容器中取样镜检,并结合光密度或叶绿素量对其生物量进行定量测定。光密度法一般是测量定点取样在 650nm 波长左右的光密度并计算抑制率;叶绿素法是用丙酮、乙醇等有机溶剂萃取采集样品,并进行分光测定,计算 IC_{50}。

5d 鸟类饲喂毒性试验是在 5d 暴露期内,用含不同浓度受试化学品的食物给受试鸟喂食,随后改用不含受试化学品的食物进行投喂,恢复期喂食至少 3d,每天记录受试鸟的中毒症状和死亡情况。该试验一般选取在试验条件下饲养或有过试验报道的鸟类,试验用鸟应健康、无任何疾病和畸形,且应来源于亲鸟已知的同一种群,年龄相同,一般采用鸟龄为 10～17d 的鸟,在正式试验前受试鸟适应试验条件和基本食物的环境驯化至少 7d。应至少设置 5 个受试物浓度梯度的暴露组和 2 个对照组,每天观察 1～2 次,记录包括呼吸困难、出血、痉挛、羽毛皱竖、死亡等症状及行为,依据记录数据,采用概率分析或概率图解等方法求算 LC_{50}。

14d 蚯蚓急性毒性试验包括两个阶段:一是滤纸接触试验;二是人工土壤试验。滤纸接触试验为蚯蚓急性毒性预试验,具体是使蚯蚓接触湿润滤纸上的受试化学品,并识别出对土壤中蚯蚓存在潜在毒性的化学品;若得出土壤中受试化学品对蚯蚓存在可能的毒性,需进一步进行人工土壤试验。人工土壤试验得出的毒性数据更能代表蚯蚓在自然条件下的化学品暴露情况。将蚯蚓置于不同浓度受试化学品的人工配制土壤中,暴露 7d 和 14d 后评价其死亡率。该试验常选择赤子爱胜蚓(*Eisenia foetida*)为受试蚯蚓。该品种通常生活在富含有机质的土壤中,对化学品较为敏感,生命周期较短,繁殖能力强。试验开始前,受试蚯蚓应提前在人工土壤环境中饲养 24h 以适应试验环境,每一试验组一般为 750g 湿重土壤和 10 条蚯蚓,平行 4 组进行试验,周期为 14d。在试验的第 7d 和第 14d 评估蚯蚓的死亡率,并观察记录异常行为和病例症状,计算 LC_{50}。可利用滤纸接触试验评价壬基酚对蚯蚓的毒性影响[69]。

植物是生态系统的重要组成部分,可以通过植物生长状况评估生态毒理风险。存在于土壤中的重金属不可降解,会在植物体中不断积累,最终影响植物生长,甚至导致枯亡。铜、锌、铅、镉污染可对白菜种子发芽与根系生长产生抑制效应,且可产生复合暴露的联合效应[70,71]。线虫生存能力强,个体敏感,生长周期短,常被作为模式生物评价土壤污染状况。其中,秀丽隐杆线虫是较为常用的标准品系[72]。

2. 化学品的生物转化、代谢和食物链传递

生物转化是指外源物质在生物体内经过多种酶催化或非酶作用转化为代谢产物的过程。生物转化结果分为两种：一种为解毒（biodetoxification），即将毒性较大的物质（通常是亲脂性强的物质）转化为毒性较小且易被代谢排出的物质；另一种是活化（bioactivation），即外源物质经过生物代谢转化后转变为毒性较大的物质。生物转化通常包括Ⅰ相和Ⅱ相的生化反应过程，化学品通过0相和Ⅲ相的调控过程被排出体外（如图2-2所示）[73]。Ⅰ相反应主要包括氧化还原反应和水解反应，涉及细胞色素P450酶、DT-黄递酶、酯酶等生物酶；Ⅱ相反应为结合反应，主要包括葡萄糖醛酸化、硫酸化、乙酰化、甲基化反应以及和谷胱甘肽或者其他氨基酸的加和反应，涉及谷胱甘肽转移酶、乙酰基转移酶、葡萄糖醛酸转移酶等。0相和Ⅲ相过程通过ABC（ATP binding cassette）转运系统来完成，其中ABC1蛋白主要参与0相外排过程，调控排出未经修饰的化学物质；ABCCs和ABCG2蛋白主要负责将Ⅰ相和Ⅱ相反应产生的代谢物转运排出体外，即Ⅲ相过程。

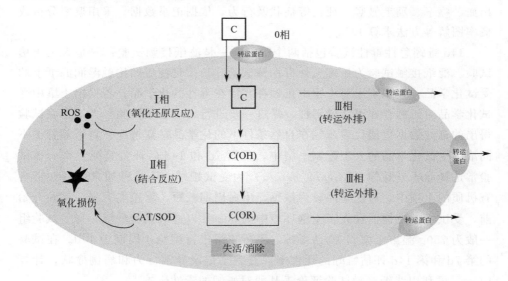

图2-2 化学品生物转化过程

化学品还可通过生物的营养级沿食物链进行传递和放大，对生态系统产生不利影响。营养级（trophic level）是指生物群落中的各种生物之间进行物质和能量传递的级次。由于氮元素的同位素鉴别与生物体的吸收和代谢分解等过程无关，同时^{15}N在食物网中的富集明显（通常为3‰~4‰），所以，δ^{15}N常用于确定生物在食物网中的营养级位置。生物放大是指同一食物链中，高营养

级生物通过吞食低营养级生物蓄积化学品,使其在体内的含量随营养级的升高而增大的现象。生物放大的程度可以通过生物放大因子(biomagnification factor,BMF)或营养级放大因子(trophic magnification factor,TMF)来定量描述,BMF 或 TMF 可用相邻营养级生物体内生物化学品的含量比值来表示,即 $BMF = c_n / c_{n-1}$。目前,关于化学品食物链传递的研究主要集中在水生生态系统,陆生生态系统的研究相对较少。针对西藏纳木错湖水生生物的调查发现,DDE、PCBs 等污染物的浓度沿食物链"浮游植物→无脊椎动物→鱼"营养级的升高而增大[74]。高氯化度的 SCCPs 和中等氯化度的 MCCPs 是氯化石蜡中生物放大潜能最大的同系物[75]。安大略湖中"无脊椎动物→饵料鱼→湖鳟"的食物链中 SCCPs 的 TMF 值分别为 0.41 和 2.4,MCCPs 的 TMF 值分别为 0.06 和 0.36[76]。辽东湾"浮游植物→虾→鱼"之间 SCCPs 的 TMF 数值为 2.38[77]。上海淀山湖淡水食物链中 SCCPs 也呈现营养级放大现象,TMF 最低的为 $C_{10}H_{12}Cl_{10}$ 同族体(1.19),最高的为 $C_{13}H_{20}Cl_8$ 同族体(1.57)[78]。

二、人体健康危害

根据化学品的理化特性,参考构-效关系,对生产使用过程、范围、人体接触情况等进行充分了解和分析,选择合适的毒性试验项目进行毒性鉴定。在毒性鉴定过程中,根据阶段性试验结果,针对性取舍下一步试验项目或指标,以提高该化学品毒性鉴定结果的科学性和可靠性。在毒性鉴定过程中,受试样品的染毒途径应尽量与人体可能的接触途径一致。人体可通过呼吸道、皮肤和消化道三种途径接触化学品,因此,可根据具体情况分别采用吸入、经皮和经口三种染毒途径进行试验。例如,皮肤或眼刺激性试验、皮肤致敏试验等。

1. 基础毒性评价

基础毒性是指外源化学品在接触时间内通过多种暴露途径对受试动物/人体产生的综合毒性效应[79]。根据毒物接触时间的长短可将基础毒性分为急性毒性、亚急性毒性、亚慢性毒性和慢性毒性。基础毒性评价的目的是表征外源化合物的毒性作用性质和表现形式,并明确剂量-效应关系,确定毒作用靶器官和毒作用损伤的可逆性。试验设计包括受试动物选择、染毒途径和剂量、观察周期和指标的选择、统计计算方法和毒性评估的生物学指标等。在试验过程中,需全面观察并记录动物的各种反应和变化,以相关定性/定量生物学指标对毒性作用进行判定和分级[79]。

（1）急性毒性评价

急性毒性试验是指在 24h 内持续多次或一次性大剂量染毒，主要指标为 LD_{50} 或 LC_{50}，初步评价毒性效应特征、靶器官、剂量-效应关系等，为亚慢性、慢性毒性试验提供依据。

急性毒性试验常选用健康成年大鼠（180～220g）、小鼠（18～22g）等哺乳动物为受试动物，同性别试验动物的个体体重差异不能超过平均体重的 20%。正式试验前，试验动物需至少在试验环境中适应 3～5d。依据化学品的实际生产、使用或处置的暴露场景选择合适染毒途径。以经口染毒为例，通常采用灌胃的方式给药，给药前动物一般需禁食一段时间。禁食时间的长短会影响代谢酶活性和肠道吸收情况，从而影响毒性效应。吸入毒性试验适用于评价气体、挥发性物质或气溶胶/颗粒物等化学品的急性吸入毒性作用。一般采用静式染毒和动式染毒两种方式。静式染毒是将试验动物单独放在一定体积的染毒柜内，通过挥发化学品获得试验所需浓度的空气。一次吸入染毒时间一般为 2h，每只动物每小时吸入空气的体积不得小于 30L。动式染毒则是将含有化学品的空气持续均匀地通入染毒柜，同时排出等量的染毒气体，使空气交换量达到 12～15 次/h，维持稳定的染毒浓度，一次吸入染毒时间设为 2h。经皮暴露应先除去试验动物受试部位的被毛，将受试化学品以不同暴露剂量进行涂布。除经口、经皮和吸入等常规染毒途径之外，还可选择其他染毒途径，例如眼睛黏膜的刺激性试验等。

急性毒性试验一般应设 4～5 个剂量组，每组 10 只受试动物。依据预实验结果，选择染毒剂量梯度，观察记录试验现象和数据，必要情况下进行大体解剖和组织病理学检查。最后结合统计方法（如剂量递增法、寇氏法和概率单位-对数图解法），计算该试验所得的 LD_{50}，参照急性毒性分级，评价受试物的毒性大小，并评判靶器官和毒作用特点。根据《化学物质毒性全书》，化学品毒性可分为剧毒、高毒、中等毒、低毒、微毒五个等级[59]。分级标准按照经口暴露、吸入浓度以及经皮暴露的 LD_{50}、LC_{50} 的量进行分类，具体数据如表 2-1 所示。

表 2-1 急性毒性分级标准

毒性分级	大鼠一次经口 LD_{50} /(mg/kg)	6 只大鼠吸入 4h 死亡 2～4 只时浓度（$\times 10^{-6}$）	兔经皮 LD_{50} /(mg/kg)	对人可能致死量 /(g/kg)	分级
剧毒	<1	<10	<5	<0.05	剧毒
高毒	1～	10～	5～	0.05～	高毒
中等毒	50～	100～	44～	0.5～	中等毒
低毒	500～	1 000～	350～	5～	低毒
微毒	5 000～	10000～	2180～	≥15	微毒

(2) 亚急性毒性评价

亚急性毒性一般指在 24h 到 28d 内持续接触外源化学品时出现的毒性效应。通常试验时长不可超过试验动物生理寿命的 10%。亚急性毒性试验可选取常用的啮齿类动物大鼠或小鼠进行体内试验，每个试验组应至少包含 10 只健康动物。亚急性毒性试验主要是了解判断蓄积作用（含物质蓄积和功能蓄积），并确定其 NOAEL 和最低有作用剂量（lowest observed adverse effect level，LOAEL），为亚慢性、慢性毒性或致癌试验剂量的设计和指标观察提供依据。

与急性毒性试验类似，亚急性毒性试验主要染毒途径有经口、经皮、吸入三种。吸入染毒一般每日 6h，每周 7d，连续染毒 14d 或 28d。经皮染毒则是以不同剂量受试化学品在 21d 或 28d 内对各试验组动物持续进行每日染毒。经口染毒可采用饲喂、饮水或灌胃等方式，在 28d 内对各试验组动物持续每日染毒。亚急性毒性试验至少设 3 个剂量梯度和 1 个阴性对照组，最高染毒剂量应设置为引起动物明显毒效应但不致死的剂量，中间剂量则为引起较轻程度且可观察的毒效应的剂量，低剂量为不表现任何毒效应的剂量，不同剂量梯度间的间距以 2~4 倍为宜。在 14/28d（经口、吸入）或 21/28d（经皮）反复染毒的过程中，每天对受试动物进行临床观察和记录。对濒死动物和结束试验动物处死后进行大体解剖，并进行病理学观察。依据试验结果，明确化学品蓄积特征和靶器官，并获得 NOAEL 和 LOAEL，为慢性毒性试验提供依据。

(3) 亚慢性毒性评价

亚慢性毒性作用是指受试动物连续较长时间接受较大剂量的化学品所致的毒性效应。试验染毒期限一般为 3~6 个月，或为试验动物生命期的 1/30~1/10，受试动物以啮齿类为主。亚慢性毒性试验的目的是了解受试化学品的毒性作用特点、靶器官、有无蓄积作用、是否产生耐受性以及剂量-效应关系，初步估计 NOAEL 和 LOAEL，为慢性毒性试验提供依据。

选择暴露途径时应考虑：①尽量与人群在环境中接触该类化学品的途径/方式一致；②应与预期进行慢性毒性试验的接触途径一致。接触/染毒途径主要有经口、经皮和吸入三种。吸入染毒一般采用头面或口鼻式的动式染毒方式，参考职业接触为每天染毒 4~6h，每周 5d；参考环境污染物接触为每天染毒 23h，剩余 1h 为动物喂食及染毒柜清理时间，每周 7d。试验一般设置 3 个剂量梯度和 1 个阴性对照组。各个试验剂量组应至少包含 20 只试验动物，若需在试验过程中处死试验动物，则需适当增加试验动物的数量。在试验过程中，除有特殊要求外，通常每日都应对一般综合性观察指标（体重、食物利用率）、一般化验指标（血象和肝、肾功能检测）和病理指标（如脏器系数或称脏/体比值）等进行检查。除此之外，应仔细记录和分析试验动物在染毒过程所出现的中毒症状及症状出现的先后次序、特征以及时间。凡在染毒过程中死亡的动物均应及时解剖，肉眼筛查后再进行病理学检查，必要时做组织化学或电镜镜检。在试验过程中观察受试动物的生理生化指标变化的目的是评价化学品在长期小剂量作用下对机体的损害，最终确定其慢性毒性作用的 LOAEL 和 NOAEL。

（4）慢性毒性评价

慢性毒性是指试验动物或人群长期（乃至终生）反复/持续接触外源化学品产生的毒性效应，特点是化学品的剂量较低、接触时间较长，引起的损害较缓慢、细微且易呈现耐受性，并可能通过遗传贻害后代。慢性毒性试验期限一般为 6 个月以上，试验的目的是研究外源化学品的慢性毒性剂量-效应关系，确定长期接触造成有害作用的 LOAEL 或 NOAEL；确定外源化学品在食品或其他环境介质中的安全限量，如人体 ADI 值、最高残留限量（MRL）值等，为危险度评价与管理提供毒理学依据。慢性毒性效应谱、毒作用特点和毒作用靶器官，为研究毒性机制和将毒性结果外推至人提供了重要实验依据。慢性毒性试验受试动物和暴露途径的选取原则与急性、亚急/慢性毒性试验一致，由于慢性毒性试验期较长，一般选择体重（年龄）较小的动物，每组动物不少于 40 只（非啮齿类动物每组至少 8 只），雌雄各半，同性别体重差异不超过平均体重的 10%。试验剂量梯度选择可根据急性毒性、亚急性毒性、亚慢性毒性结果进行选择，高剂量可设置为出现较明显的毒性反应所对应的剂量，低剂量可选取不引起任何毒性反应对应的剂量；中剂量则介于高、低剂量之间，在此范围内动物可能产生轻微的毒性。慢性毒性试验通常每天染毒一次，日染毒时间和频次设置可与亚慢性毒性试验一致，试验期内每天至少详细观察一次，并对相关指标进行定期检查和详细记录，慢性毒性试验的观察指标应以亚急性毒性试验结果作为参考，在生化指标、血液指标、病理组织等指标中选择能反映不同靶器官受损程度变化的相应指标。应以最灵敏指标来确定慢性毒性效应的最小剂量，得出受试物的慢性毒性 LOAEL 和 NOAEL。

慢性毒性试验可以以 LOAEL 和 NOAEL 作为评价指标，为制订暴露容许限值提供依据。其中，蓄积系数法试验求得的蓄积系数值，与蓄积毒性作用强度分级相比较，可对化学品在动物体内的蓄积毒性作用做出评价，具体对应情况见表 2-2。

表 2-2 蓄积毒性分级标准

蓄积系数(K)	$K<1$	$1 \leqslant K<3$	$3 \leqslant K<5$	$K \geqslant 5$
蓄积毒性作用强度	高度蓄积	明显蓄积	中等蓄积	轻度蓄积

在动物试验的评价结果基础上,尽可能结合人群调查资料,外推到人,并做出科学的综合性评价。当参考动物试验所得 LOAEL 或 NOAEL 等来评价化学品的安全性时,应按式(2-15)计算得出各种卫生限值:

$$RfD = \frac{LOAEL \text{ 或 } NOAEL}{SF_1 \times SF_2 \times SF_3 \times \cdots \times SF_n} \quad (2\text{-}15)$$

式中,SF_n 代表各因素的安全系数,在计算 ADI 时一般以 100 作为安全系数。

(5) 联合毒性评价

泄漏或排放到水体、大气和土壤环境中的化学品种类和含量日益增多,对环境构成严重威胁。不同种类化学品在各环境介质发生相互的物理或化学作用,表现出联合毒性作用。不同种类化学品在环境介质迁移转化过程中可以生成毒性更强或更弱的新物质。联合毒性作用为环境毒性效应评估也带来了一定的不确定性和复杂性。联合毒性作用可表现为相加作用、独立作用、协同作用和拮抗作用。相加作用是指化学品所产生的毒性等于其中各毒物组分单独作用的加和,如丙烯腈和乙腈、稻瘟净和乐果。独立作用是指各种毒物对机体的侵入途径、作用部位、作用机理均不相同,在其联合作用中各毒物毒性效应互不影响。独立作用的毒性低于相加作用,而高于其中单项毒物毒性,如二甲苯和苯巴比妥等。协同作用是指毒物联合作用的毒性大于其中各毒物组分单独作用的加和,即其中某一毒物组分能促进机体对其他毒物组分的吸收、阻碍降解、减缓排泄、增强蓄积或产生高毒代谢物等,如乙醇和四氯化碳、臭氧和硫酸气溶胶等。拮抗作用是指毒物联合作用的毒性小于其中各毒物组分单独作用的加和,与协同作用效应刚好相反,使混合毒性降低,如二氯乙烷和乙醇、亚硝酸和氰化物、硒与镉 (Cd)、硒与汞 (Hg) 等。

念珠藻暴露于铬 (Cr) 和铅 (Pb) 的混合液后,藻体内的抗坏血酸、谷胱甘肽和含硫氨基酸的合成受到影响,且表现出拮抗毒性作用[80,81]。以鲤鱼脑乙酰胆碱酯酶 (AChE) 活力为量化指标,硫磷与氧乐果、甲胺磷、涕灭威对鲤鱼表现出明显的协同毒性作用。但各种农药以不同比例加入时,表现出的协同作用有很大差异,这可能与各种农药的毒性作用大小、发生效应的时间及作用次序有关。同时,不同类型农药(对硫磷/涕灭威)间的协同作用大大强于同种类型农药(如对硫磷/氧乐果)间的协同作用[82]。

联合毒性评价则是考虑环境中共存的两种或两种以上毒物同时作用于机体时产生的综合毒性效应,能够更加客观、真实地反映化学品的生物毒性情况。尽管国内外学者在复合污染研究领域内做了不少工作,但是复合污染毒性研究尚处于起步阶段,复合污染物的联合暴露途径和联合毒性机制仍不清楚。

2. 特殊毒性评价

(1) 遗传毒性评价

遗传毒性是指外源物质对遗传物质（DNA、染色体）的损伤，包括：①DNA链的损伤（DNA断裂、DNA修饰、DNA加合）；②基因突变（缺失、插入、碱基替换）；③染色体畸变（结构、数量）。最具代表性的遗传毒性为三致效应，即致突变、致癌和致畸效应[80]。受试化学品引起原核细胞、真核细胞或试验动物在遗传物质（基因和/或染色体）的结构和/或数量上改变的效应，称为致突变效应。受试化学品引起机体肿瘤发生率和/或类型增加、潜伏期缩短的效应，称为致癌效应。致畸效应是指受试化学品在胚胎发育期引起胎仔永久性结构和功能异常的效应。可见，致突变效应是遗传毒性产生的原因，致癌和致畸效应则是遗传毒性的结果或表型。

① 致突变性评价。常用于评价化学品致突变效应的试验方法包括基因突变试验、染色体畸变试验和DNA损伤试验。

a. 基因突变试验。鼠伤寒沙门氏菌回复突变试验（Ames试验）和酵母菌基因突变试验通常是以某些基因缺陷型的受试生物作为研究对象，以其是否可诱导缺陷型受试生物恢复表达缺陷基因或恢复基因对应表型作为依据，评价受试化学品是否具有致突变能力。

体外哺乳动物细胞正向基因突变试验是通过测试受试化学品诱发哺乳动物细胞中碱基对置换、移码突变和缺失等基因突变的能力，评价受试化学品的致突变性及其强度。根据OECD测试指南建议，该试验细胞需首先在含有DNA合成抑制剂甲氨蝶呤水合物的培养基中培养生长1d，然后换成不含甲氨蝶呤的培养基继续培养2d。用不同浓度的化学品暴露细胞，分别将具有或不具有S_9代谢激活的L5178Y细胞在培养箱中孵育4h或24h，同时加入溶剂和阳性对照，每天进行细胞计数。处理结束后，经过2d表达期，检查克隆效率和突变频率。若暴露细胞经传代后，在含三氟胸苷（trifluorothymidine，TFT）或6-硫代鸟嘌呤（6-thioguanine，6-TG）的突变选择性培养液中能继续分裂生长，则判定受试化学品具备潜在的致突变性，再根据细胞生长量（或突变集落）计算突变频率，从而定量评价受试化学品的致突变性[83]。

b. 染色体畸变试验。染色体畸变是指染色体结构损伤，具体表现为在两个染色单体的相同位点均出现断裂或断裂重组等改变，造成包括染色体型畸变、染色体数目改变和染色体结构畸变等畸变现象[84]。染色体畸变试验主要是针对染色体畸变及微核异常产生的体内[85,86]、体外[87-89]试验。受试化学品的试验剂量梯度至少设3~4个，最高剂量为能使试验生物出现毒性症状或繁殖能力轻微降低，整个染毒剂量范围覆盖1/10~1/3 LD_{50}，中间剂量应选择可引起轻微毒性效应的剂量，低剂量则对应于未见毒性效应的剂量，剂量梯度间的间距应以 2～4 倍为宜。

体外哺乳动物细胞染色体畸变试验可选择中国地鼠肺（CHL）细胞、人或其他哺乳动物的外周血淋巴细胞（lymphocyte）为受试细胞。该试验是在加入或不加入代谢活化系统的条件下，将体外培养的哺乳动物细胞暴露于受试化学品中 2～6h，暴露结束后，继续正常培养 24h，加入秋水仙素等分裂中期阻断剂处理，使其在分裂中期停止，随后收获细胞并进行制片、染色和染色体畸变分析。分别对每个细胞畸变数量、染色体结构异常百分比、各试验组中不同类型染色体异常数量与频率等指标进行统计学处理，每个剂量组的染色体统计数不少于 500 条，若受试化学品可引起具有统计学意义的染色体结构畸变数的增加，且效应与暴露剂量相关，则判定该化学品能够引起受试哺乳动物细胞染色体畸变，反之，认为在该条件下不具有使受试哺乳动物细胞染色体畸变的致突变性作用。

体内哺乳动物骨髓细胞染色体畸变试验、哺乳动物精原细胞/初级精母细胞染色体畸变试验、精子畸形试验是常用的体内染色体畸变毒性的评价试验，三者操作流程、评价方法较为相似。首先，对选取的哺乳动物（多为大鼠和小鼠）通过适当途径进行受试化学品染毒，染毒结束后处死动物（如断颈等），在处死前用细胞分裂中期阻断剂处理动物，取出相应组织或器官（骨髓、睾丸），提取细胞，经低渗、固定后制备细胞染色体标本，染色镜检，观察处于分裂中期的细胞，分析染色体畸变情况，相关分析指标及评价方法与体外哺乳动物细胞染色体畸变试验类似。啮齿类动物显性致死试验是通过检测整体啮齿类动物生殖细胞染色体畸变的情况，评价受试化学品能否到达性腺而产生遗传危害的遗传毒性试验方法。

c. DNA 损伤试验。DNA 损伤试验主要包括姊妹染色单体交换（SCE）试验和细胞程序外 DNA 合成（UDS）两类。典型试验有体外哺乳动物细胞姊妹染色单体交换（SCE）试验、体内哺乳动物骨髓细胞姊妹染色单体交换（SCE）试验、体外哺乳动物细胞程序外 DNA 合成（UDS）试验和彗星试验。

体外哺乳动物细胞姊妹染色单体交换（SCE）试验和体内哺乳动物骨髓细胞姊妹染色单体交换（SCE）试验是评价姊妹染色单体互换毒性效应的常用体外、体内试验[80]。姊妹染色单体互换是指细胞在正常分裂复制期，两个姊妹染色单体内部有对称且完整的片段发生互换，一般可在细胞分裂中期观察到。目前认为 SCE 发生频率的改变（通常是升高）表明 DNA 损伤和机体重组修复系统的破坏，SCE 的形成与 DNA 损伤的复制后修复有关，可作为 DNA 损伤的毒性评价指标。体外哺乳动物细胞姊妹染色单体交换（SCE）试验是利用含 5-溴脱氧尿嘧啶（5-bromodeoxyuridine，BrdU）的培养基对哺乳动物细胞进行培养和染毒 1~2h（或延伸到两个细胞周期），培养基中 BrdU 可作为核苷酸前体在 DNA 复制过程中掺入每条染色单体，基于正常的姊妹染色单体互换作用，经历两次细胞 DNA 复制后，BrdU 即掺入其中一条姊妹染色单体中的两条 DNA 链以及另一条单体中的一条 DNA 链，染色后则产生深浅不同的片段，从而识别姊妹染色单体互换的发生。收获细胞前 1~4h，用秋水仙素等阻断剂处理细胞，抑制细胞分裂后，进行细胞染色后并镜检记录每个细胞的 SCE 总数，计算不同试验组别中的 SCE 频率并进行统计比较。若为阳性结果，说明受试化学品在该试验条件下可引起体外哺乳动物细胞姊妹染色单体互换频率增加。体内哺乳动物骨髓细胞姊妹染色体交换试验与体外试验不同之处在于受试生物为哺乳动物，结束活体暴露后处死动物，并用秋水仙素处理，取骨髓，提取、制备骨髓细胞分裂中期的观察标本，染色镜检，进行 SCE 分析。

细胞程序外 DNA 合成是指区别于正常情况的 DNA 合成修复过程，与按细胞周期进程的 S 期半保留修复不同。在加或不加体外代谢活化酶混合液（S_9 混合液）条件下，将经受试化学品作用后的细胞转入含有羟基脲（DNA 半保留复制的抑制剂）、^{3}H-胸苷（^{3}H-TdR）或 ^{14}C-胸苷（^{14}C-TdR）的同步培养基中并于盖片上继续培养 5h，进行放射自显影或液体闪烁计数法处理，分别对细胞核上乳胶层中的显影银粒数计数或计算 ^{3}H/^{14}C 的放射活性比，以定量分析 ^{3}H-TdR 或 ^{14}C-TdR 的掺入比即程序外 DNA 合成量。

彗星试验，也称为单细胞凝胶电泳（SCGE）或微凝胶电泳（MGE）[90]，该检测方法是检测 DNA 损伤的最常用的技术之一。在该测定中，将细胞置于载玻片上，琼脂糖覆盖后，在高盐和去污剂中裂解消除可溶性细胞组分、膜和组蛋白。受损伤 DNA 链因断裂，超螺旋环状结构变得松散，在电泳过程中（通常在高 pH 值下），DNA 环状结构被延伸，经荧光探针染色，可观察到"彗尾"的形成，以彗尾强度表示断裂频率，定量评价受试化学品引起 DNA 损伤的程度。测定简单、灵敏度高等优势使其在遗传毒性研究中得到广泛使用[91]。

微核测定是很好的染色体畸变试验的替代分析技术，微核主要形成于整个染色体或染色体片段分离的后期，在有丝分裂分离中，由于这些片段与纺锤体附着错误未进入子核，被核膜覆盖后，形成比主核更小的核，形态学上它们类似于细胞核。体内哺乳动物骨髓嗜多染红细胞微核试验、体内哺乳动物外周血细胞微核试验一般采用适当的染毒途径进行动物染毒，染毒结束后处死动物，取出骨髓或外周血，提取细胞制片、固定和 Giemsa 染色，镜检对微核细胞计数，每组动物应至少计数 1000 个细胞。计算各试验组中的微核细胞率（‰），对受试样品各剂量组与阴性对照组数据进行统计比较，若两者存在显著性差异，且有剂量相关性，则判定微核试验结果为阳性。体内、体外微核测定法快速、高度可靠，并能够在较宽染色体范围内识别 DNA 损伤，广泛应用于基因毒性损伤风险评估中[92,93]。此外，微核测定也是检测非整倍性的唯一方法。经除草剂草甘膦（GPS）处理后的黑麦与大麦根尖细胞表现出有丝分裂异常：a. 异常细胞中的染色体无规则地向多极迁移[94]；b. 间期细胞产生"多核"和"微核"。同时，微核出现的频率与 GPS 处理间存在着统计学意义的相关性[95,96]。

② 致癌性评价。流行病学研究结果显示 70% 的人类癌症与环境中的化学品密切相关。因此，充分开展化学品的致癌毒性评价，对于保护生态环境和人类健康、实现可持续发展至关重要。致突变试验为化学品的致癌性提供了快速的筛查方法，若其结果为阳性即表明受试化学品具有潜在的致癌性，需进一步进行致癌性评价。此外，如果化学品的分子结构与某种已知致癌物十分相近，也需对其进行长期致癌性评价试验，以明确该化学品的致癌风险。

致癌试验一般选择啮齿类动物，如大鼠或小鼠，必须注意所选物种对某些肿瘤的易感性，如大鼠对皮下肿瘤的易感性大于小鼠等。试验染毒可只覆盖动物寿命的大部分时间，因为这一期间绝大多数致癌性化学品均可显现毒性，小鼠和仓鼠染毒时间通常为 18 个月，大鼠染毒时间为 24 个月[97]。对于啮齿动物的经口或经皮染毒，需每天进行，并持续 24 个月。经吸入途径暴露，则需每天染毒 6h，每周 7d，或采用其他合理暴露剂量，每周暴露 5d，并持续 24 个月。整个染毒试验期间，应特别注意观察肿瘤的发生、发展，并记录肿瘤发作的时间，每个明显可见或可触及肿瘤的大小、外观、位置和发展。为从该试验中获得更多的病理学信息，特别是化学品的作用方式等信息，可在合适的窗口时间，从指定部位采集血液样本，如心脏穿刺或眼眶静脉窦采血等，同时采集少量尿液样本，用于血液学和临床生化指标检测。试验结束时，处死、解剖试验动物，对所需组织进行病理分析，依据试验症状、其他试验现象以及试验指标等判断化学品的致癌性、致癌剂量及致癌作用途径及方式等[98]。受试样品对一种受试动物表现出致癌性或可疑致癌性时，该受试化学品对人也可能有潜在的致癌性；如果受试样品对多种（至少为两种）动物致癌性为阴性时，可认为该化学品对人不具致癌性。具体风险参数如致癌概率等评价指标可依据相关统计学公式进行定量计算。

碳纳米管的长度和刚性等结构因子与肿瘤的发生密切相关，长碳纳米管和刚性碳纳米管会诱导生物体肺组织发生慢性炎症，甚至会导致肿瘤形成[99]。SCCPs 可诱导雄性大鼠形成肾脏肿瘤，对兔、鼠也有潜在致癌性，MCCPs 和

LCCPs 则未表现出致癌性[100]。流行病学和体内外毒理学试验结果显示，三价无机砷能导致皮肤癌、肺癌以及膀胱癌等多种严重疾病。国际癌症研究机构于 1987 年将三价无机砷列为一类（Group Ⅰ）致癌物[101]。

③ 致畸性评价。致畸毒性评价试验，多选用健康、刚进入性成熟期、未经交配的雌性大鼠或家兔作为受试动物，并随机分成低、中、高 3 个剂量组，1 个阴性对照组和 1 个阳性对照组共 5 个组别，每组至少包含 15 只大鼠或 12 只家兔。受试化学品的最高剂量应使母体出现明显的毒性反应，如轻微的体重下降且母体死亡率不超过 10%，低剂量为 NOAEL，剂量梯度公比应不小于 2.2。雄、雌性动物合笼交配后，从妊娠当天开始对雌性动物进行染毒，常采用经口灌胃染毒。每天观察并记录染毒动物的体重、摄食量以及常规临床症状。分娩前 1 天处死妊娠动物，取出妊娠动物的子宫，称取子宫、胎盘和活胎的重量，记录活胎数、死胎数、黄体数、着床数以及吸收胎数等数据。检查胎仔的体重、胎盘重、体长、尾长等形体发育情况，仔细记录畸胎类型例如外观、骨骼和内脏等的异常情形，统计相应数目。计算每组动物的畸胎率，若与对照组相比畸胎率显著增高，可认为该化学品有致畸作用。结合雌性动物 LD_{50} 和最小致畸剂量，给出受试化学品的致畸指数，需注意该试验结果的解释必须注意种属的差异。

我国常用致畸指数（雌性动物的 LD_{50}/最小致畸剂量）和致畸危害指数（最大不致畸剂量/最大可能摄入量）对化学品的致畸性进行评价，目前推荐以 BMD 和安全系数对化学品的致畸性进行评价。致畸性试验的目的是检测妊娠动物接触化学品后引起胎仔畸形的可能性，致畸指数是定量衡量化学品致畸程度的毒性指标，可依据式(2-16)进行计算，

$$致畸指数 = \frac{雌性动物的LD_{50}}{最小致畸剂量} \tag{2-16}$$

依据致畸指数值可以对化学品的致畸性进行分级：致畸指数小于 10，判定该化学品基本无致畸危险；致畸指数处于 10~100 之间，判定该化学品有致畸危险；致畸指数大于 100，可认为该化学品具有强致畸危险。

三价铬和六价铬均可以诱发细胞染色体畸变，而三价铬还可以透过胎盘屏障，抑制胎儿生长并产生致畸作用。此外，受试动物短时间暴露低剂量铅后，雌性卵巢皮质层萎缩、卵细胞异常，进一步引起子代中枢神经系统和骨骼畸形。铅的直接致癌作用并不明显，主要表现为对致癌物的增强和协同作用。雌性 Wistar 大鼠经多氯萘混合物染毒后，胎仔的着床损失数量增加，宫内死亡率明显上升，且伴有剂量依赖的胎毒效应（胚胎体重下降和身长变短、宫内发育异常、骨化延迟和内脏发育变缓）[102]。

(2) 生殖毒性与发育毒性评价

生殖毒性指化学品暴露使生殖系统产生不利的生物学效应，其特征为女性或男性生殖器官及相关内分泌系统或妊娠结局发生改变[103]。发育毒性指因妊娠期接触受试化学品而引起子代在出生以前、围生期和出生后的机体缺陷或功能障碍。全球化学品产量在过去几十年增加了数倍[104]，其中许多化学品可能对人类存在包括生殖发育等方面的毒性作用。外源化学品主要通过以下几种方式对生殖发育产生影响：a. 直接干扰生殖发育环节，造成损伤作用；b. 通过作用内分泌系统，特别是性腺，从而产生间接的生殖发育毒性；c. 通过神经系统对内分泌功能进行调节，即经由下丘脑-垂体-睾丸轴和/或下丘脑-垂体-卵巢轴两条途径起作用。

① 生殖毒性评价。生命的早期特别容易受到药物和化学品的不利影响[105]。化学品对雌性的生殖毒性可表现为排卵规律改变、卵巢萎缩、受孕减少、胚胎死亡、生殖能力降低等功能异常；对雄性的生殖毒性则表现出睾丸萎缩或者坏死、精子数目减少等症状。生殖毒性试验也称繁殖试验，三代两窝生殖试验和两代一窝生殖试验是典型的生殖毒性评价试验。该类试验主要关注外源化学品对生殖细胞发育、卵细胞受精、胚胎形成、妊娠、分娩和哺乳等过程的损害，并依据实验结果对化学品的生殖毒性进行评定。试验多采用性成熟大鼠或小鼠，一般设置4个试验组，包括低、中、高3个剂量组和1个阴性对照组；常用的染毒方式为饲喂或饮水，也可采用灌胃等被动染毒方式；试验过程中需观察包括受孕率、正常分娩率、幼崽出生存活率、幼崽哺乳存活率等生殖毒性评价的相关指标。

三代两窝生殖试验法是在大鼠断奶或出生8周后，开始接受化学品染毒8～12周，直到性发育成熟（约4月龄），每周记录一次体重、进食量，同时观察临床症状。按雌雄比1∶1或2∶1使雌雄亲代动物（F0）进行合笼交配，同时检查受孕情况。雌鼠受孕后取出单独饲养，并继续染毒至仔鼠出生、断奶。第一代仔鼠（F1a）出生后，检查每窝幼仔出生数、死亡数以及畸形出现情况。母鼠休息10d后，使其与雄鼠再次交配，生出第二窝仔鼠（F1b）后，淘汰亲代雄性鼠，继续给雌性亲代鼠染毒，直至F1b断奶为止。同时，F1b断奶后，继续染毒8～12周，直至性成熟，从中随机选出雌鼠、雄鼠各16～20只，继续按上述方法进行交配。并依上述方法继续循环至产下仔鼠F3a，停止交配，结束试验。两代一窝生殖试验法基本程序与三代两窝生殖试验法相同，但只进行到第二代F2，每代只交配一窝。近来许多国家和机构包括我国生态环境部多采用两代一窝生殖试验法来进行化学品潜在生殖毒性的风险评价。仔细记录每组的试验动物数、交配的雄性动物数、受孕的雌性动物数、各

种毒性反应及其出现动物百分数,并对以下 5 项常用指标进行统计计算:

交配成功率(%)=(交配成功动物数/用于交配的雌性动物数)×100%

受孕率(%)=(受孕动物数/用于交配的雌性动物数)×100%

活产率(%)=(产生活仔的雌性动物数/受孕动物数)×100%

出生存活率(%)=(出生后 4d 幼仔存活数/出生当时幼仔存活数)×100%

哺育成活率(%)=(21d 断奶时幼仔成活数/出生后 4d 幼仔存活数)×100%

染毒组的各项观察及统计指标与阴性对照组相比,若表现出具有统计学意义的显著增加,说明受试化学品对该受试物种具有生殖毒性。对大鼠经口染毒高剂量的复合有机磷杀虫剂(OPs)的试验发现,复合 OPs 可使母体子宫内膜增生、子宫壁增厚,还可导致子代发育迟缓、关键性激素水平异常,子代妊娠率和活产率也显著降低[106]。多氯联苯(PCBs)的毒性作用还表现在影响鱼类[107]、鸟类[108,109]和哺乳动物[110]的生长繁殖方面。在 PCBs 低剂量暴露下,可致鱼产卵失败[111]。此外,PCBs 还可导致一系列的鸟类生殖行为和发育异常,甚至水肿病。研究人员还发现当鸟类脑中 PCBs 含量超过 300mg/kg 时,PCBs 水平与鸟类死亡存在显著相关性[109]。

② 发育毒性评价。发育毒性也称胚胎毒性,在哺乳动物中具体表现为生长减缓、生理畸形、功能改变和产前死亡[112]。发育毒性试验一般应从成年亲代动物开始染毒,过程需覆盖从受精卵直至性成熟的所有子代发展阶段,对受试动物的观察理论上应贯穿整个生命周期。通常选用三阶段试验作为发育毒性的评价试验,对于啮齿类试验动物而言,第一阶段试验包括雌雄交配、受孕、雌性着床期的染毒,第二阶段为着床期到胚胎硬腭闭合的染毒,第三阶段则为从第二阶段结束到幼崽断奶对亲代雌性动物的染毒。以上阶段试验分别用于评价化学品对受精、着床前后的发育、胚胎发育、器官形成、幼崽宫外生活适应性以及断乳前后的发育影响情况。事实上,发育毒性的主要表现为致畸作用,因此,对化学品发育毒性的评价也主要是对其致畸作用的评价。除了基于啮齿类动物的致畸性评价试验外(参见遗传毒性中致畸性评价相关内容),还有针对如原代细胞培养物[113]、非哺乳动物胚胎和哺乳动物胚胎等受试生物体的补充性评价试验,这类补充性试验的三个实例是胚胎干细胞测试(EST)、斑马鱼胚胎毒性测试(ZEF)和大鼠植入后全胚胎培养(WEC)[114-117]。

胚胎干细胞测试(EST)主要包括两部分试验:一是分别对小鼠胚胎干细胞(ES 细胞)——D3 细胞和分化的小鼠成纤维细胞(3T3)进行的细胞毒性试验(常用 MTT 细胞活力分析);二是对 D3 细胞进行的细胞分化试验。MTT 检测原理是基于活细胞中琥珀酸脱氢酶可将 MTT 探针定量还原为深蓝色的甲䐶结晶,加入二甲基亚砜(DMSO)均匀溶解产物后,在酶标仪上对还原产物于特定波长下进行定量测定。D3 细胞分化试验是首先在含有一定浓度化学品的培养基中悬滴培养至 D3 细胞形成拟胚体（EBs）。将 EBs 转移至培养皿中，2d 后接种到 24 孔培养板中使 EBs 贴壁生长。继续培养 5d 后，对各实验组中形成的 EBs 镜检，确定其分化程度。测定每个平板中心肌细胞收缩的孔数，并与对照组比对，给出 IC_{50} 值，即受试化学品抑制心肌细胞收缩发育 50% 时对应的浓度剂量[116]。结合该试验中的 IC_{50} 等终点指标数据，通过相关模型即可进行胚胎毒性的等级判定。

斑马鱼属鱼纲-鲤科，生长周期短，易于培养，此外，斑马鱼通体透明，便于病理表型的观察。由于它与人类基因的相似性高达 87%，因此，常被用作体内毒性研究的模式生物。斑马鱼胚胎毒性试验（ZEF）是在斑马鱼受精后 2~4h（受精后小时数，hpf），收集囊胚期胚胎，选择在 4~6hpf 阶段的未损伤胚胎进行培养。将每个选择的胚胎单独转移到 24 孔培养板中继续培养，在原肠胚形成、器官发生和早期幼虫发育过程中暴露受试化学品。受精后 5d（dpf），评估幼鱼的存活力并对形态和功能发育进行评分，评价指标包括心跳、生长迟缓、畸形等。形态学和功能评分包括测量幼鱼长度和评估大多数解剖结构的运动性，如心血管功能、色素沉着和形态等[117,118]。

体外全胚胎培养（whole embryo culture，WEC）技术是以体外胚胎替代整体动物进行试验的技术，消除了母体因素对胚胎的影响，主要用于研究早期器官的生长发育和化学物质的胚胎毒性及造成胚胎毒性的机制等。大鼠植入后全胚胎培养技术评价试验是在妊娠第 10d 取出大鼠胚胎，并将 1~5 体节胚胎放入大鼠血清中继续培养 48h，此时胚胎外源刺激的敏感性较强。对不同组别进行染毒暴露，并在培养过程中用增加氧浓度的气体每天处理两次胚胎，仔细记录心率和卵黄囊循环情况，测量卵黄囊直径、冠臀长和头长，对比不同组别胚胎的差异，根据改良评分系统对形态学、发育、功能和生长等参数进行评分[119]。

③ 内分泌干扰毒性评价。内分泌干扰毒性是指外源化合物的暴露干扰了生物体内分泌系统的正常功能与作用，它们可干扰维持体内内分泌平衡，调节生长发育的内源激素的产生、分泌、运输、代谢及作用，从而影响生物体的生长、发育和繁殖[120]。美国 EPA 内分泌干扰物筛检与测试咨询委员会（EDSTAC）给出的内分泌干扰物的定义为"从科学原理、实验数据、确凿事实及预防的角度出发，能够在机体、子代、种群或亚种群水平改变生物体内分泌系统的结构或功能的外源化合物或混合物"[121]。

内分泌系统在生物体发育的各个关键阶段中发挥着极其重要的作用，包括生命早期发育阶段的胚胎发生、分化、性别决定和稳态机制等在内的多个生理过程。激素是内分泌系统的产物，在血液中以低浓度进行传递，并在靶细胞中与特定受体结合，发挥对机体功能的调节作用，其产生、分泌、代谢等多个过程受下丘脑-垂体-性腺轴的调控，并有反馈机制加以协调。而内分泌干扰物本身可以直接作用于下丘脑-垂体-性腺轴，使内分泌系统的调控与反馈机制发生紊乱，进而产生各种与内分泌系统相关的不良效应或疾病。目前内分泌干扰毒性的研究重点主要放在筛选和鉴定化学品是否具有干扰雌激素、雄激素和甲状腺激素的能力或是否具有干扰上述激素活性的潜在能力等方面[122]。

OECD 组织建立的内分泌干扰物测定与评价的框架包括五个水平，每个水平对应不同的生物复杂性。其中第 1 级只是根据现有信息对受试物进行分类并对某些物质特别关注。第 2 级是体外试验，包括雌激素受体结合试验/雌激素受体介导或调控的特定基因表达试验、雄激素受体结合试验/雄激素受体介导或调控的特定基因表达试验、类固醇激素合成试验、MCF-7 细胞增殖试验等。第 3 级是体内试验和单一内分泌机制与效应，包括啮齿类动物 3d 子宫增重试验（皮下注射给药方式）、啮齿类雌性动物发育期（青春期）20d 暴露试验（甲状腺）、啮齿类动物 5～7d Hershberger 试验、蛙类发育的"变形"试验、鱼类性腺发育试验等。第 4 级是体内试验和多种内分泌机制与效应，包括哺乳动物 28d 重复剂量试验、哺乳动物 90d 重复剂量试验、鱼类繁殖部分生命周期测试等。第 5 级是体内试验和内分泌与其他机制方面的效应，包括哺乳动物的两世代生殖毒性试验、哺乳动物的单世代生殖毒性试验、鱼类的多世代全生命周期毒性试验等。

对于内分泌干扰效应的体内试验，啮齿类动物 3d 子宫增重试验（皮下注射给药方式）基于子宫质量的增加或者子宫增重反应，用于评价受试化学品引起与天然雌激素的激动或拮抗作用相一致的生物作用能力[123]。为保证子宫维持低质量以及雌激素染毒后动物的反应达到最大范围，试验动物为断奶之后至青春期之前未发育成熟的雌性大鼠或小鼠。一般来讲，大鼠的染毒可在出生早期断奶后开始，每日经皮下注射染毒受试化学品，持续暴露 3d，应包括 2 个剂量组和 1 个阴性对照组，末次染毒结束后 24h 对动物进行大体解剖，评价染毒组的平均子宫质量与对照组相比是否有统计学意义的明显增加。

两栖动物变态分析（amphibian metamorphosis assay，AMA）是基于下丘脑-垂体-甲状腺轴的结构和功能的保守型试验，能够很好地代表广义脊椎动物对受试化学品的易感性。两栖类变态发育过程是甲状腺依赖性过程，具备下丘脑-垂体-甲状腺轴的活性反应，AMA 是唯一一种检测动物形态发育过程中甲状腺活性的试验方法，该试验的主要目的在于筛选、鉴定可能干扰下丘脑-垂体-甲状腺轴正常功能的物质。一般来讲，该试验包括 21d 蝌蚪暴露及暴露结束后的发育情况统计(吻合口长度、后肢长度以及甲状腺组织病理等)。双酚A(BPA)的替代物双酚F(BPF)表现出浓度依赖的双向影响,高浓度暴露时BPF对T3诱导的变态反应相关基因的转录以及形貌转变产生拮抗作用,而低剂量暴露时BPF则对T3诱导的整体变态反应呈现出激活的效应(图2-3)。这种双向影响主要是因为该过程会受到甲状腺激素信号通路和Notch信号通路等多种信号通路的协同调控[124]。用替代物双酚AF(BPAF)处理不同发育期的蝌蚪,均出现不同程度的睾丸形貌改变。低剂量BPAF能够抑制睾丸分化及随后的爪蟾发育,同时伴随有雌性化效应[125]。

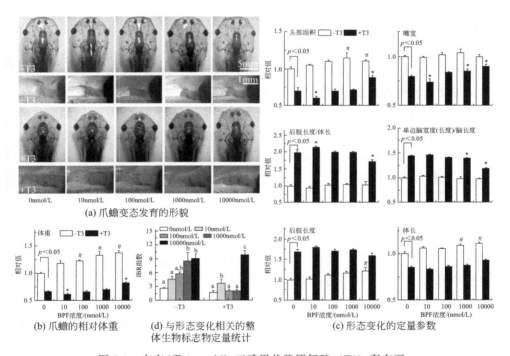

图 2-3 在有/无 1nmol/L 三碘甲状腺原氨酸(T3)存在下,
不同浓度 BPF 暴露 96h 对爪蟾变态发育的影响[124]

[数据以平均值±SEM($n=3$)方式表达。* 表示 BPF 暴露组与对照组以及
与有/无 T3 存在时 BPF 暴露组间存在显著性差异,即 $p<0.05$]

鱼类生殖毒性试验(fish sexual development test):性成熟的雄鱼和处于产卵期的雌鱼一起暴露于受试化学品中,21d 暴露结束后,对包括卵黄蛋白原(VTG)和第二性征等 1~2 种生物标志物终点进行测试。最后结合繁殖力情况和病理学数据综合评价受试化学品对性腺功能的影响。VTG 受循环内源雌激素的刺激,由雌性卵生脊椎动物的肝脏产生。性未成熟的雌性和雄性鱼因缺

乏足够的循环雌激素，在它们的血浆中几乎检测不到 VTG。在外源雌激素的刺激下，肝脏能合成并分泌一定量的 VTG。常用的 VTG 定量检测方法为酶联免疫分析（ELISA）法[121]。

评价化学品雌激素活性的离体试验主要包括雌激素受体结合试验/雌激素受体介导（或调控）的特定基因表达检测以及与人源重组雌激素受体间亲和力的测定[126]。Frey-Berger-Wilson 和日本化学品评估与研究所（CERI）分别使用人源重组雌激素受体和人源重组配体结合域蛋白，测量受试化学品在放射性标记配体（[3H] 17β-雌二醇）存在下与 ER 的竞争结合能力。结合能力测试由两类主要的试验组成：一类是饱和结合试验，用以表征受体-配体相互作用参数和记录 ER 特异性；另一类是竞争性结合试验，以表征测试化学品和放射性标记的配体与雌激素受体之间的竞争结合。MCF-7 细胞增殖试验也是最常用于检测环境雌激素的方法，通过测定受试化学品诱导雌激素生理效应的能力来评价其是否具有雌激素活性[127]。MCF-7 人乳腺癌细胞是一种雌激素受体表达阳性、对雌激素敏感的细胞，该试验向血清中加入一种可特异性抑制雌激素敏感细胞增殖的化学物质，而雌激素的引入能够通过激活雌激素受体特异性消除其抑制效应，进而诱导细胞增殖。

(3) 神经毒性评价

神经毒性广泛定义为认知功能障碍，如退行性疾病、幻觉、肌痉挛、癫痫等[128]。目前对于神经毒性的评价方法主要基于体内、体外试验。

神经毒性体内试验通常选取 28d 和 90d 的亚急性、亚慢性染毒周期，受试动物常采用大鼠和小鼠等啮齿类动物，受试化学品一般设置 3 个剂量组和 1 个阴性对照组。对于 28d 染毒试验，每组至少包含 8 只动物；对于 90d 染毒试验，由于染毒时间较长，每组至少包含 15 只动物，可采用经口、吸入等方式给药，暴露期间每天对受试动物进行临床观察，并对血液、尿液等检查，记录发病率和死亡率。试验结束后，进行大体解剖，取脑组织进行病理学检查和生化分析[129,130]。在试验过程中定期进行与神经毒性相关的行为学测试，如评价运动神经调控能力的转棒试验和肢体对称试验等，评价学习记忆能力的水迷宫、跳台试验和避暗试验以及视觉等其他功能性行为学测试。

啮齿类动物的水迷宫测试是近三十年来建立起来的判断动物学习记忆的重要实验方法，主要原理是大鼠、小鼠通过学习在水箱内游泳最终找到隐藏在水下的躲避平台[131]。经过一定时间的训练后，可对受试动物进行空间任务测试，用摄像机连续监测受试动物在试验全过程中的活动行为，并通过其在不同的人为划定区域内分别花费的时间来评估空间偏差，除此之外，还可进行视觉任务测试即将试验中使用的黑色平台更换为视觉可见的白色平台，测试受试动物寻找可视平台的能力。试验结束后，可进行神经毒性生化指标如乙酰胆碱酯酶（AChE）活性等的定量分析[115]。将各试验组的数据进行对比，以获得神经元发育、神经再生以及神经信号传导正常与否的初步信息。

神经毒性体外试验主要基于体外培养的原代神经细胞人肿瘤细胞系、原代细胞永生化细胞系、胚胎干细胞、诱导多能干细胞来进行[132]。神经毒性体外测试终点包括神经完整性、树突/轴突复杂性、髓鞘形成、胶质增生/萎缩、蛋白质聚集体、突触、脊柱密度、钙信号、神经嵴细胞迁移、神经递质释放、神经系统自发性活动、线粒体运动、活性氧形成、代谢模式、分化模式等[132]，以下以神经细胞代谢活性、神经突生长、神经细胞的膜电位为例简要介绍。

神经细胞代谢活性测试：主要通过刃天青测定法来实现。刃天青是一种无毒且可穿过细胞膜的染料，在细胞增殖过程中细胞内的氧化环境转变为还原环境，细胞内的刃天青则被还原性的代谢中间产物还原为具有较强荧光的粉色唑酮类产物，通过检测590nm波长处的荧光值可以定量分析神经细胞代谢活性状态[133]。

神经突生长测试：将细胞用适量浓度的钙黄绿素和细胞核染料染色后成像观察，分别用365nm/535nm波长激发/发射通道检测H-33342信号、474nm/535nm波长通道检测钙黄绿素信号。根据H-33342信号的大小、面积、形状和强度确定细胞核区域，核轮廓在每个方向上扩展$3.2\ \mu m$，定义为虚拟细胞胞体区域（VCSA）；钙黄绿素阳性像素被定义为活细胞结构（VCSS）。从钙黄绿素通道的过滤器中减去H-33342通道中VCSA区域即剩余像素（VCSS－VCSA），被定义为神经突区域[133]。对比统计不同组别中的神经突区域大小，以评价受试化学品对于神经突生长的影响情况。

神经信号主要以电信号的形式进行传递，具体传递过程为神经元细胞将神经刺激以神经冲动的方式沿着轴突的方向不断地传递下去并最终到达相应元件，神经冲动的形成和神经信号的传导主要通过改变神经细胞的膜电位来实现。神经细胞的膜电位通常借助荧光探针（如TMA-DPH、$DiBAC_4$等）进行半定量测定。当细胞膜去极化时，探针可穿过细胞膜进入胞内并与胞质中疏水位点结合，细胞内的特征荧光信号增强；当细胞膜超极化时，探针则被排出，胞内的特征荧光信号减弱。因此，可通过测量荧光探针在细胞内的荧光信号变化来定性、半定量检测细胞的膜电位及极化情况。对高浓度PCBs暴露人群的流行病学调查结果显示，这类人群均表现出如头痛、疲乏以及其他中枢神经问题[134]。有机氯农药（OCPs）可抑制脑内GABA-A1氯离子通道以及轴突的ATP酶活性，从而导致兴奋、头晕、恐惧、头痛、定向障碍、麻木、乏力、失眠与噩梦等神经毒性症状[135,136]。长期暴露于包括六氯苯、五氯苯酚、狄氏剂、七氯、滴滴涕、甲氧滴滴涕与六氯环己烷（HCHs）等有机氯农药中，会增加帕金森病患病风险[137,138]。

（4）免疫毒性评价

免疫毒性指外源化学品作用于免疫系统后所造成的免疫系统功能障碍或器质损伤，也包括有害因素作用于机体其他系统后引起免疫系统的继发性损伤。依据效应的不同，免疫毒性可分为免疫抑制、免疫刺激超敏反应和自身免疫[139]。免疫毒性试验的周期至少为 28d，暴露期间应记录任何临床毒性表现症状及发生时间。染毒结束后，处死动物，对免疫组织、免疫器官的重量进行记录，对细胞形态进行检测，并对血液免疫、体液免疫、细胞免疫等临床指标进行检测。该试验可针对受试样品影响抗体介导的免疫反应以及细胞介导的特异性和非特异性免疫反应的程度进行定性、定量评价，为确定人群暴露 NOAEL 和 LOAEL 提供参考。

对于免疫毒性的检测方法，美国国家毒理学计划（NTP）曾推荐小鼠免疫毒性检测方法，美国食品药品管理局（FDA）曾颁布新药免疫毒性的评价规范，世界卫生组织（WHO）也曾推荐人群免疫毒性的检测方法。目前，一种小鼠免疫毒性标准化分级检测方案应用广泛[140]，基于此法的动物试验主要采用啮齿类动物（多用雌性小鼠）为受试动物。第一级是常规免疫指标的初步筛选，检测内容包括：免疫病理，包括血液学（红细胞、白细胞总数及其分类）、脏器重量（脾脏、胸腺、肾脏、肝脏等）、组织学（脾脏、胸腺、淋巴结等）等指标；体液免疫，包括对有丝分裂原 LPS 的反应、T 淋巴细胞依赖抗原（RBC）IgM 抗体生成细胞数。第二级是对初筛阳性结果的化学品进行针对性、特异性的分析，以提供对免疫功能和宿主抗性终点的具体评估。试验指标包括免疫病理，即脾脏中 T 淋巴细胞和 B 淋巴细胞数；体液免疫，即 T 淋巴细胞依赖抗原（SRBC）IgG 抗体生成细胞数；细胞免疫，包括迟发型过敏反应（DTH）、细胞毒性 T 淋巴细胞（CTL）的溶细胞作用；非特异性免疫，即自然杀伤（NK）细胞和巨噬细胞功能；宿主抵抗力，即对不同肿瘤和感染因子的抗性。

免疫毒性小鼠动物试验[141]一般采用 6~8 周健康且未孕的雌性小鼠，试验设置阴性对照组、阳性对照组（如环磷酰胺）及至少 3 个剂量试验组，每组至少包含 10 只小鼠，受试化学品或溶剂染毒至少 28d（一般经口染毒）。代表性试验流程如下：中毒观察、临床检验（血液学检测和血液生化分析），试验结束后处死动物并大体解剖，测量体重、胸腺和脾脏湿重，获取组织，进行组织病理学观察并检测脾脏、胸腺和骨髓的细胞结构及细胞活力。体液免疫试验：首先用抗原免疫动物，然后用抗体形成细胞检测（PFC 试验，也称溶血空斑试验）方法或酶联免疫吸附（ELISA）检测抗体滴度的方法评价受试化学品对体液免疫的影响。特异性细胞免疫反应检测包括单向混合淋巴细胞培养分析（MCL）、迟发型过敏反应（DTH）、细胞毒性 T 淋巴细胞（CTL）检测等。其中，CTL 方法适用于测试受试化学品亚慢性染毒（通常为 28d）对 CTL 生成的影响。

近年来，在使用体外试验方法来评估免疫毒性方面也取得了重大进展，毒物和免疫细胞的直接相互作用提供了体外鉴定这些化合物的可能性。体外方法的显著优点是具有更高的检测通量，能深入探索免疫抑制机制，进而推断化学品对多物种的潜在免疫效应[142]。免疫系统包含多个免疫器官，机体的免疫反应也涉及多种免疫细胞的交互作用，故免疫毒性的体外测试系统也应包括不同功能的细胞和组织。与体内风险评价框架类似，体外测试一般也采用分级方法进行，第一级是评价骨髓毒性，第二级是评价淋巴毒性。

免疫细胞都是从骨髓中原始的多功能造血干细胞发育而来的，骨髓毒性的检测评价揭示了化学品对免疫细胞生长、发育的潜在影响。人和小鼠粒细胞/巨噬细胞集落形成（CFU-GM）试验常被用于评估骨髓毒性[143]，骨髓中的造血干细胞的增殖和分化会形成独立的细胞簇或集落。从 8～12 周的小鼠体内分离出骨髓细胞，并使用含有受试化学品的培养基来培养骨髓细胞 12d，检测确定对照组和暴露组中的集落数量。CFU-GM 包括三类：CFU-粒细胞（CFU-G）、CFU-巨噬细胞（CFU-M）和 CFU-粒-巨噬细胞（CFU-GM）。以集落数进行定量统计，得出不引起临床不良反应的最大无作用剂量（NOAEL）和引起不良反应的最低剂量（LOAEL）。应用 CFU-GM 分析预测免疫毒性就是预测免疫毒性物质的最大耐受剂量（MTD）。CFU-GM 试验是筛选具有潜在人类骨髓干细胞毒性化学品、药物和生物制剂的有力工具，并可大大减少毒性试验中的动物使用量。目前，人体全血细胞因子释放试验是唯一经过体外免疫毒理学评估验证的基于细胞因子的试验，可测量人血液样本中响应脂多糖（LPS）的白细胞介素（IL-1b 和 IL-4）或葡萄球菌肠毒素 B（SEB）的释放水平[144]。其他体外试验还包括淋巴细胞增殖试验、混合淋巴细胞反应（MLR）试验、抗 CD3 T 细胞增殖试验、CTL 的细胞毒性试验、自然杀伤（NK）细胞活性试验和树突细胞成熟试验[145]。

多项研究结果表明，PCBs 可损伤免疫细胞活性、体外 T 淋巴细胞功能，影响抗原特异性体外淋巴细胞增殖，体内试验数据显示 PCBs 还可通过损伤迟发型过敏反应和干扰卵清蛋白的抗体反应等途径引起哺乳动物免疫毒性[146,147]。还可出现体外淋巴细胞中 DNA 单链断裂现象，且程度与 OPs 浓度呈正相关，这可能是自由基形成速率增大或蛋白质相互作用产生细胞凋亡所致[148]，如 OPs 可通过调节鱼体内的溶菌酶、球蛋白、补体蛋白 3（C3）及细胞因子导致免疫毒性[149]。

(5) 呼吸毒性评价

挥发性污染物会对人类呼吸系统造成危害，并进一步诱发如呼吸系统损伤、心血管功能障碍和糖尿病等多种慢性病。急性暴露产生的效应一般包括肺功能改变、呼吸道炎症。小鼠暴露试验和人群流行病学调查结果表明，吸附多种化学品（如苯系物等）的颗粒物会引起过敏性炎症反应[150,151]。而长期的慢性暴露会影响呼吸系统尤其是肺组织的发育，引起慢性支气管炎、肺癌、哮喘的发生[152]，同时还能加速动脉粥样硬化的形成。吸附了挥发性污染物的颗粒不仅可诱导炎症反应，还可降低肺泡巨噬细胞的吞噬活性，该病理损伤与 ROS 产生、线粒体融合-裂变功能障碍和线粒体脂质过氧化等有关[153]。目前基于离体模型和活体模型评价挥发性污染物毒性的研究已经广泛开展，离体模型多采用传代培养细胞，利用活体模型评价颗粒物毒性时多采用呼吸道滴注或吸入两种染毒方式。

对于离体细胞试验而言，浸没（submerged）细胞培养和气液界面（air-liquid interface，ALI）细胞培养是探索挥发性污染物对细胞毒性效应的常用方法。ALI 细胞培养可以在体外恢复呼吸道的假复层条纹，因此，它是研究挥发性污染物对呼吸道上皮细胞有害作用的有效体外模型。支气管上皮起到呼吸系统屏障作用以保护呼吸系统中的主要器官——肺部。研究表明，与浸没细胞培养相比，借助 ALI 细胞培养系统检测到摩托车尾气所导致的氧化应激和细胞毒性都更高[154]。常用培养细胞系有 BEAS-2B、human AM/L132、A549/THP-1 等。A549 细胞是源自人肺泡基底上皮细胞的肺癌细胞，具有恶性肿瘤细胞和肺泡Ⅱ型细胞的特性，常用于研究肺癌的发展和治疗。此外，还可通过解剖小鼠取出气道组织和肺组织，采用原代培养方法，用酶消化液解离组织后，清洗、过滤获得原代培养细胞。待细胞稳定生长后，采用适当的方式将其暴露于受试化学品中，并对细胞迁移、细胞侵袭、细胞增殖和凋亡等终点指标进行检测。

体内动物试验中常见的实验物种包括小鼠、大鼠和仓鼠。经呼吸道染毒是评价呼吸毒性的唯一染毒方式，具体操作包括吸入染毒和气管内滴注染毒两种。急性染毒常用模型为 Balb/c 小鼠、NC/Nga 小鼠和豚鼠动物模型，利用染毒柜采用呼吸道吸入方式暴露，同时借助肌张力测定仪在器官水平评价小鼠气道和肺动脉血管在经过颗粒物暴露后的收缩状态和肌张力的变化情况，结合直观的生理学参数评价颗粒物对呼吸系统平滑肌的刺激和毒性效应。结合生化、免疫和分子生物学指标，分析短时间暴露后的气道和血管平滑肌相应指标核酸和蛋白水平的改变，以此综合评价挥发性污染物颗粒对小鼠呼吸系统的毒性效应。

经呼吸道吸入金属铬可引起呼吸道刺激和腐蚀，并导致咽炎、支气管炎等。OPs 暴露会导致乙酰胆碱酯酶（AChE）磷酸化，形成磷酰化胆碱酯酶，使 AChE 失活。大量积聚在神经突触的乙酰胆碱持续刺激神经末梢，引起支气管痉挛和腺体分泌增加，分泌物不断积聚在肺泡内，使肺毛细血管压增高、肺血管收缩、血浆渗出，形成肺水肿，最后导致机体呼吸衰竭，甚至死亡[155]。

（6）心血管毒性评价

心血管毒性包括心肌毒性、心律失常、血管毒性等。心肌毒性涉及心肌炎、心包炎、心肌病、心脏骤停、心瓣膜损伤、心肌缺血与心肌梗死、心绞痛等毒性症状。心律失常常表现为尖端扭转型室性心动过速等症状。血管毒性常见症状包含动脉粥样硬化、血管病变、高血压症、低血压症等。目前，针对心血管毒性的评价方法主要包括 hERG-K$^+$ 通道电流阻断、血清标志物（如肌钙蛋白-T、肌酸激酶-MB 和肌红蛋白）检测、心电图检测和心脏成像模式等，还可通过检测天冬氨酸氨基转移酶、肌酸激酶（CK）、乳酸脱氢酶和 α-羟基丁酸脱氢酶（HBDH）的活性来评估心脏损伤程度[156,157]。

hERG-K$^+$ 通道是 hERG 基因编码的一种钾离子通道，在心肌细胞动作电位的复极化过程中起着十分重要的作用。具有心血管毒性的外源化学品可引起 hERG-K$^+$ 通道阻断而导致长 QT 综合征，产生心脏毒性作用，严重的情况可能引发致命的心律失常而猝死。因此，hERG-K$^+$ 通道电流阻断检测也成为评价化学品潜在心血管毒性的重要试验方法。hERG-K$^+$ 通道电流阻断分析过程主要是借助电化学方法分析 hERG-K$^+$ 通道电流的阻断情况[158]。

心血管系统成像观察是最为直观的心血管毒性评价方法。以斑马鱼作为受试动物为例，将斑马鱼暴露在受试化学品中，使用光学显微镜密切监测发育中胚胎的心率和心血管系统[159]。斑马鱼节间血管（ISV）的发育遵循明确的模式，共同主静脉（CCV）在斑马鱼胚胎的卵黄中生长，并且随着心脏在心包内向背侧迁移而被广泛重塑和消退。光学显微镜从胚胎开始记录 ISV 长度、ISV 间的间隔、ISV 与 DA 间的角度以及 CCV 的消退情况[160]。由于 ISV 的发育严重影响心血管的发育，因此，此法亦被用于评价受试化学品的心血管毒性作用。

心脏磁共振成像（MRI）是心脏成像的有利技术手段，适用于心血管毒性作用评估。心脏成像使用由心电图预先触发的屏气采集进行心脏 MRI 研究。

在多个标准短轴和长轴视图中，获得稳态自由进动和稳态进动心脏图像的真实、快速的磁共振成像，包括特定的右心室流出道和左心室流出道的取向。施用对比剂10～20min后，进行心脏MRI成像观察，相同视图中采用分段的反转恢复序列及延迟对比技术以增强心脏成像效果，识别获取图像数据并转移到3D后处理工作站。结合连续短轴视图中心内膜和心外膜边界的面积，测量计算出左心室功能和体积、射血分数、舒张末期容积和收缩末期容积等心脏功能参数，以评价心脏心肌功能异常情况[161]。

ApoE基因敲除小鼠品系可作为动脉粥样硬化疾病研究的易感动物模型。ApoE基因敲除小鼠不表达载脂蛋白E（ApoE），在正常培育饲养情况下ApoE基因敲除小鼠也表现出脂质代谢和运输的显著改变。突变小鼠的血浆胆固醇为正常值的5倍，3个月后发生动脉粥样硬化病变[162]。由大气颗粒物暴露引发的心血管疾病如动脉粥样硬化、心肌梗死等可能涉及体内的氧化应激、炎症、血管舒缩功能障碍和神经元信号传导的改变[163]。此外，内皮细胞具有重要的屏障功能，并产生调节血管张力、细胞黏附、平滑肌细胞增殖、血管壁炎症和血栓抗性的因子[164,165]。内皮依赖性血管舒张功能受损是内皮功能障碍的一个主要特征，与发生心血管疾病的风险增加有关。内皮功能障碍与促炎因子水平升高有关，如黏附分子和化学引诱物都可导致动脉粥样硬化的发生和发展。以上血液指标及细胞模型均可作为心血管毒性评价的具体指标，涉及的相关分析检测方法也可作为具体的评价手段。

PFASs可诱导细胞产生ROS，介导肌动蛋白纤维重塑，此外PFASs也可激活PI3K/Akt信号通路，使紧密连接解聚，增加了内皮细胞胞间通透性[166,167]。除了直接接触刺激外，PFASs亦可与血浆成分、人血白蛋白（HSA）等相互作用，间接对脉管系统产生影响[168,169]。血浆血管舒缓素-激肽系统（kallikrein-kinin system，KKS）是体内重要的酶体系，可调节血管屏障功能。PFASs可结合并激活KKS的起始酶原-凝血因子Ⅻ（Hageman factor Ⅻ，FⅫ），释放下游血浆激肽酶原（plasma prekallikrein，PPK）及高分子量激肽原（high-molecular-weight kininogen，HK），发生酶体系的级联激活。这种激活效应与PFASs的结构因子（碳链长度、氟原子取代度以及端基荷电性）密切相关，与FⅫ的结合力越强，对KKS的激活效应也越强（图2-4），细胞间通透性显著增加[170]。

综上，基于本章介绍的评价方法及内容，对化学品的环境暴露和影响情况进行充分的考察评估后，综合比较化学品的环境暴露水平和毒性限值，进而对具体环境安全进行风险表征，基本程序归纳如图2-5所示。风险表征是

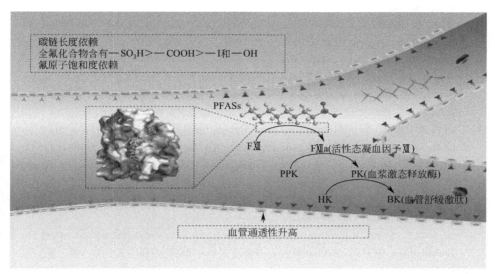

图 2-4　PFASs 激活 KKS 系统促进血管通透性升高的分子作用机制[170]

根据物质实际或预期的暴露，可能对人类种群或环境区间造成不利影响的发生可能性和严重程度的估算。环境风险往往用风险系数表示，国际上公认化学品的暴露水平与影响的比率可直接替代风险。值得注意的是，所获得的风险表征结果并不是绝对的风险衡量，当环境暴露量超过影响限值时，实际的风险或影响就无法进行评价。此外，依据目前的认知水平，这种风险表征既不能充分预测化学品对生态系统的不利影响，也不能预测受影响人群的范围。因此，风险表征只能提供一个相对风险排名，进而为后续的生产、使用、处置及管理决策制订等提供参考。

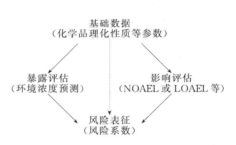

图 2-5　化学品的环境安全评价流程图

参考文献

[1] United Nations. Environmentally sound management of toxic chemicals including prevention illegal international traffic in toxic and dangerous products，Agenda 21，Chapter 19. Brazil：United Nations Conference on Environment and Development，1992.

[2] Patton D E. The ABCs of risk assessment. EPA，1993，19：10-15.

[3] van Leeuwen C J, Vermeire T G. Risk Assessment of Chemicals：An Introduction [M]. 2nd ed.

Dorderecht: Springer, 2007.
[4] OECD. Compendium of environmental exposure assessment methods for chemicals, Environment Monograph 27. France: OECD, 1989.
[5] van Den Hout K D, van Dop H. Interregional modeling//zwerver S, Van Ham J, eds. Interregional Air Pollution modeling [M]. New York: Plenum press, 1985.
[6] Szepesi D J. Compendium of Regulatory Air Quality Simulation models [M]. Hungary: Akademiai Kiado, 1989.
[7] van Jaarsveld J A. An operational atmospheric transport model for priority substances: Speicieation and instructions for use, RIVM Report 222501002. The Netherlands: RIVM, 1990.
[8] Gifford F A. Use of routine meteorological observations for estimating the atmospheric dispersion [J]. Nuclear Safety, 1961, 2: 47-55.
[9] Turner B D. Workbook of atmospheric dispersions estimates. EPA Ref. AP-26 (NTIS PB 191-482). Triangle Park: US Environmental Protection Research, 1970.
[10] Green A E, Singhal R P, Venkateswar R. Analytical extensions of Gaussian plume model [J]. Journal of the Air Pollution Control Association, 1980, 30: 773-776.
[11] De Nijs T, De Greef J. Ecotoxicological risk evaluation of the cationic fabric doftener DTDMAC Ⅱ. Exposure Modeling [J]. Chemosphere, 1992, 24: 611-627.
[12] Ambrose R B, Woll T A, Connolly J P, et al. WASP 4, A hydrodynamic and water quality control model. Model Theory, User's manual and programmer's guide. EPA/600/3-87/039. Athens: USEPA, 1988.
[13] International Institute for Applied System Analysis. Chemical time bombs: Definition, concepts and examples: Bias documents 1//Stigliani W M, ed. ER-91-16. Australia: IIASA, 1991.
[14] Stigliani W M, Doelman P, Salomonos W, et al. Chemical time bombs: Predicting the unpredictabale [J]. Environment, 1991, 33 (49): 26-30.
[15] Carsel R F, Smith C N, Mulkey L A, et al. Users manual for the pesticide rot zone model (PRZM). EPA-600/3-84-109. US Environmental Protection Agency, Athens, GA.
[16] Carsel R F, Nixon W B, Ballantine L B. Comparison of pesticide root zone model predictions with observed concentrations for the tobacco pesticide Metalaxyl in unsaturated zone soil [J]. Environmental Toxicology and Chemistry, 1986, 5: 345-353.
[17] Smith C N, Parrish R S, Brown D S. Conducting field studies for testing pesticides leaching models [J]. International Journal of Environmental Analytical Chemistry, 1990, 39: 3-21.
[18] Bonazountas M, Wagner J M. SESOIL: A seasonal soil compartment model. Office of Toxic Substances, US Environmental Protection Agency, Washington, DC.
[19] Hettrick D M, Travis C C, Leonard S K, et al. Qualitative validation of pollutant transport components of an unsaturated soil zone model. ORNL-TM-10672. Oak Ridge National Laboratory, Oak Ridge, TN.
[20] Van Der Linden A M A, Boesten J J T I. Berekening van de mate van uispoeling en accumulatie van bestrijdingsmiddelen als functie van hun sorptiecoefficent en omzettingsnelheid in bouwvoormateriaal. RIVM Report 72800003. National Institute for Public Health and Environment (RIVM), Bilthoven, The Netherlands [in Dutch].

[21] Feijtel T C J, Boeije G, Matthies M, et al. Development of a geography-referenced regional exposure assessment tool for European rivers-GREAR-ER [J]. Chemosphere, 1997, 34: 2351-2374.

[22] Mackay D, Paterson S. Calculating fugacity [J]. Environmental Sciences & Technology, 1981, 15: 1006-1014.

[23] Hazchem. A mathematical model for use in risk assessment of substances. Special report No. 8. Belgium: ECETOC, 1994.

[24] Webster E, Mackay D, Di Guardo A. Regional differences in chemical fate model outcome [J]. Chemosphere, 2004, 55: 1361-1376.

[25] van de Meent D. Simplebox, a generic multimedia fate evaluation model. RIVM report 672720001. The Netherlands: National Institute for Public Health and the Environment, 1993.

[26] den Hollander H A, van Eijkeren J C H, van de Meent D. Simple Box 3.0: Multimedia mass balance model for evaluating the fate of chemical in the environment. RIVM report 601200003/2004. The Netherlands: RIVM, 2004.

[27] Wegmann F, Moller M, Scheringer M, et al. Influence of vegetation on the Environmental Partition of DDT in two global multimedia models [J]. Environmental Sciences & Technology, 2004, 38: 1505-1512.

[28] OECD. Description of selected key generic terms used in chemical hazard/risk assessment. Joint project with the national programme on chemical safety (IPCS) on the harmonization of hazard/risk assessment terminology. Health and Safety Publication, Series on testing and assessment 44. France: OECD Environment, 2003.

[29] Reach, Regulation (EC) No. 1907/2006 of the European Parliament and of the Council of 18 December 2006 concerning the REACH establishing a European Chemical Agency, amending Directive 1999/45/EC and repealing EC No. 1488/94 as well as Council Directive 76/769/EEC and Commission Directives 91/155/EEC, 93/105/EC and 2000/21/EC. 2006.

[30] McKone T E. CalTOX, A multimedia total exposure model for hazardous-waste sites UCRL-CR-111456PtI-IV. Washington DC: US Department of Energy, Lawrence Livermore National Laboratory, 1993.

[31] Commission of the European Communities. European Union System for the Evaluation of Substances 2.0 (EUSES 2.0). Prepared for RIVM. The Netherlands: European Chemicals Bureau, 2004.

[32] UMS. Umweltmedizinische Beurteilung der Exposition des Menschen durch altlastbedingte Schadstoffe (UMS) Anslussbericht "Weiterentwicklung und Erbroung des Bewertungsmodells zur Gefahrenbeurtelung bei Altlasten" von der Arbeitsgemeinschaft Fresenius Consult GmbH und focon-Inteneurgesellschaf mbH F& E-Vorhaben 10340107 (in German). Germany: UMS, 1993.

[33] Trapp S, Matthies M. Generic one-compartment model for uptake of organic chemicals by foliar vegetation [J]. Environmental Sciences & Technology, 1995, 29: 360.

[34] Hrubec J, Toet C. Predictability of the removal of organic compounds by drinking-water treatment. RIVM report 714301007. The Netherlands: RIVM, 1992.

[35] Travis C C, Arms A D. Bioconcentration of organics in beef, milk and vegetation [J]. Environ-

mental Sciences & Technology, 1998, 32: 271-274.

[36] Dowdy D L, McKone T E, Hsieh P H. Prediction of chemical biotransfer of organic chemicals from cattle diet into beef and milk using molecular connectivity index [J]. Environmental Sciences & Technology, 1996, 30 (3): 984-989.

[37] Mclachlan M S. Model of the fate of hydrophobic contaminants in cows [J]. Environmental Sciences & Technology, 1994, 28: 2407-2414.

[38] Rosenbaun R. Multimedia and food chain modeling of toxics for comparative risk and life cycle impact assessment. Ecole Polytechnique Federale Lausanne, Switzerland.

[39] Derks H J G M, Berende P L M, Olling M, et al. Pharmacokinetic modeling of polychlorinated dibenzo-p-dioxins (PCDDs) AND FURANS (PCDFs) in cows [J]. Chemosphere, 1994, 28: 711-715.

[40] Freijer J I, van Eijkeren J H C, Sips A J A M. Model foe estimating initial burden and daily absorption of lipophilic contaminants in cattle. RIVM report 643810005. National Institute for Public Health and the Environment (RIVM), Bilthoven, The Netherlands.

[41] Xia D, Gao L, Zheng M H, et al. Human exposure to short- and medium-chain chlorinated paraffins via mothers' milk in chinese urban population [J]. Environmental Science & Technology, 2017, 51 (1): 608-615.

[42] Xia D, Gao L R, Zheng M H, et al. Health risks posed to infants in rural China by exposure to short- and medium-chain chlorinated paraffins in breast milk [J]. Environment International, 2017, 103: 1-7.

[43] Hendricks M H. Measurement of enzyme laundry product dust levels and characteristics in consumer use [J]. Journal of the American Oil Chemists' Society, 1970, 47 (6): 207-211.

[44] Becker D. Methodology for estimating direct exposure to new chemical substances. Washington DC: USEPA, 1979.

[45] Versar Inc. Standard scenarios for estimating exposure to chemical substances during use of consumer products. Vol. I and II. Washington DC: USEPA, 1986.

[46] EPA. National usage survey of household cleaning products. Washington DC: USEPA, 1987.

[47] EPA. Household solvent products. A national usage survey. Washington DC: USEPA, 1987.

[48] EPA. Exposure factors handbooks. Washington DC: USEPA, 1990.

[49] EPA. Exposure factors handbooks. Washington DC: USEPA, 1997.

[50] Commission of the European Communities. Technical guidance document in support of commission directive 83/67/EEC on risk assessment for new notified substances. Commission regulation (EC) No. 1488/94 on risk assessment for existing substances and directive 98/8/EC of the European Parliament and of the Council concerning the placing of biocidal products on the market. Belgium: European Chemicals Bureau, 2003.

[51] Gao W, Cao D D, Wang Y J, et al. External exposure to short- and medium-chain chlorinated paraffins for the general population in Beijing, China [J]. Environmental Science & Technology, 2018, 52 (1): 32-39.

[52] Fridén U E, McLachlan M S, Berger U. Chlorinated paraffins in indoor air and dust: concentrations, congener patterns, and human exposure [J]. Environment International, 2011, 37

(7): 1169-1174.

[53] United States Environmental Protection Agency. Multi-Chamber Concentration and Exposure Model (MCCEM) version 1. 2. https://www. epa. gov/tsca-screening-tools/multi-chamber-concentration-and-exposure-model-mccem-version-12.

[54] National Institute for Public Health and the Environment, Ministry of Health, Welfare and Sport. RIVM Committed to health and sustainability. 2008. https://www. rivm. nl/en/consexpo/related-tools/dustex-tool/help.

[55] Agricola G. De Re Metallica. London: Mining Magzine, 1556.

[56] Thackrah C T H. The effects of arts, trades and professions and civic states on health and longevity with suggestions for the removal of many of the agents which produce disease and shorten the duration of life. Leeds: Longman, 1832.

[57] Tickner J, Friar J, Creely K S, et al. The development of the EASE model [J]. Annals of Occupational Hygiene, 2005, 49: 103-110.

[58] United States Environmental Protection Agency. ChemSTEER-Chemical Screening Tool for Exposures and Environmental Releases. 2015. https://www. epa. gov/tsca-screening-tools/chemsteer-chemical-screening-tool-exposures-and-environmental-releases.

[59] 夏元洵. 化学物质毒性全书 [M]. 上海: 上海科学技术文献出版社, 1991.

[60] 全国危险化学品管理标准化技术委员会化学品毒性检测分技术委员会. 化学品安全检验检测方法国家标准汇编——生态毒理与降解蓄积 [M]. 北京: 中国标准出版社, 2012.

[61] OECD No. 204. OECD guidelines for the testing of chemicals, fish, prolonged toxicity test: 14-day study. Paris: OECD, 1984

[62] OECD/OCDE No. 201. OECD guidelines for the testing of chemicals, freshwater alga and cyanobacteria, growth inhibition test. Paris: OECD, 2006.

[63] EPA 712-C-96-167. Ecological effects test guidelines OPPTS 850. 6200, earthworm sub-chronic toxicity test. USA: USEPA, 1996.

[64] EPA 712-C-96-120. Ecological effects test guidelines OPPTS 850. 6200, Daphnia chronic toxicity test. US: USEPA, 1996.

[65] OECD No. 211. OECD guidelines for the testing of chemicals, Daphnia magna reproduction test. Paris: OECD, 2012.

[66] OECD No. 218. OECD guidelines for the testing of chemicals, sediment-water chirognomy toxicity test using spiked sediment. Paris: OECD, 2004.

[67] OECD. Guideline for the testing of chemicals 204: Fish, prolonged toxicity test: 14-day study. Paris: OECD, 1984.

[68] OECD. Guideline for the testing of chemicals 230: 21-day fish assay: A short-term screening for estrogenic and androgenic activity, and aromatase inhibition. Paris: OECD, 2009.

[69] 赵晓祥, 陈琪, 庄慧生. 壬基酚对赤子爱胜蚓的生态毒理学研究 [J]. 生态环境, 2006, 15 (6): 1185-1187.

[70] Kastori R, Petrovic M, Petrovic N. Effect of excess lead, cadmium, copper, and zinc on water relations in sunflower [J]. Journal of Plant Nutrition, 1992, 15 (11): 2427-2439.

[71] 宋玉芳, 许华夏, 任丽萍, 等. 土壤重金属对白菜种子发芽与根伸长抑制的生态毒性效应 [J].

环境科学, 2002, 23 (1): 103-107.

[72] Chu K W, Chow K L. Synergistic toxicity of multiple heavy metals is revealed by a biological assay using a nematode and its transgenic derivative [J]. Aquatic Toxicology, 2002, 61 (1-2): 53-64.

[73] Bury N R, Schnell S, Hogstrand C. Gill cell culture systems as models for aquatic environmental monitoring [J]. Journal of Experimental Biology, 2014, 217 (5): 639-650.

[74] Ren J, Wang X, Wang C. Biomagnification of persistent organic pollutants along a high-altitude aquatic food chain in the Tibetan Plateau: Process and mechanisms [J]. Environmental Pollution, 2017, 220: 636-643.

[75] Fisk A T, Cymbalisty C D, Tomy G T, et al. Dietary accumulation and depuration of individual C_{10}-, C_{11}- and C_{14}-polychlorinated alkanes by juvenile rainbow trout (*Oncorhynchus mykiss*) [J]. Aquatic Toxicology, 1998, 43: 209-221.

[76] Houde M, Muir D C, Tomy G T, et al. Bioaccumulation and trophic magnification of short- and medium-chain chlorinated paraffins in food webs from Lake Ontario and Lake Michigan [J]. Environmental Science & Technology, 2008, 42 (10): 3893-3899.

[77] Ma X D, Zhang H J, Wang Z, et al. Bioaccumulation and trophic transfer of short chain chlorinated paraffins in a marine food web from Liaodong Bay, North China [J]. Environmental Science & Technology, 2014, 48: 5964-5971.

[78] Zhou Y H, Yin G, Du X Y, et al. Short-chain chlorinated paraffins (SCCPs) in a freshwater food web from Dianshan Lake: Occurrence level, congener pattern and trophic transfer [J]. Science of Total Environment, 2018, 615: 1010-1018.

[79] 卫生部职业卫生标准专业委员会. 化学品毒理学评价程序和试验方法: 第29部分 毒物代谢动力学试验: GBZ/T 240.29—2011 [S]. 北京: 中华人民共和国卫生部, 2005: 10.

[80] Rai L C, Raizada M. Impact of chromium and lead on *Nostoc muscorum*: Regulation of toxicity by asorbic acid, gluthiione and sulfur-containing amino acids [J]. Ecotoxicology and Environmental Safety, 1988, 15 (2): 195-205.

[81] Rai L C, Raizada M. Effect of bimetallic combinations of Ni, Cr and Pb on growth, uptake of nitrate and ammonia, $^{14}CO_2$ fixation, and nitrogenase activity of Nostoc [J]. Ecotoxicology and Environmental Safety, 1989, 17 (1): 75-85.

[82] 钱芸, 朱琳, 刘广良. 几种农药对鲤鱼脑AchE的联合毒性效应 [J]. 环境污染治理技术与设备, 2000, 1 (4): 27-32.

[83] Bonassi S, Norppa H, Ceppi M, et al. Chromosomal aberration frequency in lymphocytes predicts the risk of cancer: Results from a pooled cohort study of 22358 subjects in 11 countries [J]. Carcinogenesis, 2008, 29 (6): 1178-1183.

[84] Ji Z, Ball N S, LeBaron M J. Global regulatory requirements for mutagenicity assessment in the registration of industrial chemicals [J]. Environmental and Molecular Mutagenesis, 2017, 58 (5): 345-353.

[85] Reifferscheid G, Buchinger S. Cell-based genotoxicity testing: Genetically modified and genetically engineered bacteria in environmental genotoxicology [J]. Advances in Biochemical Engineering/Biotechnology, 2010, 118: 85-111.

[86] Turkez H, Arslan M E, Ozdemir O. Genotoxicity testing: Progress and prospects for the next decade [J]. Expert Opinion on Drug Metabolism & Toxicology, 2017: 1-10.

[87] Amer S M, Fahmy M A, Aly F A E, et al. Cytogenetic studies on the effect of feeding mice with stored wheat grains treated with malathion [J]. Mutation Research/Genetic Toxicology & Environmental Mutagenesis, 2002, 513 (1): 1-10.

[88] Patlolla A K, Tchounwou P B. Cytogenetic evaluation of arsenic trioxide toxicity in Sprague-Dawley rats [J]. Mutation Research, 2005, 587 (1): 126-133.

[89] Ivett J L, Brown B M, Rodgers C, et al. Chromosomal aberrations and sister chromatid exchange tests in Chinese hamster ovary cells in vitro. Ⅳ. Results with 15 chemicals [J]. Environmental & Molecular Mutagenesis, 1989, 14 (3): 165-187.

[90] WHO. Environmental Health Criteria 46: Guidelines for the Study of Genetic Effects in Human Populations. Ann Arbor, Ottawa: World Health Orgnization, 1985.

[91] Lloyd M, Kidd D. The Mouse Lymphoma Assay [J]. Methods in Molecular Biology, 2012, 817 (1-2): 35-54.

[92] Turkez H, Yousef M I, Sonmez E, et al. Evaluation of cytotoxic, oxidative stress and genotoxic responses of hydroxyapatite nanoparticles on human blood cells [J]. Journal of Applied Toxicology, 2014, 34 (4): 373-379.

[93] Alsabti K, Metcalfe C D. Fish micronuclei for assessing genotoxicity in water [J]. Mutation Research/Genetic Toxicology, 1995, 343 (2-3): 121-135.

[94] 刘桂琴,程景胜,彭永康. 有机磷除草剂草甘膦 (GPS)对作物细胞遗传学毒性效应的研究 [J]. 农业环境科学学报, 2004, 23 (2): 387-391.

[95] Hovhannisyan G G. Fluorescence in situ hybridization in combination with the comet assay and micronucleus test in genetic toxicology [J]. Molecular Cytogenetics, 2010, 3 (1): 1-11.

[96] Degrassi F, Tanzarella C. Immunofluorescent staining of kinetochores in micronuclei: A new assay for the detection of aneuploidy [J]. Mutation Research/Environmental Mutagenesis and Related Subjects, 1988, 203 (5): 339-345.

[97] Du H, Pan B, Chen T. Evaluation of chemical mutagenicity using next generation sequencing: A review [J]. Journal of Environmental Science and Health Part C-Environmental Carcinogenesis & Ecotoxicology Reviews, 2017, 35 (3): 140-158.

[98] Irwin S. Comprehensive observational assessment: Ia. A systematic quantitative procedure for assessing the behavioral physiological state of the mouse [J]. Psychopharmacologia, 1968, 13: 222-257.

[99] Du J, Wang S T, You H, et al. Understanding the toxicity of carbon nanotubes in the environment is crucial to the control of nanomaterials in producing and processing and the assessment of health risk for human: A review [J]. Environmental Toxicology and Pharmacology, 2013, 36 (2): 451-462.

[100] Warnasuriya G D, Elcombe B M, Foster J R, et al. A Mechanism for the induction of renal tumours in male Fischer 344 rats by short-chain chlorinated paraffins [J]. Archives of Toxicology, 2010, 84 (3): 233-243.

[101] International Agency for Research on Cancer. A review of human carcinogens: Arsenic, metals,

fibres, and dusts. Lyon: World Health Organization Press, 2012. http://monographs.iarc.fr/ENG/Monographs/vol100C/.

[102] Kilanowicz A, Sitarek K, Skrzypinska-Gawrysiak M, et al. Prenatal developmental toxicity of polychlorinated naphthalenes (PCNs) in the rat [J]. Ecotoxicology and Environmental Safety, 2011, 74 (3): 504-512.

[103] USEPA. Guidelines for reproductive toxicity risk assessment. Washington DC: USEPA, 1996.

[104] Kola I, Landis J. Can the pharmaceutical industry reduce attrition rates [J]. Nature Reviews Drug Discovery, 2004, 3: 711-716.

[105] Makri A, Goveia M, Balbus J, et al. Children's susceptibility to chemicals: A review by developmental stage [J]. Journal of Toxicology and Environmental Health Part B, 2004, 7 (6): 417-435.

[106] Yan Y, Yang A, Zhang J H, et al. Maternal exposure to the mixture of organophosphorus pesticides induces reproductive dysfunction in the offspring [J]. Environmental Toxicology, 2013, 28 (9): 507-515.

[107] Stalling D L, Mayer F L. Toxicities of PCBs to fish and environmental residues [J]. Environmental Health Perspectives, 1972, 1: 159-164.

[108] Prestt I, Jefferies D J. Moore N W. Polychlorinated biphenyls in wild birds in Britain and their avian toxicity [J]. Environmental Pollution, 1970, 1: 3-26.

[109] Barron M G, Galbraith H, Beltman D. Comparative reproductive and developmental toxicology of PCBs in birds [J]. Comparative Biochemistry and Physiology Part C: Pharmacology, Toxicology and Endocrinology, 1995, 112: 1-14.

[110] Parkinson A, Safe S. Mammalian Biologic and Toxic Effects of PCBs: Environmental Toxin Series 1 [M]. Berlin: Springer, 1987: 49-75.

[111] Hose J E, Cross J N, Smith S G, et al. Reproductive impairment in a fish inhabiting a contaminated coastal environment off Southern California [J]. Environmental Pollution, 1989, 57: 139-148.

[112] Peterson R E, Theobald H M, Kimmel G L. Developmental and reproductive toxicity of dioxins and related compounds: Cross-species comparisons [J]. Critical Reviews in Toxicology, 2008, 23 (3): 283-335.

[113] Spielmann H. Predicting the risk of developmental toxicity from in vitro assays [J]. Toxicology & Applied Pharmacology, 2005, 207: 375-380.

[114] Weisbroth S H, Flatt R E, Kraus A L. The Biology of the Laboratory Rabbit [M]. San Diego: Academic Press, 1976.

[115] Genschow E, Spielmann H, Scholz G, et al. Validation of the embryonic stem cell test in the international ECVAM validation study on three in vitro embryotoxicity tests [J]. ATLA, 2004, 32 (3): 209-244.

[116] 彭双清,郝卫东,伍一军. 毒理学替代法 [M]. 北京:军事医学科学出版社, 2009.

[117] Hill A J, Teraoka H, Heideman W, et al. Zebrafish as a model vertebrate for investigating chemical toxicity [J]. Toxicological Sciences, 2005, 86 (1): 6-19.

[118] Brannen K C, Panzica-Kelly J M, Danberry T L, et al. Development of a zebrafish embryo ter-

atogenicity assay and quantitative prediction model [J]. Birth Defects Research Part B Developmental & Reproductive Toxicology, 2010, 89 (1): 66-77.

[119] Spielmann H, Genschow E, Brown N A, et al. Validation of the rat limb bud micromass test in the international ECVAM validation study on three in vitro embryotoxicity tests [J]. ATLA, 2004, 32: 245-274.

[120] Kavlock R J, Daston G P, DeRosa C, et al. Research needs for the risk assessment of health and environmental effects of endocrine disruptors: A report of the U. S. EPA-sponsored workshop [J]. Environmental Health Perspectives, 1996, 104: 715-740.

[121] USEPA. Research plan for endocrine disruptors. EPA/600/R-98/087. Washington DC: USEPA, 1998.

[122] Schulz R W, Vischer H F, Cavaco J E B, et al. Gonadotropins, their receptors, and the regulation of testicular functions in fish [J]. Comparative Biochemistry and Physiology Part B: Biochemistry & Molecular Biology, 2001, 129 (2-3): 407-417.

[123] Owens W, Ashby J, Odum J, et al. The OECD program to validate the rat uterotrophic bioassay: Phase two -dietary phytoestrogen analysis [J]. Environmental Health Perspectives, 2003, 111: 1559-1567.

[124] Zhu M, Chen X Y, Li Y Y, et al. Bisphenol F disrupts thyroid hormone signaling and postembryonic development in *Xenopus laevis* [J]. Environmental Science & Technology, 2018, 52 (3): 1602-1611.

[125] Cai M, Li Y Y, Zhu M, et al. Evaluation of the effects of low concentrations of Bisphenol AF on gonadal development using the *Xenopus laevis* model: A finding of testicular differentiation inhibition coupled with feminization [J]. Environmental Pollution, 2020, 260: 113980.

[126] Mukawa F, Suzuki T, Ishibashi M, et al. Estrogen and androgen receptor binding affinity of 10β-chloroestrenen derivatives [J]. Journal of Steroid Biochemistry, 1988, 31 (5): 867-870.

[127] Sun S, Park E J, Choi Y H, et al. Development and pre-validation of an in vitro transactivation assay for detection of (anti) androgenic potential compounds using 22Rv1/MMTV cells [J]. Reproductive Toxicology, 2016, 60: 156-166.

[128] Lee K A, Ganta N, Horton, J R, et al. Evidence for neurotoxicity due to morphine or hydromorphone use in renal impairment: A systematic review [J]. Journal of Palliative Medicine, 2016, 19: 1179-1187.

[129] Pope C A 3rd, Thun M J, Namboodiri M M, et al. Particulate air pollution as a predictor of mortality in a prospective study of U. S. adults [J]. American Journal of Respiratory and Critical Care Medicine, 1995, 151: 669-674.

[130] Brook R D, Brook J R, Rajagopalan S, et al. Air pollution: The "heart" of the problem [J]. Current Hypertension Reports, 2003, 5: 32-39.

[131] Canadas F, Cardona D, Davila E, et al. Long-term neurotoxicity of chlorpyrifos: Patial learning impairment on repeated acquisition in a water maze [J]. Toxicological Sciences: An Official Journal of the Society of Toxicology, 2005, 85: 944-951.

[132] Schmidt B Z, Lehmann M, Gutbier S, et al. In vitro acute and developmental neurotoxicity

screening: an overview of cellular platforms and high-throughput technical possibilities [J]. Archives of Toxicology, 2017, 91: 1-33.

[133] Krug A K, Balmer N V, Matt F, et al. Evaluation of a human neurite growth assay as specific screen for developmental neurotoxicants [J]. Archives of Toxicology, 2013, 87: 2215-2231.

[134] Rogan W J, Gladen B C. Neurotoxicology of PCBs and related compounds [J]. Neurotoxicology, 1992, 13: 27-35.

[135] Abdollahi M, Ranjbar A, Shadnia S, et al. Pesticides and oxidative stress: A review [J]. Med Sci Monit, 2004, 10 (6): RA141-RA147.

[136] Khan M A Q, Khan S F, Shattari F. Halogenated Hydrocarbons, Encyclopedia of Ecology [M]. Oxford: Academic Press, 2008: 1831-1843.

[137] Ascherio A, Chen H, Weisskopf M G, et al. Pesticide exposure and risk for Parkinson's disease [J]. Annals of Neurology, 2006, 60 (2): 197-203.

[138] Hatcher J M, Pennell K D, Miller G W. Parkinson's disease and pesticides: A toxicological perspective [J]. Trends in Pharmacological Sciences, 2008, 29 (6): 322-329.

[139] Luebke R, House R, Kimber I. Immunotoxicology and Immunopharmacology [M]. 3rd ed. Boca Raton: CRC Press, 2007.

[140] Dean J H, Padarathsingh M L, Jerrells T R. Assessment of immunobiological effects induced by chemicals, drugs or food additives. I. Tier testing and screening approach [J]. Drug and Chemical Toxicology, 1979, 2: 5-17.

[141] USEPA. Biochemicals Test Guidelines OPPTS 880.3800: Immune Response. Washington DC: USEPA, 1996.

[142] Lankveld D P K, van Loveren H, Baken K A, et al. In vitro testing for direct immunotoxicity: State of the art [J]. Methods in Molecular Biology, 2010, 598: 401-423.

[143] Pessina A, Albella B, Bayo M, et al. Application of the CFU-GM assay to predict acute drug-induced neutropenia: An international blind trial to validate a prediction model for the maximum tolerated dose (MTD) of myelosuppressive xenobiotics [J]. Toxicological Sciences, 2003, 75: 355-367.

[144] Langezaal I, Hoffmann S, Hartung T, et al. Evaluation and prevalidation of an immunotoxicity text based on human whole blood cytokine release [J]. ATLA, 2002, 30 (6): 581-595.

[145] Kimura Y, Fujimura C, Ito Y, et al. Evaluation of the Multi-ImmunoTOX Assay composed of 3 human cytokine reporter cells by examining immunological effects of drugs [J]. Toxicology in Vitro, 2014, 28: 759-768.

[146] Ross P S, Vos J G, Birnbaum L S, et al. PCBs are a health risk for humans and wildlife [J]. Science, 2000, 289: 1878-1879.

[147] Ross P, De Swart R, Addison R, et al. Contaminant-induced immunotoxicity in harbour seals: Wildlife at risk? [J]. Toxicology, 1996, 112: 157-169.

[148] Jamil K, Shaik A P, Mahboob M, et al. Effect of organophosphorus and organochlorine pesticides (monochrotophos, chlorpyriphos, dimethoate, and endosulfan) on human lymphocytes invitro [J]. Drug and Chemical Toxicology, 2004, 27 (2): 133-144.

[149] Díaz-Resendiz K J G, Toledo-Ibarra G A, Girón-Pérez M I. Modulation of immune response by

organophosphorus pesticides: Fishes as a potential model in immunotoxicology [J]. Journal of Immunology Research, 2015.

[150] Cho C C, Hsieh W Y, Tsai1 C H, et al. In vitro and in vivo experimental studies of PM2.5 on disease progression [J]. International Journal of Environmental Research, 2018, 15: 1380.

[151] Roggen E L, Soni N K, Verheyen G R. Respiratory immunotoxicity: An in vitro assessment [J]. Toxicology in Vitro, 2006, 20: 1249-1264.

[152] Morimoto Y, Izumi H, Yoshiura Y, et al. Usefulness of intratracheal instillation studies for estimating nanoparticle-induced pulmonary toxicity [J]. International Journal of Molecular Sciences, 2016, 17: 165.

[153] Li R, Kou X, Geng H, et al. Effect of ambient PM (2.5) on lung mitochondrial damage and fusion/fission gene expression in rats [J]. Chemical Research in Toxicology, 2015, 28: 408-418.

[154] Upadhyay S, Palmberg L. Air-liquid interface: Relevant in vitro models for investigating air pollutant-induced pulmonary toxicity [J]. Toxicological Sciences, 2018, 164 (1): 21-30.

[155] Smith G J. Pesticide use and toxicology in relation to wildlife: Organophosphorus and carbamate compounds [J]. All US Government Documents (Utah Regional Depository), 1987: 510.

[156] Baky N A A, Faddah L M, Al-Rasheed N M, et al. Induction of inflammation, DNA damage and apoptosis in rat heart after oral exposure to zinc oxide nanoparticles and the cardioprotective role of alpha-lipoic acid and vitamin E [J]. Drug Research, 2013, 63 (5): 228-236.

[157] Liu H, Ma L, Zhao J, et al. Biochemical toxicity of nano-anatase TiO_2 particles in mice [J]. Biological Trace Element Research, 2009, 129 (1-3): 170-180.

[158] Su X, Young E W K, Underkofler H A S, et al. Microfluidic cell culture and its application in high-throughput drug screening: cardiotoxicity assay for hERG channels [J]. Journal of Biomolecular Screening, 2011, 16 (1): 101-111.

[159] Asharani P V, Yi L, Gong Z, et al. Comparison of the toxicity of silver, gold and platinum nanoparticles in developing zebrafish embryos [J]. Nanotoxicology, 2011, 5 (1): 43-54.

[160] Gao J, Mahapatra C T, Mapes C D, et al. Vascular toxicity of silver nanoparticles to developing zebrafish (Danio rerio) [J]. Nanotoxicology, 2016, 10 (9): 1363-1372.

[161] Munger M A, Radwanski P, Hadlock G C, et al. In vivo human time-exposure study of orally dosed commercial silver nanoparticles [J]. Nanomedicine-Nanotechnology Biology and Medicine, 2014, 10 (1): 1-9.

[162] Chen T, Hu J Q, Chen C Y, et al. Cardiovascular effects of pulmonary exposure to titanium dioxide nanoparticles in ApoE knockout mice [J]. Journal of Nanoscience and Nanotechnology, 2013, 13 (5): 3214-3222.

[163] Mikkelsen L, Sheykhzade M, Jensen K A, et al. Modest effect on plaque progression and vasodilatory function in atherosclerosis-prone mice exposed to nanosized TiO_2 [J]. Particle and Fibre Toxicology, 2011, 8: 32-48.

[164] Vanhoutte P M. Endothelial dysfunction: The first step toward coronary arteriosclerosis [J]. Circulation Journal, 2009, 73 (4): 595-601.

[165] Deanfield J E, Halcox J P, Rabelink T J. Endothelial function and dysfunction: Testing and clinical relevance [J]. Circulation: An Official Journal American Heart Association, 2007, 115

(10): 1285-1295.

[166] Qian Y, Ducatman A, Ward R, et al. Perfluorooctane sulfonate (PFOS) induces reactive oxygen species (ROS) production in human microvascular endothelial cells: Role in endothelial permeability [J]. Journal of Toxicology and Environmental Health, 2010, 73 (12): 819-836.

[167] Wang X, Li B, Zhao W D, et al. Perfluorooctane sulfonate triggers tight junction "opening" in brain endothelial cells via phosphatidylinositol 3-kinase [J]. Biochemical and Biophysical Research Communications, 2011, 410 (2): 258-263.

[168] Ng C A, Hungerbuehler K. Exploring the use of molecular docking to identify bioaccumulative perfluorinated alkyl acids (PFAAs) [J]. Environmental Science & Technology, 2015, 49 (20): 12306-12314.

[169] Wolf C J, Takacs M L, Schmid J E, et al. Activation of mouse and human peroxisome proliferator-activated receptor alpha by perfluoroalkyl acids of different functional groups and chain lengths [J]. Toxicological Sciences, 2008, 106 (1): 162-171.

[170] Liu Q S, Sun Y Z, Qu G B, et al. Structure-dependent hematological effects of per- and polyfluoroalkyl substances on activation of plasma kallikrein-kinin system cascade [J]. Environmental Science & Technology, 2017, 51 (17): 10173-10183.

第三章

金属及有机金属化合物

第一节 概 述

金属在自然界中以单质或化合物的形式存在,在地壳中广泛分布,是最早被人类开采利用的化学品。一般而言,金属具有光泽、导电性、导热性等物理性质,同时具有一定的硬度和延展性,是现代工业应用最为广泛的化学品之一。

金属通常以矿物的形式存在于自然界。多数金属化学性质活跃,仅有极少数金属如金、银等以单质形式存在,绝大多数金属以化合态形式存在。有机金属化合物是由金属原子与碳原子直接相连成键而形成的特殊类型化合物,一般认为属于有机化合物。有机金属化合物采用R—M的表示形式,式中R代表烃基等有机基团,M代表金属原子。有机金属化合物在反应过程中可提供碳负离子、自由基等活泼中间体,被广泛用作合成试剂和催化剂。例如,高分子化合物合成制备过程中常用烷基铝作催化剂。近年来,有机金属化合物在医药领域的研究也相当活跃,其生物活性和药理作用不断被开发应用。需要说明的是,生物体内存在的金属离子可利用氮、氧等电负性大的原子,通过配位键与有机分子结合生成的含金属的有机金属配合物通常不被认为是有机金属化合物。

重金属密度一般大于或者等于 $5g/cm^3$[1],通常属于优先控制污染物[2]。与普通金属相比,重金属具有较强的毒性效应,对生态环境和人体健康危害性极大,其环境安全格外受到关注。在很多国家,多种含重金属的废物被列入了危险废物名录,进行严格管控。在我国,重金属污染防治工作受到了高度重视,近年来在管理措施、政策法规和方法技术等方面均取得了较大进展。本章将对应用较为广泛、环境影响较大的重金属及其化合物进行介绍,考虑到类金属砷一般被作为重金属类元素进行研究,本章也对其进行了介绍。

一、重金属污染及其来源

重金属（铅、镉、汞、铬、锡等）和类金属砷在自然界矿物、土壤、水体和大气等环境介质中的浓度一般在痕量范围。随着人类社会和经济的高速发展，金属开采、冶炼、加工及商业制造等工业活动增多，以不同形态存在的重金属被不断释放进入环境，加重了局部环境中污染物质的累积，当超出了介质的容纳量以后，就会造成环境污染。重金属性质特征、环境行为及其毒理学性质直接影响其在环境中的健康效应。绝大部分重金属不易挥发、不可降解、性质活跃、毒性强，微量甚至痕量即可产生很强的毒性作用。因此，与有机污染相比，重金属污染具有更强的隐蔽性、持久性和复杂性。重金属在人体内的生物半减期可长达数年甚至数十年之久，与人体长期作用，会导致慢性中毒。现代社会人类生产生活等活动极大地加速了重金属的生物地球化学循环，使得生态系统中重金属含量不断升高，并可能最终造成环境污染。

重金属污染的来源非常广泛，包括工业污染源、农业污染源和生活污染源，涵盖工农业生产和日常生活消费过程。

（1）工业污染源

采矿、冶炼、化石燃烧、电镀、农药化肥、电子电器、生活垃圾等工业"三废"（废水、废气和废渣）排放是环境重金属污染的主要来源。金属冶炼、燃煤发电等过程会排放吸附有重金属的颗粒物，颗粒物通过干湿沉降迁移进入土壤和水体。

（2）农业污染源

在早期，部分农药当中含有重金属，因此，农药的施用也会导致重金属污染；另外，长期大量施用化肥，甚至污水灌溉，也会导致农田土壤的重金属含量升高，并不断积累。存在于农田中的重金属随后经地表径流和下渗过程，引发地下水、河流、湖泊、农作物等重金属污染。

（3）生活污染源

城市生活污水排放、生活及电子垃圾处理等都是重要的重金属污染排放途径。绝大部分生活用品均含有一定量的重金属，特别是有些日常使用的金属制品，所含重金属可能在使用过程中被浸出或废弃后混入生活垃圾排放进入环境，并可在土壤和水体中迁移[3]。生活污水中也会含有部分重金属，在污水处理过程中可转移进入污泥。

二、典型行业重金属排放

(1) 有色金属冶炼行业

有色金属是指除了黑色金属（铁、锰、铬及其合金）以外的 64 种金属。我国有色金属冶炼行业排放的污染物主要包括铅、锌、铜、铝、锡、锑、汞、镁、钛、镍、钴等。近年来，我国有色金属总产量逐年增加，铜、铝、铅、锌四大常用金属产量占比超过 95%。金属铝使用量最大，其次为铜、铅和锌。有色金属体系庞杂，工艺复杂，污染风险高，企业数量多，分布广泛，冶炼企业多达 1000 余家。铜、铅、锌等主要有色金属生产过程中通常会排放大量铅、镉、砷、汞。因此，有色金属冶炼是最主要的重金属污染排放源之一。

(2) 水泥行业

我国是世界上最大的水泥生产国和消费国。2018 年我国水泥产量占全球产量的 56%。水泥生产需要经过高温过程，化石燃料消耗量巨大。水泥行业不仅在生产过程中通过粉尘、烟气等将重金属逸散排放进入环境，而且水泥生料中的重金属可以被残留在熟料和水泥中。工业废渣、粉煤灰等也可以作为原料用于水泥生产。据估算，我国 2013 年 24 亿吨的水泥产量中，消耗各种工业废渣大约总计 7.6 亿吨。通过对全国 46 家企业的 59 个水泥样品中的残留重金属进行测定，发现熟料和水泥中均含有一定量的重金属，Pb 含量高达 1000mg/kg，Cd、Cr、As 和 Hg 含量分别最高可达 32.1mg/kg、220.7mg/kg、4.4mg/kg 和 3.5mg/kg。存在于水泥中的重金属在后续建筑施工过程或构筑物中有可能被不断浸出释放。

(3) 电镀行业

电镀主要运用于机械、轻工、仪器仪表、电子元件、航天等工业领域。电镀行业重金属污染排放主要包括以下三个途径：①重金属往往被大量用于电镀工艺当中，废弃的原材料可能会被排放进入环境；②电镀生产中产生的含重金属废水、废液排放；③工艺操作管理等原因引起的电镀废水的"跑、冒、滴、漏"等无意识排放，电镀废水包括镀件漂洗水、极板冲洗水和废弃电镀液等，其特点是浓度高、数量少、非经常性排放。

三、大宗工业固体废物重金属环境释放

固体废物是指人类在生产、消费、生活及其他活动中产生的固态、半固态废物。固体废物种类繁多，大体上可以分为生活垃圾、工业废物和农业废物三

大类。工业固体废物包括采矿废石、冶炼废渣、各种煤矸石、炉渣及金属切削碎块、建筑废料等。工业固体废物产生源分散、产量巨大、组成复杂、形态多变，已经成为环境的主要污染源之一。大宗工业固体废物是指年产生量在1000万吨以上的固体废物，主要包括尾矿、粉煤灰、煤矸石、冶炼废渣、炉渣、脱硫石膏、磷石膏、赤泥和污泥等，通常对环境和安全影响较大。据统计，2017年，我国工业尾矿产生量为8.9亿吨，产生量最大的两个行业为有色金属矿采选业和黑色金属矿采选业；粉煤灰产生量为4.9亿吨，产生量最大的行业是电力和热力生产行业；煤矸石产生量为3.3亿吨，主要由煤炭开采和洗选业产生；冶炼废渣产生量为3.5亿吨，主要来自黑色金属冶炼和压延加工业；炉渣、脱硫石膏产生量分别为2.9亿吨和1.0亿吨，产生量最大的行业是电力和热力生产行业[4]。工业固体废物堆放或泄漏，可以造成周围环境污染，对人群健康构成严重威胁[5]。

1. 水污染

矿石开采产生大量含有重金属的尾矿，经风化侵蚀，一些含硫矿物可被氧化产生含有高浓度溶解态金属的酸性废水，造成周围水体重金属含量升高。矿山周围重金属的污染程度取决于尾矿的地球化学特征和矿化程度，不同重金属在矿区的分布因其在水环境中的溶解度和流动性而异[6]。在距离海水较近的矿区，由于水溶液中Cl^-含量较高，易与重金属发生配位，从而增强了重金属在水体中的溶解度和迁移能力[7]。电子垃圾在拆解回收过程中会产生大量废水，易造成水体及底泥中重金属含量升高[8]。

2. 土壤污染

尾矿作为典型工业固体废物，存在于其中的金属氧化物和硫化物经过风化释放进入土壤，是造成土壤重金属污染的主要原因之一。电子垃圾拆解回收过程中释放大量重金属，因此，电子垃圾处理场地的表层土壤较容易出现重金属污染现象。电子垃圾焚烧可产生高浓度的重金属粉尘（如Pb粉尘），随后经干湿沉降进入附近的表层土壤[9]。土壤中的重金属可在农作物中累积，并经食物链被人体摄入。重金属从土壤向植物中的迁移与土壤的pH值有关，较低的pH值有利于重金属迁移，而较高的pH值可以降低重金属的活性[10]。

3. 大气污染

大宗固体废物产生的大气污染主要是堆放场地易挥发元素的地气交换和扬尘。例如，粉煤灰中通常含有一定量的重金属，特别是细粒径粉煤灰可以吸附富集较高含量的重金属。飞灰上重金属的浓度与颗粒物浓度和粒径相关，大多数金属集中在粒径小于$1\mu m$的颗粒物上[11]。根据挥发性的强弱，粉煤灰中的重金属可分为三类：①非挥发金属，如 Ca、Fe、Cu、Cr、Ni，这类金属不易气化，主要存在于底灰当中；②挥发性金属，如 Cd 和 Sb，这类金属能够挥发并在细颗粒表面重新凝结；③易挥发性金属，这类金属较易通过气态形式逸出，如汞。Hg^0 具有高挥发性，富集在粉煤灰中的 Hg^0 可以通过地气交换进入大气，也可以通过细颗粒或超细颗粒粉煤灰扬尘携带进入大气。电子垃圾拆解过程中特别是露天焚烧会向周围大气环境释放大量的重金属或含有重金属的粉尘，从而造成大气环境污染[12]。

第二节　铅及其化合物

一、理化性质

铅，元素符号为 Pb，原子序数为82，原子量为207.2，密度为 $11.34g/cm^3$。铅存在 ^{204}Pb、^{206}Pb、^{207}Pb 和 ^{208}Pb 4 种同位素，其相对丰度分别为 1.5%、23.6%、22.6%和52.3%。铅是一种略带蓝色的银白色金属，其切面具有金属光泽，在空气中因氧化而快速变暗。铅的延性弱，展性强，抗腐蚀性高，抗放射性穿透的性能好。作为常用的有色金属，铅的年产销量在有色金属中排在前四位。铅的化合物主要包括有机铅化合物和无机铅化合物，常见的有机铅包括四乙基铅、三甲基氯化铅、三乙基氯化铅和三苯基氯化铅等。绝大多数有机铅不溶于水或在水中溶解度很小，但它们能溶于很多有机溶剂，有机铅的毒性远大于无机铅。铅及其化合物的主要物理化学参数及用途见表 3-1。

表 3-1　铅及其化合物的主要物理化学参数及用途

中文名称	英文名称	化学式	分子量	CAS 号	密度/(g/cm³)	熔点/℃	沸点/℃	主要用途
铅	lead	Pb	207.2	7439-92-1	11.3437	327.502	1740	蓄电池、电缆、弹药以及汽油添加剂等
四乙基铅	tetraethyl lead	$C_8H_{20}Pb$	323.44	78-00-2	1.66	−136	198～200	汽油添加剂
三甲基氯化铅	trimethyllead chloride	C_3H_9ClPb	287.76	1520-78-1	—	190	—	有机铅化合物原料
三乙基氯化铅	triethyllead chloride	$C_6H_{15}ClPb$	329.84	1067-14-7	—	172	202.9±23.0	有机铅化合物原料
三苯基氯化铅	triphenyllead chloride	$C_{18}H_{15}ClPb$	473.96	1153-06-6	—	207	—	有机铅化合物原料

二、生产与应用

铅在地壳中的含量仅为 0.0016%，铅资源多以伴生矿的形式存在。据统计，目前全球已探明的铅资源量共计 20 多亿吨，澳大利亚、中国和俄罗斯储量居于世界前列，分别占世界总储量的 40%、16% 和 11%。从储量上看，我国铅锌资源主要分布于内蒙古白音诺尔、云南兰坪金顶、湖南常水和湘西等地，其储量均超过 100 万吨[13]。

金属铅具有良好的延展性和抗腐蚀性，广泛应用于蓄电池、输变电、机械制造等行业。例如，蓄电池的负极和正极分别采用金属铅和二氧化铅制成，铅锑合金是生产电缆护套的常用材料，铅板、铅管及其合金材料还可用于船舶制造以抵挡海水侵蚀。

三、环境赋存

在自然界中，铅主要以硫化物结合态形态存在，而有机形态主要是烷基化合物，其毒性远大于无机铅。铅在水中存在的主要形态是 $PbOH^+$，还有一定数量的多核配合物，如 Pb_2OH^{3+} 和 $Pb(OH)_4^{2-}$。天然水中含铅量很低，这与排水口附近的水体底泥中含有大量对铅有强烈吸附能力的铁锰氢氧化物有关，其吸附作用使铅离子大量聚集在排水口附近的底泥中。一般而言，由于铅离子易与天然水中的一些阴离子形成碳酸铅、硫酸铅、氢氧化铅等难溶性化合物，铅在受污染水体中的浓度一般小于 20mg/L。由于悬浮物和底泥对铅有较强的吸附性，铅在水中的含量迅速下降至每升几微克甚至不足微克，使得铅在环境水体中被逐渐净化。沉积物中的铅主要以残渣态、铁锰氧化态和碳酸盐结合态的形式存在。

由于禁用含铅汽油，大气中铅的浓度有所下降，但仍处于较高水平，含量在 $100\sim180ng/m^3$ 之间[14]。在大气环境中，铅通常被吸附在颗粒物特别是细颗粒物中。大气颗粒物中铅主要以残渣态、铁锰氧化态和有机质结合态的形式存在，其次碳酸盐结合态也固定了少量的铅，并直接与颗粒物中的铁锰氧化物、有机质及残渣物质作用，形成稳定的结构，使得铅元素不易发生迁移和转化。

根据中国土壤环境背景值调查结果，全国土壤中含铅量范围为 0.68～1143mg/kg，平均含铅量为 26mg/kg。其中珠江三角洲平原铅元素平均含量为 46.47mg/kg，略高于广东省土壤铅含量背景值（36mg/kg）；湖北省土壤铅含量背景值为 26.70mg/kg，略低于四川省土壤铅含量背景值（30.90mg/kg）[15,16]。公路两侧及部分农田土壤因交通排放和废水灌溉等原因，容易受到铅污染。如果土壤与公路之间的距离小于 50m，土壤可能会受到铅的污染；当距离大于 150m 时，铅含量与背景值基本相同[4]。除了土壤的性质外，道路边土壤中铅的分布还会受到交通、地形、绿地和天气条件的影响。一般来说，道路边土壤中铅含量会显著高于公园，工业区的铅水平远高于居民区和风景名胜区。研究表明，废水灌溉农田土壤铅含量显著升高，约为环境背景值的 4.53 倍[17]。

土壤中铅的形态包括残渣态、可交换态、碳酸盐结合态、硫酸铅态、硫化铅态、铁锰氧化态、强有机结合态以及弱有机结合态等。一般而言，表层土壤中铅的化学形态含量依次为：残渣态＞硫化铅态＞弱有机结合态＞铁锰氧化态＞硫酸铅态＞碳酸盐结合态＞强有机结合态＞可交换态。可交换态铅具有很强的生物有效性，容易被植物吸收并在体内富集。碳酸盐结合态铅受降水酸度和地表径流影响大，很容易释放进入环境，从而对环境造成危害。危害较低的铅有硫化铅、硫酸铅、弱有机结合态铅和强有机结合态铅，但是当铅对环境造成的危害继续加大时，铅就会转化为可以被植物吸收的形态，对土壤农作物构成较大危害[18]。铅活性会随着土壤中含有的非残渣态铅比例的升高而增大。此外，铅在土壤中的行为（如溶解度、生物利用率和迁移率）受多种因素影响，如土壤的 pH 值、阳离子交换能力、微生物条件、氧化还原反应和土壤的矿物组成等[19,20]。铅能够在生物体内累积，并通过食物链放大。

四、毒性作用过程及效应

1. 铅的毒性作用及其机理

铅可以引起急性中毒、慢性中毒，也具有生殖毒性、致畸毒性和致癌毒性。一次性大剂量摄入铅可引起急性中毒。急性铅中毒的主要临床表现为贫血、口感金属味道、流涎、恶心、呕吐、便秘或腹泻等，伴随阵发性腹绞痛。另外，由于毒性作用的主要靶器官不同，也可以表现为其他症状。如可造成神经系统损伤，主要表现为狂躁、视力减退、失忆、麻痹、意识模糊、惊厥等中毒性脑病（脑水肿等）症状。急性铅中毒还可以引起肾功能损伤和肝功能损伤，主要临床表现为尿氨基酸和葡萄糖明显升高，并诱发急性肝炎。铅中毒在个别情况下还可以引起消化道出血等症状。如果个体长期暴露在 0.05～0.08mg/m³ 的空气铅浓度下，也可以引起慢性中毒。慢性中毒和急性中毒的作用途径基本相同，主要表现为对血液系统、神经系统、消化系统以及肾脏和肝脏的损伤。铅的直接致癌作用并不明显，主要表现为对致癌物的增强和协同作用，但有机铅如四乙基铅可以诱发肝癌。研究表明，在受试动物短时间暴露于低剂量铅的情况下，可以引起生殖毒性。主要表现为雄性精子生成、分裂和流动性异常，雌性卵巢皮质层萎缩、卵细胞异常，进一步引起子代中枢神经系统和骨骼畸形。

铅的毒性作用机理可以分为以下几个方面：①通过影响血红蛋白合成和溶血导致贫血。铅可以导致卟啉代谢紊乱，进而影响血红蛋白合成。铅可以与 ALA 脱氢酶作用，干扰卟胆原生成，阻碍卟啉与二价铁结合，最终导致血红蛋白合成受阻，引起低色素贫血。铅通过抑制红细胞膜上的 ATP 酶，导致细胞内外钠离子、钾离子浓度失衡，产生溶血，引起溶血性贫血。②铅通过抑制肌酸激酶和损伤大脑上皮细胞、脊髓和神经前角细胞导致神经系统损伤。肌酸激酶在磷酸肌酸合成中起关键作用，磷酸肌酸合成受阻可以导致肌肉收缩能力丧失或麻痹；也可以通过直接作用于神经和脊髓前角细胞，引起细胞变性，造成神经传递失常，从而引起麻痹；通过损伤脑皮质细胞，干扰脑细胞正常代谢，造成脑贫血或脑水肿。③通过引起小动脉痉挛导致脏器或组织损伤。铅中毒可以引起皮肤、肾脏、视网膜、脑组织等细小动脉血管痉挛，引起小动脉硬化，血流量减少，导致相应的皮肤、肾脏、视网膜和大脑等器官和组织病变或损伤。④通过引起肠道痉挛，导致消化系统损伤。铅中毒可以引起铅绞痛，这主要是摄入的铅在肠壁与碱性磷酸酶和三磷酸腺苷酶发生作用，引起葡萄糖和钾离子代谢紊乱，进而引起肠道平滑肌痉挛所致。

2. 铅的毒性效应

高浓度的铅能够抑制植物种子萌发，引起可溶性蛋白、可溶性糖、游离脯氨酸含量和超氧化物歧化酶、过氧化物酶、过氧化氢酶活性下降。长期低剂量铅暴露能够使动物的神经系统遭到损害。已有研究表明铅暴露可以使动物神经细胞凋亡增加，从而导致动物受损的神经元细胞不能得到补偿，最终影响大脑的正常功能。铅对神经系统的损伤是铅毒性效应最常见和最主要的方面。铅通过损伤神经系统，导致智力、心理和感官能力的下降。铅中毒最主要的表现是儿童智力发育滞缓、学习能力减退、注意力不集中或孤僻抑郁。在感官方面主要表现为视觉功能障碍，如视神经萎缩、眼球运动障碍、弱视、瞳孔调节异常等。铅对消化系统的损伤主要表现为腹部绞痛，也称为"铅绞痛"，症状较轻者可表现为消化不良、上腹不适、恶心怄气等。铅对血液系统的损伤主要表现为贫血和引起细小动脉血管痉挛。铅对泌尿生殖系统的损伤主要表现为生殖腺的直接损伤和性腺激素分泌异常。铅对心血管系统的损伤主要表现为心室肥大、高血压等。铅对骨骼系统的损伤主要表现为抑制儿童体格发育和骨骼发育畸形,甚至出现细胞性骨坏死,造成功能性衰退。同时,骨骼中的铅可以影响血液钙平衡,使血液中维生素 D 的活性降低,干扰钙磷代谢。铅对内分泌系统的损伤主要表现为体内某些激素水平降低,如甲状腺激素和肾上腺皮质激素在铅中毒情况下水平明显降低。铅对免疫系统的损伤主要表现为机体对外界环境抵抗能力的下降。免疫能力的降低可能是综合毒性效应的结果,目前作用机理还不清楚。概括而言,铅中毒可以导致神经系统、消化系统、血液系统、泌尿生殖系统、心血管系统、骨骼系统、内分泌系统和免疫系统等身体多器官、多系统损伤,毒性作用持久且不可逆,因此,铅污染通常被高度重视。

五、人体暴露风险

铅可以存在于各种环境介质如灰尘、颗粒物、土壤、大气和水体当中。存在于不同环境介质中的铅被摄入人体的途径和方式不同。在实际生产和生活中,经口和呼吸是人体铅暴露的两个主要摄入途径。此外,经皮肤也可以吸收部分铅及其化合物,除特殊环境条件,如高温潮湿和使用含铅化妆品等外,经皮肤一般不是铅吸收的主要途径。

呼吸是空气和颗粒物中铅暴露的主要途径。虽然铅的沸点高达 1740℃,但在 400℃条件下即可产生铅蒸气。进入空气中的铅蒸气极不稳定,可迅速氧化生成氧化亚铅(Pb_2O),随后进一步氧化为氧化铅(PbO)。这些铅及其铅化合物的气态形式可以被人直接吸入呼吸道,进入肺部。释放进入大气中的气态铅及其化合物还可以被大气气溶胶或尘埃吸附,形成铅尘。含铅的大气颗粒物或工作场所的铅尘通过大气沉降形成降尘或尘埃,颗粒粒径较小的形成飘尘,和气态铅及其化合物经呼吸道共同进入肺部。不同粒径的颗粒物进入呼吸道的深度不同,产生的毒性效应也不一样,其中颗粒物所含重金属的毒性效应也会不同。

通过饮食摄入是环境中铅经口暴露的主要途径。水体、土壤等环境介质中的铅可以通过土壤(水体)-植物系统被吸收富集进入农作物和畜禽等生物体内,通过食物链富集、放大,最终被人们食用、摄入。食品中的铅除来自自然界环境介质以外,在食品加工和生产过程中也会引入痕量的铅。一些膨化食品、罐装食品(饮料)以及部分传统食品(如松花蛋、皮蛋等)等可能存在一定量的铅。因此，食品铅暴露是最主要的经口暴露途径。由于部分材料生产工艺的原因，微量和痕量铅可以存在于儿童玩具、家具等日常生活用品当中，同时大气或尘埃中的铅也可以沉降到物品的表面，儿童通过手、口接触，以吞咽的方式通过消化道将环境中的铅（特别是玩具、家具等表面沉降的含铅颗粒）摄入体内。特别需要注意的是，部分传统的容器、餐具和食品包装中的微量铅有可能在使用过程中通过溶出或间接释放经口进入人体。通过对生活在城市中6502名3~5岁儿童血铅水平调查发现，平均血铅水平为88.3mg/L，29.9%的儿童血铅水平超过100mg/L，考虑到儿童处于身体重要发育阶段和铅毒理学特点，应引起高度重视。

经皮肤暴露是铅暴露不容忽视的另一途径。部分化妆品含有铅化合物。在使用的过程中，经长时间的皮肤接触，可以通过皮肤吸收进入人体。在特殊工业生产场所，特别是高温环境当中，一方面存在较高含量的铅尘，另一方面工作人员由于汗腺分泌将吸着在皮肤上的铅尘溶解吸收。随着国际环境健康标准越发严格，含铅商品所占比例逐渐缩小，并最终会退出市场，但目前已经进入市场或使用的部分含铅产品依然构成了潜在的环境健康风险，应引起足够的重视。

第三节　镉及其化合物

一、理化性质

镉，元素符号为Cd，原子序数为48，原子量为112.41，密度为8.65 g/cm^3。镉具有^{106}Cd、^{108}Cd、^{110}Cd、^{111}Cd、^{112}Cd、^{113}Cd、^{114}Cd和^{116}Cd 8种稳定同位素，其相对丰度分别为1.25%、0.89%、12.49%、12.80%、24.13%、12.22%、28.73%和7.49%。镉呈银白色，略带淡蓝色光泽，质软耐磨，有韧性和延展性，易燃且有刺激性。易溶于硝酸，难溶于硫酸和盐酸。镉熔点为320.9℃，沸点在765~767℃之间。镉的常见化合物主要有氧化镉、氯化镉、硫酸镉、硝酸镉、硫化镉和硒化镉等。镉在自然界较为稀有，在地壳中含量为0.1~0.2mg/kg。镉的氧化物呈棕色，溶于水和酸。镉的硫化物呈鲜艳的黄色，不溶于水和稀酸，但溶于浓的强酸。自1856年Wanklyn首次分离出二乙基镉以来，已陆续合成了多种有机镉化合物，主要包括烷基镉化合物和芳基镉化合物。镉及其化合物的主要物理化学参数及用途见表3-2。

表 3-2 镉及其化合物的主要物理化学参数及用途

中文名称	英文名称	化学式	分子量	CAS 号	密度/(g/cm³)	熔点/℃	沸点/℃	主要用途
镉	cadmium	Cd	112.41	7440-43-9	8.65	320.9	765~767	制造合金、电池等,用于电镀
乙酸镉	cadmium acetate	$(CH_3COO)_2Cd$	230.50	543-90-8	2.34	256	—	玻璃、陶瓷着色;有机反应催化剂和助催化剂
二甲基镉	dimethyl cadmium	$(CH_3)_2Cd$	142.5	506-82-1	1.98469	−4.5	105.5	有机合成催化剂、半导体异质结材料
二乙基镉	diethyl cadmium	$(C_2H_5)_2Cd$	170.5332	592-02-9	1.65649	−21	64	聚合反应催化剂
琥珀酸镉(丁二酸镉)	cadmium succinate	$Cd(CH_2COO)_2$	228.48	141-00-4	—	—	—	植物除霉剂、杀菌剂
水杨酸镉(邻羟基苯甲酸镉)	cadmium salicytate	$Cd(HOC_6H_4COO)_2$	386.637	19010-79-8	—	—	—	杀菌剂、消毒剂、防腐剂、眼科收敛剂、树脂交联催化剂

二、生产与应用

镉及其化合物主要应用于生产电池、颜料、涂料等产品,其中全球近 86% 的镉应用于制造镍镉电池。小型可携带镍镉电池占镍镉电池中镉消费量的 80%,主要用于消费性电子产品中;工业应用的镍镉电池占比约 20%,主要用于航空和铁路行业。因其在成本上的优势,镍镉电池在中端消费电子产品和电器中非常受欢迎。随着成本不断下降、蓄电能力不断增强,锂电池在一些低端电子产品中开始逐步取代镍镉电池。但是,镍镉电池在可充电技术上拥有良好的稳定性和可靠性,因此,镍镉电池在工业应用领域仍具有重要地位。硫化镉还被广泛用于生产颜料,具有耐光、耐晒、耐高温、着色力强等优点。在聚合物着色方面,镉颜料几乎可用于所有树脂和塑料,尤其是工程塑料的上色。工程塑料需在高温下进行加工,而镉颜料可以在不断升温的环境下保持稳定。此外,镉还作为涂料在航空和军事领域广泛应用。有机镉化合物主要包括烷基镉化合物和芳基镉化合物，广泛用作有机合成的催化剂、植物杀菌剂、防腐剂等。

三、环境赋存

近年来，镉污染事件时有发生。通过对湖南某工业园区周边稻田土壤镉污染及其潜在风险进行评价，发现土壤中镉含量为 1.27~4.22mg/kg，表明稻田土壤受到了严重的镉污染。对北京不同地区（包括菜地、稻田、果园、绿地、玉米田和天然土壤）595 个土壤样品的镉含量进行调查，结果表明，与背景值相比，镉在菜地、稻田和果园中的积累显著，提示工业活动、交通和垃圾填埋场会影响土壤中镉含量[21]。我国地带性土壤中以石灰土的镉背景值最高，而砖红壤、赤红壤和风沙土镉含量较低。镉在土壤中的存在形态分为水溶性镉和非水溶性镉，在旱地土壤中以碳酸镉为主，在覆水土壤中多以硫化镉的形态存在。一般而言，植物对镉的吸收随土壤 pH 值的升高而降低，随土壤有机质的增加而减小。土壤的氧化-还原电位减小，有利于难溶性硫化镉和其他难溶性化合物的生成，从而使镉的生物有效性降低。

天然水中镉的浓度一般为 0.01~3μg/L，中值为 0.1μg/L。工业含镉废水、大气镉尘以及降水是镉进入环境水体的主要途径。进入环境水体的镉易与环境基质结合，对其迁移转化和毒性效应产生影响。河水中的 Cd^{2+} 主要以 $CdCl_2$、$CdCl_3^-$、$CdCl_4^{2-}$ 等形态存在，在碱性较强时可生成 $Cd(OH)_2$ 和 $Cd(OH)_3^-$。当水体中存在 HS^- 时，Cd^{2+} 可在较宽的 pH 值范围内生成 CdS。就其形态而言，镉在水体中的迁移能力依次为离子态＞络合态＞难溶悬浮态；就其存在环境而言，酸性条件下镉的迁移能力较碱性条件更强。与水相比，沉积物显示出明显的镉积累，表明沉积物会降低水中镉污染水平，具有一定的自净能力，但储存在沉积物中的高浓度镉可对环境造成二次污染[22,23]。

大气中镉的平均含量为 1~50pg/L，其中欧洲为 0.5~620pg/L，北美为 1~41pg/L，南极上空小于 0.015pg/L。环境空气中的镉主要来源于工业烟尘以及煤、石油等化石燃料的燃烧，且主要集中于粒径为 0.1~0.6μm 的悬浮颗粒物中，因此，含镉颗粒物能够通过呼吸道在肺泡中沉积。镉能够在生物体内富集，并随食物链进入生态系统。

镉具有很强的生物富集和生物放大作用。水生生物可对镉表现出较强的富集能力，如鱼类可富集 10^3~10^5 倍，贝类可富集 10^5~10^6 倍。镉在生物体内主要以镉金属硫蛋白的形式存在，也可以与氨基酸、卟啉、核苷等小分子物质结合或以游离的 Cd^{2+} 形式存在。金属硫蛋白是富含半胱氨酸并能大量结合二价金属离子的低分子量非酶蛋白质。金属硫蛋白可以将具有活性或毒性的金属离子转化或束缚成相对稳定的形态，使有毒元素的毒性暂时或长期解除，从而保护生物个体免受毒害。

四、毒性作用过程及效应

1. 镉的毒性作用及其机理

镉通常属于比较活泼的金属，易与含有巯基的蛋白结合。因此，与巯基结合导致部分酶功能的丧失是镉引起毒性作用的重要途径。镉的大量吸收会直接影响机体对其他必需元素的吸收，进而干扰机体的正常生理功能。镉还可以导致体内部分低分子量蛋白包括部分功能蛋白和酶如溶菌酶、核糖核酸酶等过量排出；另外，镉还可以干扰体内部分蛋白的正常合成，如白蛋白。以上对蛋白质的干扰导致机体免疫能力降低。

2. 镉的毒性效应

镉的过量摄入可以引起肾小管损伤、尿蛋白增加，出现蛋白尿、尿酸增高等临床症状。同时，也有研究表明，镉还可以导致钙、磷含量升高，酸性黏多糖含量升高，尿液黏性和钙磷含量增加，致使肾结石出现的可能性显著提高。镉中毒还可以导致骨骼疏松、萎缩、变形等症状。由于可以阻碍肠道对铁的吸收，镉可导致缺铁性贫血。此外，镉可造成体内蛋白流失，使免疫力与自身稳定功能下降，从而诱发肿瘤。

五、人体暴露风险

镉是重要的工业原料，具有一定的挥发性，高温下可以形成镉蒸气，并可以迅速氧化为氧化镉烟雾。镉蒸气具有毒性，其中氧化镉蒸气毒性最大。

镉的主要暴露途径为日常饮食和职业暴露。镉在自然界中存在广泛，天然背景下环境介质中镉含量很低。空气中镉含量一般低于 $0.005\mu g/m^3$，水中镉含量一般为 $0.01\sim10\mu g/L$，土壤镉含量一般低于 $0.5mg/kg$。环境中镉含量的升高主要源自镉及其化合物的人为释放。随着工业化发展，镉的应用也越来越广泛。20世纪以来，镉的开采量逐年上升，年产量在数万吨之多。冶金、燃煤和石油燃烧的废气、废水和废渣排放是重要的镉环境释放和污染来源。含镉肥料的大量施用也造成了土壤、水和大气的污染。镉暴露的主要途径是食用镉污染的农产品或水产品。土壤中的镉可以在农作物中富集，经食物链放大，最终危害人体健康。铅锌矿开采和冶炼是镉的主要污染源。镉化合物主要存在于颗粒物当中，冶炼车间镉浓度可以高达 $0.06\mu g/m^3$。研究发现，在部分冶金工业周边土壤中镉含量明显升高，可以高达 $40\sim50\mu g/kg$，受污染水体可以高达 $3000\mu g/L$。我国环境卫生标准规定镉的允许限量为：车间空气为 $0.1mg/m^3$，饮用水和地表水为 $0.01mg/L$，渔业和灌溉用水为 $0.05mg/L$，废水排放为 $0.1mg/L$。

第四节 汞及其化合物

一、理化性质

汞，化学符号为 Hg，原子序数为 80，原子量为 200.59，密度为 $13.59g/cm^3$。汞俗称水银，呈银白色，是唯一常温下存在的液态金属，熔点和沸点分别为 $-38.87℃$ 和 $356.9℃$。汞有 ^{196}Hg、^{198}Hg、^{199}Hg、^{200}Hg、^{201}Hg、^{202}Hg 和 ^{204}Hg 7 种稳定同位素，其相对丰度分别为 0.15%、9.97%、16.87%、23.10%、13.18%、29.86% 和 6.87%。汞在室温下（25℃）的饱和蒸气压为 0.27Pa，蒸发量与温度呈正相关，温度越高，蒸发量越大。在常温下，汞可以挥发或蒸发进入大气。汞蒸气密度为 $13.35g/cm^3$，是空气密度的 7 倍，受污染空间的汞蒸气通常滞留在近地面附近。汞的水溶性差，单质汞和汞蒸气几乎不溶于水。汞的化合物主要包括硫化汞（HgS）、升汞（$HgCl_2$）、甘汞（Hg_2Cl_2）、溴化汞（$HgBr_2$）、硝酸汞 [$Hg(NO_3)_2$] 等。无机汞化合物可以在生物地球化学过程中转化为有机汞化合物，这些有机汞化合物主要包括甲基汞（一甲基汞、二甲基汞）、乙基汞（一乙基汞、二乙基汞）以及苯基汞。汞是环境中毒性最强的重金属污染物之一，有机汞毒性远大于无机汞[24]。作为化学品使用的主要汞形态为金属汞、汞的硫化物、汞的氧化物和汞盐，其他有机汞化合物多为金属汞的环境转化产物，而非人工合成化学品。汞及其化合物的主要物理化学参数及用途见表 3-3。

表 3-3 汞及其化合物的主要物理化学参数及用途

中文名称	英文名称	化学式	分子量	CAS 号	密度/(g/cm³)	熔点/℃	沸点/℃	主要用途
汞	mercury	Hg	200.59	7439-97-6	13.59	-38.87	356.9	用于工业用化学药物以及电子或电器产品

续表

中文名称	英文名称	化学式	分子量	CAS 号	密度/(g/cm³)	熔点/℃	沸点/℃	主要用途
硫化汞	mercury(Ⅱ) sulfide	HgS	232.65	1344-48-5	8.1	1450	—	又称辰砂,制造汞的主要原料,用于红色颜料、塑料、橡胶和医药及防腐剂等方面
二氯化汞	mercury(Ⅱ) dichloride	$HgCl_2$	271.49	7487-94-7	5.44	277	302	又称升汞,制造氯化亚汞和其他汞盐的原料,用于医药工业消毒剂、防腐剂
氯化亚汞	mercury(Ⅰ) chloride	Hg_2Cl_2	472.09	10112-91-1	7.15	400	—	又称甘汞,制造甘汞电极、药物,用于农用杀虫剂、防腐剂、涂料等
溴化汞	mercury(Ⅱ) bromide	$HgBr_2$	360.40	7789-47-1	6.05	237	322	用作测定砷的特殊试剂及用于化肥分析
硝酸汞	mercuric nitrate	$Hg(NO_3)_2$	324.61	10045-94-0	—	79	180	用于医药制剂、合成和分析试剂
硫酸汞	mercury(Ⅱ) sulfate	$HgSO_4$	296.65	7783-35-9	6.47	—	—	制甘汞、升汞和蓄电池组,用于催化剂、制药和电解液
氧化汞	mercury(Ⅱ) oxide	HgO	216.59	21908-53-2	11.14	500(分解)	—	制取其他汞化合物,也用作催化剂、颜料、抗菌剂及汞电池中的电极材料
氰化汞	mercury(Ⅱ) cyanide	$Hg(CN)_2$	252.63	592-04-1	3.996	320(分解)	—	用于医药、杀菌皂、照相,用作分析试剂
砷酸汞	mercuric arsenate	$HgHAsO_4$	340.52	7784-37-4	—	—	—	用作化学试剂,用于油漆涂料工业
雷酸汞	mercury fulminate	$Hg(CNO)_2$	284.624	628-86-4	4.42	165(爆燃)	—	又称雷汞,制造雷管

二、生产与应用

1. 生产状况

2014 年统计数据显示,全球汞储量约为 9.4 万吨,各个国家分布极不均匀。汞储量比较多的国家主要包括墨西哥(约 2.7 万吨)、中国(约 2.1 万吨）、吉尔吉斯斯坦（约 0.75 万吨），其他储量较多的国家还包括秘鲁、俄罗斯、斯洛文尼亚、西班牙和乌克兰等，储量总和约为 3.8 万吨[25]。美国多地也曾发现汞矿，储量可观，但并未作为主要资源进行过开采。2014 年全球汞矿总产量为 1870 吨，其中，中国汞产量位居世界第一，约为 1600 吨，吉尔吉斯斯坦约 100 吨，俄罗斯约 50 吨，秘鲁约 40 吨。目前，全球正在运营的汞矿多数位于中国、吉尔吉斯斯坦及俄罗斯。秘鲁的圣巴巴拉汞矿、西班牙的阿尔马登矿山（Almaden Mine）都曾是世界汞生产的重要基地，但在 21 世纪初已经停产。

我国汞矿资源较为丰富，现已探明储量的矿区有 103 处，主要分布在西南和西北地区，其中贵州最多，占全国探明储量的 80% 以上[26,27]。随着工业需求不断增加，我国汞产量逐渐增长，特别是 20 世纪 50 年代末至 60 年代产量急剧增长，从 1950 年的 3 吨一跃达到 1959 年的 2684 吨，创下了我国历史上汞产量最高点。自 1960 年开始，连续数年汞产量保持在 2000 吨以上，直到 20 世纪 60 年代中期，因为受到市场条件的限制，汞产量逐渐下降，在 1980 年全国汞产量降至 890 吨左右。整个 20 世纪 90 年代，我国汞产量维持在 500～1000 吨。进入 21 世纪后，由于工业生产需要，产量维持在 1000 吨以上。2005—2014 年中国汞产量如图 3-1 所示[25]。

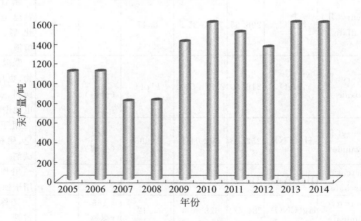

图 3-1　2005—2014 年中国汞产量

2. 实际应用

汞的应用领域非常广泛，主要包括化工、医疗、军事、电器、冶金、仪表等领域[28]。在氯气和碱生产过程中，汞常被用作电极；汞化合物还可以用作催化剂、防腐剂等。日常生活中，汞还可以用于生产干电池、水银灯、气压计、温度计。在医疗方面，汞合金可以用于补牙材料、消毒药物等。雷汞又称雷酸汞，是最早发现和使用的一种起爆药，但因性质不稳定，后来被其他化学物质取代。在冶金工业中，常用汞齐法提取金、银和从炼铅的烟尘中提取铊等贵金属。汞及其化合物除以上应用领域之外，还有其他应用途径，如日光灯、望远镜、颜料、涂料、化妆品和印刷等。随着汞的大量使用，越来越多的汞进入并残留在环境中。考虑到其高毒性、持久性和强迁移能力，许多国家和政府均采取了严格的汞限制措施。联合国环境规划署于2013年制定了《水俣公约》，包括中国在内的多国政府成了缔约国，共同履行汞生产消减、污染减排和控制责任。2013年6月，世界卫生组织推行了《全球医用汞消除计划》，目标是在2017年全球减少70%的汞柱血压计和温度计，使医务工作者和患者不再直接暴露于汞污染风险环境中。

三、环境赋存

汞及其化合物广泛用于各类商品，在生产和使用过程中不可避免地释放进入环境，含汞商品在使用和废弃过程中也存在较高的汞污染风险。这些被释放进入环境的汞在不同介质中进行迁移转化，对生态系统产生影响。汞的毒性效应不仅与总量有关，还与其存在形态密切相关。自然界中汞的主要存在形态包括零价汞（Hg^0）、一价汞（Hg^+）、二价汞（Hg^{2+}）、甲基汞（MeHg）、乙基汞、苯基汞等，其中无机汞和甲基汞为主要形态。零价汞可以以气态形式在大气中长距离传输，且在大气中的停留时间可达数月，因此，汞被认为是全球性污染物。汞可以发生化学和生物甲基化，生成甲基汞化合物，毒性明显增强，并表现出神经毒性。汞和甲基汞均可通过食物链进行生物富集和生物放大。水体和底泥中的无机汞可通过硫还原菌或铁还原菌转化为甲基汞。众所周知的水俣病就是由甲基汞造成的[29]。由此可见，环境中汞可以通过多种途径发生形态转化，表现出不同的环境毒理学特征和迁移特性[30]。

汞可以发生甲基化，通过生物累积和生物放大效应在食物链中传播。19世纪中叶，研究人员就发现在光照条件下，碘甲烷可以与汞发生反应，生成晶体状的碘化甲基汞[31]。环境中许多微生物可以使无机汞甲基化生成CH_3Hg^+和$(CH_3)_2Hg$，其中硫酸盐还原菌是自然界甲基汞生成的最主要贡献者之一。不同的氧化还原环境可以影响汞的甲基化产率。厌氧条件下甲基汞的产率优于有氧条件，因此甲基汞多富集在缺氧的底泥中。此外，一些哺乳动物消化系统中共生的微生物群落也能够发生甲基化反应[32]。微生物的甲基化产物甲基汞更易被其排出体外，因此，甲基化被认为是微生物自身的解毒机制，但由于生成的甲基汞具有更强的毒性，对其他生物而言是毒性增强的过程。另外，甲基化以后部分汞形态的挥发性增强，如二甲基汞在常温下为气体，不溶于水，生成后便扩散到周围的环境[32]。存在于水、土壤、底泥和生物体中的有机汞可以通过形态分析联用系统进行测定[33]。

(1) 大气中的汞

汞被释放进入大气包括两种途径：人为源和天然源。前者主要包括燃煤发电、冶炼、水泥生产、废物燃烧等，后者包括火山喷发、地壳排气、海洋释放等。进入大气的汞可通过大气干湿沉降再次进入生态系统。大气汞形态主要包括气态元素汞（Hg^0）、反应活性气态汞（RGM）（由各种汞氧化物组成）以及颗粒态汞（Hg-P）。大气中汞的形态和浓度取决于排放源的距离、大气组分、气象条件以及下垫面情况[34]。大气是汞生物地球化学循环的重要环节和贮存库，也是汞全球循环的传输通道和化学反应加速器。在一定的大气环境条件下，气态元素汞（Hg^0）可以被氧化生成Hg^{2+}，导致大气中Hg^0浓度降低[35]。Hg^{2+}也可以被再还原生成气态元素汞而重新释放进入大气。气态元素汞相对其他大气汞形态具有更强的迁移能力和较长的半减期，在全球汞循环和分布过程中发挥重要作用；氧化汞因具有更强的水溶性、更快的沉降速度，更容易进入生态系统对区域环境产生影响。大气汞可以甲基化，也可以在不同介质的交界面（如水体表面、土壤-大气界面、雪-大气界面等）发生光还原，加速汞的扩散[35]。

大气汞存在时空变化特征。在过去的几十年中，包括亚洲部分国家在内的发展中国家大气汞排放增加明显，主要是大量化石燃料燃烧所致。相比之下，欧洲和北美均未发现总气态汞的明显增加[34]。根据现有数据，北半球大气汞浓度在 1.5~1.7ng/m^3 之间，南半球在 1.1~1.3ng/m^3 之间[36]。在极地地区，由于日光照射引发的 Hg^0 氧化反应，往往出现春季大气 Hg^0 浓度突然降低的消减现象[37]，大气 Hg^0 的暂时消减将同时导致区域地表汞浓度的升高[35]。

(2) 水环境中的汞

进入水体中的汞可以通过络合、吸附、氧化、还原、甲基化和降解等物理化学过程发生迁移和转化。汞在水体中的主要存在形态为 Hg^{2+}，并以络合离子的形式稳定存在，还可以以有机汞形态存在[38]。天然有机质（NOM）、S^{2-} 和 HS^- 均可以与 Hg^{2+} 结合形成络合物[39]。NOM、S^{2-}、HS^- 与 Hg^{2+} 和甲基汞的结合对水体中汞的吸附解吸、迁移转化、生物毒性等均有重要影响。除了可以与 Hg^{2+} 形成络合物，天然有机质还可以介导水体中汞的转化，一方面可以促进 Hg^{2+} 在水体中的还原，另一方面，在光照条件下可以产生半醌自由基、羟基自由基等氧化性物种，进而可以对 Hg^0 起到氧化作用。因此，可以认为水体天然有机质对汞存在氧化和还原双重作用。在水体汞甲基化方面，天然有机质被认为是自然界中含量最为丰富的甲基化供体，在 Hg^{2+} 甲基化方面也起到了积极作用；但同时也有研究表明，甲基汞与天然有机质的络合可以有效提高甲基汞的光化学降解过程。可见，天然有机质在汞的氧化-还原和甲基化-降解方面发挥双重作用。水中汞的浓度是多种作用过程的综合结果[35]。最后，水体中存在的溶解性有机质还可以与难溶性汞化合物如硫化汞（HgS）结合，使其分散性提高，进而促进汞的迁移，提高生物可利用性[39]。在淡水和海水中均可以发生 Hg^{2+} 的光还原[35]，这是水体中产生溶解性气态汞（DGM）的主要原因。水体中还存在颗粒态零价汞，这部分元素的汞形态为与水中悬浮颗粒物结合的 Hg^0 [40]。相对于水体中 Hg^{2+} 发生还原反应，水体中的 Hg^0 也可以发生光化学氧化生成 Hg^{2+}。Hg^0 的光氧化过程具有季节特征，夏季水体中汞的大气挥发较弱，主要是可溶性气态汞发生光氧化而更多溶解留存在水体当中所致。氯离子可以明显促进 Hg^0 的氧化过程，这也是海水中 Hg^0 浓度较低的一个主要原因[41,42]。

除了无机汞形态，环境水体中还存在有机汞化合物[43,44]。在没有外源输入的情况下，水体甲基汞主要通过底泥中的硫酸盐还原菌、铁还原菌等与无机汞反应生成[45]。然而，近期研究表明，腐殖质和低分子量有机化合物也可以与 Hg^{2+} 发生甲基化作用[46]。淡水湖表层甲基汞浓度与日光照射强度存在明显的正相关关系，甲基汞的产率与溶解性有机质的分子量组成和浓度相关[47]。光降解是许多地表水中甲基汞降解的主要途径。甲基汞在日光照射下降解为无机汞。通常，淡水中光降解速率较快，而海水中光降解速率则较慢[48]。甲基汞的光降解机理尚不完全清楚，但普遍认为溶解有机物（DOM）在甲基汞光降解中起着重要作用，通过形成 MeHg-DOM 络合物参与 MeHg 的光降解[49]，分子内电子转移可能是甲基汞光降解的普适性机理[50]。

除了存在于液态水体，汞还可以存在于固态水如降雪中。极地地区通常冰雪覆盖，常年光照强烈，雪表层汞在光照条件下可以发生光还原反应，这一过程对极地地区的汞循环具有重要的意义。

（3）土壤和底泥中的汞

通过研究我国 4 省 1 市总计 1254 份表层土壤样品中汞的含量和分布，显示辽宁省、江苏省、浙江省、四川省和重庆市的汞平均含量在 0.064～0.154mg/kg 之间[51]。汞可以作为农药、杀菌剂或种子处理剂使用而释放进入土壤生态系统，经甲基化过程转化为有机汞形态[52]。近期研究也显示，沼泽地土壤中的汞还存在乙基化过程[53]。通常，土壤含有大量腐殖质和有机小分子化合物，这些物质可以作为光化学过程的还原剂，因此，光还原反应可以发生在土壤-大气界面以及土壤表层。另外，长时间日光照射可以导致土壤温度升高，进一步促进 Hg^0 的释放。土壤中 Hg^0 的释放与土壤中存在的 Hg^{2+} 的含量和形态都有关系，$HgCl_2$ 较 HgS 更容易发生光还原。由于通常光照剂量与汞释放呈现正相关关系，因此，土壤 Hg^0 的释放呈现明显的日间变化特征[12]。日光中的 UV-B 对土壤中 Hg^{2+} 的还原起主要作用[54]。

海岸沉积物是全球汞生物地球化学循环的主要"汇"，是陆地汞向海洋迁移的桥梁。随着城市排放影响的降低，海口和海洋沉积物汞污染排放源逐渐由陆地输入转向大气沉降[55]。中国近海海域汞空间分布总体上呈近海向外大陆架递减的趋势，沉积柱芯垂直剖面分布表现为从底层到表层普遍增加的趋势。近岸陆源排放和河流输入可能是我国近海沉积物中汞的主要来源。沉积物中汞的分布不仅受到区域人类活动和河流径流的影响，还受到大尺度大气输送和洋流环流的影响[56]。珠江口及周边海域（南海）沉积物中汞主要来源是城市化人为排放，随河口至外海距离的增加呈下降趋势[57]。

（4）生物体中的汞

汞可以通过生物甲基化在生物体内转化为有机汞（包括甲基汞、乙基汞等有机形态）[58,59]。某湖水生生态系统汞形态分布研究显示，汞在水生生态系统中不仅可以发生甲基化，而且可以通过食物链进行生物传递和生物放大[60]。作为一种单细胞真核原生动物，四膜虫位于水生食物网的底部，在汞的生物累积过程中起着重要作用[61]。有机汞广泛存在于海产品当中[62,63]。汞的同位素组成可以用于示踪水环境和食物链中汞的来源和汞循环[64]。近海岸海洋生物食物网中的甲基汞可能来自沉积物，而大气中的 Hg^0 也可能是海洋生物甲基化和生物富集的重要来源。人为排放是三峡水库和中国渤海湾鱼类中汞的主要来源，青藏高原水生生物汞的最主要来源可能是远距离迁移[65]。汞作为一种全球性的污染物，由于长期的大气迁移，在极地等偏远生态系统中发现了高浓度的汞。分析青藏高原四条河流采集的60 份鱼类样品，总汞（THg）含量在 11～2097ng/g（干重）之间（平均值819ng/g），甲基汞（MeHg）含量在 14～1960ng/g（干重）之间（平均值756ng/g）。总汞和甲基汞与营养水平呈显著正相关。此外，鱼体内 THg 水平与鱼体长和体重呈显著正相关。青藏高原苔藓和地衣中总汞含量分别为 13.1～273.0ng/g 和 20.2～345.9ng/g，苔藓和地衣中甲基汞的平均含量分别为 2.4%（0.3%～11.1%）和 2.7%（0.4%～9.6%）。苔藓中汞含量与采样点的海拔、纬度和经度之间的相关性表明，汞在青藏高原具有明显的山地捕集和空间沉积特征[66]。另外，大气汞对表层土壤中汞的贡献随着海拔的升高而升高,最高可占据 87% 左右[67]。

汞矿区种植的水稻(*Oryzasativa* L.)的甲基汞含量较高。对我国某汞矿附近生熟白米中汞形态进行分析,结果显示,生米中的甲基汞几乎全部以 CH_3Hg-L-半胱氨酸(CH_3HgCys)形式存在,该形态可能有促进甲基汞穿透血脑屏障和胎盘屏障的作用[68]。在收获季节,从湖南、贵州和广东的十个矿区共采集 155 整株水稻,研究发现,不同矿区的汞污染程度虽然存在差异,但与其他部位相比,稻米对甲基汞的富集能力最强。土壤仍然是水稻植株中无机汞和甲基汞的重要来源,水溶性汞形态在水稻植株内可发生生物积累[69]。

此外,朱砂等在传统中药中被长期使用,在我国已有数千年的药用历史。因此,部分中药中也含有较高剂量的汞[70]。除此之外,由于地质原因,化石燃料当中也存在一定量的汞,其形态除无机汞之外也包括甲基汞和乙基汞[71]。

四、毒性作用过程及效应

1. 汞的毒性作用及其机理

汞化合物的吸收过程与其存在形态相关,吸收途径主要包括吸入、经口摄入和皮肤接触。金属汞常温下以液态形式存在,在与皮肤进行接触的过程中较难被皮肤直接吸收;被吞服的液态汞也不容易被消化道直接吸收。汞蒸气具有较强的疏水性、弥散性和脂溶性,可以较容易通过呼吸道经肺泡进入血液。相比之下,无机汞化合物具有水溶性,可以经消化道吸收。无机汞化合物经消化道的吸收效率明显高于金属汞;有机汞是最容易被人体吸收的汞形态。甲基汞暴露组日本青鳉肝脏和脑组织提取液中汞的含量明显高于无机汞暴露组,无机汞在消化道内的吸收率小于 10%,而甲基汞的吸收率大于 90%[72]。有机汞和无机汞化合物还可以通过皮肤接触被吸收,但相对于吸入和经口摄入更为缓慢。

零价汞不能与生物大分子直接发生作用,被吸收以后,在血液中被氧化为二价汞离子,进而与生物大分子发生作用,产生毒性效应。生成的氧化态汞离子脂溶性显著降低,水溶性增强。血液中的血浆蛋白含有巯基,很容易与 Hg^{2+} 形成结合态汞;肾脏含有大量金属硫蛋白,可以对汞进行富集。虽然肝脏可以氧化金属汞且含有金属硫蛋白,但肝脏并不是汞的主要富集器官。因此,汞在体内的主要分布器官和靶器官是肾脏。与金属汞和无机汞化合物相比,甲基汞的分布存在明显的时间特点。甲基汞初期主要分布在血液和肝脏中,最后进入脑组织,并且在脑组织不同部位进行再分布。

汞的吸收和代谢过程与其存在的形态密切相关。汞在体内的代谢过程包括金属汞氧化、汞结合、汞化合物分解、无机汞甲基化和汞离子还原等过程。不同形态的汞在人体内的代谢速度也不同。金属汞通过吸入形式进入身体后，多以结合态形式分布到各器官和组织，不容易在体内进行分解和代谢。有机汞化合物在体内通常首先被代谢为无机汞，随后以无机汞形式进行代谢。被结合的汞化合物最终贮存在相应的组织和器官中，极难排出体外，因此，具有很高的富集系数和很强的生物放大能力。被吸收的汞在人体的主要排泄途径为尿液和粪便。蛋白质结合态汞通常经肝脏随胆汁进入肠道后随粪便排出体外，部分重新经肝肠循环进入血液；与低分子蛋白质或小分子结合的汞一般通过肾脏经尿液排出。甲基汞化合物经肝脏代谢后主要以半胱氨酸结合态形式存在于胆汁中，大部分进入肝肠循环，只有很少部分直接随粪便排出体外。部分甲基汞化合物可以被分解为无机汞，随尿液和粪便排出体外。

金属汞的毒性作用过程主要是在细胞和组织中，被氧化的二价汞离子与含有巯基（—SH）的蛋白质或酶发生作用，进而改变蛋白质或酶的结构和功能，造成细胞代谢紊乱，导致组织器官的功能异常甚至器质性损伤。金属结合蛋白质在金属的生物功能中起着重要的作用。一种基于固定化汞离子亲和色谱鉴定汞结合蛋白的方法成功应用于人神经母细胞瘤 SK-N-SH 细胞中汞结合蛋白质的分析[73]。通过体积排阻和弱阴离子交换二维液相色谱分离得到含汞蛋白质，随后通过线性离子阱-傅里叶变换-离子回旋共振质谱联用对其成分进行了鉴定，该汞结合蛋白质为人血白蛋白（HSA）[74]。

甲基汞的毒性主要是由于其强的脂溶性可以通过血脑屏障和胎盘屏障而产生神经毒性和遗传毒性。甲基汞可以富集在星形胶质细胞中，并诱发星形胶质细胞合成金属硫蛋白[55]。采用柱凝胶电泳-电感耦合等离子体质谱联用技术，研究不同汞暴露水平大鼠血浆中汞结合蛋白的分布发现，血浆中可能存在多种对血浆汞的结合和转运起关键作用的蛋白质[75]。利用蛋白质组学和高通量 mRNA 测序（RNA-seq）技术可以用来研究甲基汞神经毒性的分子机制，除了已知的与汞相关的神经毒性的分子机制（如氧化应激、蛋白质折叠、免疫系统过程、细胞骨架组织等）以外，最新研究发现 MgHg 暴露还可以通过干扰剪接体进行 RNA 剪接导致神经毒性[76]。采用一系列亚致死浓度的氯化甲基汞对成年日本青鳉进行毒理学效应研究，暴露的鱼体肝脏和大脑中积累了高含量的甲基汞，而在肌肉和脂肪中的含量相对较低，组织中胆碱酯酶活性受到明显抑制[77]。Hg^{2+} 和甲基汞对四膜虫的增殖和存活有抑制作用，两种化学物质均改变了线粒体膜电位。甲基汞破坏了膜的完整性，而 Hg^{2+} 由于活性氧（ROS）的产生而对四膜虫产生有害影响[78]。

2. 汞的毒性效应

急性汞中毒可诱发肝炎和血尿；慢性汞中毒主要表现为头疼、头晕、记忆力和体力减退等全身症状，也可引起局部反应，如皮肤过敏性反应（荨麻疹等）和眼睛晶状体炎等。汞的毒性作用与其存在的物理和化学状态密切相关。金属汞挥发形成汞蒸气是金属汞暴露的主要方式，相比而言，液态汞不易引起汞中毒。汞一般在冶金、电镀和医疗行业等职业场景存在暴露风险。短时间摄入可溶性无机汞化合物可以引起急性汞中毒。由于金属汞和甲基汞均可以通过血脑屏障进入脑组织，并在脑组织中富集，因此，汞对脑组织的损伤通常先于肝、肾，慢性汞中毒首先出现的是神经系统症状。甲基汞化合物主要表现为神经毒性和遗传毒性；苯基汞和甲氧烷基汞由于易降解为无机汞，毒性作用机理和无机汞离子相似。汞的毒性作用效应可以受到其他因素的影响，表现出联合毒性作用效应。硒和锌可以明显抑制汞的毒性作用[79,80]。

五、人体暴露风险

饮食暴露是汞暴露的主要途径。全球人为排放的汞可以通过不同途径进入水、大气和土壤等环境介质，经过甲基化生成甲基汞化合物，并通过食物链富集和传递。无机汞和甲基汞的富集系数可以高达数万，甚至数十万。日本水俣病就是当地居民食用了被汞污染的海产品导致。因此，经过甲基化和富集以后，饮用水、农作物和食品中的汞可以对人群健康构成严重威胁。一般作物中的汞含量为 $0.005\sim0.035$ mg/kg，鱼类为 $0.02\sim0.18$ mg/kg。部分水生生物中甲基汞的含量可高达 4 mg/kg。正常人血液中的汞浓度小于 $5\sim10\mu g/L$，尿液中的汞浓度小于 $20\mu g/L$。研究表明，70%的氯化甲基汞可以被人体吸收，在人体内的半减期为 75 d。汞化合物在人体内主要集中在中枢神经系统、肾脏和肝脏中，而 98% 的甲基汞可以存留在脑组织中。汞化合物的毒性依赖于其浓度和存在形态，烷基汞的毒性大于芳基汞和无机汞。汞的形态分析技术在汞的毒理学研究中发挥了重要作用[81]。

传统金矿冶炼是汞的典型职业暴露环境。汞作为化学品的一个重要工业应用是贵金属金、银提炼。混汞法是将矿石在有水和汞存在的情况下进行研磨，使矿石中的粒金与汞形成金汞膏，也就是汞齐化，再通过加热蒸发的方法去除汞，进而提炼得到金。虽然混汞法是一种古老的冶金技术，但其具有设备简单、操作方便、成本低、回收率高等特点，曾在我国的一些金矿中被采用。由于大量汞的使用，混汞法往往会产生严重的环境问题，导致金矿周边土壤汞污染严重。

环境暴露是人类接触汞的最常见途径。人类利用汞的历史可以追溯到公元前 1000 年左右，古代人采用朱砂（HgS）作为颜料制备器具或书写标记；现代涉汞的行业主要包括氯碱工业、电子工业、塑料工业、仪表工业、农药等。除此之外，煤、石油、天然气等化石燃料燃烧、冶金冶炼、水泥生产等都会产生汞排放。燃烧是最大的大气汞排放源，包括化石燃料燃烧和垃圾焚烧等，约占总量的 50%；水泥生产行业也是重要的大气汞排放源，约占总量的 10%。2010 年我国对污染源进行了动态更新调查，通过对 35 个国民经济大类行业和 11527 家工业企业进行统计和估算显示，废水工业源汞排放为 1309.62kg，集中式汞排放为 189.57kg；废气汞排放量远远大于废水汞排放量，总量为 229.46 吨。煤燃烧，包括亚烟煤、无烟煤、褐煤的燃烧，汞排放估算最大值为 117.7 吨，天然气燃烧为 0.45 吨，垃圾焚烧为 64.87 吨，污泥焚烧为 10.10 吨，露天轮胎焚烧 0.43 吨，医疗废物焚烧 13.26 吨，硅酸盐水泥生产为 22.58 吨，焦炭生产为 0.07 吨。按照行业进行分类，有色采选行业占汞排放企业总数的 68.4%，其次为有色冶炼行业，占 17.7%。废水汞排放的大类行业主要为化工行业、有色冶炼行业和有色采选行业，占废水汞产量的 90%以上。汞产量较大的小类行业为铅锌冶炼行业、有机化学原料制造行业、初级形态塑料和合成树脂制造行业。

第五节 铬及其化合物

一、理化性质

铬，化学符号为 Cr，原子序数为 24，原子量为 51.996，密度为 7.19g/cm^3。铬具有银白色金属光泽，其单质为钢灰色金属，有延展性。铬有 ^{50}Cr、^{52}Cr、^{53}Cr 和 ^{54}Cr 4 种稳定同位素，其相对丰度分别为 4.35%、83.79%、9.50% 和 2.36%。呈游离态的自然铬极其罕见，主要存在于铬铅矿中。铬在大气中容易钝化，具有贵金属的性质，能长期保持光泽。铬具有较强的耐腐蚀性，在碱、硝酸、硫化物、有机酸等介质中也非常稳定。铬硬度高、耐磨性好、反光能力强，有较好的耐热性。铬为不活泼金属，但和氟能够反应生成 CrF$_3$。金属铬在酸中发生钝化，一旦去钝化后极易溶解于除硝酸外的几乎所有无机酸中。铬的化合物主要包括铬的氧化物、铬的氢氧化物以及铬盐。铬及其化合物的主要物理化学参数及用途见表 3-4。

表 3-4　铬及其化合物的主要物理化学参数及用途

中文名称	英文名称	化学式	分子量	CAS	密度/(g/cm³)	熔点/℃	沸点/℃	主要用途
铬	chromium	Cr	51.996	7440-47-3	7.19	1857	2672	不锈钢及各种合金钢、耐热的涂料、着色剂、催化剂等
三氧化二铬	chromium sesquioxide	Cr_2O_3	151.99	1308-38-9	5.21	2266	4000	陶瓷和搪瓷着色、耐高温涂料、油墨、有机合成催化剂等
三氧化铬	chromium trioxide	CrO_3	100.01	1333-82-0	2.7	196	250	电镀工业、制造氧化铬绿和锌铬黄、催化剂、媒染剂等
氢氧化铬	chromic hydroxide	$Cr(OH)_3$	102.996	1308-14-1	—	—	—	三价铬盐及三氧化二铬合成试剂、油漆颜料及羊毛处理等
三氯化铬	chromium trichloride	$CrCl_3$	158.35	10025-73-7	2.87	1152	1300	媒染剂及催化剂
硫酸铬	chromium (Ⅲ) sulfate	$Cr_2(SO_4)_3$	392.18	10141-00-1	1.84	173	330	分析试剂、媒染剂、玻璃和陶瓷彩釉
铬钾矾	potassium chrome alum	$KCr(SO_4)_2 \cdot 12H_2O$	499.41	7788-99-0	1.8	89	—	用于制革、印染、陶瓷等工业,用作定影剂等

二、生产与应用

铬在地壳中的含量仅占 0.01%,主要以铬铁矿的形式存在。铬铁矿主要分布在东非大裂谷矿带、欧亚界山乌拉尔矿带、阿尔卑斯-喜马拉雅矿带和环太平洋矿带,占世界总储量的 90% 以上。据统计,全球可用铬资源超过 120 亿吨,其中哈萨克斯坦和南非两国铬储量占世界总储量的 95%。2017 年南非和哈萨克斯坦铬产量分别为 1500 万吨和 540 万吨。我国铬铁矿资源严重短缺,西藏罗布莎铬铁矿、密云县放马峪铬铁矿、肃北的大道尔吉铬铁矿和新疆萨尔托海铬铁矿是我国主要的铬铁矿。我国铬矿规模小、分布零散且分布区域不均衡、开发利用条件差,因此,我国铬矿难以满足国内需求,需要大量进口铬矿资源。2017 年我国铬矿及其精矿进口额高达 34.43 亿美元,成为全球最大的铬矿进口国。2013 年和 2014 年全球主要铬矿产量见表 3-5。

表 3-5　2013 年和 2014 年全球主要铬矿产量　　单位:1×10^3 吨

国家	2013 年	2014 年
印度	2950	3000
哈萨克斯坦	3700	4000

续表

国家	2013 年	2014 年
南非	13700	15000
土耳其	3300	2400
其他国家	5150	4600
全球总量	28800	29000

金属铬可作为零件的外部镀层，有效减少零件磨损和腐蚀。铬具有良好的光泽和抗腐蚀性能，常用于汽车、精密仪器零件中的电镀制件，铬钢是制造机械、坦克和装甲车的优良材料，金属铬还可以作为制造铬砖、铬镁砖和其他特殊耐火材料的重要原料。三氧化二铬常用作媒染剂、有机合成的催化剂及油漆的染料（铬绿），也是冶炼金属铬和制取铬盐的原料。铬可以与部分蛋白作用使动物生皮软化，具有增强延展性，减少吸湿性的作用。因此，铬盐是最常用的鞣革剂。无论三价铬还是六价铬均可以与羊毛中的有机基团结合，因此，各种铬盐也可以用于印染工业，增强染色牢度，防止色沉。铬的氧化物及铬盐也可直接用作颜料，如氧化铬绿是最稳定的绿色颜料，铬酸铅为很好的黄色颜料。这些铬盐颜料被广泛用于玻璃、塑料等生产过程。

三、环境赋存

铬可以形成多种价态的化合物，相对比较稳定的价态为三价铬［Cr(Ⅲ)］和六价铬［Cr(Ⅵ)］，其他价态在环境中由于容易发生歧化等反应很难稳定存在。不同形态铬化合物具有不同的物理化学性质，环境行为也具有明显差异。铬的存在价态和分布直接受到所处氧化还原环境和酸碱条件影响。在还原条件下，铬主要以 Cr(Ⅲ) 存在；在氧化条件下，主要以 Cr(Ⅵ) 存在。在酸性条件下，Cr(Ⅵ) 具有很强的氧化性，极易被还原为 Cr(Ⅲ)；在碱性条件下，Cr(Ⅲ) 可以被氧化为 Cr(Ⅵ)。Cr(Ⅲ) 和 Cr(Ⅵ) 在一定酸碱条件和氧化还原条件下可相互转化，并达到平衡。

天然水体中的铬可以 $Cr(H_2O)_6^{3+}$、$Cr(OH)_2^+$、$Cr(OH)_3$ 和 $Cr(OH)_4^-$ 等形态存在。不同水体中的铬含量分布差异较大，中国东部太湖水体中铬的浓度范围为 31.76～75.50ng/mL，平均浓度为 40.04ng/mL，而甘肃渭河水体中铬的浓度普遍较高，最高可达 1.13×10^5 ng/mL，长江宜宾段水体中 Cr(Ⅵ) 浓度为 6×10^3 ng/mL，总铬含量为 5.63×10^4 ng/mL[82,83]。铬在地下水中的迁移转化主要有物理迁移、氧化还原、沉淀与溶解、吸附与脱附等。地下水中的铬因物理作用发生迁移扩散，其扩散作用主要包括移流和弥散。此外，环境中氧化还原物质的存在会导致铬的存在形态发生变化。当地下水环境处于微酸性至碱性时，铬主要以氢氧化物沉淀的形式存在；当环境处于酸性条件时，氢氧化物沉淀溶解形成 Cr(Ⅲ) 重新进入水体。在 pH<6 时，Cr(Ⅲ) 主要以 Cr$(H_2O)_6^{3+}$ 和 $CrOH^{2+}$ 的形态存在，Cr(Ⅵ) 主要以 $HCrO_4^-$ 和 $Cr_2O_7^{2-}$ 的形态存在；在 pH>8 时，Cr(Ⅵ) 主要以 CrO_4^{2-} 形式存在，Cr(Ⅲ) 主要以 $Cr(OH)_3$ 沉淀的形式存在，还可以与铁生成氢氧化物 $(Cr_x,Fe_{1-x})(OH)_3$，或者在氯化物或氟化物存在条件下生成溶解度更大的氯化物或氟化物[7]；当 pH>12 时，氢氧化铬沉淀反而可以发生溶解。

土壤中铬的自然来源为母质风化，人为来源是富铬污泥和工业废物。土壤中总铬含量范围为 0.5~250mg/kg，平均值为 40~70mg/kg[84]。铬在土壤中的存在形态包括水溶态、交换态、碳酸盐结合态、铁锰氧化物结合态、有机结合态、沉淀态、残渣态等。铬在土壤中主要以 Cr(Ⅲ) 的形式存在，在酸性条件下 Cr(Ⅲ) 具有轻微的流动性，在 pH=5.5 时沉淀完全，因此，Cr(Ⅲ) 在土壤中非常稳定[85]；而 Cr(Ⅵ) 大部分以游离态的形式存在于土壤溶液中，在酸性和碱性土壤中具有很高的流动性。Cr(Ⅵ) 能否还原到较低氧化态取决于土壤的氧化还原电位，Cr(Ⅵ) 的氧化能力随着 H^+ 的消耗而降低。一般来说，吸附在黏土矿物上的 Cr(Ⅲ) 的水解产物的吸附强度随土壤 pH 值的增加而增加，Cr(Ⅲ) 的较高吸附强度来源于黏土颗粒表面负电荷的增加[86]。

大气中铬含量较低，主要来源于金属加工、交通排放、煤炭及其他化石燃料的燃烧。大气中的铬主要以无机化合物的形式存在于大气颗粒物与气溶胶中。Cr(Ⅵ) 的浓度与臭氧浓度有较大的相关性，由臭氧引起的光化学反应可能导致环境空气中 Cr(Ⅵ) 浓度的增加。

四、毒性作用过程及效应

1. 铬的毒性作用及其机理

对生物体最重要、最常见的铬存在形态为三价铬 [Cr(Ⅲ)] 和六价铬 [Cr(Ⅵ)]，二者的毒理学性质迥异。Cr(Ⅲ) 可以参与体内正常糖代谢，具有激活体内胰岛素的作用，是生物必需元素之一。人体所接触的环境中的 Cr(Ⅲ) 很难通过消化道或皮肤被吸收，因此，通常情况下不会产生 Cr(Ⅲ) 毒性效应。相反，Cr(Ⅵ) 很容易被吸收，具有很高的毒性和很强的氧化性，容易氧化体内的生物大分子（如 DNA、RNA、蛋白质和酶等），对细胞产生刺激性和腐蚀性。在细胞内还原剂谷胱甘肽、维生素 C 等的作用下，Cr(Ⅵ) 可被还原形成中间价态（五价和四价）和稳定产物 Cr(Ⅲ)。处于中间价态的铬可以与DNA发生作用,生成DNA加合物,同时也可以产生碳自由基,最终导致DNA单链断裂而诱发癌症。Cr(Ⅵ)还可在真皮中还原为Cr(Ⅲ),进而与蛋白质反应形成抗原抗体复合物,导致过敏性皮炎。Cr(Ⅵ)在体内代谢过程中产生的中间产物可以抑制尿素酶、磷酸酯酶和淀粉酶的活性,通过抑制谷胱甘肽还原酶活力,引起缺氧现象。Cr(Ⅵ)特别是$Cr_2O_7^{2-}$,在活体组织中可以形成DNA与蛋白质的交联,铬定位于DNA与蛋白质之间。铬的这种交联作用被认为是导致细胞染色体畸变的主要机理。

2. 铬的毒性效应

铬的毒性效应与其存在价态密切相关,不同价态铬具有明显不同的毒性。以500只健康小鼠作为研究对象,测定成年小鼠组织和排泄物中的铬含量,发现一部分Cr(Ⅵ)在小鼠体内被还原成Cr(Ⅲ),但仍有相当部分Cr(Ⅵ)并没有在胃肠道中被还原,会随血液循环广泛分布于小鼠体内。实验发现,小鼠肝脏、肾脏和胃腺中的Cr(Ⅵ)含量较高,其中肝脏表现出组织退化和中央血管坏死;同时,存在肾小管上皮细胞和肾小管坏死的毒性症状。Cr(Ⅵ)易被人体吸收,具有急性毒性、亚急性毒性、慢性毒性和三致效应,可通过消化道、呼吸道、皮肤及黏膜侵入人体,造成支气管扩张、呕吐、皮炎,甚至有致癌风险。Cr(Ⅵ)急性中毒通常表现为呕吐、流涎、腹泻、心跳加快,胃黏膜发炎、破损、出血、溃疡等。金属铬(Cr)毒性很小,Cr(Ⅲ)则广泛存在于各种动植物组织中,被认为是人体营养元素之一。

五、人体暴露风险

在自然界中,铬的主要来源是各种含铬矿物或矿石。矿石、岩石的自然风化或淋溶过程,是自然界中铬的主要来源。因此,土壤、水体中均含有一定量的铬。铬除了天然来源以外,工业来源为铬的最主要人为来源,主要来源形式为各类生产过程产生的含铬废水、废渣。通过各种途径释放进入环境中的铬可以存在于水、土壤和大气当中。存在于大气和颗粒物中的铬通过干湿沉降进入水体和土壤并随食物链富集,可经消化道、呼吸道摄入,最终危害动物和人类健康。对湖泊中401条鱼鱼体中铬的含量进行检测,分析其污染状况并对食用安全性进行评价,结果表明样本中有12条鱼处于重污染水平,杂食性鱼类的重金属铬含量显著高于草食性鱼类,重金属铬超出暂定每周可耐受摄入量的比例为7.48%[87]。

经呼吸道引起的急性铬中毒主要出现在工业事故当中。人吸入0.015~

0.033mg/m³ 浓度的 CrO_3，可以引起急性中毒，主要中毒症状表现为鼻出血、鼻黏膜萎缩、声音嘶哑；吸入 0.045~0.5mg/m³ 重铬酸盐或 0.1~1.5mg/m³ 铬酸，可以出现胃及十二指肠溃疡、肝肿大等临床症状[11]。慢性铬中毒多见于职业接触，部分工作场所存在大量含铬粉尘，可以通过呼吸道侵入。长期经呼吸道吸入含铬粉尘，可以引起鼻炎、咽炎、支气管炎等症状。工作场所的铬酸雾可对眼结膜产生刺激作用，也可对其他皮肤黏膜产生损伤，引起咽喉溃疡等症状。除了局部毒性效应，长期接触含铬粉尘或铬酸雾，还可以引起全身毒性效应，导致贫血、消化不良、支气管哮喘等。工作场所的职业暴露中毒，通常可以在停止接触或脱离环境后逐渐减轻，但却很难完全消除。毒理学试验表明，Cr(Ⅵ) 具有致癌作用（主要为肺癌，也称为铬癌）和致突变作用。一些洗涤剂也含有一定量的铬，长期接触，可以引起皮肤中毒反应，如皮炎、湿疹或脱屑。

日常生活中还可能通过接触含铬的生活用品进行暴露。铬的应用非常广泛，包括冶金、电镀、鞣革、印染、颜料、催化、防腐、耐火材料等。虽然对商品中铬含量都会有严格的限制，但很多含铬产品被作为原料生产日用产品或电子产品，在日常生活中接触较多，因此，依然存在一定的暴露风险。

第六节 锡及其化合物

一、理化性质

锡，化学符号为 Sn，原子序数为 50，原子量为 118.71，密度为 7.28g/cm³。锡是被人类最早发现和利用的金属元素之一，具有银白色光泽，属于低熔点金属，熔点仅为 231.89℃，具有良好的延展性。自然界中锡有 ^{112}Sn、^{114}Sn、^{115}Sn、^{116}Sn、^{117}Sn、^{118}Sn、^{119}Sn、^{120}Sn、^{122}Sn 和 ^{124}Sn 10 种同位素，其中，^{120}Sn 的相对丰度最大，为 32.85%，^{115}Sn 的相对丰度最小，为 0.35%。锡对温度敏感，在低温下，白锡可以转化为灰锡而成为粉末。锡的化学性质很稳定，在常温下不易被氧气氧化，很难与水和空气发生反应。自然界中的锡可以以 Sn^{2+} 或 Sn^{4+} 两种氧化态存在，主要为二氧化物（锡石）和各种硫化物。锡既可以是无机锡化合物形式也可以以有机锡化合物形式存在。根据有机基团数目，有机锡化合物可分为一、二、三和四取代有机锡。在工业上，常用的有甲基、丁基、辛基和苯基锡化合物。在常温条件下，有机锡化合物多以固体或液体形式存在，通常具有亲油脂性，微溶于水，容易被生物体吸收和富集。由于金属锡一般情况下毒性较低，而有机锡化合物属于人工合成化学品，不仅应用广泛，而且多数具有很强的环境毒性,因此,本节主要围绕有机锡化合物展开讨论。锡及其化合物的主要物理化学参数及用途见表3-6。

表3-6 锡及其化合物的主要物理化学参数及用途

中文名称	英文名称	化学式	分子量	CAS	密度/(g/cm^3)	熔点/℃	沸点/℃	主要用途
锡	tin	Sn	118.71	7440-31-5	7.28	231.89	2260	用于制造合金、电子电器、冶金、机械、化工、焊接、食品包装等
硫化亚锡	tin(Ⅱ) sulfide 或 tin monosulfide	SnS	150.78	1314-95-0	5.22	880	1230	聚合反应催化剂、太阳能电池材料
二硫化锡	tin disulfide	SnS$_2$	182.84	1315-01-1	4.5	(在600℃分解)	约1230	仿造镀金和制颜料
二氧化锡	tin oxide	SnO$_2$	150.71	18282-10-5	6.95	1630	1800	半导体、传感器、搪瓷和电磁材料
四丁基锡	tetra-n-butyltin	C$_{16}$H$_{36}$Sn	347.17	1461-25-2	1.0572	−97	145	增塑剂、催化剂、热稳定剂、防污涂料
三丁基氢化锡	tri-n-butyltin hydride	C$_{12}$H$_{28}$Sn	290.05	688-73-3	1.082	<0	—	有机合成试剂
三丁基氯化锡	tri-n-butyltin chloride	C$_{12}$H$_{27}$ClSn	325.51	1461-22-9	1.118~1.202	−9	145~147	用作催化剂;具有防腐、杀菌、防霉等作用;用于防污涂料
二月桂酸二丁基锡	dibutyltin dilaurate	C$_{32}$H$_{64}$O$_4$Sn	631.57	77-58-7	1.05	22~24	(分解)	聚氯乙烯等软质塑料的稳定剂、催化剂

二、生产与应用

在各类金属有机化合物当中,有机锡是使用最广泛的一种。有机锡($R_n SnX_{4-n}$, $n=1、2、3、4$; R=甲基、丁基、辛基、苯基等; X=氯、氟等)的商业应用极其广泛。有机锡化合物的大规模应用一般认为开始于20世纪50年代,主要用作塑料稳定剂和催化剂。自20世纪60年代三丁基锡(TBT)和三苯基锡(TPT)被广泛用于船舶和海洋建筑物防污。在过去的几十年中,有机锡应用范围不断扩大,已被广泛用于工业催化(一、二取代衍生物)、农业杀虫剂、除草剂(三取代有机锡化合物)、纺织品防霉以及海洋船舶防污涂料[88]。21世纪初，在工业有机金属化合物生产中，有机锡的产量位居第四，最大应用领域依然是塑料稳定剂，约占世界总有机锡年产量的40%[89]，约有30%用于农用化学品和其他杀虫剂。用于海洋船只防污的有机锡约为3000t，主要是三丁基锡和三苯基锡，其中三丁基锡化合物被认为是由人为因素大量进入海洋环境的最毒化学品之一[90]。有机锡的农业应用也使环境有机锡含量明显增加，并使其进入土壤、空气和水体当中[91]。

在我国，有机锡也曾被大量生产和应用，特别是用于聚氯乙烯加工工业。从时间发展尺度来看，自20世纪末，甲基锡的生产主要是为了满足稳定剂的需求。甲基锡稳定剂主要用于硬质聚氯乙烯塑料，部分丁基锡如月桂酸丁基锡可以用于提高塑料制品的透明度和加工润滑性，较多用于软塑料制品。另外，月桂酸丁基锡还可以用于油漆催干剂、固化剂、发泡剂等。马来酸有机锡主要用于PVC硬膜生产，辛基锡可以用于工业用透明膜等。除此之外，有机锡化学品还可以应用于塑料管件、日用品包括黏合剂、蜂蜡、纺织品、鞋油等，部分酒类制品由于包装材料中可能存在塑料稳定剂和木材防腐剂渗漏可引起有机锡污染[90]。

由于有机锡化合物的广泛、大量使用，在20世纪70年代和21世纪初，有机锡污染问题受到了世界各国政府和组织的普遍关注，并陆续采取了限制措施。《联合国防止海洋污染公约》和《莱茵河保护公约》先后将毒性较大的有机锡化合物列入严格控制名单当中。随后，三丁基锡、苯基锡等被多国政府禁止用于船舶涂料，并为此出台了多项法规，起到了一定的控制作用，海水和湖泊中有机锡含量有所降低。然而，由于有机锡化合物的持久性，其可以长期滞留在底泥当中，有机锡环境行为特别是海水与淡水生态体系中的有机锡仍需长期关注[90]。

三、环境赋存

无机锡存在甲基化过程并可以形成一甲基锡、二甲基锡、三甲基锡和四甲基锡化合物[92]。环境中有机锡除少部分来自生物甲基化过程，绝大部分为人为排放或工业释放。由于有机锡化合物的高毒性、广泛性和持久性，环境中的有机锡更受关注[93,94]。随着检测手段的不断发展，在环境、食品等样品中多种痕量有机锡化合物被检出[95]。各种有机锡化合物的毒性与其化学结构密不可分，因而有效分析各种有机锡的形态是污染控制的重要前提，对其毒理学研究以及健康效应评估具有重要意义[96]。

1999年元旦期间，江西赣州地区龙南、定南两县发生了罕见的有机锡中毒事件。事件的原因是曾经装有机锡化工原料的塑料桶被用于装食用猪油，导致猪油中含有大量有机锡及其代谢产物,当地居民食用后出现中毒症状。事件造成千余名群众中毒,3人死亡。通过对中毒事件中猪油样品和中毒患者血样、尿样及死者内脏样品进行分析,发现污染油样中含多种有机锡化合物,尤其以二甲基锡含量最高,多数样品中还含有三甲基锡和一甲基锡[97]。而尿样、血液及内脏中被检测出高毒性的三甲基锡和二甲基锡[98]。除了突发性事故之外,2000年初,某服装品牌的服装中也被检测出了可观剂量的三丁基锡化合物[90]。另外,部分发达国家都曾发生过有机锡海水污染事件。在加拿大、欧洲、荷兰鹿特丹、比利时、美国等地的湖泊、海湾,甚至河流都曾存在有机锡污染。曾经我国港口水域特别是近海、港湾和内河港口有机锡污染问题也相当严重[91]。

水体有机锡最主要的污染源是船舶防污涂料释放,其他主要类型污染源还包括工业和城市废水[94,99]。环境浓度随有机锡生产应用情况不断发生变化,污染特征也和其应用领域直接相关。三丁基锡较早用于海洋防污涂料,特别是20世纪70~80年代,三丁基锡广泛应用于船舶防污涂料,可直接由油漆渗透到水中,因此,最早影响的环境介质为港湾水体,随之影响渔业养殖和水生生态系统。二丁基锡和一丁基锡在水、底泥和生物群中广泛存在,其他有机锡化合物如苯基锡、辛基锡等也可存在于环境当中。不同形态有机锡的浓度范围分布很宽泛,差异较大,且港湾有机锡浓度与船只通行状况密切相关。水体中浓度垂直分布特征一般为表层水明显高于下层水体。在农业上被广泛应用的三苯基锡化合物可经过地表渗透、农田灌溉进入水环境。由于富集在底泥中的有机锡化合物降解速率慢,底泥会长期保持污染状态,成为缓慢污染释放源。水底底泥中有机锡的缓慢再释放,将长期影响周围环境。水底底泥是有机锡化合物的重要贮存库和释放源。

陆地水和海水中的有机锡均可以被水生生物富集,特别是TBT和TPT。TBT作为广泛应用于船体的防污涂料的有效成分,是众所周知的引起海洋生物性别变化的内分泌干扰物。沿海较封闭水域生物样品中的TBT含量较远离陆地开放水域的高,发达国家较发展中国家高。在美国、意大利、丹麦等发达国家海湾或近海水域生物样品中均检出了高含量的三丁基锡[100]。海洋生物对丁基锡化合物具有很强的富集能力,富集倍数可以达到3~4个数量级[101]。存在于水体和底泥当中的丁基锡可以直接导致贝类、螺类等水生生物的性畸形和种群性别比例失调,甚至可以导致生物种群衰败,甚至灭绝。因此,海湾和近海水域中软体动物如贻贝、牡蛎等中有机锡监测曾受到广泛关注,我国也从20世纪90年代开始进行了大量的研究工作[91]。

在过去的几十年中,我国有机锡污染问题也相当严重,特别是近海、港湾和内河港口[102]。对在 2001 年 8 月-2002 年 3 月期间采集于我国几个城市的海产品进行了丁基锡测定，结果发现约有 37% 的样品中有丁基锡检出，其中三丁基锡为主要污染物[103]。丁基锡化合物的区域分布与港口船舶活动频率和保有数量相关。大连区域的丁基锡浓度最高，天津、烟台、龙口等其他一些港口区域也发现了较高含量的丁基锡。另外，来源于养殖区的营口生物样品，虽然远离港口，但也检测到了丁基锡化合物。莱州的样品来源于相对开阔的海域，丁基锡浓度最低，平均 29.2ng/g Sn[104]。2002—2005 年在渤海沿岸 13 个地区采集了 10 种双壳类个体样本。分析结果表明，丁基锡类化合物在样品中广泛存在，且主要成分为三丁基锡[105]，样品检出率高达 90%，总丁基锡（TBT＋DBT＋MBT）的浓度范围为 2.5～397.6ng/g Sn 湿重（平均 63ng/g Sn）。不同形态丁基锡生物富集能力存在差异，海产品中丁基锡的广泛存在对当地居民健康构成了潜在的威胁[106]，但软体动物对丁基锡稳定的富集能力也为研发新型有机锡污染生物标志物提供了条件，寻找有机锡特别是不同形态有机锡生物标志物将有助于对海洋环境的持久监测和有效管理[4]。有机锡具有长距离传输的特性。研究人员在南极 9 个水样中检测到了三甲基锡化合物[107]。

在陆地水系和底泥中也可检测出有机锡化合物。在 1999 年，采集了包括长江、黄河以及滇池、白洋淀等典型内陆水域的代表性样品，在样品中均发现了丁基锡的存在，且含量较高[108]。对太湖表层水、沉积物和水生生物样品的丁基锡污染物进行研究，结果表明，绝大多数表层水样中未检出丁基锡，沉积物样品中丁基锡的检出率为 50%，浓度在 0～0.95ng/g 范围内。生物样品中检测到了较高含量的丁基锡，浓度为 27.05～181.23ng/g，三丁基锡占主要部分，约占总丁基锡含量的 70%。太湖中丁基锡的污染可能主要来自养殖网箱和船舶防污涂料的使用[109]。北方某公园湖泊底泥中也检测出了多种有机锡化合物，其中丁基锡的含量最高（平均值为 19.7ng/g）。有机锡主要来自公园游船的防污涂料，一丁基锡是三丁基锡的降解产物[110]。

无机锡化合物存在甲基化现象，可以通过甲基化生成易挥发的代谢产物。在实验室模拟锡（Ⅱ）与甲钴胺素在水生系统中的甲基化反应，采用气相色谱-火焰光度检测器（GC-FPD）对产物进行检测，并用气相色谱-质谱（GC-MS）对产物进行进一步鉴定，结果表明，甲基化产物为一甲基锡（MMT）和二甲基锡（DMT）。在水溶液中，甲基可以从甲基钴胺素转移到锡上，pH 和盐度会影响甲基化效率[111]。MMT、DMT 和三甲基锡（TMT）在紫外光照射下能迅速降解，降解速率顺序为 TMT＜DMT＜MMT。盐度和腐殖酸对 TMT 的降解有很大的影响[112]。

四、毒性作用过程及效应

1. 毒性作用机理

三丁基锡可导致小鼠胸腺细胞内自由 Ca^{2+} 浓度增加，诱导胸腺细胞凋亡；三苯基锡可扰乱人体嗜中性粒细胞中的 Ca^{2+} 平衡，引起细胞内自由 Ca^{2+} 浓度增加，表现出神经毒性。另外 TBT、三乙基锡（TET）和 TMT 可与钙结合蛋白作用从而引发毒性效应。有机锡特别是三烷基锡化合物通过干扰离子梯度，导致线粒体异常，从而抑制氧化磷酸化过程。另外，有机锡还可通过抑制离子传输蛋白或酶，引起细胞膜损伤。

有机锡化合物还可以与一些氨基酸发生离子键合，从而影响正常细胞功能。无论在体内还是体外，有机锡化合物对不同种类生物的细胞色素 P450 具有相似的作用模式。研究发现腹足纲软体动物雌性体内注入三丁基锡化合物可发生性变异现象[113]，证实了 TBT 可干扰生物体内正常类固醇代谢反应。研究也发现，四种有机锡化合物：TMT、三丙基锡、TBT 和 TPT 均可与人血白蛋白（HSA）结合并与 HSA 之间存在非共价相互作用[114]。

2. 毒性效应

有机锡对生物个体的毒性效应可表现在急性致死、生长抑制、免疫损伤、神经受损等方面。存于海洋中的痕量有机锡化合物可以在海洋生物体中进行富集，因此，有机锡对海洋鱼类、甲壳类动物、软体动物和海洋藻类的影响非常大[90]。透射电子显微镜观察暴露鱼鳃与肝脏超薄切片表明，TBT 可引起鳃与肝脏细胞超微结构的一系列显著变化，证实了 TBT 化合物对水生生物的毒性作用[115]。

有机锡化合物具有内分泌干扰作用和生长抑制作用。研究发现，TBT 化合物可以引起虹鳟鱼生长延迟等慢性毒性[116]。Bryan 等[117] 曾发现浓度低达 $0.02\mu g/LSn$ 的 TBT 就可诱导 *Nucella lapillus* 发生性畸变。另外，在部分水域曾发现 TBT 污染导致荔枝螺性别变异和种群衰败的现象。通过对 29 个沿海地区的新腹足类——疣荔枝螺（*Thais clavigera*）和黄口荔枝螺（*Thais luteostoma*）的性畸变、性别比和各器官组织含量的测定，对香港水域进行了有机锡的综合生态风险评价。畸变指数与腹足动物体内有机锡的负荷呈正相关，雌雄性别比例随着组织中有机锡含量的增加而显著降低，这意味着有机锡会导致雄性优势种群，在极端情况下可能导致局部种群灭绝。有机锡生态风险包括生长抑制、免疫功能受损和适应性降低[118]。

有机锡毒性效应存在一定的构效关系。一般而言，有机锡化合物的毒性随着锡原子上引入的有机基团数目的增加而增强，如三取代有机锡毒性比相应的一取代和二取代有机锡强。与此同时，有机取代基团本身也决定了有机锡化合物的毒性。有机锡毒性效应与受试物种有关。对于昆虫，TMT 毒性最强；对于哺乳动物，TET 毒性最强；三丙基锡对革兰氏阴性菌毒性作用最强；而对于革兰氏阳性菌、鱼、真菌，TBT 毒性最强。取代基烷基链增长，生物活性作用显著下降。TPT 对浮游植物毒性很强，而三环己基锡则具有很高的杀螨效应[119]。有机锡化合物的毒性效应还可以受到共存物的影响。报道显示，多壁碳纳米管的存在可以减小 TBT 的细胞毒性效应[120]。这主要是因为在多壁碳纳米管和 TBT 共存的复合暴露体系中，多壁碳纳米管强吸附作用的存在，使水体中可溶性丁基锡化合物的有效性降低。

五、人体暴露风险

自 20 世纪 70 年代开始，有机锡化合物在世界范围内被广泛应用。有机锡化合物因具有明显的环境健康毒性而被关注，特别是三取代有机锡化合物最受关注。一丁基锡、二丁基锡化合物在工业制造和生活用品中也被广泛应用，如可以用于 PVC 塑料制品的添加剂以及油漆和涂料。有机锡化合物在 PVC 玩具、厨房用具、食品以及食品包装中均可以被检出。由于有机锡通常被用于船舶防污涂料，因此，海产品中会含有一定量的有机锡。所以，通过海产品是人体摄入有机锡的主要途径。欧盟规定丁基锡每日允许摄入量（ADI）为 $0.25\mu g/(kg \cdot d)$。对经常食用此类海产品的当地渔民而言，存在较大的健康风险[104]。

除了海产品，其他食品、酒水、饮料和调料中也含有一定的有机锡。从北京多个市场采集了 48 份食醋样品，包括白醋、米醋和陈醋。在 16 个醋样品中检测到丁基锡，浓度范围为 $0.012\sim14.10\mu g/L$。白醋的检出率高于米醋和陈醋。采用塑料袋包装储存的醋样含有较高浓度的丁基锡（$>1.5\mu g/L$），表明包装所用的塑料袋是丁基锡污染的可能来源之一。随后，对三种塑料袋的浸出实验进一步证实了这一点，并在浸出溶剂中检测到了一丁基锡。据估计，通过食醋摄入的丁基锡化合物总量的平均日摄入量约为 $0.04ng/kg$ 体重，远低于欧洲食品安全局（EFSA）规定的 $100ng/kg$ 体重的每日耐受摄入量（TDI）[121]。

职业暴露也是有机锡暴露的一个重要途径。采用顶空固相微萃取（HS-SPME）-气相色谱-火焰光度法分析了一个职业暴露人群和两个普通人群的十三个尿液样品中甲基锡化合物的含量。职业暴露人群尿液样品总甲基锡的浓度范围为 $26.0\sim7892ng/L$，浓度平均值高于两个普通人群[122]。

第七节 砷及其化合物

一、理化性质

砷，化学符号为 As，原子序数为 33，原子量为 74.92，密度为 5.727g/cm³。砷是广泛分布于自然界的非金属两性元素，在地壳中的含量为 2~5mg/kg。砷的熔点为 814℃，升华温度为 615℃。理论上，砷可存在数十种同位素，但其中仅有 ^{75}As 是稳定的。砷具有重金属类似毒性，通常将其作为重金属进行研究。砷元素主要的氧化态为三价和五价化合物，包括砷化氢（AsH_3）、五氧化二砷（As_2O_5）、三氧化二砷（As_2O_3）、砷酸（H_3AsO_4）和亚砷酸（H_3AsO_3）。砷在自然界中的丰度排第 20 位，广泛存在于熔积岩和沉积岩中，主要与硫形成矿物质。自然界主要的常见含砷矿物有雄黄矿（As_4S_4）、雌黄矿（As_2S_3）和砷黄铁矿（FeAsS）等。伴随着采矿、冶炼、玻璃制造、农药和木材防腐剂的生产和使用，相当数量的砷被释放进入环境。砷及其化合物的主要物理化学参数及用途见表 3-7。

表 3-7 砷及其化合物的主要物理化学参数及用途

中文名称	英文名称	化学式	分子量	CAS	密度/(g/cm³)	熔点/℃	沸点/℃	主要用途
砷	arsenic	As	74.92	7440-38-2	5.727	814	615（升华）	合金冶炼、半导体材料、农药、医药、兽药、木材防腐等
三氧化二砷	arsenic trioxide	As_2O_3	197.84	1327-53-3	3.74	275~313	465	俗称砒霜,冶炼砷,用作半导体材料、玻璃澄清剂、脱色剂、农业杀虫剂
五氧化二砷	arsenic oxide	As_2O_5	229.84	1303-28-2	4.32	315（分解）		用于砷酸盐的制备,应用于染料和印刷工业等,并可用作杀虫剂
四硫化四砷	realgar	As_4S_4	106.998	12044-30-3				俗称雄黄、中药、制备雌黄和砒霜
三硫化二砷	arsenic trisulfide	As_2S_3	245.8	1303-33-9	3.43	300	707	俗称雌黄,制取砷,用作中药、颜料等
砷酸	arsenic acid	$H_3AsO_4 \cdot 1/2H_2O$	150.95	7774-41-6	2.0~2.5	35.5	160（脱水）	制备颜料、砷酸盐、杀虫剂、药物等

二、生产与应用

1. 生产状况

砷一般是金属冶炼的副产品,铜矿冶炼副产物是砷的主要来源。全球砷资源储量约为 1100 万吨,主要分布在智利、美国、加拿大、墨西哥、菲律宾等国,其他砷资源较丰富的国家还包括法国、瑞典、纳米比亚、秘鲁等。不同国家生产砷的工艺差异较大,中国、秘鲁和菲律宾主要从雄黄和雌黄中制取砷;智利主要从铜-金矿中回收砷;加拿大主要从金矿中回收砷[123]。

我国砷矿资源储量丰富,但单独砷矿床不多,合计储量 36.2 万吨,占全国总储量的 12.9%,共生、伴生砷矿储量 243.6 万吨,占总量的 87.1%[124]。我国雄黄资源主要分布于湖南、贵州、四川、云南等省份。我国是全球最大的砷生产国,约占全球的 67.6%。

2. 实际应用

砷化合物作为重要的化工原料常被用于除草剂、杀菌剂、防腐剂、半导体材料等。砷酸铅、乙酰亚砷酸铜、亚砷酸钠、砷酸钙和有机砷酸盐等砷化合物均可作为农药或者农药的主要成分;甲砷酸和二甲次砷酸可以用作除莠剂,二甲次砷酸还可以用作落叶剂和林木杀虫剂。另外,砷及其化合物还可以作为药物,如砷制剂被成功用于治疗白血病。砷的一些化合物也曾被当作颜料用于玻璃、陶瓷等,如醋酸亚砷酸铜(又名巴黎绿)曾被用来当作绿色颜料。在新材料制备方面,砷主要作为合金材料应用于铜铅合金制造中。砷是制取砷化镓、砷化铟、砷化铜等半导体材料的原料,也是半导体材料锗和硅的掺杂元素[125]。一些含砷化合物如铬酸铜砷(CCA)被广泛用于木材防腐,近年来逐渐被 ACQ(四价铜铵络合物)和 CBA(吡咯硼铜络合物)所替代。对氨基苯胂酸等部分苯胂酸化合物曾被作为家禽家畜的饲料添加剂和兽药。随着人们健康和环保意识的增强,含砷化合物逐渐被替代,用量明显降低。

三、环境赋存

1. 砷的赋存形态

环境中的无机砷可以以三价[As(Ⅲ)]和五价[As(Ⅴ)]形式存在。不同形态砷的毒性差异明显,As(Ⅲ)的毒性明显高于 As(Ⅴ)。在自然界中,细菌、真菌、藻类、植物和动物均能使砷发生生物甲基化反应。砷甲基化产物可以分为五价砷甲基化产物和三价砷甲基化产物。As(Ⅴ)甲基化可得到一甲基砷酸[$CH_3AsO(OH)_2$]或其盐类、二甲基砷酸[$(CH_3)_2AsOOH$]或其盐类以及三甲基砷氧化物[$(CH_3)_3AsO$]。As(Ⅲ)的甲基化产物包括一甲基砷(CH_3AsH_2)、二甲基砷[$(CH_3)_2AsH$]和三甲基砷[$(CH_3)_3As$]。甲基化产物的毒性与砷的价态密切相关。对五价砷而言，无机砷的毒性明显高于有机砷，随着甲基基团的增加，三甲基砷(Ⅴ)的毒性致死量比无机砷降低了3个数量级。存在于海产品中的砷甜菜碱(AsB)、砷胆碱(AsC)以及砷糖则基本无毒[126]。但三价砷的甲基化产物均是剧毒化合物，且随着甲基基团数目的增加，As(Ⅲ)化合物的毒性也逐步增强[5]。砷的总量可以采用ICP-MS、HG-AFS等进行测定，形态分析则多采用HPLC-ICP-MS、HPLC-HG-AFS等联用系统进行分离分析。在流动水体中，发生甲基化的砷少于1%，而湖水中发生甲基化的砷的比例明显提高。砷的甲基化与温度具有相关性，因此，水体中有机砷含量存在季节性变化。甲基砷化合物可以通过食物链富集和传递[127]。毒理学的研究表明，砷在生物体内还可以与部分特异性蛋白发生亲和作用，生成砷蛋白结合物；一些具有砷阻抗基因的细菌和微生物也可以将砷进行甲基化释放出气态的砷化合物。大量的砷化物通过化学过程和生物转化以不同形态存在于水、底泥、土壤、植物、海洋生物和人体中，并且在各砷化合物之间形成循环。目前，在环境和生物体中存在的砷化合物形态多达50多种。不同形态的砷其环境毒理学性质相差迥异，砷形态分析对研究砷环境健康效应具有非常重要的意义[128]。

2. 大气中的砷

无机砷及其化合物是被国际癌症研究机构（International Agency for Research on Cancer，IARC）划分为Group 1的人类致癌物，被许多国家和政府列为优先控制名单。大气中砷的自然本底值一般为ng/m^3水平。化石燃料燃烧、金属冶炼和杀虫剂的施用是大气砷人为排放的主要贡献者。大气中超过90%的砷存在于大气颗粒物当中，特别是在粒径小于$3.5\mu m$的细颗粒物中[129]。研究报道显示，城市和工业区大气砷浓度明显高于郊区[130,131]。大气颗粒物中的砷可以存在不同形态，包括无机砷[As(Ⅲ)和As(Ⅴ)]和有机砷[一甲基砷MMA(Ⅴ)和二甲基砷DMA(Ⅴ)]，有机砷的比例一般仅占总砷的20%以下。国际上有关大气颗粒物砷的研究主要集中在砷总量的分析方面，也有部分研究关注砷的化学形态和生物有效态[132]。采用HPLC-HG-ICP-MS可以分析大气颗粒物中的As(Ⅲ)、DMA(Ⅴ)、TMAO（三甲基砷氧）、MMA(Ⅴ)和As(Ⅴ)[133]。

3. 水中的砷

由于地质原因，世界许多地方存在饮用水砷污染。世界卫生组织（WHO）将居民生活饮用水卫生标准总砷修定为 $10\mu g/L$；我国在 2006 年将砷的生活饮用水卫生标准重新定为 $10\mu g/L$。除了地质原因引起地下水砷污染以外，矿冶生产过程中的废水和废渣排放也会引起水环境砷污染问题。

2008 年发生了阳宗海砷污染事件。据报道，2008 年 4 月以来，水体中砷浓度持续上升，7—9 月份，监测值高达 $0.128mg/L$，超过 $0.1mg/L$ 的地表水环境质量标准 V 类标准限值（GB 3838—2002）[134]。研究人员分别于 2008 年 12 月、2009 年 2 月、5 月和 9 月四次采集阳宗海湖水、底泥、土壤以及井水与泉水样品进行分析，结果显示，阳宗海四次采样水质监测结果均超过国家三类标准约 2 倍。第一次采样时湖水砷最高浓度达 $234.8\mu g/L$，第二次采样时浓度明显降低，最低为 $123.8\mu g/L$。浓度降低的原因是水中的砷向底泥中进行迁移；然而，第三次采样湖水砷浓度略有上升，并与第四次基本持平，两次采样浓度范围分别为 $167.5\sim154.0\mu g/L$ 和 $169.8\sim152.8\mu g/L$，表示随着时间的推移，原本吸附在底泥中的砷可能存在再释放，并最终达到平衡。在浓度随水深变化方面，各采样点的分布特征存在差异。第一次和第二次采样部分采样点砷浓度随着水深而增加，但在第三次和第四次，砷浓度随深度已经无明显变化[134]。阳宗海砷污染是一个典型的工业废水排放导致水体污染的案例。

地表水中的砷含量一般较低，三价砷和五价砷的含量比例随着环境参数和水体性质的不同而不同，三价砷和五价砷的比例大约为 1:3。部分地区的地下水砷含量较高，由于地下水一般处于厌氧环境，三价砷比例明显高于地表水，可以超过 50%，在一些温泉和地热水中甚至可以高达 90%[135]。淡水中砷存在的主要形态包括 H_3AsO_3、$H_2AsO_3^-$、H_3AsO_4、$H_2AsO_4^-$、$HAsO_4^{2-}$、AsO_4^{3-} 等。砷在水中的具体存在形态与水体 pH 和氧化还原电位（E_h）有关。在 pH 为中性、E_h 适中的水体环境中，砷主要以 H_3AsO_3 形态存在；在弱酸富氧水体中，砷主要以 $H_2AsO_4^-$、$HAsO_4^{2-}$ 形态存在。在天然表层水中，溶解氧浓度较高，E_h 高，pH 值一般为 4~9，因此，砷主要以五价砷形式存在（$H_2AsO_4^-$ 和 $HAsO_4^{2-}$）。在高 pH 值范围（pH>12.5）的碱性水体中，砷主要以 AsO_4^{3-} 的形式存在。存在于水体的颗粒物可以吸附水体中不同形态的砷，水体中存在的厌氧细菌可以将高价态的砷化合物还原为低价态。水体细菌、藻类、鱼类和水生植物等均可以将水体中的砷富集并进行甲基化，产生有机砷化合物[135]。除此之外，当水中存在甲基供体时，水体中的砷也可以通过化学甲基化生成有机砷，这个过程可以描述为甲基供体的碳正离子转移过程[136]。

随着纳米材料在水处理工艺中的广泛应用，一些纳米材料也可能在去除其他污染物或杀菌消毒的过程中对砷形态产生影响。研究表明，纳米银（AgNPs）对As(Ⅲ)不存在物理吸附，但对As(Ⅲ)的氧化具有明显的催化作用。体系pH值大于7.0时，AgNPs对As(Ⅲ)的氧化开始呈现显著催化作用，NOM、Ca^{2+}、光照等环境因素均会在一定程度上促进As(Ⅲ)的形态转化[137]。

4. 土壤和底泥中的砷

土壤中的砷主要受pH、土壤质地、氧化还原电位、有机质含量等土壤理化性质的影响，主要以铁铝水合氧化物结合态存在。随着铁和铝含量的增加，土壤颗粒吸附砷的能力增强。E_h和pH对土壤中砷溶解度影响很大。E_h降低，pH升高，砷的溶解度增大；E_h降低，还原性增强，五价砷可以被还原为三价砷。覆水土壤的溶解氧浓度很低，还原性强，因此，比干旱土壤中三价砷含量高、活性强。不同于普通重金属，砷在土壤溶液中通常会以阴离子的形式存在。由于土壤胶体一般带负电荷，土壤中的砷主要通过阴离子交换机制而被专性吸附。因此，pH越低，H^+浓度越高，OH^-浓度越低，土壤颗粒对砷离子的吸附越强，砷的活性越低；相反，则吸附变弱，活性增强。土壤有机质含量也可以影响土壤中砷的含量。一般而言，土壤有机质含量较高的土壤吸附能力会更强。施肥也可以影响砷的迁移转化。如施用磷肥时，由于磷和砷属于同族元素，磷酸根和砷酸根在土壤颗粒表面存在竞争吸附。因此，磷肥的施用可以促进土壤中砷的释放和迁移，但同时二者又是相互竞争的关系，土壤溶液中大量存在的磷酸根可以降低砷酸根在植物根际土壤中的富集[13]。土壤溶液中AsO_4^{3-}和AsO_3^{3-}可以与Fe^{3+}、Al^{3+}、Ca^{2+}生成难溶化合物。土壤中的砷形态可以采用形态联用系统进行分析，分析前需要通过有效的样品前处理进行提取。As(Ⅲ)和As(Ⅴ)是污水灌溉污染土壤样品中的主要砷形态；As(Ⅴ)是矿石中主要的砷形态[138]。进入土壤中的砷还可以区分为不同的结合形态，而不同的结合形态具有不同的生物可利用性。不同结合形态可以采用逐级顺序提取的方法区分，包括非特异性吸附态、特异性吸附态、无定形和弱结晶铁铝水合氧化物结合态、全结晶铁铝水合氧化物结合态和残渣态[139]。

湖水与底泥砷交换是水体砷迁移的重要过程。在2008年和2009年分四次采集阳宗海底泥样品，2008年12月第一次采样，阳宗海底泥砷含量最高值为

75.82μg/g，随后底泥样品中砷含量不断升高，说明受污染水体中的砷随时间在不断向底泥转移。阳宗海底泥中锰含量达到 500～1200μg/g，底泥中锰氧化物、无定形铁氧化物以及黏土矿物的存在会促进砷的吸附。底泥中有机质含量较高，对湖水中砷的吸附也起到重要作用。随着时间推移，底泥中吸附的砷开始向周围水体慢慢释放，并最终与湖水砷浓度达到平衡[134]。

底泥和沉积物中的还原菌也可以将砷甲基化为气态砷化合物。对沉积物中挥发性砷进行定性和定量分析，对于进一步认识砷的转化和迁移具有重要意义。采用短柱填料棉柱对挥发性砷［AsH_3、CH_3AsH_2、$(CH_3)_2AsH$ 和 $(CH_3)_3As$］可以实现快速分离和灵敏检测。通过设计专用培养装置，可准确测定湖水底泥中生成的气态砷化合物[140]。化工、冶炼和农药的生产过程往往造成污水底泥中砷的含量过高，需要对含砷底泥进行固化处理。在生料粉（水泥制造业中的主要原料）中掺入含砷底泥，经高温焚烧处理后，砷可以以难溶性砷化物形式固定在水泥或烧结物中，其生物有效性大大降低[141]。

5. 生物体中的砷

砷在生物体内可以发生转化（包括结合、氧化还原和甲基化），生成有机砷化合物。在实际环境中，砷可以与产甲烷细菌或甲基钴胺素作用实现甲基化。在厌氧菌作用下主要产生二甲基胂，而好氧甲基化反应则产生三甲基胂。无论在生物体还是环境介质中进行甲基化，在甲基化之前通常需要将五价砷还原为三价砷[135]。水生生物和水稻可以分别富集水体和土壤中的砷，并在体内甲基化产生有机砷化合物。电子垃圾拆解区大米样品中砷含量平均值为 111ng/g[142]。在一些海产品和水生生物体内，则含有大量的砷甜菜碱（AsB）、砷胆碱（AsC）和各类砷糖（AsS）。无机砷在生物体可以发生代谢，主要代谢产物为二甲基砷酸盐［DMA(V)］。

近年来，砷的高毒性和其在中药中的广泛应用，引起了公众对其健康风险的关注。通过研究 84 种常用中成药和中草药，发现砷的含量分别在 0.033～91000mg/kg 和 0.012～6.6mg/kg 的范围内。部分中成药含有很高浓度的砷，绝大部分为无机砷[143]。砷在中成药和中草药中的生物利用率分别为 0.21%～90% 和 15%～96%。考虑到其生物可利用性，大多数药物中砷的日平均摄入量（ADD）和危险系数（HQ）均在安全限值范围内。茶是世界上最受欢迎的非酒精饮料之一。对我国 18 个产茶省区 47 个茶叶样品进行了砷形态分析。茶叶样品中砷的浸出受提取时间和温度的影响很大。砷主要存在于叶渣当中，茶汤中的砷主要以无机砷形式存在。与浸提液中的砷含量相比，原茶叶样品中的有机砷种类较多[144]。

四、毒性作用过程及效应

1. 砷的毒性作用过程及机理

砷可以通过消化道、呼吸道和皮肤进行吸收。无机砷化合物在消化道中的吸收与其溶解度和物理性质密切相关。砷化合物的物理存在状态如颗粒大小等也会影响吸收效果。有机砷化合物的吸收主要是通过肠道的简单扩散吸收。砷化合物在一定条件下也可以经皮肤吸收。被吸收进入血液的砷及其化合物，大部分可以与血红蛋白结合，少量与血浆蛋白结合。结合的砷可以迅速随血液转运到肝、肾、肺、肠、脾、肌肉等组织和器官。砷与毛发、指甲具有很强的亲和力，因此，砷在毛发中的半减期很长。被摄入体内的砷主要经肾脏由尿液排出，部分经胆汁随粪便排出。汗液、乳汁、毛发、指甲以及唾液等也可以排泄部分砷。有机砷化合物经吸收后大部分以原有形态排泄出体外[145]。

砷主要通过以下几个途径产生毒性作用：①三价砷与巯基结合引起酶失活；②五价砷引起氧化磷酸化解偶联，砷酸盐取代磷酸盐掺入DNA分子；③砷对毛细血管壁产生毒性作用。三价砷可以与蛋白质的巯基形成稳定的化合键。许多酶的活性中心含有巯基，三价砷与之结合以后可以抑制酶的活性。砷还可以与体内结构蛋白中的巯基结合，改变细胞膜的通透性和结构。三价砷还可以与二氢硫辛酸中的巯基结合，影响细胞能量供应和物质代谢。不同形态的砷与酶结合强弱不同，导致了不同的毒性效应。砷酸和磷酸在化学结构上很相似，在部分生物化学反应过程中砷酸可以取代磷酸参与反应，导致磷酸参与反应的生物化学过程不能有效进行，干扰正常的生理功能。除了以上结合和取代方式导致毒性以外，砷还可以进入血管，作用于毛细血管壁，导致毛细血管壁通透性增加，毛细血管麻痹，阻碍细胞正常代谢[145]。

2. 砷的毒性效应

虽然砷应用广泛，但正常的生产过程一般很少导致急性砷中毒，只有在发生砷化合物泄漏事故或其他生产事故、严重环境污染事故的时候可能导致急性砷中毒。在部分生产和工作场合可能存在较高含量的砷，如车间含砷粉尘。当大量吸入含砷粉尘以后，可以引起咳嗽、胸痛等上呼吸道黏膜刺激症状，随后可以导致呕吐、腹泻等。经口摄入大量砷可表现为胃部、腹部剧烈疼痛、呕吐、腹泻等急性毒性症状，部分中毒患者还会表现为呼出大蒜气味、口内金属气味，严重时出现脱水和休克，甚至死亡。砷急性中毒以后还可能导致肝损伤、皮肤瘙痒、神经炎、皮疹、皮肤色素沉着等。

长期低剂量砷暴露可以导致慢性砷中毒。慢性砷中毒初期,表现为无力、厌食、恶心,有时出现呕吐、腹泻等,还可表现为结膜炎、上呼吸道炎症等;皮肤色素沉着、过度角质化,指甲失去光泽,变得脆而薄。皮肤、指甲、毛发中含有大量的巯基蛋白,砷可以在这些组织中蓄积且半减期很长[145]。除此之外,砷还具有诱发细胞染色体畸变、诱发细胞姊妹染色体互换和增高微核频率的毒性效应。体外试验表明,三价砷的染色体致畸变作用明显高于五价砷。

五、人体暴露风险

环境中的砷来源主要包括天然来源和人为来源。每年可以从自然界包括岩石风化、火山喷发等过程释放 8000 吨的砷,而每年人为释放的砷可以高达 24000 吨,是天然来源的三倍。燃煤、采矿、冶金等工业过程可以通过排放废气、废渣、废水和含砷粉尘将生产和使用过程中的砷释放进入环境。进入环境的砷可以通过生物富集和转化过程广泛存在于稻米和小麦等农作物、鸡肉等农产品以及海带、紫菜、螃蟹、贝类、鱼类等水产品当中。人群可以通过饮食、呼吸等途径摄入不同形态砷化合物。

饮食是日常砷暴露的主要途径。当水中砷浓度低于 $10\mu g/L$ 时,膳食砷占到了砷日平均摄入量(ADD)的 90% 以上。砷摄入日剂量与尿液、指甲和头发中砷含量呈现出显著的正相关。甲基砷是尿砷的主要形态,证实了摄入的无机砷在体内可以被甲基化并通过尿液排出。原位显微分布表征和形态分析表明,砷主要与指甲和头发中的硫结合。相比于头发和尿液,指甲更适合作为砷中毒的生物标志物[146]。

吸入大气颗粒物也是摄入砷的重要途径。通过体外模拟肠胃液(in-vitro gastrointestinal)的方法进行生理提取试验(physiologically based extraction test,PBET),可以对颗粒物中砷经口的生物有效性进行评估。Huang 等[132]分析测定了道路尘埃、室内空调过滤灰尘和大气 $PM_{2.5}$ 等颗粒物中 As(Ⅲ)、As(Ⅴ)、一甲基砷[MMA(Ⅴ)] 和二甲基砷[DMA(Ⅴ)] 的含量,结果显示样品中无机砷为主要存在形态,特别是五价砷 As(Ⅴ)[132]。采用模拟肺液来模仿肺部生理条件提取 $PM_{2.5}$ 中砷生物可利用部分。无机砷形态是大气颗粒物中经口摄入和呼吸道摄入的最主要形态,也是除饮水以外的另一个主要的人群暴露途径。80% 粒径小于 $2.5\mu m$ 的颗粒物($PM_{2.5}$)可以经呼吸道到达肺泡,并在此沉积、停留长达数月甚至数年[147]。

第八节 金属纳米材料

一、理化性质

纳米材料（nanoparticle，NP）是三维结构中有一维、二维或三维尺寸为纳米级（1～100nm）的材料，具有不同于普通材料的小尺寸效应、量子效应、表面效应、自组装效应等特性，目前已经被广泛应用于社会生活各个领域。人工合成纳米材料主要可以分为以下四类：碳纳米材料、半导体纳米材料、聚合纳米材料（如聚苯乙烯）和金属纳米材料。金属纳米材料主要分为两大类：一类是金属氧化物纳米材料，如 TiO_2、ZnO 等金属氧化物颗粒；另一类是金属单质纳米材料，如金纳米颗粒（AuNPs）、银纳米颗粒（AgNPs）等。

二、生产与应用

纳米材料可自然产生或人工合成。火山喷发、森林火灾以及光化学反应都可以产生纳米颗粒，是自然界中纳米颗粒的天然来源[148]。近年来部分国家和地区大气颗粒物污染严重，在大气颗粒物中纳米级超细颗粒可占颗粒物总量的36%[149]。天然水体中的溶解性有机物质（dissolved organic matter，DOM）在自然光照下还能够还原 Ag^+ 和 $AuCl_4^-$ 形成 AgNPs 和 AuNPs[150]。在土壤中，天然存在的纳米材料包括黏土、颗粒态有机质、铁氧化合物等[151]。

当下人们更关注的是人工合成的纳米材料及其影响。统计数据显示，目前市场上有多达 1900 多种涉及功能纳米材料的产品，范围覆盖医疗、日用等各个领域[152]。半导体纳米材料被用于太阳能电池、电子器件、激光技术、催化剂及生物传感器等[153]。金属纳米材料可用于污水处理等环境领域，如重金属吸附和有机污染物降解[154]。典型金属纳米材料的特性及应用如表 3-8 所示。

表 3-8 典型金属纳米材料的特性及应用

纳米材料	特性	应用
AgNPs	光学特性、导电性、导热性、抗菌特性和催化特性	纺织品、食品包装、汽车部件、建筑材料、医药和医疗等
TiO_2NPs	光催化特性、表面超双亲性、表面超疏水性和紫外线吸收特性	纤维、涂料、污水处理、空气净化、抗菌纺织品、塑料和防晒护肤品
CuONPs	电学特性、光学特性、催化特性	传感材料、催化剂
ZnONPs	抗菌特性、催化特性	抗菌材料、家电、建材、食品包装、光催化材料

众多金属纳米材料中，纳米银（silver nanoparticles，AgNPs）以其优异的广谱抗菌活性，被广泛用于包装材料、纺织、食品添加剂、电子电器、医疗卫生、个人护理等行业[155]。据报道，AgNPs是年生产量最高的纳米材料，AgNPs的产品数量也远高于其他纳米材料，达到400多种，占总数的近四分之一[156]。欧盟科学委员会调查研究中心统计数据显示，2013全球AgNPs产量已达到250～312吨；2020年，AgNPs产品的产量已突破58000吨[157]。AgNPs在医学上的应用尤其突出。AgNPs对杆菌、球菌、丝菌等致病菌的杀灭作用明显强于传统的银离子杀菌剂[158]，并且作为一种非抗生素类抗菌剂，细菌对其不产生耐药性，可长效抗菌。AgNPs另一个重要的性质就是表面增强效应：当能量匹配的光（电磁场）照射到AgNPs表面时，材料表面的自由电子就会围绕荷正电的Ag晶格进行集体的共振运动，相应光的吸收、发射、散射信号也会大大增强。金属纳米颗粒的表面增强荧光、表面增强拉曼常被用于环境、生物体系的无损高灵敏检测。

三、环境赋存

随着纳米材料的生产和使用不断增加，纳米材料通常会以气溶胶、水分散液、固体粉末等形式进入水、大气和土壤中，并成为潜在的新型环境污染物。纳米材料商业产品释放纳米颗粒进入环境的途径主要包括含纳米材料的产品的生产和使用以及废物处置过程（填埋和焚烧）[148]。如铜制品在生产、使用过程中能不断地释放纳米颗粒态的Cu和CuO；墙面油漆可向环境释放粒径小于15nm的AgNPs；紫外线可以加速材料涂层中TiO_2NPs的释放[159-161]。据估测TiO_2NPs在水环境中的浓度达到0.7～16μg/L，该值已接近或高于TiO_2NPs的最大无作用浓度（<1μg/L）[162]。对于难以在水体中分散的纳米材料，土壤、底泥以及污水处理后的生物固体废物可能是其主要归趋，而对于能在水中形成稳定溶胶的纳米金属以及富勒烯等，环境水体可能是其主要归趋。污水处理系统是纳米颗粒间接进入环境的重要通道。有研究报道污水处理厂出水中含有一定浓度的CuONPs。据估计，水环境中CuONPs可达到μg/L水平[163]。德国9所污水处理厂出水中AgNPs的浓度为2.2～9.5ng/L[164]。银离子（Ag^+）在污水处理过程中也可转化为硫化银纳米颗粒（silver sulfide nanoparticles，Ag_2SNPs)[165]，随剩余污泥和出水排放。

纳米材料的生物化学循环包括大气中的光降解反应、团聚或经生物摄取、积聚、转移以及在生物体中的降解。汽车尾气是城市大气中纳米颗粒的主要来源[166]。根据菲克第一定律，颗粒物的扩散系数与颗粒的粒径大小成反比。纳米颗粒由于具有极小的粒径，可以在大气中迅速扩散，并可长距离迁移。纳米颗粒大的比表面积也为灰尘、微生物和污染物等提供了足够的吸附位点，毒性大大增强[167]。空气、水和土壤中的纳米材料可以被植物吸收，并在植株体内迁移、积累[168]。水体中 Ag_2SNPs 浓度 $<2\mu g/L$，湿地植物对 Ag_2SNPs 的富集量仍达到 $0.5\sim3.3mg\ Ag/kg$ 湿重[169]。金属纳米颗粒可以由植物吸收并通过食物链的传递，进入处于较高营养级的动物体内[170]。

四、毒性作用过程及效应（以纳米银为例）

1. 生物过程

大部分纳米颗粒都为非脂溶性，一般不能通过血脑屏障。然而，纳米颗粒进入体内后，可以通过氧化应激和自由基反应，引起内皮细胞膜损伤，产生细胞毒性作用，进一步破坏屏障细胞间的紧密连接，使纳米颗粒能够穿过血脑屏障[170,171]。在灌胃、腹腔注射、皮下注射和静脉注射四种给药方式下，均可在受暴露小鼠大脑中检测到纳米颗粒[172]。纳米颗粒进入中枢神经系统的另一途径是经呼吸道进入[173,174]。纳米颗粒还可能经末梢神经转运入脑[175]。

在不同暴露模式（口服、注射、吸入、经皮、鼻腔滴注等）下，AgNPs可产生不同的生物富集行为，并且可以从最初摄入的器官或部位，转移至其他部位[176]。一般情况下：①吸入方式给药最直接，易造成肺部累积；②鼻腔滴注给药方式则引起脑部靶向性累积；③注射给药可使纳米银直接进入血液循环系统；④经口摄入的纳米银进入生物体后首先接触消化系统，故而在胃壁、大肠壁、小肠壁通常会出现累积；⑤经皮暴露多见于临床敷料使用，可在表皮组织累积，经皮进入毛细血管。肝脏是注射和经口摄入途径的重要富集器官，相对而言，经皮摄入纳米材料的效率远低于注射和口服。

暴露条件和时间对纳米材料在生物体内的分布具有重要影响。纳米银经鼻腔滴注给药，暴露4周时，大鼠肝脏中的银累积最多，但连续给药12周后，脑部呈现银积累，肝脏则极少[176]。纳米材料本身的属性如尺寸大小、包被材料种类等，也能对分布产生影响。经静脉注射，大颗粒纳米银（80nm、110nm）主要累积在脾脏中，而小颗粒纳米银（20nm）则会在肝脏累积[177]。肝脏中的纳米银消除较快，而脑中的纳米银则有较强的滞留能力[176]。纳米银也可长期滞留在皮肤、眼结膜以及睾丸等器官、组织中[178]。暴露方式会直接影响纳米银的分布。经口暴露的纳米银，大多通过粪便直接排出体外[179]；尾静脉注射纳米银可更多通过胆汁排泄[180]。其他影响纳米材料生物行为的因素有：①环境要素，包括溶液中的pH、有机质、离子强度等。②个体因素，包括动物的种类、性别、年龄等[181]。

纳米银可在生物体内进行转化，产生其他颗粒态或非颗粒态含银物质。硫化银（Ag_2S）或氯化银（$AgCl$）是纳米银的两种比较典型的转化产物[182]。硫化作用能改变纳米银表面电荷和溶解率，影响纳米银的毒性效应和生物行为。纳米银的硫化过程只发生在高浓度硫的局部生理环境，多数情况会氧化溶解产生银离子。

2. 毒性作用

2006年开始，美国投资约4亿美元用于纳米材料潜在危害的研究，引发了全球纳米材料毒性研究热潮。相关研究在整体水平、器官水平、细胞水平和分子水平等多维度开展。纳米颗粒粒径小，可以穿透进入细胞，引起氧化应激性和急性炎症反应[166,183]，包括脑部炎症反应[174]，甚至引发肺部肿瘤[184]。纳米材料也可诱发神经细胞和组织损伤[185]，表现出神经毒性。高浓度带负电的纳米颗粒和表面带正电的纳米颗粒可明显破坏血脑屏障的完整性[186]。另外，量子点可引起斑马鱼胚胎发生心包囊肿、卵黄囊肿、脊柱弯曲、体节减少等发育异常[187]。

相比其他纳米颗粒材料，纳米银的生物毒性研究已经取得了较大的进展。纳米银能诱导脑部炎症，破坏血脑屏障的完整性，透过血脑屏障，导致神经细胞、星形胶质细胞钙调节异常，进而引起脑神经毒性[188,189]。15nm和100nm的纳米银颗粒能够造成细胞线粒体功能显著降低和细胞膜破裂[190]。纳米银暴露水平在其毒性效应中起到了至关重要的作用，存在明显的剂量效应关系。高剂量的纳米银会导致HepG2肝癌细胞形态发生变化，且与Ag_2CO_3相比，具有更强的染色体损伤作用[191]。纳米银表面修饰及其尺寸也可引起不同的细胞毒性和生物有效性[192]。经表面修饰的纳米颗粒因具有更高的生物相容性，更容易进入细胞内。荷正电的纳米银比荷负电的纳米银对斑马鱼显示出更小的毒性[193]。通常来讲，纳米材料的粒径越小，其进入细胞内部的能力越强，可产生比大尺寸同种纳米颗粒更强的毒性，而且小尺寸纳米银的消除速度比大尺寸的慢，更易在体内积累[194]。此外，纳米银的形状也会影响其生物毒性，这可能与不同形貌颗粒形成的晶面结构和表面缺陷不同有关[195]，具备更多<111>晶面的纳米银会产生更大的毒性[196]。环境因素如pH、离子强度、配位基团等会影响纳米银的荷电状况、稳定性及Ag核的组成，因而也会影响纳米银的毒性。例如，pH会显著影响纳米银产生ROS的种类和数量以及Ag^+释放等关键过程[197]。Ag^+在光照和可溶有机质存在的条件下被还原生成纳米银颗粒，生物毒性也会因此有所改变[198]。

动物体内试验证实，纳米银具有器官、神经、基因等毒性[198,199]。纳米银能引发斑马鱼的肝毒性、造成 DNA 损伤、诱导金属硫蛋白 mRNA（信使核糖核酸）的生成、减少过氧化氢酶（CAT）和谷胱甘肽过氧化物酶 mRNA 的合成[200]。纳米银暴露使牡蛎胚胎发育不正常的比例高达 80%[201]；在小鼠骨髓细胞模型下，10~80 mg/kg 纳米银可产生基因毒性[202]；纳米银能抑制大鼠大脑内皮细胞的增生[203]，还能在活体内产生免疫毒性并扰乱细胞活动及免疫反应[204]。在纳米银敷料引起肝酶水平升高和出现银中毒反应的案例中[205]，患者体内肝酶水平升高，皮肤发生变色。在人淋巴系统中，纳米银可引起 DNA 损伤、ROS 过量生成等[202]。纳米银可引起人纤维肉瘤细胞和皮肤癌细胞氧化应激，并可进入成纤维细胞内引起 DNA 损伤和细胞凋亡[198]。

目前为止，针对金属纳米材料特别是纳米银的毒性机制研究虽然较多，但尚没有一致的结论。不少研究指出，纳米银的生物效应可能来自释放的 Ag^+，认为 Ag^+ 是毒性效应的源头，纳米银只是作为不断提供 Ag^+ 的载体。这些 Ag^+ 比纳米银本身的毒性更强，更能在生物体或细胞内产生毒性作用[200]。释放的 Ag^+ 可与细胞壁和胞内蛋白作用，导致功能损伤和相关蛋白失活[206]。然而也有研究指出，纳米银本身具有颗粒毒性效应，其机制不同于 Ag^+。关于纳米银颗粒的致毒机理的讨论主要集中在三方面：氧化应激、线粒体损伤和细胞凋亡。氧化应激被认为是纳米材料毒性的重要机理之一。活性氧的生成和氧化应激能引发一系列的生理及细胞事件，包括应激、炎症、DNA 损伤和凋亡等。研究发现纳米银可通过氧化应激途径干扰细胞正常抗氧化系统，使细胞长时间处于应激状态，从而导致原代大鼠小脑颗粒神经元细胞凋亡[207]。人乳腺癌细胞经纳米银暴露后超氧化物歧化酶活性显著增高[208]。纳米银会引起细胞内抗氧化分子谷胱甘肽（GSH）、超氧化物歧化酶（SOD）水平的降低以及脂质过氧化产物含量的升高[209]。纳米银对大鼠海马突触可塑性和空间认知能力的影响研究显示，纳米银经滴鼻给药后能导致海马神经元受损[210]，进一步在海马组织匀浆液中检测到活性氧含量显著增加。细胞内线粒体水平是决定细胞凋亡与坏死的主要因素。研究表明，纳米银可引起线粒体损伤，从而诱导细胞凋亡[211]。Ag^+ 通过破坏细胞完整性而引起细胞坏死，纳米银可以通过调控胞内酶的活性而引起细胞程序性凋亡[212]。由于缺乏有效的分析手段，胞内纳米银和 Ag^+ 的真实效应和生物行为还难以准确识别。

五、人体暴露风险

随着纳米技术在社会生活各个领域的广泛应用，纳米材料已经走入我们的日常生活，人们接触纳米材料的机会明显增多。由于纳米颗粒独特的物理化学性质，在进入人体后，它们与组织、细胞之间的相互作用和化学成分相同的常规物质有很大区别，某些纳米颗粒可能具有人类尚未充分了解的全新生物效应机制。特别是与人体和生命直接相关的纳米颗粒物，不合理的使用可能对人体健康造成不利影响，因此，纳米材料的安全性问题引起了社会大众和科研领域的广泛关注。

纳米银材料在日常消费产品如纺织品、化妆品、呼吸器、家用滤水器、抗菌喷雾以及玩具等的广泛应用，使其具有多种潜在的人体暴露途径（经口摄入、经呼吸摄入、经皮摄入）[181,213]。例如，由于具有良好的抑菌效应，纳米银可以用于纺织材料生产服装，以去除异味，清洗过程和长期皮肤接触可以导致纳米银暴露[214]；纳米银可以用作医疗产品的涂层和药物如骨结合剂、滴鼻剂和滴眼液等[215]。

相对于实际生活中接触的纳米银，职业暴露的危害更大。工厂工作人员在纳米材料的生产和使用过程中，可通过粉尘、气溶胶等方式暴露于纳米材料（尤其是纳米颗粒）[216]。近年来，职业暴露受到职业健康和纳米材料生物效应研究领域越来越多的关注。

参考文献

[1] Lee J, Bae H, Jeong J, et al. Functional expression of a bacteral heavy metal transporter in arabidopsis enhances resistance to and decrease uptake of heavy metals [J]. Plant Physiology, 2003, 133 (2): 589-596.

[2] Benvenuti M, Mascaro I, Corsini F, et al. Mine waste dumps and heavy metal pollution in abandoned mining district of Boccheggiano (Southern Tuscany, Italy) [J]. Environmental Geology, 1997, 30 (3-4): 238-243.

[3] Leung C M, Jiao J J. Heavy metal and trace element distributions in groundwater in natural slopes and highly urbanized spaces in mid-levels area, Hong Kong [J]. Water Research, 2006, 40 (4): 753-767.

[4] 中华人民共和国生态环境部.《2018 年全国大、中城市固体废物污染环境防治年报》[R]. (2018-12) [2020-10-26].

[5] Banza C L N, Nawrot T S, Haufroid V, et al. High human exposure to cobalt and other metals in Katanga, a mining area of the Democratic Republic of Congo [J]. Environmental Research, 2009, 109 (6): 745-752.

[6] Johnson R H, Blowes D W, Robertson W D, et al. The hydrogeochemistry of the nickel rim mine tailings impoundment, sudbury, ontario [J]. Journal of Contaminant Hydrology, 2000, 41 (1-2): 49-80.

[7] Bourg A C M. Speciation of heavy metals in soils and groundwater and implications for their natural and provoked mobility [M]//Salomons W, Förstner U, Mader P (Eds). Heavy Metals Problems and Solutions. Berlin: Springer-Verlag, 1995.

[8] Liu J S, Guo L C, Luo X L, et al. Impact of anthropogenic activities on urban stream water quality: a case study in Guangzhou, China [J]. Environmental Science and Pollution Research, 2014, 21 (23): 13412-13419.

[9] Gullett B K, Linak W P, Touati A, et al. Characterization of air emissions and residual ash from open burning of electronic wastes during simulated rudimentary recycling operations [J]. Journal of Material Cycles and Waste Management, 2007, 9 (1): 69-79.

[10] Li X D, Lee S L, Wong S C, et al. The study of metal contamination in urban soils of Hong Kong using a GIS-based approach [J]. Environmental Pollution, 2004, 129 (1): 113-124.

[11] Pavageau M P, Morin A, Seby F, et al. Partitioning of metal species during an enriched fuel combustion experiment. Speciation in the gaseous and particulate phases [J]. Environmental Science & Technology, 2004, 38 (7): 2252-2263.

[12] Deng W J, Louie P K K, Liu W K, et al. Atmospheric levels and cytotoxicity of PAHs and heavy metals in TSP and $PM_{2.5}$ at an electronic waste recycling site in southeast China [J]. Atmospheric Environment, 2006, 40 (36): 6945-6955.

[13] 2014 中国国土资源公报（摘登）[N]. 中国国土资源报, 2015-04-22 (003).

[14] Wang W, Liu X D, Zhao L W, et al. Effectiveness of leaded petrol phase-out in Tianjin, China based on the aerosol lead concentration and isotope abundance ratio [J]. Science of the Total Environment, 2006, 364: 175-187.

[15] Zhou G Z, Cao Y Y, Wang C Z, et al. Distribution characteristics and environmental risks of Pb in urban soil [J]. Journal of Shandong University of Science and Technology (Natural Science), 2019, 38 (1): 49-57.

[16] Guo S Y, Hou Q Y, Zong Q X, et al. Geochemical characteristics and influence factors of lead in the soils of the Pearl River Delta Plain, China [J]. Geoscience, 2019, 33 (3): 514-524.

[17] H u W, Wang H Y, Zha T G, et al. Soil heavy metal accumulation and speciation in a sewage-irrigated area along the Liangshui River, Beijing [J]. Ecology and Environmental Sciences, 2008, 1491-1497.

[18] Uzu G, Sobanska S, Aliouane Y, et al. Study of lead phytoavailability for atmospheric industrial micronic and sub-micronic particles in relation with lead speciation [J]. Environmental Pollution, 2009, 157 (4): 1178-1185.

[19] Dumat C, Quenea K, Bermond A, et al. Study of the trace metal ion influence on the turnover of soil organic matter in cultivated contaminated soils [J]. Environmental Pollution, 2006, 142 (3): 521-529.

[20] Şeker A, Shahwan T, Eroğlu A E, et al. Equilibrium, thermodynamic and kinetic studies for the biosorption of aqueous lead (II), cadmium (II) and nickel (II) ions on Spirulina platensis [J]. Journal of Hazardous Materials, 2008, 154 (1): 973-980.

[21] Huang S S, Hua M, Jin Y, et al. Investigation of cadmium pollution and its major sources in vegetable land in the suburb of Nanjing City [J]. Chinese Journal of Soil Science, 2008, 129-132.

[22] Xi J Z, Li C M, Wang S Y, et al. Situation and assessment of heavy metal pollution in river and mud in one city in Henan Province [J]. Journal of Hygiene Research, 2010, 39 (6): 767-769.

[23] He B, Yun Z J, Shi J B, et al. Research progress of heavy metal pollution in China: Sources, analytical methods, status, and toxicity [J]. Chinese science bulletin, 2013, 58 (2): 134-140.

[24] 冯晓青,徐瑞,王露,等. 超声辅助提取-高效液相色谱-电感耦合等离子体质谱快速测定海鲜样品中的汞形态 [J]. 中国卫生检验杂志, 2018, 28 (20): 16-19.

[25] 金属百科 [EB/OL]. [2020-06-01]. http://baike.asianmetal.cn/.

[26] 胡月红. 国内外汞污染分布状况研究综述 [J]. 环境保护科学, 2008, 34 (1): 38-41.

[27] 丁振华,王文华,瞿丽雅,等. 贵州万山汞矿区汞的环境污染及对生态系统的影响 [J]. 环境科学, 2004, 25 (2): 111-114.

[28] 柳纳生. 汞及其应用研究 [J]. 陕西师范大学学报, 2002, 30: 218-219.

[29] 江桂斌. 有机金属化合物形态分析 [J]. 环境科学进展, 1999, 7 (2): 7-12.

[30] 阴永光,李雁宾,马旭,等. 天然有机质介导的汞生物地球化学循环:结合作用与分子转化 [J]. 化学进展, 2013, 25 (12): 2169-2177.

[31] Frankland E. On a new series of organic bodies containing metals [J]. Philosophical Transactions of the Royal Society of London, 1852, 142 (417): 438-444.

[32] 刘稷燕,江桂斌. 金属和非金属元素的甲基化行为及其在环境化学研究中的意义 [J]. 化学进展, 2002, 14 (3): 231-235.

[33] 史建波,廖春阳,王亚伟,等. 气相色谱和原子荧光联用测定生物和沉积物样品中甲基汞 [J]. 光谱学与光谱分析, 2006, 26 (2): 336-339.

[34] Lyman S N, Cheng I, Gratz L E, et al. An updated review of atmospheric mercury [J]. Science of the Total Environment, 2020, 707: 135575.

[35] 阴永光,李雁宾,蔡勇,等. 汞的环境光化学 [J]. 环境化学, 2011, 30 (1): 84-91.

[36] Lindberg S, Bullock R, Ebinghaus R, et al. A synthesis of progress and uncertainties in attributing the sources of mercury in deposition [J]. Ambio, 2007, 36 (1): 19-32.

[37] Sprovieri F, Pirrone N, Ebinghaus R, et al. A review of worldwide atmospheric mercury measurements [J]. Atmospheric Chemistry and Physics, 2010, 10: 8245-8265.

[38] 梁立娜,江桂斌,胡敏田. 冷蒸气发生-原子荧光光谱法测定化工废水中的无机汞和总有机汞 [J]. 分析化学, 2001, 29: 403-405.

[39] Beckers F, Rinklebe J. Cycling of mercury in the environment: Sources, fate, and human health implications: A review [J]. Critical Reviews in Environmental Science and Technology, 2017, 47 (9): 693-794.

[40] Wang Y M, Li Y B, Liu G L, et al. Elemental mercury in natural waters: Occurrence and determination of particulate Hg^0 [J]. Environmental Science & Technology, 2015, 49 (16): 9742-9749.

[41] Yamamoto M. Stimulation of elemental mercury oxidationin the presence of chloride ion in aquatic environments [J]. Chemosphere, 1996, 32 (6): 1217-1224.

[42] Hines N A, Brezonik P L. Mercury dynamics in a small northern Minnesota lake: water to air exchange and photoreactions of mercury [J]. Marine Chemistry, 2004, 90: 137-149.

[43] Yin Y G, Liu Y, Liu J F, et al. Determination of methylmercury and inorganic mercury by volatile species generation-flameless/flame atomization-atomic fluorescence spectrometry without chromatographic separation [J]. Analytical Methods, 2012, 4 (4): 1122-1125.

[44] Yin Y G, Chen M, Peng J F, et al. Dithizone-functionalized solid phase extraction-displacement elution-high performance liquid chromatography-inductively coupled plasma massspectrometry for mercury speciation in water samples [J]. Talanta, 2010, 81 (4-5): 1788-1792.

[45] Li Y B, Mao Y X, Liu G L, et al. Degradation of methylmercury and its effects on mercury distribution and cycling in the Florida Everglades [J]. Environmental Science & Technology, 2010, 44: 6661-6666.

[46] Yin Y G, Chen B W, Mao Y X, et al. Possible alkylation of inorganic Hg (Ⅱ) by photochemical processes in the environment [J]. Chemosphere, 2012, 88 (1): 8-16.

[47] Siciliano S D, ÓDriscoll N J, Tordon R, et al. Abiotic production of methylmercury by solar radiation [J]. Environmental Science & Technology, 2005, 39 (4): 1071-1077.

[48] Zhang T, Hsu-Kim H. Photolytic degradation of methylmercury enhanced by binding to natural organic ligands [J]. Nature Geoscience, 2010, 3 (7): 473-476.

[49] Tai C, Li Y B, Yin Y G, et al. Methylmercury photodegradation in surface water of the Florida Everglades: Importance of dissolved organic matter-methylmercury complexation [J]. Environmental Science & Technology, 2014, 48 (13): 7333-7340.

[50] 邰超, 吴浩贤, 李雁宾, 等. 环境水体中甲基汞光化学降解机理 [J]. 科学通报, 2017, 62 (1): 70-78.

[51] Shi J B, Meng M, Shao J J, et al. Spatial distribution of mercury in topsoil from five regions of China [J]. Environmental Science and Pollution Research, 2013, 20 (3): 1756-1761.

[52] 何滨, 江桂斌. 固相微萃取毛细管气相色谱-原子吸收联用测定农田土壤中的甲基汞和乙基汞 [J]. 岩矿测试, 1999, 18 (4): 259-262.

[53] Mao Y X, Yin Y G, Li Y B, et al. Occurrence of monoethylmercury in the Florida Everglades: Identification and verification [J]. Environmental Pollution, 2010, 158 (11): 3378-3384.

[54] Choi H D, Holsen T M. Gaseous mercury emissions from unsterilized and sterilized soils: the effect of temperature and UV radiation [J]. Environmental Pollution, 2009, 157 (5): 1673-1678.

[55] Meng M, Sun R Y, Liu H W, et al. An integrated model for input and migration of mercury in Chinese coastal sediments [J]. Environmental Science & Technology, 2019, 53 (5): 2460-2471.

[56] Meng M, Shi J B, Yun Z J, et al. Distribution of mercury in coastal marine sediments of China: Sources and transport [J]. Marine Pollution Bulletin, 2014, 88 (1-2): 347-353.

[57] Shi J B, Ip C C M, Zhang G, et al. Mercury profiles in sediments of the Pearl River Estuary and the surrounding coastal area of South China [J]. Environmental Pollution, 2010, 158 (5): 1974-1979.

[58] 高尔乐, 何滨, 江桂斌, 等. 利用碱消解-HPLC-ICP-MS 系统测定生物样品中的甲基汞与乙基汞 [J]. 环境化学, 2009, 28 (2): 310-312.

[59] 何滨, 江桂斌, 胡立刚. 毛细管气相色谱与原子吸收联用测定水貂皮及其毛发中的有机汞 [J].

分析化学, 1998, 26 (7): 850-853.

[60] Fu J J, Wang Y W, Zhou Q F, et al. Trophic transfer of mercury and methylmercury in an aquatic ecosystem impacted by municipal sewage effluents in Beijing, China [J]. Journal of Environmental Sciences, 2010, 22 (8): 1189-1194.

[61] Shi J B, Ji X M, Wu Q, et al. Tracking mercury in individual tetrahymena using a capillary single-cell inductively coupled plasma mass spectrometry online system [J]. Analytical Chemistry, 2020, 92 (1): 622-627.

[62] 墨淑敏, 梁立娜, 蔡亚岐, 等. 高效液相色谱与原子荧光光谱联用分析汞化合物形态的研究 [J]. 分析化学, 2006, 34 (4): 493-496.

[63] 刘庆阳, 何滨, 胡敬田, 等. 高效液相色谱与原子荧光光谱联用分析海产品中的甲基汞 [J]. 分析试验室, 2009, 28 (5): 41-44.

[64] Meng M, Sun R Y, Liu H W, et al. Mercury isotope variations within the marine food web of Chinese Bohai Sea: Implications for mercury sources and biogeochemical cycling [J]. Journal of Hazardous Materials, 2020, 384: 121379.

[65] Liu C B, Hua X B, Liu H W, et al. Tracing aquatic bioavailable Hg in three different regions of China using fish Hg isotopes [J]. Ecotoxicology and Environmental Safety, 2018, 150: 327-334.

[66] Shao J J, Liu C B, Zhang Q H, et al. Characterization and speciation of mercury in mosses and lichens from the high-altitude Tibetan Plateau [J]. Environmental Geochemistry and Health, 2017, 39 (3): 475-482.

[67] Liu H W, Shao J J, Yu B, et al. Mercury isotopic compositions of mosses, conifer needles, and surface soils: Implications for mercury distribution and sources in Shergyla Mountain, Tibetan Plateau [J]. Ecotoxicology and Environmental Safety, 2019, 172: 225-231.

[68] Li L, Wang F Y, Meng B, et al. Speciation of methylmercury in rice grown from a mercury mining area [J]. Environmental Pollution, 2010, 158 (10): 3103-3107.

[69] Meng M, Li B, Shao J J, et al. Accumulation of total mercury and methylmercury in rice plants collected from different mining areas in China [J]. Environmental Pollution, 2014, 184 (SI): 179-186.

[70] Liu L H, Zhang Y, Yun Z J, et al. Estimation of bioaccessibility and potential human health risk of mercury in Chinese patent medicines [J]. Journal of Environmental Sciences, 2016, 39: 37-44.

[71] Gao E L, Jiang G B, He B, et al. Speciation of mercury in coal using HPLC-CV-AFS system: Comparison of different extraction methods [J]. Journal of Analytical Atomic Spectrometry, 2008, 23 (10): 1397-1400.

[72] 李璐, 何滨, 江桂斌. 高效液相色谱-电感耦合等离子体质谱研究 Medaka 体内水溶性汞结合蛋白 [J]. 分析化学, 2011, 39 (5): 623-627.

[73] Li Y L, He B, Hu L G, et al. Characterization of mercury-binding proteins in human neuroblastoma SK-N-SH cells with immobilized metal affinity chromatography [J]. Talanta, 2018, 178: 811-817.

[74] Yun Z J, Li L, Liu L H, et al. Characterization of mercury-containing protein in human plasma

[J]. Metallomics, 2013, 5 (7): 821-827.

[75] Li Y L, He B, Nong Q Y, et al. Characterization of mercury-binding proteins in rat blood plasma [J]. Chemical Communications, 2018, 54 (54): 7439-7442.

[76] Li Y L, He B, Gao J J, et al. Methylmercury exposure alters RNA splicing in human neuroblastoma SK-N-SH cells: Implications from proteomic and post-transcriptional [J]. Environmental Pollution, 2018, 238: 213-221.

[77] Liao C Y, Fu J J, Shi J B, et al. Methylmercury accumulation, histopathology effects, and cholinesterase activity alterations in medaka (Oryzias latipes) following sublethal exposureto methylmercury chloride [J]. Environmental Toxicology and Pharmacology, 2006, 22 (2): 225-233.

[78] Liu C B, Qu G B, Cao M X, et al. Distinct toxicological characteristics and mechanisms of Hg^{2+} and MeHg in Tetrahymena under low concentration exposure [J]. Aquatic Toxicology, 2017, 193: 152-159.

[79] Liu C B, Zhang L, Wu Q, et al. Mutual detoxification of mercury and selenium in unicellular Tetrahymena [J]. Journal of Environmental Sciences, 2018, 68: 143-150.

[80] Liao C Y, Zhou Q F, Fu J J, et al. Interaction of methylmercury and selenium on the bioaccumulation and histopathology in Medaka (Oryzias latipes) [J]. Environmental Toxicology, 2007, 22 (1): 69-77.

[81] 梁立娜, 江桂斌. 高效液相色谱及其联用技术在汞形态分析中的应用 [J]. 分析科学学报, 2002, 18 (4): 338-343.

[82] Wang Y Q, He L X, Ma Y G, et al. Study on distribution of chromium (Ⅵ) and its migration characters in Shaanxi district in Weihe River [J]. Journal of Northwest A & F University (Natural Science Edition), 2012, 40 (1): 129-134.

[83] Chen L L, Zhou B H, Xu B B, et al. Cadmium and chromium concentrations and their ecological risks in the water body of Taihu Lake, East China [J]. Chinese Journal of Ecology, 2011, 30 (10): 2290-2296.

[84] Alloway B. Heavy Metals in Soils: Trace Metals and Metalloids in Soils and their Bioavailability [M]. Netherlands: Springer-Verlag, 2013.

[85] Yu C H, Huang L H, Shin J Y, et al. Characterization of concentration, particle size distribution, and contributing factors to ambient hexavalent chromium in an area with multiple emission sources [J]. Atmospheric Environment, 2014, 94: 701-708.

[86] James B R. The challenge of remediating chromium-contaminated soil [J]. Environmental Science and Technology, 1996, 30 (6): 248-251.

[87] Zhang C, Song C H, Qiu L P, et al. Content and risk assessment of chromium in fishes from Taihu Lake [J]. Journal of Agro-Environment Science, 2015, 34 (7): 1254-1260.

[88] 周群芳, 江桂斌. 气相色谱法在有机锡化合物形态分离与测定中的应用 [J]. 分析科学学报, 2002, 18 (3): 240-246.

[89] Evans C J, Karpel S. Organotin compounds in Morden Technology [M]. Amsterdam: Elsevier, 1985: 1-279.

[90] 江桂斌. 国内外有机锡污染研究现状 [J]. 卫生研究, 2001, 30 (1): 1-3.

[91] Tai C, Li Y B, Yin Y G, et al. Methylmercury photodegradation in surface water of the Florida

Everglades: Importance of dissolved organic matter-methylmercury complexation [J]. Environmental Science & Technology, 2014, 48 (13): 7333-7340.

[92] Chen B W, Wang T, Yin Y G, et al. Identification of photochemical methylation products of tin (II) in aqueous solutions using headspace SPME coupled with GC-FPD or GC-MS [J]. Analytical Methods, 2012, 4 (7): 2109-2114.

[93] Oliveira R D, Santelli R E. Occurrence and chemical speciation analysis of organotin compounds in the environment: A review [J]. Talanta, 2010, 82 (1): 9-24.

[94] 徐福正, 江桂斌, 张福军. 相色谱-表面发射火焰光度检测法测定环境水样中的二辛基锡 [J]. 1997, 25 (12): 1386-1390.

[95] Sun J, He B, Yin Y G, et al. Speciation of organotin compounds in environmental samples with semi-permanent coated capillaries by capillary electrophoresis coupled withinductively coupled plasma mass spectrometry [J]. Analytical Methods, 2010, 2 (12): 2025-2031.

[96] 郭磊, 江桂斌. 高效液相色谱及其联用技术在有机锡形态测定中的应用 [J]. 环境科学进展, 1999, 7 (6): 45-57.

[97] 周群芳, 江桂斌, 吴迪靖. 猪油样品中有机锡化合物的气相色谱-火焰光度法及气相色谱-质谱联用分析 [J]. 分析化学, 2001, 29 (4): 453-456.

[98] 江桂斌, 周群芳, 何滨, 等. 江西猪油中毒事件中的有机锡形态 [J]. 中国科学, 2000, 30 (4): 378-384.

[99] Shi J B, Jiang G B. Application of gas chromatography-atomic fluorescence spectrometry hyphenated system for speciation of butyltin compounds in water samples [J]. Spectroscopy Letters, 2011, 44 (6): 393-398.

[100] Short J W, Sharp J L. Tributyltin in bay mussels (Mytilus edulis) of the Pacific coast of the United States [J]. Environmental Science & Technology, 1989, 23: 740-743.

[101] 程慧琼, 刘稷燕, 江桂斌, 等. 顶空固相微萃取技术用于海产品中丁基锡化合物的测定 [J]. 色谱, 2003, 21 (4): 418-420.

[102] 江桂斌, 徐福正, 何滨, 等. 有机锡化合物测定方法研究进展 [J]. 海洋环境科学, 1999, 18 (3): 61-68.

[103] 李中阳, 周群芳, 江桂斌, 等. 我国部分城市海产品中丁基锡污染现状 [J]. 中国环境科学, 2003, 23 (2): 144-147.

[104] 杨小玲, 杨瑞强, 江桂斌. 用贻贝、牡蛎作为生物指示物监测渤海近岸水体中的丁基锡污染物 [J]. 环境化学, 2006, 25 (1): 88-91.

[105] Yang R Q, Cao D D, Zhou Q F, et al. Distribution and temporal trends of butyltins monitored by molluscs along the Chinese Bohai coast from 2002 to 2005 [J]. Environment International, 2008, 34 (6): 804-810.

[106] Yang R Q, Zhou Q F, Liu J Y, et al. Butyltins compounds in molluscs from Chinese Bohai coastal waters [J]. Food Chemistry, 2006, 97 (4): 637-643.

[107] 刘杰民, 江桂斌, 姚子伟, 等. 低温吹扫捕集-气相色谱-火焰光度法测定南极水样中的甲基锡形态 [J]. 分析试验室, 2001, 20 (4): 76-78.

[108] 江桂斌, 刘稷燕, 周群芳, 等. 我国部分内陆水域有机锡污染现状初探 [J]. 环境科学学报, 2000, 20 (5): 636-638.

[109] 杨瑞强，周群芳，张庆华，等．太湖水体中丁基锡化合物污染现状研究［J］．环境科学，2006，27（4）：661-664.

[110] 刘稷燕，江桂斌．顶空固相微萃取-气相色谱表面发射火焰光度检测法测定底泥中的丁基锡化合物［J］．分析化学，2001，29（2）：158-160.

[111] Chen B W, Zhou Q F, Liu J Y, et al. Methylation mechanism of tin (Ⅱ) by methylcobalamin in aquatic systems [J]. Chemosphere, 2007, 68 (3): 414-419.

[112] Zhai G S, Liu J F, He B, et al. Ultraviolet degradation of methyltins: Elucidating the mechanism by identification of a detected new intermediary product and investigating thekinetics at various environmental conditions [J]. Chemosphere, 2008, 72 (3): 389-399.

[113] Spooner N, Gibbs P E, Bryan G W, et al. The effect of tributyltin upon steroid titres in the female dogwhelk, Nucella lapillus and the development of imposex [J]. Marine Environmental Research, 1991, 32: 37-49.

[114] Sun J, He B, Liu Q, et al. Characterization of interactions between organotin compounds and humanserum albumin by capillary electrophoresis coupled with inductively coupled plasma mass spectrometry [J]. Talanta, 2012, 93: 239-244.

[115] 周群芳，江桂斌，刘稷燕．三丁基锡化合物对稀有鮈鲫的急慢性毒理研究［J］．中国科学（B），2003，33（2）：150-156.

[116] Maguire R J, Tkacz R J, Chau Y K, et al. Occurrence of organotin compounds in water and sediment in Canada [J]. Chemosphere, 1986, 15: 253-274.

[117] Bryan G W, Gibbs P E, Hummerstone L G, et al. The decline of the gastropod *Nucella lapillus* around south-west England: Evidence for the effect of tributyltin from antifouling paints [J]. Journal of the Marine Biological Association of the United Kingdom, 1986, 66: 611-640.

[118] Leung K M Y, Kwong R P Y, Ng W C, et al. Ecological risk assessments of endocrine disrupting organotin compounds using marine neogastropods in Hong Kong [J]. Chemosphere, 2006, 65 (6): 922-938.

[119] Maguire R J. Review: Environmental aspects of tributyltin [J]. Applied Organometallic Chemistry, 1987, 1: 475-498.

[120] 张建斌，周群芳，刘伟，等．多壁碳纳米管对三丁基锡的吸附行为及其细胞毒性效应研究［J］．环境科学学报，2009，29（5）：1056-1062.

[121] Cui Z Y, Zang K G, Zhou Q F, et al. Butyltin compounds in vinegar collected in Beijing: Species distribution and source investigation [J]. Science China (Chemistry), 2012, 55 (2): 323-328.

[122] Cui Z, Zhang K, Zhou Q, et al. Determination of methyltin compounds in urine of occupationally exposed and general population by in situ ethylation and head space SPME coupled with GC-FPD [J]. Talanta, 2011, 85: 1028-1033.

[123] 罗世林，李志，叶润，等．Plackett-Burman 和 Box-Behnken 设计优化提取雄黄中的可溶性砷［J］．中南药学，2018，16（3）：322-326.

[124] 宣之强．中国砷矿资源概述［J］．化工矿产地质，1998，20（3）：205-211.

[125] 袁庆贺，井红旗，张秋月，等．砷化镓基近红外大功率半导体激光器的发展及应用［J］．激光与光电子学进展，2019，56（4）：35-48.

[126] 方宇，江桂斌，何滨，等．砷形态分析中的样品前处理方法 [J]．环境污染治理技术与设备，2002，3（2）：46-52.

[127] Rahman M A，Hasegawa H，Lim R P. Bioaccumulation, biotransformation and trophic transfer of arsenic in the aquatic food chain [J]. Environmental Research, 2012, 116: 118-135.

[128] 苑春刚，X. Chris Le. 砷形态分析 [J]．化学进展，2009，21（2/3）：467-473.

[129] Šlejkovec Z, Salma I, van Elteren J T, et al. Speciation of arsenic in coarse and fine urban aerosols using sequential extraction combined with liquid chromatography and atomic fluorescence detection [J]. Fresenius' J. Anal. Chem., 2000, 366: 830-834.

[130] Putaud J P, Raes F, Van Dingenen R, et al. A European aerosol phenomenology-2: chemical characteristics of particulate matter at kerbside, urban, rural and background sites in Europe [J]. Atmospheric Environment, 2004, 38: 2579-2595.

[131] Serbula S, Antonijevic M, Milosevic N, et al. Concentrations of particulate matter and arsenic in Bor (Serbia) [J]. Journal of Hazardous Materals, 2010, 181: 43-51.

[132] Huang M, Chen X, Zhao Y, et al. Arsenic speciation in total contents and bioaccessible fractions in atmospheric particles related to human intakes [J]. Environmental Pollution, 2014, 188: 37-44.

[133] Tziaras T, Pergantis S A, Stephanou E G. Investigating the occurrence and environmental significance of methylated arsenic species in atmospheric particles by overcoming analytical method limitations [J]. Environmental Science & Technology, 2015, 49: 11640-11648.

[134] 王振华，何滨，潘学军，等．云南阳宗海砷污染水平、变化趋势及风险评估 [J]．中国科学（化学），2011，44（3）：556-564.

[135] 戴树桂．环境化学 [M]．2 版．北京：高等教育出版社，2006.

[136] Chen B W, Wang T, He B, et al. Simulate methylation reaction of arsenic (Ⅲ) with methyl iodide in an aquatic system [J]. Applied Organometallic Chemistry, 2006, 20 (11): 747-753.

[137] 郭肖茹,阴永光,谭志强,等．纳米银对水中三价砷的催化氧化研究 [J]．化学学报，2018，76，387-392.

[138] Yuan C G, He B, Gao E L, et al. Evaluation of extraction methods for arsenic speciation in polluted soil and rottenore by HPLC-HG-AFS analysis [J]. Microchima Acta, 2007, 159 (1-2): 175-182.

[139] 贺弘滢，苑春刚，赵毅，等．河北某燃煤电厂周边土壤中砷及其形态分布特征 [J]．中国电力，2013，46（6）：96-102.

[140] Yuan C G, Zhang K G, Wang Z H, et al. Rapid analysis of volatile arsenic speciesreleased from lake sediment by a packed cotton column coupled with atomic fluorescence spectrometry [J]. Journal of Analytical Atomic Spectrometry, 2010, 25 (10): 1605-1611.

[141] 方宇，江桂斌，王国平，等．氢化物发生原子荧光光谱法测定烧结物中的总砷含量 [J]．环境科学，2002，23（5）：117-120.

[142] Fu J J, Zhang A Q, Wang T, et al. Influence of E-Waste dismantling and its regulations: temporal trend, spatial distribution of heavy metals in rice grains, and its potential health risk [J]. Environmental Science & Technology, 2013, 47 (13): 7437-7445.

[143] 张雨，苑春刚，高尔乐，等．高效液相色谱-氢化物发生-原子荧光光谱在线联用系统分析中成

药中砷化合物形态 [J]. 分析试验室, 2006, 25 (2): 22-25.

[144] Yuan C G, Gao E L, He B, et al. Arsenic species and leaching characters in tea (Camellia siensis) [J]. Food and Chemical Toxicology, 2007, 45 (12): 2381-2389.

[145] 孟紫强. 环境毒理学基础 [M]. 北京: 高等教育出版社, 2003.

[146] Cui J L, Shi J B, Jiang G B, et al. Arsenic levels and speciation from ingestion exposures to biomarkers in Shanxi, China: Implications for human health [J]. Environmental Science & Technology, 2013, 47 (10): 5419-5424.

[147] Falta T, Limbeck A, Koellensperger G, et al. Bioaccessibility of selected trace metals in urban $PM_{2.5}$ and PM_{10} samples: a model study [J]. Analytical and Bioanalytical Chemistry, 2008, 390: 1149-1157.

[148] Nowack B, Bucheli T D. Occurrence, behavior and effects of nanoparticles in the environment [J]. Environmental Pollution, 2007, 150 (1): 5-22.

[149] Huang C, Lou D M, Hu Z Y, et al. A pems study of the emissions of gaseous pollutants and ultrafine particles from gasoline- and diesel-fueled vehicles [J]. Atmospheric Environment, 2013, 77: 703-710.

[150] Yin Y G, Liu J F, Jiang G B. Sunlight-induced reduction of ionic Ag and Au to metallic nanoparticles by dissolved organic matter [J]. ACS Nano, 2012, 6 (9): 7910-7919.

[151] Wu H Y, Chen W L, Rong X M, et al. Soil colloids and minerals modulate metabolic activity of pseudomonas putida measured using microcalorimetry [J]. Geomicrobiology Journal, 2014, 31 (7): 590-596.

[152] Wilson Center. Project on Emerging Nanotechnologies [EB/OL]. Consumer Products Inventory, 2014 [2020-10-26]. http://www.nanotechproject.org/cpi.

[153] Bashouti M Y, Sardashti K, Schmitt S W, et al. Oxide-free hybrid silicon nanowires: From fundamentals to applied nanotechnology [J]. Progress in Surface Science, 2013, 88 (1): 39-60.

[154] Singh R, Misra V, Singh R P. Removal of hexavalent chromium from contaminated ground water using zero-valent iron nanoparticles [J]. Environmental Monitoring and Assessment, 2012, 184 (6): 3643-3651.

[155] Pulit-Prociak J, Stoklosa K, Banach M. Nanosilver products and toxicity [J]. Environmental Chemistry Letters, 2015, 13 (1): 59-68.

[156] Wilson Center. Consumer products inventory [EB/OL]. Washington, DC, 2015 [2020-10-26]. https://www.wilsoncenter.org/.

[157] Scientific committee on emerging and newly identified health risks (SCENIHR). Opinion on nanosilver: safety, health and the environmental effects and role of antimicrobial resistance. 2014.

[158] Rai M, Kon K, Ingle A, et al. Broad-spectrum bioactivities of silver nanoparticles: The emerging trends and future prospects [J]. Applied Microbiology and Biotechnology, 2014, 98 (5): 1951-1961.

[159] Glover R D, Miller J M, Hutchison J E. Generation of metal nanoparticles from silver and copper objects: Nanoparticle dynamics on surfaces and potential sources of nanoparticles in the environ-

ment [J]. ACS Nano, 2011, 5: 8950-8957.

[160] Kaegi R, Sinnet B, Zuleeg S, et al. Release of silver nanoparticles from outdoor facades [J]. Environmental Pollution, 2010, 158 (9): 2900-2905.

[161] Hsu L, Chein H. Evaluation of nanoparticle emission for TiO_2 nanopowder coating materials [J]. Journal of Nanoparticle Research, 2007, 9: 157-163.

[162] Mueller N C, Nowack B. Exposure modeling of engineered nanoparticles in the environment [J]. Environmental Science & Technology, 2008, 42 (12): 4447-4453.

[163] Bystrzejewska-Piotrowaka G, Golimowaki J, Urban P L. Nanoparticles: Their potential toxicity, waste and environmental management [J]. Waste Management, 2009, 29 (9): 2587-2595.

[164] Li L, Hartmann G, Döblinger M, et al. Quantification of nanoscale silver particles removal and release from municipal wastewater treatment plants in Germany [J]. Environmental Science & Technology, 2013, 47 (13): 7317-7323.

[165] Kim B, Park C S, Murayama M, et al. Discovery and characterization of silver sulfide nanoparticles in final sewage sludge products [J]. Environmental Science & Technology, 2010, 44 (19): 7509-7514.

[166] Sioutas C, Delfino R J, Singh M. Exposure assessment for atmospheric ultrafine particles (UFPs) and implications in epidemiologic research [J]. Environmental Health Perspectives, 2005, 113 (8): 947-955.

[167] Yu S J, Yin Y G, Liu J F. Silver nanoparticles in the environment [J]. Environmental Science: Processes & Impacts, 2013, 15: 78-92.

[168] Wang H H, Kou X M, Pei Z G, et al. Physiological effects of magnetite (Fe_3O_4) nanoparticles on perennial ryegrass (*Lolium perenne* L.) and pumpkin (*Cucurbita mixta*) plants [J]. Nanotoxicology, 2011, 5 (1): 30-42.

[169] Lowry G V, Espinasse B P, Badireddy A R, et al. Long-term transformation and fate of manufactured Ag nanoparticles in a simulated large scale freshwater emergent wetland [J]. Environment Science & Technology, 2012, 46 (13): 7027-7036.

[170] De la Torre Roche R, Servin A, Hawthorne J, et al. Terrestrial trophic transfer of bulk and nanoparticle La_2O_3 does not depend on particle size [J]. Environment Science & Technology, 2015, 49: 11866-11874.

[171] Olivier J C. Drug transport to brain with targeted nanoparticles [J]. NeuroRx, 2005, 2 (1): 108-119.

[172] Wang H F, Wang J, Deng X Y, et al. Biodistribution of carbon single-wall carbon nanotubes in mice [J]. Journal of Nanotechnology, 2004, 4 (8): 1019-1024.

[173] Zhang Q Z, Zha L S, Zhang Y, et al. The brain targeting efficiency following nasally applied MPEG-PLA nanoparticles in rats [J]. Journal of Drug Targeting, 2006, 14 (5): 281-290.

[174] Elder A, Gelein R, Silva V, et al. Translocation of inhaled ultrafine manganese oxide particles to the central nervous system [J]. Environmental Health Perspectives, 2006, 114 (8): 1172-1178.

[175] Hunter D D, Dey R D. Identification and neuropeptide content of trigeminal neurons innervating

the rat nasal epithelium [J]. Neuroscience, 1998, 83 (2): 591-599.

[176] Wen R X, Yang X X, Hu L G, et al. Brain-targeted distribution and high retention of silver by chronic intranasal instillation of silver nanoparticles and ions in sprague-dawley rats [J]. Journal of Applied Toxicology, 2016, 36 (3): 445-453.

[177] Lankveld D P K, Oomen A G, Krystek P, et al. The kinetics of the tissue distribution of silver nanoparticles of different sizes [J]. Biomaterials, 2010, 31 (32): 8350-8361.

[178] Lee J H, Kim Y S, Song K S, et al. Biopersistence of silver nanoparticles in tissues from sprague-dawley rats [J]. Particle and Fibre Toxicology, 2013, 10: 36.

[179] Park K, Park E J, Chun I K, et al. Bioavailability and toxicokinetics of citrate-coated silver nanoparticles in rats [J]. Archives of Pharmacal Research, 2011, 34 (1): 153-158.

[180] Van der Zande M, Vandebriel R J, Van Doren E, et al. Distribution, elimination, and toxicity of silver nanoparticles and silver ions in rats after 28-day oral exposure [J]. ACS Nano, 2012, 6 (8): 7427-7442.

[181] Marambio-Jones C, Hoek E M V. A review of the antibacterial effects of silver nanomaterials and potential implications for human health and the environment [J]. Journal of Nanoparticle Research, 2010, 12 (5): 1531-1551.

[182] Levard C, Reinsch B C, Michel F M, et al. Sulfidation processes of PVP-coated silver nanoparticles in aqueous solution: Impact on dissolution rate [J]. Environmental Science & Technology, 2011, 45 (12): 5260-5266.

[183] Limbach L K, Wick P, Manser P, et al. Exposure of engineered nanoparticles to human lung epithelial cells: Influence of chemical composition and catalytic activity on oxidative stress [J]. Environmental Science & Technology, 2007, 41: 4158-4163.

[184] Du J, Wang S T, You H, et al. Understanding the toxicity of carbon nanotubes in the environment is crucial to the control of nanomaterials in producing and processing and the assessment of health risk for human: A review [J]. Environmental Toxicology and Pharmacology, 2013, 36 (2): 451-462.

[185] Wang B, Feng W Y, Zhu M T, et al. Neurotoxicity of low-dose repeatedly intranasal instillation of nano- and submicron-sized ferric oxide particles in mice [J]. Journal Nanoparticle Research, 2009, 11: 41-53.

[186] Lockman P R, Koziara J M, Mumper R J, et al. Nanoparticle surface charges alter blood-brain barrier integrity and permeability [J]. Journal of Drug Targeting, 2004, 12 (9-10): 635-641.

[187] Huang K, Lin K F, Zhang W, et al. Toxicity of soluble cdte quantum dots on embryonic development of zebrafish [J]. Acta Scientiae Circumstantiae, 2011, 31: 854-859.

[188] Trickler W J, Lantz S M, Murdock R C, et al. Silver nanoparticle induced blood-brain barrier inflammation and increased permeability in primary rat brain microvessel endothelial cells [J]. Toxicological Sciences, 2010, 118 (1): 160-170.

[189] Haase A, Rott S, Mantion A, et al. Effects of silver nanoparticles on primary mixed neural cell cultures: Uptake, oxidative stress and acute calcium responses [J]. Toxicological Sciences, 2012, 126 (2): 457-468.

[190] Ahamed M, AlSalhi M S, Siddiqui M K J. Silver nanoparticle applications and human health

[J]. Clinica Chimica Acta, 2010, 411 (23-24): 1841-1848.

[191] Kawata K, Osawa M, Okabe S. In vitro toxicity of silver nanoparticles at noncytotoxic doses to HepG2 human hepatoma cells [J]. Environmental Science & Technology, 2009, 43 (15): 6046-6051.

[192] Gliga A R, Skoglund S, Wallinder I O, et al. Size-dependent cytotoxicity of silver nanoparticles in human lung cells: The role of cellular uptake, agglomeration and Ag release [J]. Particle and Fibre Toxicology, 2014, 11 (1): 1-17.

[193] Lee K J, Browning L M, Nallathamby P D, et al. Study of charge-dependent transport and toxicity of peptide-functionalized silver nanoparticles using zebrafish embryos and single nanoparticle plasmonic spectroscopy [J]. Chemical Research in Toxicology, 2013, 26: 904-917.

[194] Anderson D S, Silva R M, Lee D, et al. Persistence of silver nanoparticles in the rat lung: Influence of dose, size, and chemical composition [J]. Nanotoxicology, 2015, 9 (5): 591-602.

[195] George S, Lin S J, Ji Z X, et al. Surface defects on plate-shaped silver nanoparticles contribute to its hazard potential in a fish gill cell line and zebrafish embryos [J]. ACS Nano, 2012, 6 (5): 3745-3759.

[196] Morones J R, Elechiguerra J L, Camacho A, et al. The bactericidal effect of silver nanoparticles [J]. Nanotechnology, 2005, 16: 2346-2353.

[197] Levard C, Hotze E M, Lowry G V, et al. Environmental transformations of silver nanoparticles: Impact on stability and toxicity [J]. Environmental science & technology, 2012, 46: 6900-6914.

[198] Arora S, Jain J, Rajwade J M, et al. Interactions of silver nanoparticles with primary mouse fibroblasts and liver cells [J]. Toxicology and Applied Pharmacology, 2009, 236 (3): 310-318.

[199] AshaRani P V, Mun G L K, Hande M P, et al. Cytotoxicity and genotoxicity of silver nanoparticles in human cells [J]. ACS Nano, 2009, 3 (2): 279-290.

[200] Bilberg K, Hovgaard M B, Besenbacher F, et al. In vivo toxicity of silver nanoparticles and silver ions in zebrafish (danio rerio) [J]. Journal of Toxicology, 2012, 2012: 1-9.

[201] Ringwood A H, McCarthy M, Bates T C, et al. The effects of silver nanoparticles on oyster embryos [J]. Marine Environmental Research, 2010, 69: S49-S51.

[202] Ghosh M, J M, Sinha S, et al. In vitro and in vivo genotoxicity of silver nanoparticles [J]. Mutation Research/Genetic Toxicology and Environmental, 2012, 749: 60-69.

[203] Grosse S, Evje L, Syversen T. Silver nanoparticle-induced cytotoxicity in rat brain endothelial cell culture [J]. Toxicology In Vitro, 2013, 27: 305-313.

[204] De Jong W H, Van Der Ven L T, Sleijffers A, et al. Systemic and immunotoxicity of silver nanoparticles in an intravenous 28 days repeated dose toxicity study in rats [J]. Biomaterials, 2013, 34 (33): 8333-8343.

[205] Trop M, Nova M, Rodl S, et al. Silver-coated dressing acticoat caused raised liver enzymes and argyria-like symptoms in burn patient [J]. The Jouranl of Trauma-Injury Infection and Critical Care, 2006, 60 (3): 648-652.

[206] Cao H L, Liu X Y. Silver nanoparticles-modified films versus biomedical device-associated infections [J]. Wiley Interdisciplinary Reviews: Nanomedicine and Nanobiotechnology, 2010, 2:

670-684.

[207] Yin N Y, Liu Q, Liu J Y, et al. Silver nanoparticle exposure attenuates the viability of rat cerebellum granule cells through apoptosis coupled to oxidative stress [J]. Small, 2013, 9 (9-10): 1831-1841.

[208] Franco-Molina M A, Mendoza-Gamboa E, Sierra-Rivera C A, et al. Antitumor activity of colloidal silver on MCF-7 human breast cancer cells [J]. Journal of Experimental, 2010, 29: 148-154.

[209] Arora S, Jain J, Rajwade J M, et al. Cellular responses induced by silver nanoparticles: In vitro studies [J]. Toxicology Letters, 2008, 179: 93-100.

[210] Liu Y, Guan W, Ren G, et al. The possible mechanism of silver nanoparticle impact on hippocampal synaptic plasticity and spatial cognition in rats [J]. Toxicology Letters, 2012, 209 (3): 227-231.

[211] Singh R P, Ramarao P. Cellular uptake, intracellular trafficking and cytotoxicity of silver nanoparticles [J]. Toxicology Letters, 2012, 213 (2): 249-259.

[212] Sun C, Yin N Y, Wen R X, et al. Silver nanoparticles induced neurotoxicity through oxidative stress in rat cerebral astrocytes is distinct from the effects of silver ions [J]. Neuro Toxicology, 2016, 52: 210-221.

[213] Murphy M, Ting K, Zhang X L, et al. Current development of silver nanoparticle preparation, investigation, and application in the field of medicine [J]. Journal of Nanomaterials, 2015, 2015: 1-12.

[214] Benn T M, Westerhoff P. Nanoparticle silver released into water from commercially available sock fabrics [J]. Environmental Science & Technology, 2008, 42 (11): 4133-4139.

[215] Ge L P, Li Q T, Wang M, et al. Nanosilver particles in medical applications: Synthesis, performance, and toxicity [J]. International Journal of Nanomedicine, 2014, 9: 2399-2407.

[216] Schneider T, Jensen K A. Relevance of aerosol dynamics and dustiness for personal exposure to manufactured nanoparticles [J]. Journal of Nanoparticle Research, 2009, 11 (7): 1637-1650.

第四章

农　药

第一节　概　述

一、发展与现状

农药是指用于预防、消灭、抑制或者控制危害农业、林业的病、虫、草和其他有害生物以及有目的地调节植物、昆虫生长的化学合成物或者来源于生物、其他天然物质的一种物质或者几种物质的混合物及其制剂[1]。农药施用是植物保护的一个重要手段，为农业发展做出了巨大贡献。

早在公元前，人类就开始采取措施保护农作物。最早有记录的杀虫剂是大约在4500年前古老的美索不达米亚平原上古苏美尔人使用的硫。直到15世纪，含有As、Hg、Pb等有毒元素的化合物逐渐用于防治农作物病虫害。17世纪，从烟草叶中提取出来的硫酸烟碱被当作杀虫剂使用。19世纪，人们发现除虫菊花具有杀虫活性。20世纪，日本学者首次从除虫菊花中分离出具有杀虫活性的酯类物质。

在20世纪40~50年代，人类开始迈入化学农药合成阶段，农药生产的核心技术也从植物提取转入合成农药有效成分，化学农药得到了迅速发展。1939年出现了第一种合成的化学农药——滴滴涕（DDT），由于其高效的杀虫活性，特别是抗疟疾的特性，这一特性的发现者Paul Muller于1948年获得了诺贝尔奖。随后，依次出现林丹（1942年）、艾氏剂（1948年）、狄氏剂（1949年）、异狄氏剂（1951年）以及其他诸如七氯、六六六、氯丹、硫丹和毒杀芬等有机氯农药（organo chlorinated pesticides，OCPs）。自此，世界农药生产进入了高速发展的阶段。1975年，两类易降解的农药——有机磷农药（organo phosphorous pesticides，OPPs）和氨基甲酸酯农药的出现，替代了对环境产生高风险的农药。拟除虫菊酯类农药也在20世纪70年代得到迅速发展，至90年代一直处于市场主导地位。自20世纪60年代开始，除草剂也逐步应用于农业生产，主要为三嗪类、乙酰苯胺、二硝基苯胺和其他含氮化合物，2,4-二氯苯氧基乙酸等羧酸类化合物以及草甘膦等氨基酸类化合物[2,3]。随着农药产品标准化的提升，对环境相对友好的生物农药自1985年后开始大量出现。然而，由于新型农药有效成分研发难度加大，成本增加，合成数量自1995年后出现下降，合成速度也在2010年后逐渐放缓。

我国是最早使用农药的国家之一。据明朝医药学家李时珍编纂的《本草纲目》记载，我国先人利用一些植物和矿石来当作农药保护植物免受病虫害，如藜芦定、苦参、砒霜、雄黄、雌黄和石灰等。自化学农药合成后，我国也紧跟世界步伐，进入了生产和使用化学农药的行列。我国农药发展主要分为3大阶段：第一阶段是解放初期至20世纪80年代初以OCPs（主要为滴滴涕和六六六）为主的发展阶段，此类农药在该阶段曾占到我国农药总产量的80%左右；第二阶段是20世纪80年代至21世纪初以OPPs为主的发展阶段，此类农药产量最多时占我国农药总产量的70%以上；第三阶段是21世纪以杂环类农药和生物农药为主的发展阶段，此类农药高效、安全、经济、环保，目前已占到我国农药总产量的60%左右[4]。

二、生产与应用

农药生产属于精细化工，产业链包括上游的石油/化工原料，中游的中间体、原药和制剂，以及下游的应用领域（包括农业领域和非农领域）。自20世纪40年代起，全球农药使用呈增长趋势，到60年代稍有下降；至1979年，农药使用又呈增长态势。至20世纪80年代，农药使用量又略微下降，到90年代趋于平稳。2001年，全球农药使用量约200万吨；2006~2007年，全球农药使用量再次达到一个顶峰，为240万吨[5]；2011~2012年，全球农药使用量又有所增加，接近272万吨[6]。其中主要以除草剂为主，占比在36%~49%之间；其次为杀虫剂，在17%~36%之间，杀真菌剂在9%~16%之间，其他类农药则在5%~33%之间[7-13]。美国一直是全球农药使用量最大的国家，约占全球使用量的20%[2,6,14]。

受天气条件、经济、农作物类型、种植面积与农业技术等因素的影响，各个国家每公顷农药年均使用量大不相同。2005~2009年的调查发现，全球耕地年均农药使用量在0.2~59.4 kg/hm^{2}之间，其中巴哈马群岛最高，莫桑比克和印度最低，具体见表 4-1[14]。2010～2014 年，全球耕地年均农药使用量又有较大变化，在 0.26～18.94kg/hm² 之间，其中日本最高，印度最低，具体见表 4-2[15]。这些不同数据主要受农业技术的影响，其次为农作物类型。为了降低损失，一些高价值经济作物的农药使用量较大，如哥伦比亚的咖啡和荷兰的郁金香。

表 4-1 2005～2009 年农药使用量[14]　　　　　单位：kg/hm²

序号	国家	使用量	序号	国家	使用量
1	莫桑比克	0.2	14	意大利	5.6
2	印度	0.2	15	乌拉圭	6.7
3	哈萨克斯坦	0.6	16	玻利维亚	7.1
4	喀麦隆	0.9	17	马来西亚	7.2
5	丹麦	1.0	18	荷兰	8.8
6	加拿大	1.0	19	新西兰	9.5
7	沙特阿拉伯	1.2	20	中国	10.3
8	加纳	2.0	21	智利	10.7
9	美国	2.2	22	日本	13.1
10	秘鲁	2.4	23	哥伦比亚	15.3
11	法国	2.9	24	毛里求斯	25.5
12	英国	3.0	25	巴哈马群岛	59.4
13	墨西哥	4.5			

表 4-2 2010～2014 年农药使用量[15]　　　　　单位：kg/hm²

序号	国家	使用量	序号	国家	使用量
1	印度	0.26	6	巴西	6.17
2	美国	3.89	7	墨西哥	7.87
3	英国	4.03	8	中国	10.45
4	法国	4.86	9	日本	18.94
5	德国	5.12			

整体上，发达国家消耗了全球农药的 75%，发展中国家的农药使用量也在逐步上升[5]。在过去的 40 年里，更多的土地用于种植玉米和大豆等生物燃料作物，导致农药需求量增加。然而，自病虫害综合处理、新的高效杀虫剂、生物农药以及转基因作物出现后，农药使用量整体有所下降。

1950 年，我国建立了第一家农药生产车间——四川泸州化工厂滴滴涕生产车间，1951 年投产，年产量为 113t，主要用于卫生防疫。1951 年，华北农业科学研究所、上海病虫药械厂也相继开始生产六六六；1957 年，天津农药厂建成投产了我国第一个有机磷杀虫剂——对硫磷的生产装置。在 20 世纪 60～70 年代，我国主要生产有机氯、有机磷和氨基甲酸酯农药。1983 年，我国政府决定停止生产滴滴涕和六六六，1993 年全面停止使用滴滴涕和六六六。

在停止使用 OCPs 后，因为在环境中降解速率快、残留时间短的优点，有机磷和氨基甲酸酯类化合物作为"替代农药"被大量使用。同时拟除虫菊酯等其他类农药也获得快速发展。然而，由于有些农药的强毒性，中国政府也于 21 世纪初撤销了一大批农药的登记，包括部分高毒 OPPs、氨基甲酸酯和拟除虫菊酯。有机氯、有机磷等高毒、高残留农药被逐步淘汰，随后以水乳剂、水分散粒剂、水悬浮剂为代表的高效、环保新剂型农药得到了较快的发展[4]。

世界范围内经常使用的农药品种有 500 多种，其中我国生产的有 200 多种。1990 年，我国农药产能为 38.5 万吨/年，产量为 22.8 万吨[4]。1995 年我国农药总产量达到了 41.6 万吨。到 2005 年农药产量增长至 114.73 万吨，较 2000 年增长了 89%；2010 年我国农药产量几乎又增加 1 倍，达到了 223.52 万吨。从 2005 年我国农药产量突破了百万吨之后，至 2014 年，我国农药产量连续多年保持较快增长并在 2014~2015 年达到峰值。从 2015 年开始，供应水平和出口规模相比高峰时出现较大的下降，农药产量呈下降趋势。截至 2017 年底，我国农药产量为 250.74 万吨，占全球规模的 5 成左右，但仍居世界第一位。1978~2017 年我国化学农药生产量变化趋势见图 4-1[16,17]。

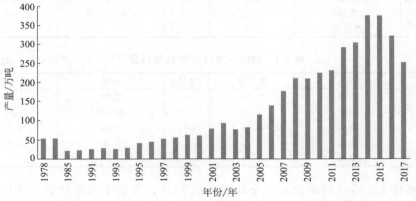

图 4-1　1978~2017 年我国化学农药产量变化趋势[16,17]

我国是农药生产大国，也是出口大国，近年来出口量不断提升，出口是消化我国农药生产的主要方式[18]。我国也是全球农药第二大消费国[19]。图 4-2[20-41] 显示了 1990~2016 年我国农药使用量变化趋势。在 20 世纪 50 年代初期，国内每公顷耕地农药年均使用量（简称每公顷使用量）是全球的 3 倍。1991 年我国每公顷使用量为 5.0823 kg，到 1999 年达到峰值，为 8.2502kg。2000~2001 年每公顷使用量略有下降。2002~2010 年，该数值又呈稳步上升趋势[15]。图 4-3[15] 显示了我国从 1991~2014 年每公顷农药使用量变化趋势。

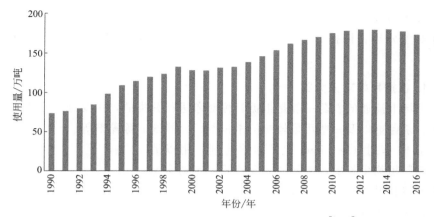

图 4-2　1990～2016 年我国农药使用量变化趋势[20-41]

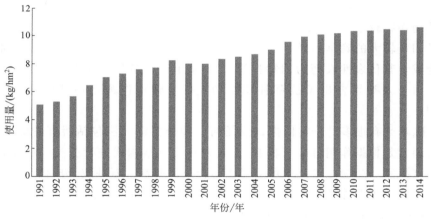

图 4-3　1991～2014 年我国每公顷农药使用量变化趋势[15]

三、农药分类

农药（pesticide）主要含有两种组分：有效组分和惰性组分。有效组分即为农药中起主要功效的成分，主要分为传统农药、抗菌剂和生物农药，其中传统农药是指除了抗菌剂和生物农药之外的所有农药成分。生物农药为从某些天然物质中提取出来的成分类型，包括微生物农药、抗生素农药、植物源农药、转基因生物等。因其不是人工合成农药，不属于本书范畴，不再赘述。惰性组分为其他有意添加的物质，一般是作为溶剂将有效组分溶解，使其更有效地渗透进植物叶片；同时防止有效组分结块或发泡，延长产品的保质期，防止农药在阳光暴晒下降解以及提高喷药器喷头的安全性[1]。

农药的分类主要是针对其中的有效成分，具有多种分类依据。例如根据目标对象分类、根据化学结构分类，另外还可根据物理状态分类，如熏蒸剂等。

1. 根据目标对象分类

市场上流通的农药一般是根据目标对象进行分类的，主要分为除草剂、杀虫剂、杀菌剂以及一些用量较少的杀鼠剂、杀螨剂、除藻剂等。

① 除草剂（herbicide）又称除莠剂，用以消灭或抑制植物生长的一类物质。现代除草剂通常是模拟天然植物激素合成的，可干扰目标植物的生长。首个现代除草剂为 2,4-D（二氯苯氧乙酸）（图 4-4），于 1940 年合成，1946 年开始销售[42]。

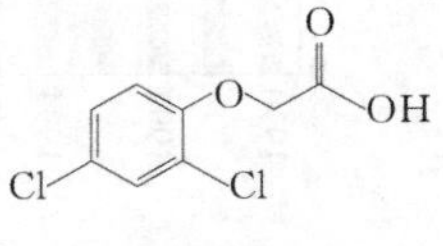

图 4-4　化学除草剂 2,4-D

该除草剂具有选择性，能有效杀死双子叶植物（阔叶植物），对大部分单子叶植物伤害较小。2,4-D 的出现引发了一场世界性农药的生产变革，其至今仍是用量较大的除草剂之一。继 2,4-D 后，20 世纪 50 年代三嗪类除草剂相继合成，其代表性农药为阿特拉津。1974 年草甘膦作为非选择性除草剂问世，由于人类培育出了抗草甘膦作物，草甘膦也作为选择性除草剂广泛应用。

除草剂有很多种分类依据，但任何一种分类都无法包括所有的除草剂。目前通常是根据作用部位（机制/方式）和化学结构式进行分类。根据作用部位（机制/方式），除草剂可分成脂肪合成抑制剂、氨基酸合成抑制剂、生长调节剂、光合作用抑制剂、细胞膜干扰物、类胡萝卜素生物合成抑制剂（色素生产抑制剂）、氮代谢抑制剂和呼吸抑制剂等。表 4-3[43] 总结了上述根据作用部位分类的除草剂及其相应的化合物名称，表 4-4[44] 总结了一些常用的除草剂归类、使用范围和作用方式。1967 年，美国登记的除草剂有 97 种，根据作用部位归为 27 类；2014 年，登记的除草剂增加到 232 种，根据化学结构基团归为 67 类，根据作用部位归为 24 类。目前世界上有 400 多种除草剂[44]。

表 4-3　根据作用部位分类的除草剂及代表性化合物[43]

作用部位(机制/方式)		代表性化合物
脂肪合成抑制剂	乙酰-CoA 羧化酶抑制剂	芳氧苯氧基丙酸酯
		环己烯二酮
	非乙酰-CoA 羧化酶抑制剂	硫代氨基甲酸酯
		苯并呋喃
		二硫代磷酸酯
		异噁唑

续表

作用部位(机制/方式)		代表性化合物
氨基酸合成抑制剂	支链氨基酸合成抑制剂(乙酰乳酸合酶和乙酰羟基酸合酶特定抑制剂)	磺酰脲类
		咪唑啉酮
		嘧啶基硫代苯甲酸
		磺酰化氨基-羰基噻唑啉酮
		三唑嘧啶、磺化苯胺
	芳香氨基酸合成抑制剂(5-烯丙基莽草酸-3-磷酸合酶特定抑制剂)	草甘膦
幼苗生长抑制剂	有丝/细胞分裂抑制剂	乙酰胺
		氯乙酰胺
		吡啶
		苯甲酰胺
	微管组装抑制剂	二硝基苯胺
		邻苯二甲酸
		苄草胺
生长调节剂	合成生长激素	苯甲酸、芳基脂肪酸
		苯氧基乙酸
		吡啶羟酸
		嘧啶羧酸
		喹啉甲酸
	生长素转运抑制剂	抑草生
		氟吡草腙
光合作用抑制剂	位点 A 抑制剂	苯基氨基甲酸酯
		哒嗪酮
		三嗪
		三嗪酮
		尿嘧啶
		尿素
	位点 B 抑制剂	苯并噻二唑
		腈
		苯基哒嗪
细胞膜干扰物	原卟啉氧化酶抑制剂	二苯醚
		噁二唑
		三嗪酮
	细胞壁合成抑制剂	异噁酰草胺、苘嗪氟草胺
类胡萝卜素生物合成抑制剂(色素生产抑制剂)	4-羟基苯基丙酮酸双加氧酶抑制剂	三酮、异噁唑、吡唑酮
	植物去饱和酶抑制剂	达草灭、吡啶酮、氟唑酮
	1-脱氧二糖-5-磷酸合酶抑制剂	异噁草松
	抑制机理不明确	杀草强(三唑类)
氮代谢抑制剂	谷氨酰胺合成酶抑制剂	草铵膦
呼吸抑制剂	氧化磷酸化解偶联剂	无机砷
		有机砷
		苯酚

表 4-4　常用的除草剂归类、使用范围和作用方式[44]

除草剂	使用范围	作用方式
氨基酸合成抑制剂		
草甘膦	应用于转基因的、抗草甘膦的大豆、玉米、油菜和棉花等作物上。也可用来控制木本植物。由于其广谱性和对动物的低毒性,也可用于园林养护和大型水生植物	施用到叶子上后,植物体内的糖将其运输到代谢位点,抑制氨基酸的产生。在新的生长过程中,叶片变色和变形将在 2 周或更长的时间内显现
咪唑乙烟酸	适用于控制苜蓿、大麦、小麦和大豆田中的杂草	通过根及叶进行吸收,并在木质部和韧皮内进行传导,积累于植物组织内,阻止乙酰羟酸合成酶的作用,影响缬氨酸、亮氨酸、异亮氨酸的生物合成,破坏其蛋白质,使植物生长受到抑制而逐渐死亡
噻吩磺隆	适用于控制小谷物、大豆和玉米以及针叶和硬木种植园的杂草	能抑制缬氨酸、亮氨酸、异亮氨酸的生物合成,阻止细胞分裂
细胞分裂抑制剂		
氟乐灵 二甲戊乐灵	用于防治豆类、花生、棉花和烟草等作物的杂草和阔叶杂草	提前施用到土壤中,通过抑制根系生长控制目标植物
异丙甲草胺	用于防治豆类和玉米等作物的一年生杂草和阔叶杂草	提前施用到土壤中,通过抑制或破坏芽尖的细胞分裂控制目标植物
光合作用抑制剂		
阿特拉津 草净津	适用于玉米、大豆、高粱等作物,特别适用于保护性耕作	这些广谱除草剂施用在土壤上,并通过蒸腾作用带到叶子上,抑制植物的光合作用
合成生长激素,植物生长调节剂		
2,4-二氯苯氧乙酸	适用于玉米、小杂粮、高粱、草场和牧场上的阔叶杂草,也用于城市草坪和道路中阔叶杂草的清除,还用于针叶林种植时阔叶树种的控制	这些合成的生长激素被应用到双子叶植物的叶子上,并被运输到可引起无序生长的分生组织。在施用后的几分钟内,就可观察到叶片生长过程中的变色和变形
麦草畏		

② 杀虫剂 (insecticide) 是一类杀死昆虫的物质,包括杀虫卵剂和杀幼虫剂,主要应用在农业、工业和医药领域。人类历史上使用的主要杀虫剂包括 OCPs、OPPs、氨基甲酸酯类农药、拟除虫菊酯、新烟碱、氟虫腈、双氢除虫菌素和司拉克丁、鱼藤酮等[45]。

③ 杀菌剂 (antimicrobial) 是破坏或抑制有害微生物生长的物质或混合物,这些有害微生物包括细菌、真菌等,在国际上杀菌剂通常作为防治各类病原微生物药剂的总称。根据作用位点的不同,农用杀菌剂从保护性杀菌剂发展到非选择性杀菌剂,后又经历了选择性杀菌剂和内吸性杀菌剂。表 4-5 为部分多作用位点保护性杀菌剂,其中硫黄 (1882 年)、铜制剂 (1885 年)、代森锰锌 (1943 年) 和百菌清 (1963 年) 从上市至今仍被广泛用于各种蔬菜的病害防治,是最具代表性的保护性杀菌剂[46,47]。内吸性杀菌剂通过影响病菌的呼吸链电子传递系统从而抑制病菌生长,最终导致其死亡。内吸性杀菌剂能被植

物叶、茎、根、种子吸收进入植物体内,可防治一些深入到植物体内或种子胚乳内的病害。表 4-6 列出了部分常见的内吸性杀菌剂[48]。当前市场上最受欢迎的杀菌剂主要有 3 种:三唑类、甲氧基丙烯酸酯类和 SDHI 类;全球销售量前四的杀菌剂为嘧菌酯、丙硫菌唑、吡唑醚菌酯和代森锰锌[46]。

表 4-5 部分多作用位点保护性杀菌剂[47]

类别	名称
二硫代氨基甲酸酯类杀菌剂	代森锰锌、代森联、代森锌、代森锰、代森钠、丙森锌、福美锌
无机杀菌剂	无机铜、硫黄、8-羟基喹啉铜
铜制剂	无机铜和有机铜类,包括波尔多液、碱式硫酸铜、氢氧化铜(可杀得)、氧氯化铜(王铜)、氧化亚铜(铜大师)、络氨铜
邻苯二甲酰亚胺类/邻苯二腈类杀菌剂	百菌清、克菌丹、灭菌丹
其他类杀菌剂	多果定、甲苯氟磺胺、二噻农、双胍辛胺、双胍辛盐、敌菌灵、氟啶胺、戊菌隆、二氰蒽醌

表 4-6 部分常见的内吸性杀菌剂[48]

类别	代表药剂	功能	作用方式
苯基酰胺类	甲霜灵、苯霜灵和噁霜灵	用于防治葡萄卵菌、致病疫霉和霜霉所引起的病害	抑制蛋白质及 RNA 的生物合成,特异性地抑制核糖体 RNA 聚合酶Ⅰ的活性,对病原菌的各主要生长阶段如菌丝生长、吸器形成及孢子囊产生均具有很好的抑制作用
羧酸酰胺类	烯酰吗啉	防治葡萄卵菌病害、霜霉病和晚疫病	抑制病原菌的菌丝生长、孢子囊及休止孢的萌发、卵孢子或孢子囊的形成,破坏病菌细胞壁膜的形成,引起孢子囊壁的分解,而使病菌死亡;但是对游动孢子的游动、释放以及休止孢的形成无抑制作用
甲氧基丙烯酸酯类	嘧菌酯	控制葡萄子囊菌、担子菌、半知菌和卵菌等,抑制孢子的萌发以及游动孢子的释放和游动	高选择性单一位点抑制剂,其通过与线粒体呼吸链中细胞色素 b、c1 复合物中的 Qo 位点结合,从而达到阻碍电子传递、影响线粒体呼吸作用的目的
氰基乙酰胺类	霜脲氰	防治葡萄卵菌病害、霜霉病和晚疫病	对病菌的各个生命活动进程均有影响
磺胺咪唑类	氰霜唑	防治葡萄卵菌病害、霜霉病和晚疫病	通过结合细胞色素 b、c1 复合体中的 Qi 位点来阻断卵菌线粒体细胞色素 b、c1 络合物中的电子传递来干扰能量供应
苯并咪唑类	多菌灵、苯菌灵	防治麦类赤霉病、水稻纹枯病、棉苗立枯病及甘薯黄斑病	抑制真菌微管功能,从而阻止细胞分裂时染色体的分离

④ 杀螨剂(acaricide)主要用于灭杀危害各种植物、贮藏物、家畜等的蛛形纲类有害生物。最早的杀螨剂为 19 世纪末 20 世纪初开始使用的石硫合剂及石油乳剂,随着科技的发展,在 20 世纪 40 年代合成了有机类杀螨剂,表 4-7 为各个时期合成的主要杀螨剂[49]。有些杀虫剂也具有杀螨作用,如 OPPs、氨基甲酸酯农药和拟除虫菊酯农药等[50]。

表 4-7　各个时期合成的主要杀螨剂

合成年代	名称
20 世纪 40 年代	消螨普、杀螨醚
20 世纪 50 年代	杀螨酯、杀螨特、杀螨醇、三氯杀螨醇、三氯杀螨砜
20 世纪 60 年代	灭螨猛、乐杀螨、炔螨特、三环锡、杀虫脒
20 世纪 70 年代	苯螨特、三唑锡、双甲脒
20 世纪 80 年代	灭螨醌、四螨嗪、噻螨酮、尼索朗(杂环)、哒螨酮、齐螨素(阿维菌素)
20 世纪 90 年代	唑螨酯、丁醚脲、喹螨醚
21 世纪初	螺螨酯、联苯肼酯、螺甲螨酯、丁氟螨酯、螺虫乙酯、嘧螨酯、腈吡螨酯

⑤ 杀鼠剂（rodenticide）泛指所有用于控制鼠类的化学制剂。常见的具有毒杀作用的杀鼠剂有肉毒素、胆钙化醇、地芬·硫酸钡、磷化锌和抗凝血杀鼠剂（氯鼠酮、氟鼠灵、杀鼠灵、杀鼠醚、敌鼠钠盐、溴敌隆、溴鼠灵）[51]；鼠类不育剂包括雷公藤甲素、α-氯代醇和莪术醇[52]；熏蒸性杀鼠剂有氯化苦、溴甲烷、磷化锌等。鼠类容易对杀鼠剂产生耐药性[52]。

2. 根据化学结构分类

市场上的农药还可根据化学结构分类，可分为有机、无机和生物农药。历史上最常用的农药包括 OCPs、OPPs、拟除虫菊酯类农药、苯甲酰脲类农药、三嗪类农药、氨基甲酸酯类农药、磺酰脲类农药等。这些农药在杀虫剂、除草剂、杀菌剂等内容中均有涉及，详见本章相关小节。

四、环境意义

有资料表明，为减少农作物的损失，1/3 的农作物需要使用农药来消灭病虫害[53]。若不施用农药，水果、蔬菜以及谷物等产量的损失率分别能达到 78%、54% 和 32%[54]。世界人口的增长促使人类越发依赖农药以保障产量。由于农药通常具有疏水性与亲脂性，不易降解，易在生物体和沉积物中富集。20 世纪 60 年代，研究发现 DDT 会残留在动植物体内，导致动物后代的出生率下降，死亡率上升；同时还发现其他杀虫剂也具有类似效力。1962 年出版的《寂静的春天》指出，人类用自己制造的毒药来提高农业产量，无异于饮鸩止渴，人类应该走"另外的路"[55]，引起了环保人士和政府对农药新的思考。此后，越来越多的科学家开始深入研究农药的生物毒性。

第一项用于管制农药、具有立法权威的法案于 1910 年在美国颁布，随后在 1972 年颁布了《农药法修正案》。1988 年美国再次颁布法案，要求开始公布农药健康和环境风险评估数据，并重新注册登记；1996 年要求食品中农药残留含量限值对儿童生长发育不会产生不利影响[56]。多国政府规定，新型农药都需要经过严格的风险评估后才能投入市场。另外，一些国际组织和机构也广泛参与农药管理，包括联合国粮农组织（FAO）、世界卫生组织（WHO）、联合国环境规划署（UNEP）、经济合作与发展组织（OECD）等。FAO 主要负责农业用农药立法、登记、监管、使用及相关设备、废弃库存处置等；WHO 主要负责农药卫生与健康相关的领域；UNEP 主要制定农药环境评价和管理相关准则、风险降低及管理措施；OECD 旨在帮助各国政府联合评估和降低农药风险。

一些曾在全球大量使用的 OCPs 从 20 世纪 70 年代开始陆续被禁用。六氯环己烷（HCHs）在 20 世纪 70 年代末 80 年代初开始停产并被禁用；DDT 在 20 世纪 90 年代初大范围停用；六氯苯在 21 世纪初停止生产。2001 年 5 月 22~23 日提出了具有法律约束力的国际公约——《关于持久性有机污染物的斯德哥尔摩公约》（简称《斯德哥尔摩公约》）。首先被列入受控清单的 12 种持久性有机污染物（POPs）当中，9 种为含氯农药，包括艾氏剂、氯丹、狄氏剂、滴滴涕、异狄氏剂、七氯、六氯苯、灭蚁灵和毒杀芬。

20 世纪 90 年代以来，中国对农药进行了法制化管理，出台了《农药管理条例》（1997 年），淘汰了一大批高毒农药，包括一些高毒的 OCPs（如六六六、滴滴涕、毒杀芬、二溴氯丙烷等）、OPPs（如甲胺磷、对硫磷、甲基对硫磷、久效磷、苯线磷等）、除草剂（如汞制剂）、除菌剂（如敌枯双、丁酰肼等）、杀鼠剂（如甘氟、毒鼠强、氟乙酰胺、氟乙酸钠、毒鼠硅等）等（2002 年 4 月 22 日农业部公告第 194 号，2003 年 4 月 30 日农业部公告第 274 号，2003 年 12 月 30 日农业部公告第 322 号，2006 年 4 月 4 日农业部、工商总局、发展改革委、质检总局公告第 632 号等）。同时限制一些高毒农药的使用范围，并且还在持续不断更新农药的禁用名单，如农业部公告第 2032 号公告规定，自 2013 年 12 月 31 日起，撤销氯磺隆（包括原药、单剂和复配制剂）的农药登记证，自 2015 年 12 月 31 日起，禁止氯磺隆在国内销售和使用。还规定了另外两类除草剂胺苯磺隆和甲磺隆、除菌剂福美胂和福美甲胂、杀虫杀螨剂毒死蜱和三唑磷的禁用期限和范围。按照《农药管理条例》规定，任何农药产品的使用都不得超出农药登记批准的使用范围。

2015 年，我国颁布了关于实现农药减量控害、农业提质增效的《〈到 2020 年农药使用量零增长行动方案〉技术措施与实施计划》。2017 年 6 月，农业部发布了《农药登记管理办法》《农药生产许可管理办法》《农药经营许可管理办法》《农药标签和说明书管理办法》和《农药登记试验管理办法》5 个配套规章，并于 2017 年 8 月 1 日起实施。同时相继发布了《农药登记资料要求》等 6 个规范性文件。新的农药管理监管主体框架已经初步建成，中国的农药管理法规日臻完善，这对于促进中国农药行业持续创新、保障农产品质量安全和推进农业绿色发展都将产生积极而深远的影响。

第二节 有机氯农药

一、结构及理化性质

OCPs 是一类对环境构成严重威胁的人工合成 POPs，主要分为两大类：以苯为原料的 OCPs 和以环戊二烯为原料的 OCPs。其中，以苯为原料的 OCPs 主要包括使用最早、应用最广泛的杀虫剂六六六（HCHs）、滴滴涕（DDT）和六氯苯（HCB），以及 HCHs 的高丙体制品林丹、DDT 的类似物甲氧DDT、乙滴涕等；也包括从 DDT 结构衍生而来、生产吨位小、品种繁多的杀螨剂，如三氯杀螨砜、三氯杀螨醇、杀螨酯等。另外，还包括一些杀菌剂，如五氯硝基苯、百菌清、稻丰宁等。以环戊二烯为原料的 OCPs 主要包括作为杀虫剂的氯丹、七氯、艾氏剂、狄氏剂、硫丹、碳氯特灵等。此外，以松节油为原料的莰烯类杀虫剂、毒杀芬和以萜烯为原料的冰片基氯也属于OCPs。图 4-5 为部分代表性 OCPs 的结构示意图。

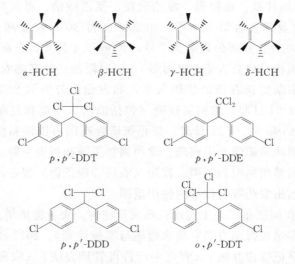

图 4-5 部分代表性 OCPs 的结构示意图

OCPs 性质稳定，难氧化，难分解，毒性大，挥发性不高，易溶于有机溶剂，在脂肪组织中易蓄积，可以通过大气和水的输送而影响到区域和全球环境。因此，OCPs 是一类高效、高毒和高残留型农药，极易在环境中积累，并可通过食物链富集，造成人体内分泌系统紊乱，破坏生殖和免疫系统，并诱发癌症和神经性疾病。表 4-8 为部分 OCPs 的理化参数[57,58]。

表 4-8　部分 OCPs 的理化参数

化合物	分子量	溶解度(25℃)/(mg/L)	蒸气压(25℃)/Pa	K_{OW}	K_{OC}	BCF
六氯苯	285	6×10^{-8}	2.45×10^{-1}①	2.6×10^5	1.2×10^{-6}	2.5×10^5
α-HCH	291	1.63	1.00×10^{-1}①	8.7×10^3	3.8×10^3	1.4×10^4
β-HCH	291	0.24	3.7×10^{-5}	7.8×10^3	3.8×10^3	1.4×10^4
γ-HCH	291	7.8	2.74×10^{-2}	6.8×10^3	3.8×10^3	1.4×10^4
δ-HCH	291	31.4	2.3×10^{-3}	1.4×10^4	6.6×10^3	2.3×10^4
p,p'-DDT	354	0.0055	1.35×10^{-4}	8.1×10^5	3.9×10^6	6.96×10^6
o,p'-DDT	354	—	1.72×10^{-4}			
p,p'-DDE	318	0.04	3.72×10^{-3}	9.1×10^5	4.4×10^6	9.8×10^5
p,p'-DDD	320	0.1	6.93×10^{-4}①	1.6×10^5	7.7×10^5	1.6×10^5
艾氏剂	365	0.180	8.0×10^{-4}	2×10^5	9.6×10^4	2.5×10^5
狄氏剂	381	0.195	1.60×10^{-2}①	3.5×10^3	1.7×10^3	6.6×10^3
异狄氏剂	381	0.25	1.32×10^{-3}①	3.5×10^3	1.7×10^3	6.6×10^3
异狄氏醛	381	50	2.7×10^{-5}	1.4×10^3	6.7×10^3	2.9×10^3
α-硫丹	407	0.53	8.00×10^{-3}①	0.02	9.6×10^{-3}	0.128
β-硫丹	407	0.28	3.94×10^{-1}①	0.02	9.6×10^{-3}	0.128
硫丹硫酸盐	423	0.22	1.3×10^{-3}	0.05	2.4×10^{-2}	0.29
七氯	373	0.18	2.67×10^{-1}①	2.6×10^4	1.2×10^4	3.9×10^4
环氧七氯	389	0.35	2.56×10^{-3}①	2.2×10^2	1.1×10^2	1×10^3
α-氯丹	410	0.056	2.65×10^{-3}①	3×10^5	1.4×10^5	3.6×10^5
γ-氯丹	410	—	2.65×10^{-3}①	—	—	—

① 表示引自文献 [58]。

注：K_{OW} 为正辛醇-水分配系数；K_{OC} 为土壤吸附常数；BCF 为生物富集因子。

二、环境赋存

虽然 OCPs 已禁止使用多年，但其在环境中的危害仍不可忽视。大多数 OCPs 在大气中的浓度都比较低，但大气作为一种重要的环境介质，在 OCPs 的环境迁移和转化中起着重要作用。研究表明，中国北方地区大气颗粒物中 HCHs 及 DDT 的浓度比南方地区高，北方典型城市的 HCHs 和 DDT 的浓度范围分别为 0.506~1.05ng/m³ 和 0.839~1.559ng/m³；南方地区 HCHs 和 DDT 的浓度范围分别为 ND~0.002ng/m³（ND 为未检出）和 0.00185~0.091ng/m³[59-61]。大气中 OCPs 的气粒分配表明，OCPs 主要以气态存在于大气中[62]。HCHs 和 DDT 是 OCPs 类污染物的主要成分，两者之和在气态和颗粒物中所占总 OCPs 的比例分别为 87.2% 和 90.9%，部分来自外源性输入，HCHs 和 DDT 占了一定的比重。

农药残留可以通过地表径流、下渗、大气沉降等多种环节进入水体。松花江是东北的主要河流，其部分河段水体中仍能检测出OCPs残留，但浓度水平较低，浓度随雨季和旱季而发生变化，HCB是主要的污染物，且旱季浓度大于雨季浓度[63]。海河OCPs的污染来源主要是原OCPs生产企业废水排放，同样永定河水体中也检测出了15种OCPs，其春季总浓度与夏季总浓度相近，污染来源主要是曾经使用的农药及生产企业的污水排放产生的OCPs历史遗留，以及大气长距离传输[64]。珠江地区水体OCPs污染物主要是DDT[65]。梅江水体中HCHs的浓度为2.11～12.0 ng/L，占比最高的为β-HCH，其次为α-HCH；DDT的浓度为2.49～4.77 ng/L，其中p,p'-DDE浓度最高，其次为p,p'-DDT[66]。

洪湖水体中也检测出了HCHs、DDT和氯丹等多种OCPs，旱季OCPs浓度平均值为0.02～1.31ng/L，雨季平均值为0.04～1.12ng/L；DDT和氯丹分别来自三氯杀螨醇和工业品氯丹的使用[67]。中国最大的淡水湖鄱阳湖水体中检测出了HCHs、氯丹、硫丹、DDT、艾氏剂等OCPs，浓度分别为4.38～59.7ng/L、4.03～80.5ng/L、3.1～33.8ng/L、2.31～33.4ng/L、3.01～11.8ng/L，其中β-HCH、环氧七氯、硫丹硫酸、p,p'-DDT为主要检出物。其中DDT主要来自三氯杀螨醇和含DDT类船舶防污漆的输入；HCHs来自工业品HCHs和林丹的使用[68]。

对2012年黄海和渤海大气和表层海水中的在用农药和历史农药进行研究[69]，发现在用有机氯农药（百菌清、五氯硝基苯、五氯苯酚、三氯杀螨醇和四氯对苯二甲酸二甲酯）和禁用有机氯农药（HCB、HCHs、硫丹和硫丹硫酸）主要赋存于大气的气相和海水的溶解相中，浓度水平分别在10^{-2}～10^2 pg/m^{3}和10^{-2}～10^2 pg/L范围内，大气和海水颗粒相中的OCPs大部分未检出。2016～2017年对渤海海域大气和海水中百菌清和三氯杀螨醇的浓度水平、季节变化和水-气交换进行研究[70]，也发现两者主要赋存于海水溶解相，颗粒相中基本未检出。从季节变化的趋势看，8月的气相浓度高于12月和2月的气相浓度，颗粒相中则是冬季（12月和2月）高于夏季（8月）。

土壤是农药使用后最容易接触的介质，农药会在土壤中长时间存在，并不断缓慢释放，即使禁止使用多年的农药仍可检出。土壤对OCPs等污染物有巨大的容纳能力，并且可以作为二次源将这些污染物重新排放到大气中，在OCPs的全球分布过程中发挥着重要作用。对全国20个省份的温室和户外农用土壤的HCHs和DDT调查发现，每个土壤样品中均检出了HCHs和DDT，温室土壤中HCHs和DDT总含量在2.9～938ng/g之间（平均值为

136ng/g)，户外土壤中 HCHs 和 DDT 总含量在 2.7～563ng/g 之间（平均值为 77.2ng/g）。在 75% 的调查采样点中，温室土壤中 OCPs 水平显著高于其附近的户外土壤。北方及东北地区的土壤总 OCPs 水平高于其他地区[71]。对中国 29 个城市地区土壤样品中 HCHs 和 DDT 的研究表明，HCHs 和 DDT 总含量变化较大，其范围为 7.6～37331ng/g，显著高于温室和户外农用土壤中的残留水平[72]。此外，边远山区土壤中也检测出了 OCPs，如青藏高原东部山区土壤中 OCPs 含量为 $10^{-2} \sim 10^{-1}$ ng/g，其含量与全球其他背景点的含量水平接近[73]。

三、毒性作用过程及效应

因为生物体内的酶很难降解 OCPs，所以 OCPs 分子蓄积在动、植物体内很难清除。OCPs 具有脂溶性，可通过皮肤接触摄入。OCPs 具有明显的生物富集性，可经食物链进行放大，可在脂肪、肝、肾、心脏等器官和组织中蓄积。

早在 20 世纪 60 年代，人们就发现在 OCPs 暴露下的鸟类蛋壳变薄，形态异常，子代成活率下降[55,74]。OCPs 暴露会引发氧化应激反应，产生自由基，导致脂质过氧化[75]。大部分 OCPs 含有氯苯结构，可以与高分子量蛋白质——芳香烃受体（aryl hydrocarbon receptor，AhR）结合。芳香烃受体为转录因子，对激活基因的转录具有重要意义。OCPs 进入细胞后，激活了芳香烃受体，与其特异性结合，形成配体-受体复合物。该复合物由细胞质转入细胞核，与细胞核中的芳香烃受体核转运蛋白（Ah receptor nuclear translocator protein，AhRNT）结合形成二聚异构体 AhR/AhRNT 复合体，直接调控特定的 DNA 片段——二噁英反应基因芳香烃受体反应元件，激活基因的转录，使细胞增生与分化发生改变，诱导下游基因的表达，从而产生主要的毒性物质即一种促凋亡蛋白细胞色素 P450（CYP1A1），由此表现出 OCPs 的一系列毒理学效应[76,77]。

四、人体暴露风险

OCPs 是一类内分泌干扰物，会产生雌激素效应。芳香化酶是一种将雄激素转化为雌激素的酶，有些 OCPs 会诱导这种酶的产生[78]。究其原因可能是大部分 OCPs 具有氯苯结构，此结构可以使生物体产生雌性激素效应，影响下丘脑-垂体-睾丸性腺轴的正常调节作用，从而造成雄性生殖系统的发育和功能障碍[79]。对一个山区内长期暴露于硫丹气雾喷射的少年和青春期男性调查发现[80]，硫丹暴露能干扰性激素合成，使男性儿童性成熟延迟。在比利时开展的一项针对青春期性早熟调查中发现，p,p'-DDE 的内分泌干扰与性早熟存在潜在关系[81]。OCPs 可以抑制生物体脑内 GABA-A1 氯离子通道和轴突 ATP 酶，引起恐惧、兴奋、头晕、抽搐、失眠与噩梦等神经毒性症状[75,76]。在对一项帕金森病的研究中指出，在农药长期低剂量暴露下，包括六氯苯、五氯苯酚、狄氏剂、七氯、滴滴涕、甲氧滴滴涕与六氯环己烷（HCHs）等 OCPs，可以增加帕金森病患病的风险[82,83]。进一步研究表明，在帕金森病患者死后的脑组织中可检测到高浓度的 DDT 和 HCHs[83]。此外，在 OCPs 长期低剂量暴露下，会产生慢性中毒，主要表现为食欲不振、上腹部和肋下疼痛，进而引起肝脏肿大、肝功能异常等症状[75,76]。

第三节 有机磷农药

一、结构及理化性质

OPPs 是用于防治植物病虫害的一类含磷或膦的有机化合物的总称，为广谱类杀虫剂。OPPs 纯品大多呈油状或结晶状，工业品呈淡黄色至棕色，大多数有蒜臭味，微溶于水，遇热及碱性条件下易分解，也易氧化，因此，在自然环境及动植物体内容易降解。按化学结构式不同，OPPs 可分为磷酸酯、膦酸酯、硫醇磷酸酯、硫酮磷酸酯、二硫代磷酸酯和磷酰胺等 6 个主要类型（图 4-6）。

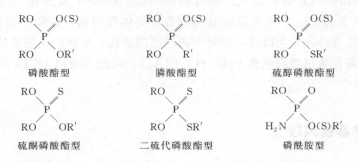

图 4-6 OPPs 的主要类型

历史上主要产品有敌敌畏、甲基对硫磷、对硫磷、氧化乐果、甲胺磷、久效磷等六种高毒品种，产量占有机磷杀虫剂的 70%，现已经被撤销登记[84]。

目前，在用农药中，OPPs 占全球杀虫剂市场份额的 50%[45]。另外，有些 OPPs 也用于家庭和公共卫生中病媒的防治，如马拉硫磷，可用于杀灭头虱和螃蟹虱等疥疮传播媒介。用作杀螨剂的 OPPs 有久效磷、乐果、氧化乐果、甲胺磷、乙酰甲胺磷和甲基硫环磷。OPPs 的神经制剂也在军事和恐怖袭击中使用。中国主要生产的 OPPs 种类见表 4-9。

表 4-9　中国生产的 OPPs 种类

分类	OPPs 名称
杀虫剂	敌百虫、敌敌畏、乐果、氧化乐果、对硫磷、甲基对硫磷、甲胺磷、久效磷、辛硫磷、水胺硫磷、杀螟硫磷、喹硫磷、毒死蜱、三唑磷、甲基异柳磷、马拉硫磷、乙酰甲胺磷、倍硫磷、丙溴磷、甲丙硫磷、特丁硫磷、甲拌磷、二嗪农、灭线磷、硫线磷、杀虫灵、噁唑磷、虫螨磷
除草剂	草甘膦、莎脾磷、草胺膦
杀菌剂	稻瘟净、异稻瘟净、甲基立枯磷、乙磷铝
其他	乙烯利、克线磷

二、环境赋存

在 OCPs 被限制应用后，OPPs 因其广谱、高效、成本低、残留期短、在食物链中积累富集能力较弱的优点，近年来被广泛应用。2010 年中国 OPPs 年需求量约为 9.32 万吨，占中国杀虫剂年需求量的 72%，属于需求量最大的在用农药[85]。

对大气中的 OPPs 研究较少，毒死蜱是检出频率最高的 OPPs，这是一种具有雌激素效应的有机磷杀虫剂。对广州城区大气中 5 种有机磷杀虫剂（毒死蜱、二嗪农、马拉硫磷、甲基对硫磷和特丁硫磷）进行调查，毒死蜱是唯一被检出的 OPPs，其余均未检出。毒死蜱主要以气态形式存在，其在大气中的浓度呈现春季开始上升、夏秋达到峰值、冬季下降的季节变化模式。年均大气浓度为 $(1051\pm861)\rm pg/m^3$，与美国洛瓦、法国中部、日本东京地区大致相当，略高于美国加利福尼亚；并且城区和农村之间无浓度差异，与其在城市和农村地区的施用以及在大气中的传输有关[86]。

水气交换也是 OPPs 在环境中迁移的主要方式。2012 年对黄海和渤海大气和表层海水中的毒死蜱进行研究[69]，发现其主要赋存于大气的气相和海水的溶解相中。其在大气中的浓度为 $1.0\sim453\rm pg/m^3$，在海水中的浓度为 $2.09\sim302\rm pg/L$。由于其在海水中的半减期较大气中长，通过水气交换逸度模型计算，黄海和渤海区域中的毒死蜱呈现海水向大气挥发的趋势。2016~2017 年对渤海海域毒死蜱的赋存状态的研究表明[70]，其在大气中的浓度为 $(63.73\pm126)\rm pg/m^3$，主要赋存于气相中。其在海水溶解相中的浓度为（88.3±71.6）pg/L，颗粒相中的浓度为（182±163）pg/L。主要季节变化趋势与OCPs一致，且也是呈现海水向大气挥发的趋势。

对竹林地土壤的3种OPPs进行分析，发现甲胺磷的含量最高，为11.1~33.6μg/kg，其次为甲基对硫磷（1.35~25.5μg/kg），对硫磷含量最低，为1.52~3.31μg/kg；同时发现在酸度较高的土壤中，OPPs含量相对较高[87]。2015年，欧盟11个成员国及6种主要作物种植区采集的317个农业土壤样品中，67个样品测出了草甘膦，其含量为140~2050μg/kg，是主要污染物；4个样品监测到了毒死蜱，含量为30~110μg/kg[88]。1994~2000年对北美五大湖表层水的调查中，在伊利湖中检测出了二嗪农，含量为1.6~44.4ng/L，来源主要为附近农田或城市环境中农药的施用[89]。草甘膦是一种用量较大的除草剂。加拿大魁北克圣劳伦斯河及其支流（200km）2017年夏季水样的分析结果显示，84%的样品检出了草甘膦，浓度跨越了3个数量级，在＜2~3000ng/L（中位值为27ng/L）之间；在之前的一些调查中，安大略省一些河流和城市支流中，其浓度分别高达41000ng/L和12000ng/L[90]。

三、毒性作用过程及效应

OPPs是一种抗胆碱酯酶杀虫剂，其通过抑制目标害虫的乙酰胆碱酯酶（AChE），引起乙酰胆碱蓄积，导致先兴奋后衰竭而死亡。乙酰胆碱是由胆碱能神经节后神经元分泌的神经递质，它可以跨突触传递神经冲动，是一种非常重要的神经传导介质。在OPPs的作用下，乙酰胆碱酯酶特定丝氨酸随着自身不稳定基团（离去基团）的去除而被磷酸化，不可逆地形成磷酰化胆碱酯酶，最终使AChE失去分解乙酰胆碱的能力。大量乙酰胆碱积聚在神经突触处，持续刺激神经末梢，致使支气管痉挛和腺体分泌增加，分泌物在肺泡内不断积聚，导致肺血管收缩、肺毛细血管压增高、血浆渗出，形成肺水肿，最后导致机体因呼吸衰竭而死亡[91]。

对于含有磷酰键（P=O）的有机磷酸酯类杀虫剂而言，其可通过直接抑制AChE的活性来发挥毒性效应。然而对于有机磷杀虫剂的主要品种——硫代磷酸酯类杀虫剂而言，硫代磷酰键（P=S）主要在体内被肝脏微粒体细胞色素P450s（CYPs）氧化成磷酰键（P=O）后，才能对乙酰胆碱酯酶发挥抑制作用。硫代磷酸酯类杀虫剂的这种氧化脱硫反应使其生物毒性大大增强，该反应在昆虫体内普遍发生，而在哺乳类动物体内很少发生，决定了这类化合物的高杀虫活性[92]。

长期暴露于低浓度的 OPPs 也可能导致慢性中毒，表现为[93]：皮肤刺痛、面部、手部及腿部肌肉抽筋；胸闷、咳嗽、流鼻涕、呼吸急促、喉咙刺激等；大量出汗、呕吐、腹泻、流泪、躁动、失眠等；无胆碱能症状下的焦虑、抑郁等精神病症；短期记忆、学习能力下降，注意力不集中，眼手协调性差等问题。调查数据表明，孕期或婴儿期慢性暴露于 OPPs，会导致新生儿大脑中的 DNA 合成以及细胞数量的减少。OPPs 除了神经毒性外，还具有内分泌干扰毒性、基因毒性、免疫毒性、生殖及发育毒性等。由于硫代有机磷酸酯类（毒死蜱、乐果或内吸磷-S-甲基）具有亲脂性，一旦进入人体后，可储存在脂肪组织中持续地释放和被氧化，导致人体中毒且中毒时间延长、程度加深。OPPs 中毒的发病情况取决于 AChE 活性的受抑制速度和程度，中毒症状可表现为毒蕈碱样症状、烟碱酸症状和中枢神经系统症状，具体见表 4-10[94]。

表 4-10　OPPs 中毒症状[94]

中毒症状	特征
毒蕈碱样症状	咳嗽、喘息、呼吸困难、支气管收缩、肺水肿、发绀
	鼻炎、鼻漏、流涎增多、流泪、出汗、尿失禁、大便失禁
	恶心、呕吐、腹部绞痛、腹泻、心动过缓、低血压
	视力模糊、瞳孔缩小
烟碱酸症状	肌肉震颤、膈肌无力、心动过速、面色苍白
	散瞳
	高血糖
中枢神经系统症状	头痛、焦虑、头晕、烦躁不安、失眠、噩梦、嗜睡、精神错乱、震颤、共济失调
	构音障碍、肌张力障碍反应
	低血压、呼吸抑制
	惊厥、昏迷

四、人体暴露风险

研究表明，个体暴露于 OPPs 后，其与 T 细胞功能相关的淋巴组织增生性疾病发病率增高。Cecchi 等[95]研究表明，当地农村地区的孕妇在 OPPs 喷雾期间，血液中皮质醇水平显著增加，低白蛋白血症发病率增加，肝损伤的参数测定结果显示为亚临床肝毒性。这些可能与 OPPs 暴露引起激素代谢途径变化有关。孕妇皮质醇水平提升可能对新生儿健康产生不利影响。

对职业暴露于 OPPs 工人的尿液和精液样品进行研究，发现尿液样品中 OPPs 的代谢物硫代磷酸二乙酯被普遍检出，而且约 75% 的精液样品被列入生育潜力较差的类别中。这些精液样品中 DNA 片段化指数高于 30%，是非职业暴露 OPPs 个体平均值（9.9%）的 3 倍[96]。对非职业暴露人群研究表明，周围环境中 OPPs 含量水平越高，其精液中精子浓度越低[97]。

在相同浓度水平下，复合 OPPs 的协同作用比单一种类 OPPs 对个体生殖系统产生的影响大很多。对大鼠进行口服高剂量的复合 OPPs 暴露，发现不但导致母体子宫壁增厚、子宫内膜显著增生，而且导致子代生理和智力发育缓慢、子代关键性激素水平异常以及生殖器官重量增加，子代妊娠率和活产率明显降低[98]。这可能是 OPPs 穿透胎盘屏障，沉积在胎儿体内，使下一代承受 OPPs 包括生殖毒性在内的多种毒性作用所造成的。因此，一方面应谨慎使用复合 OPPs，另一方面孕妇应避免暴露于 OPPs 环境当中，从事与 OPPs 相关的职业的个体，必须做好职业防护。

第四节 拟除虫菊酯类农药

一、结构及理化性质

拟除虫菊酯是一类重要的仿生农药。中东地区盛产一种草本植物——除虫菊，其有很好的杀虫效果，后来研究发现有效成分为除虫菊酯。随后，通过化学的方法设计合成了类似结构的化合物，基于其良好的杀虫效果及较低的哺乳动物毒性和持久性，其在全球家庭及农业领域内成为应用非常广泛的杀虫剂之一。

早期开发的拟除虫菊酯类农药的结构与除虫菊有效成分的结构非常相近，基本上都含有环丙烷羧酸结构，R 可以为多种官能团，通常 R^1、R^2、R^4、R^5 主要为 CH_3（图 4-7）。通过 R 基团的变化，合成了系列的拟除虫菊酯类农药，如丙烯菊酯、苄呋菊酯等。

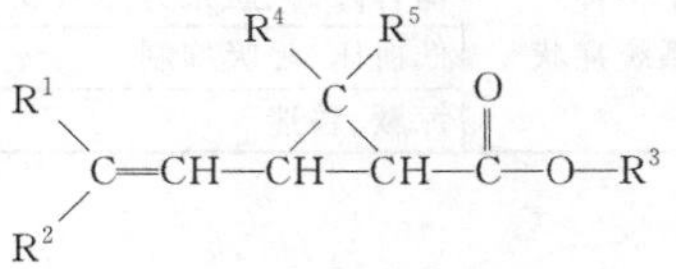

图 4-7 拟除虫菊酯类农药结构式

这些拟除虫菊酯类农药毒性相对较低，具有很好的生物降解性，对环境的污染比较小，杀虫效果好，与大部分天然除虫菊的有效成分相比具有更高的驱虫效果。这些早期开发的农药对光稳定性差，容易氧化转化，不宜在农业中推广应用，较宜用作室内的卫生杀虫剂。

基于此，将 R^1、R^2 用卤原子如氯、溴、氟等原子取代，R^3 用 $-CH_2-\bigcirc-O-\bigcirc-$ 等取代，获得第二代类似的杀虫剂，其水溶性进一步降低，而极性、挥发性及生物活性等则获得了加强，同时降低了生物体产生抗性的可能性。这类拟除虫菊酯类农药有溴苄呋菊酯、氟氯菊酯等。

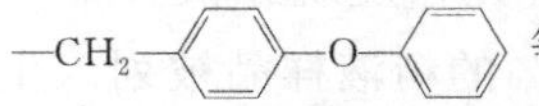

拟除虫菊酯类农药分子结构中的环丙烷羧酸结构合成比较困难，费用很高。无环丙烷羧酸结构的具有拟除虫菊酯类农药特性的农药随后被成功合成，如多来宝（图 4-8）。经过几十年的发展，一系列高效的拟除虫菊酯类农药及高效的异构体不断问世，其中有多种获得了广泛的应用。

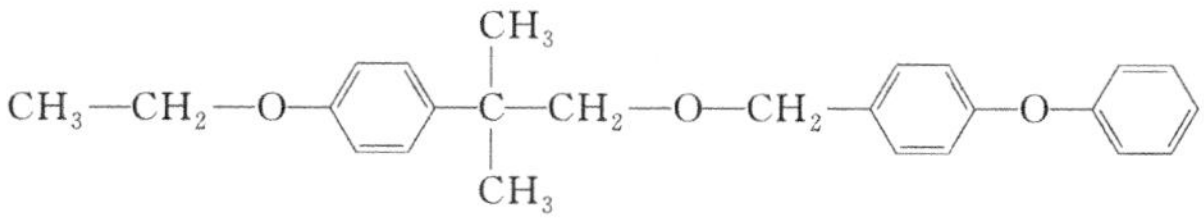

图 4-8　多来宝的结构式

拟除虫菊酯类农药多数为无色、白色晶体或黄棕色液体或固体，水溶性差或不溶于水，但是在芳香族溶剂中有较好的溶解性。拟除虫菊酯类农药因结构的差异，其熔点多数在 34～148℃。部分拟除虫菊酯类农药的结构式见图 4-9。

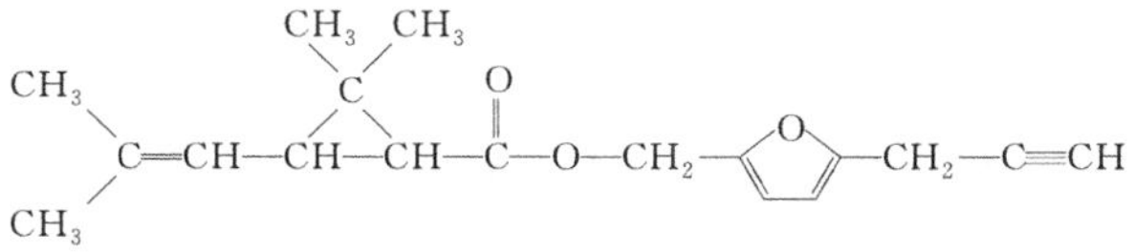

呋喃菊酯

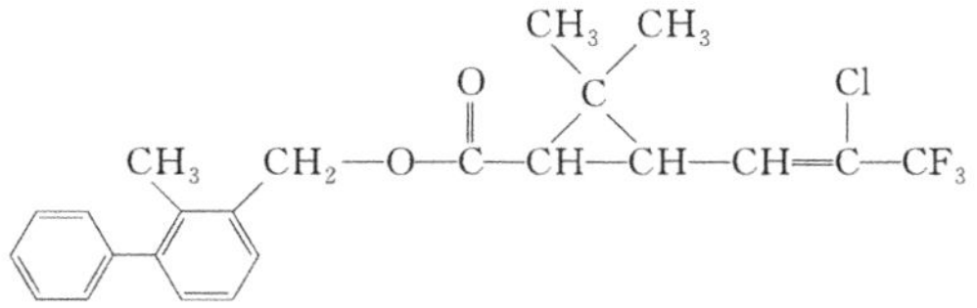

氟氯菊酯

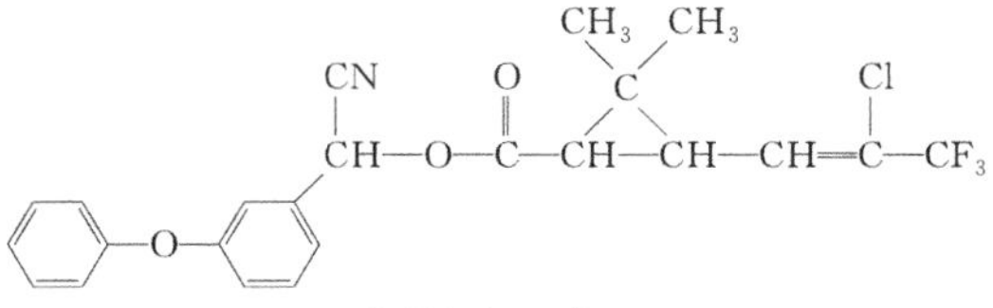

高效氯氟氰菊酯

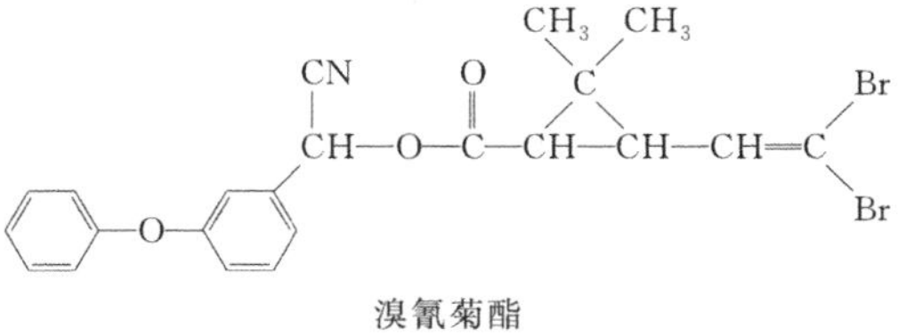

溴氰菊酯

图 4-9

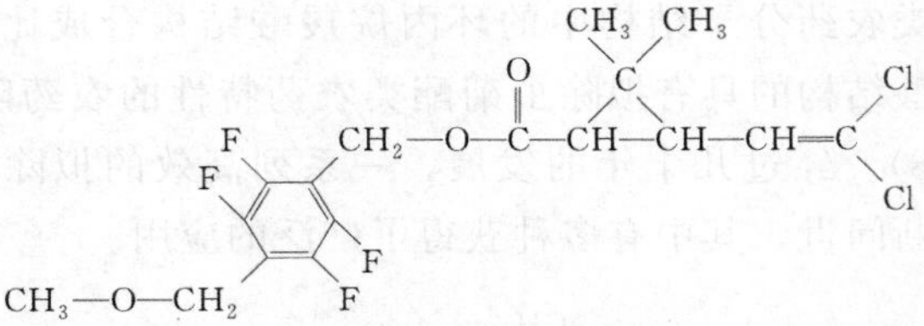

氯氟醚菊酯

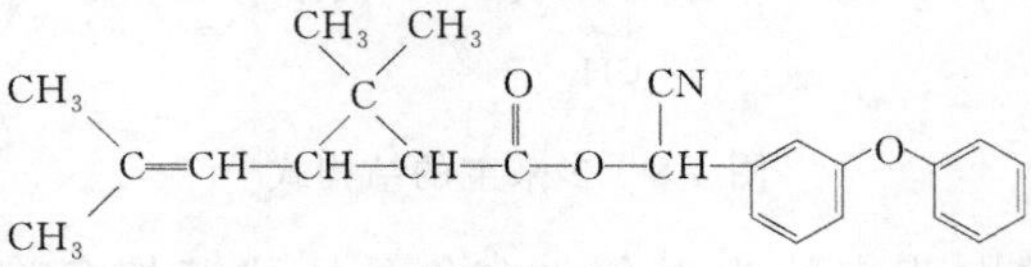

苯醚氰菊酯

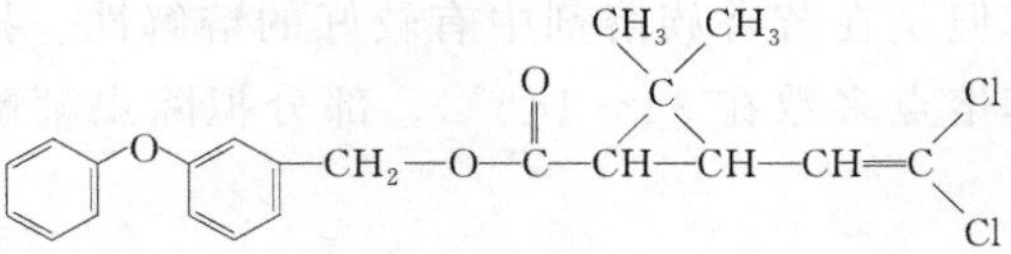

氯菊酯

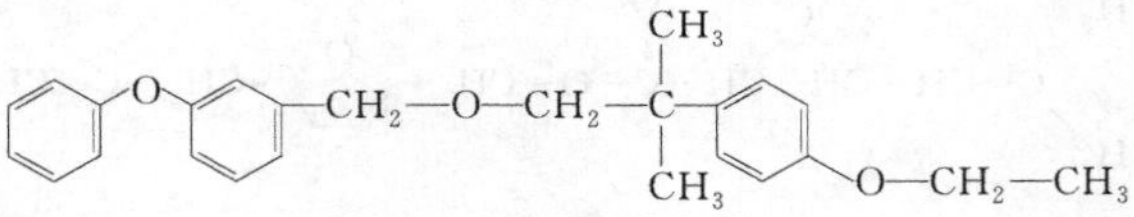

醚菊酯

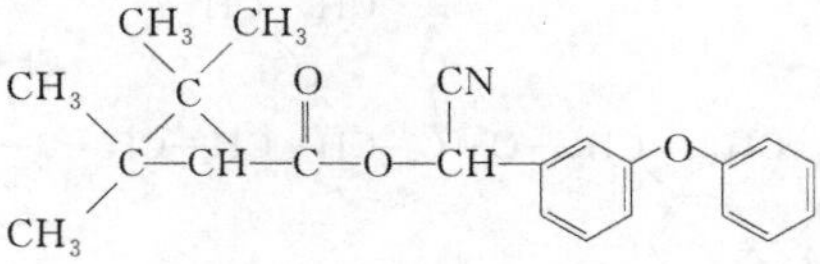

甲氰菊酯

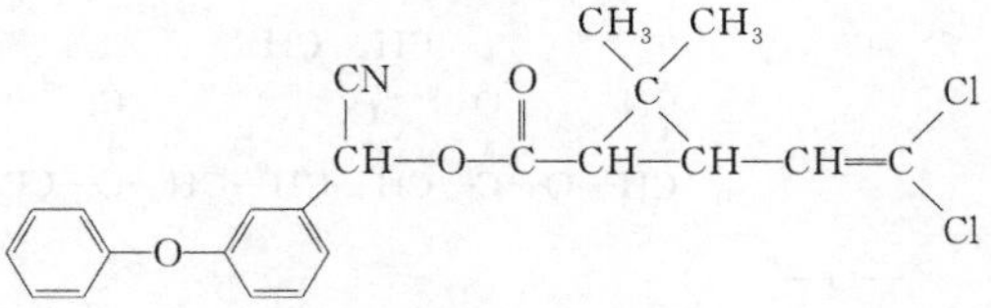

氯氰菊酯

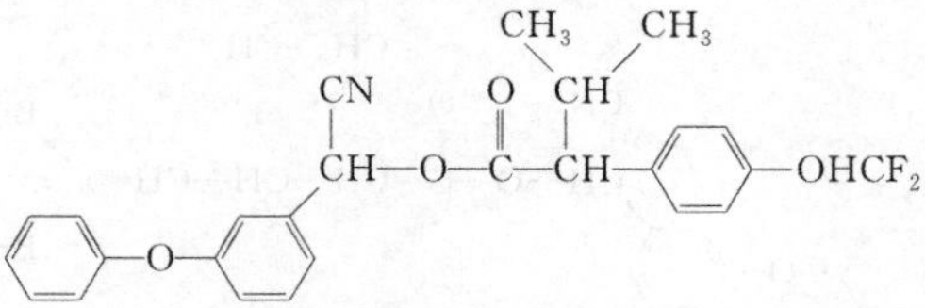

氟氰菊酯

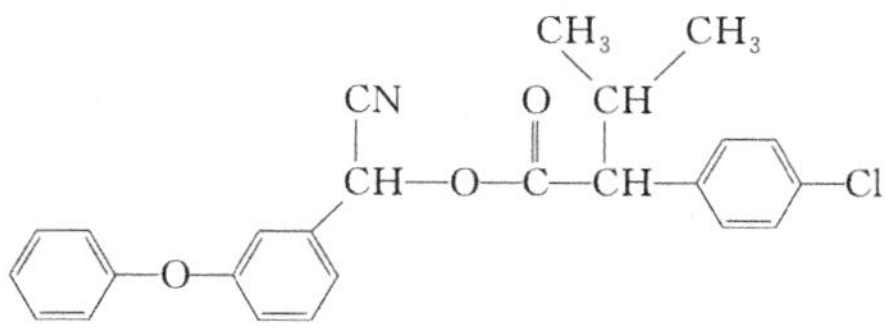

氰戊菊酯

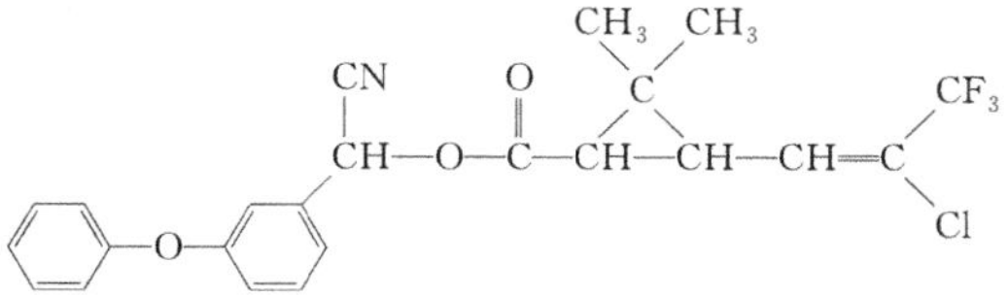

λ-氟氯氰菊酯

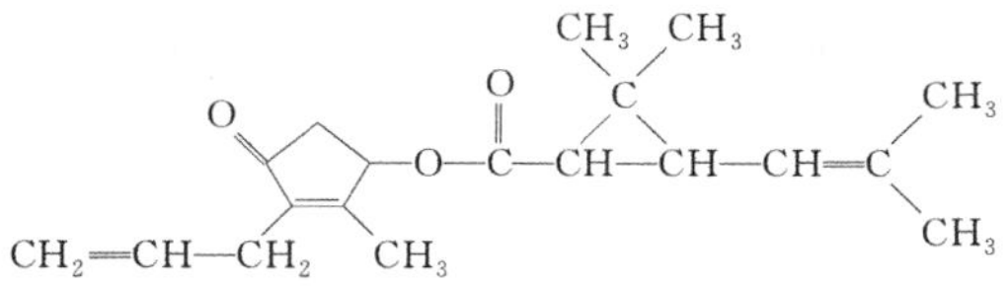

丙烯菊酯

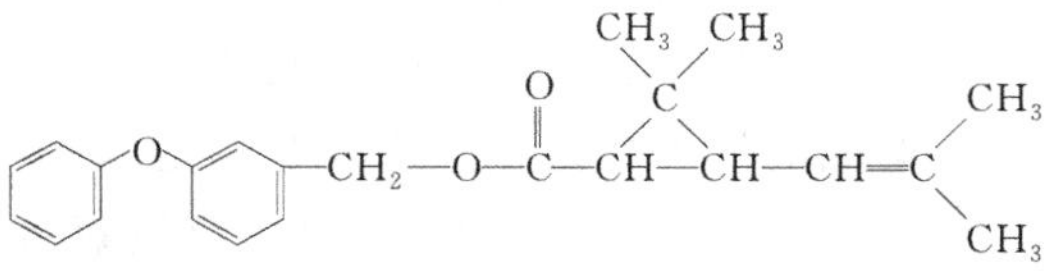

苯醚菊酯

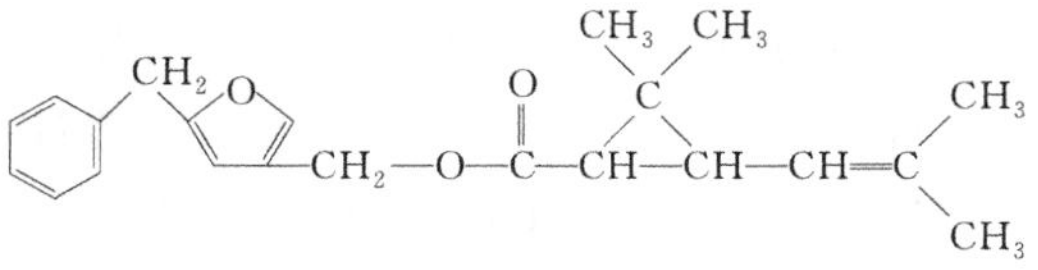

苄呋菊酯

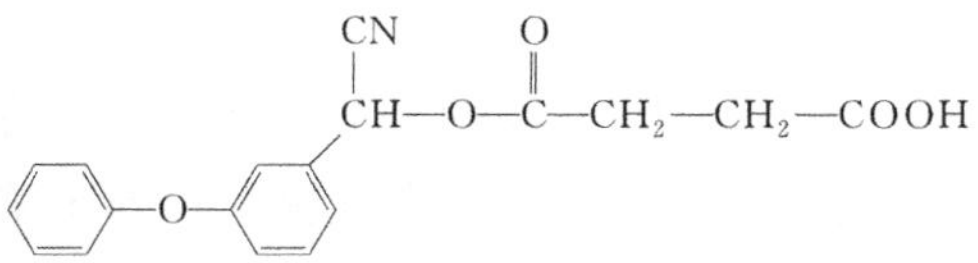

间苯氧基苯甲氰醇丁酸酯 CPBA-BE（hapten）

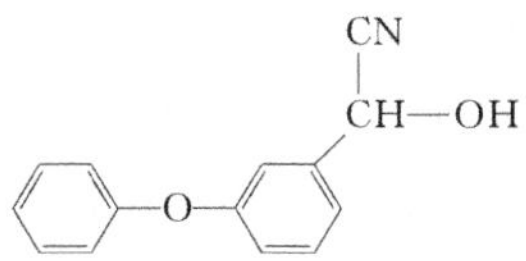

间苯氧基苯甲氰醇（CPBA）

图 4-9

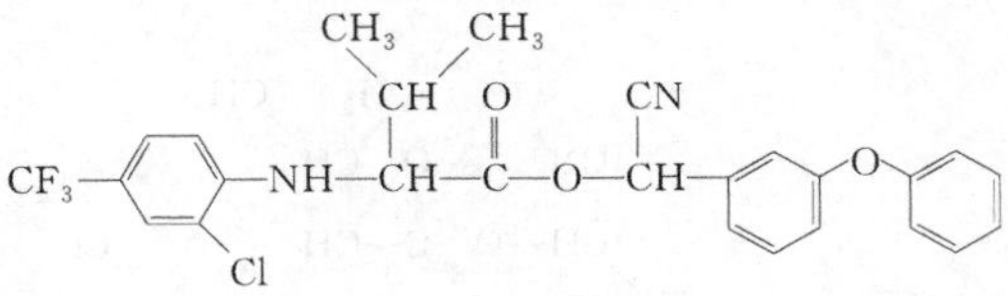

氟胺氰菊酯

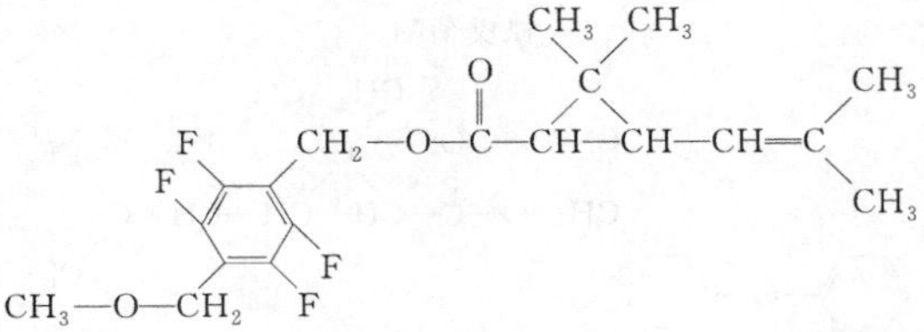

四氟甲醚菊酯

图 4-9 部分拟除虫菊酯类农药的结构式

二、环境赋存

氯氰菊酯是一种重要的拟除虫菊酯类农药，因价格较低，在亚洲应用比较广泛。曾研究发现，马来西亚农场附近大气中氯氰菊酯的浓度为 142～3740pg/m^3，与广州大气中氯氰菊酯的浓度相近，这主要与两地农药的使用方式相似有关。广州大气中检出了 8 种拟除虫菊酯类农药，其中氯氰菊酯、苄氯菊酯、丙烯菊酯是 3 种主要成分，分别占拟除虫菊酯类农药总浓度的 45%、18%、11%[86]。

九龙江是福建的第二大河流，采样分析表明，其总拟除虫菊酯类农药水平为 14～6524ng/L。14 种拟除虫菊酯类农药的最大浓度超过 100ng/L，其中有 3 个采样点的农药总浓度超过 1000ng/L，最高达 6524ng/L（12 月）。12 月份单个采样点的拟除虫菊酯类农药的最高浓度分别为：联苯菊酯 261ng/L，氟氯氰菊酯 1388ng/L，氯氰菊酯 609ng/L[99]。

20 个省份的户外土壤及温室土壤的调查表明[100]，在所调查的省份中，拟除虫菊酯类农药在这两种类型土壤中多有残留。户外土壤和温室土壤中拟除虫菊酯的总含量范围分别为 0.51～85.4ng/g 和 1.30～113ng/g。总体而言，在 80% 的调查采样点和 70% 的调查省份中，温室土壤中总拟除虫菊酯水平显著高于其附近户外土壤中的水平。北方（内蒙古、河北、山西、吉林、黑龙江、辽宁、北京和山东）两种类型土壤中的拟除虫菊酯的含量水平高于南方省份。浙江是中国农药使用量较大的省份之一，对其 51 个竹林地土壤样品中农药残留进行分析，结果表明，氰戊菊酯的残留含量为 1127ng/g[87]。

通过检测 3696 种鱼、蔬菜、西红柿等食品以及由此为食材制作的 308 种复合食品，共检出农药残留 470 种。其中，39 种农药共检出 294 次，拟除虫菊酯类农药占 35.7%（氯氰菊酯占 18.0%，三氟氯氰菊酯占 8.2%，苄氯菊酯占 7.5%）[101]。对从西班牙、葡萄牙、乌拉圭地方市场购买的产自 16 个不同国家的 136 种常见农产品如苹果、茄子、香蕉、胡萝卜、黄瓜、芒果、蘑菇、辣椒、土豆、南瓜、西红柿、樱桃等样品进行研究，结果发现，52% 的样品中检测的农药低于方法定量限，3% 的样品中检出了有机农产品所限定的农药成分，45% 的样品中检测到 1 种或多种非有机农产品所限定的农药成分。共检测出 24 种农药，其中三氟氯氰菊酯为有机农产品所限定的农药成分，其含量范围为 3.4~68.3ng/g[102]。

三、毒性作用过程及效应

拟除虫菊酯类杀虫剂通过干扰神经膜中的钠离子通道，使该通道长时间打开，从而阻碍神经信号传输，以实现其杀虫效果。

将拟除虫菊酯类杀虫剂以致死剂量水平暴露于大鼠，通常其毒性症状可划分为两类[103]：T-综合征和 CS-综合征。T-综合征主要由 α-氰基拟除虫菊酯之外的拟除虫菊酯引起，表现为对外部刺激非常敏感、全身震颤和虚脱等。CS-综合征主要由 α-氰基拟除虫菊酯引起，表现为穴居行为、流涎、蜿蜒扭曲以及慢性癫痫发作等。拟除虫菊酯类杀虫剂主要通过调节钠通道、延长钠离子流的时间参数导致轴突变性。鱼类暴露于拟除虫菊酯时，一方面拟除虫菊酯很容易吸附在鱼鳃上，使鱼鳃受损，导致呼吸困难；另一方面也会损害鱼的肝、肾及肠道等，继而引发一系列生理问题使鱼死亡。拟除虫菊酯类杀虫剂对鱼类的急性毒性表现为多动、失去平衡、游泳能力削弱、行为异常、鳃和下颚严重痉挛及抽搐等；慢性毒性表现为体重下降、体长缩短、基础代谢率明显提高、游泳能力削弱等[104]。

在相同水平的拟除虫菊酯暴露下，年幼动物中毒程度较成年动物严重。年幼动物因肝脏中酶活性较低，故其对拟除虫菊酯类杀虫剂的敏感性明显高于成年动物[105]。拟除虫菊酯类杀虫剂对害虫杀伤力较强，水生生物（鱼和虾等）相对鸟类及哺乳类而言，体内无菊酯水解酶，故受拟除虫菊酯的毒害作用较重。拟除虫菊酯广泛用于农林业的害虫控制、住宅以及景观维护等，大量的拟除虫菊酯以喷雾雾滴漂移、雨水冲刷及地表径流等方式进入水体，对水生生物的生存产生了严重的威胁[106,107]。

四、人体暴露风险

人体皮肤暴露于拟除虫菊酯类杀虫剂后，会产生麻痹感。人体对拟除虫菊酯的急性中毒症状为咳嗽、呼吸困难、恶心、呕吐及头痛等。拟除虫菊酯的慢性毒性包括造成 DNA 损伤，减少精子数量与降低生育能力，通过抑制细胞之间的间隙连接产生致癌效应[108]。

流行病学研究表明，在中国和世界范围内包括易感孕妇和儿童在内的人尿样中常检出拟除虫菊酯代谢物，这些研究结果引起了全球对低浓度水平拟除虫菊酯暴露的慢性毒性效应的关注。拟除虫菊酯类农药通常具有较强的内分泌干扰毒性，对甲状腺功能有很大的影响。374 名孕妇尿液样品中拟除虫菊酯类农药主要代谢物 3-苯氧基苯甲酸（3-PBA）的检出率为 90.4%，中值浓度为 1.14μg/g 肌酸酐[109]。促甲状腺激素（TSH）的中值浓度为 1.83μIU/mL，总三碘甲状腺原氨酸（TT3）的中值浓度为 1.51μg/L，游离三碘甲状腺原氨酸（FT3）的中值浓度为 2.92pmol/L，总甲状腺素（TT4）的中值浓度为 9.50μg/dL，游离甲状腺素的中值浓度为 9.32pmol/L。据此诊断，374 名孕妇中，有 9 人为甲状腺功能减退，6 人为亚临床甲状腺功能减退。

拟除虫菊酯类农药在高剂量下具有神经毒性。长期低水平拟除虫菊酯类农药暴露对胎儿和幼儿的神经行为功能的潜在影响特别突出，主要是因为其神经系统和大脑发育不成熟，易受损害。研究发现儿童尿液顺式 DCCA（氯化拟除虫菊酯杀虫剂氯菊酯、氯氰菊酯和氟氯菊酯的几何异构体代谢物）浓度与行为障碍之间存在显著相关性[110]。另有研究表明，低水平的溴氰菊酯暴露对儿童神经认知发育可能产生负面影响[111]。

以尿液中拟除虫菊酯代谢物作为拟除虫菊酯类农药暴露的生物标志物，对长期暴露于拟除虫菊酯类杀虫剂的城市/郊区儿童进行研究[112]，结果表明，父母在居住环境中使用拟除虫菊酯频率与其子女尿液中发现的拟除虫菊酯代谢物水平升高之间存在着很好的相关性。儿童也通过常规饮食接触拟除虫菊酯，其程度比住宅暴露小很多。因此，家庭使用杀虫剂是儿童拟除虫菊酯类杀虫剂暴露的重要途径。考虑到拟除虫菊酯的广泛使用，对儿童的拟除虫菊酯类杀虫剂暴露风险评价及环境公共卫生健康开展研究具有重要意义。

第五节　苯甲酰脲类农药

一、结构及理化性质

苯甲酰脲类杀虫剂（benzoylurea insecticides）是一类通过抑制目标害虫的几丁质（壳聚糖，昆虫外壳或甲壳的重要成分）合成而导致其不育或死亡的昆虫生长调节剂,具有杀虫率高、杀虫谱宽等特点,该类杀虫剂对未成熟阶段的害虫活性高,被广泛喷洒于柑橘、玉米、棉花、大豆、葡萄和咖啡上,以防治植食性害虫。此外,苯甲酰脲类杀虫剂由于其独特的作用机制、较高的环境安全性、广谱高效的杀虫活性,被归为第三代杀虫剂或新型昆虫控制剂[113]。自20世纪70年代初发现苯甲酰脲类化合物具备抑制昆虫幼虫表皮几丁质合成的特性以来,已有十几种苯甲酰脲类化合物作为商用杀虫剂投入市场[114]。

如图 4-10 所示,典型的苯甲酰脲类杀虫剂包括在苯甲酰基上引入卤素后得到的化合物 [如除虫脲 (diflubenzuron) 和灭幼脲 (chlorbenzuron) 等],在芳胺环上引入 CF_3、OCF_3、OCF_2CHF_2 等或卤原子后得到的化合物 [如除虫隆 (triflumuron)、氟铃脲 (hexaflumuron)、伏虫隆 (teflubenzuron) 等],以及在芳胺环对位引入取代芳(杂)氧基开发出的定虫隆 (chlorfluazuron)、氟虫脲 (flufenoxuron) 等品种。这类杀虫剂的水溶性极低,在使用时具有很好的持久性。此外,苯甲酰脲类杀虫剂大多表现为高生物富集性,因此,残留在农产品表面的苯甲酰脲类杀虫剂可能转移至衍生农产品(如果汁)中,并通过持续暴露和慢性毒性作用对人类健康产生危害。

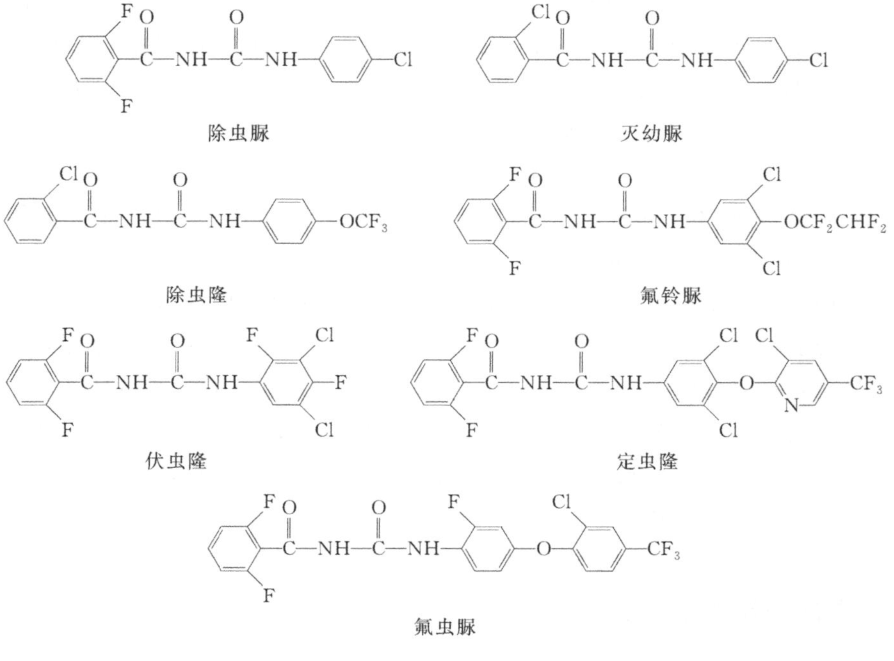

图 4-10 常见的苯甲酰脲类杀虫剂的结构式

二、环境赋存

苯甲酰脲类杀虫剂施用后可进入土壤，并在土壤中累积，还可通过径流进入水环境。这些杀虫剂的残留会导致土壤、水和食品污染，危害人类健康。因此，许多国家和机构定义了苯甲酰脲类杀虫剂的最大残留限量（maximum residue limit，MRL），用于规范苯甲酰脲类杀虫剂的使用。

在草原上，除虫脲被广泛用于防治蝗虫，其停留时间可达2个月。在空气中喷洒除虫脲后，检测到其沉积量为867.5～1824.4ng/g[115]。不同深度（0～7.5cm、7.5～15.0cm和15.0～22.5cm）棉花田土壤中的除虫脲含量随深度依次下降[116]。土壤中的苯甲酰脲类农药主要集中于表层（0～7.5cm），由于淋溶作用而缓慢向深层迁移，其在春季和冬季较为稳定，而在夏季则易降解。洪水等因素会使土壤中的苯甲酰脲类杀虫剂迁移到邻近的河流、湖泊中。大气中的苯甲酰脲类杀虫剂，也会由于颗粒物的沉降而进入水体中，使水体成为该类农药存在的又一个重要场所。

苯甲酰脲类杀虫剂在环境中的累积还可以体现在农作物及其加工后的食品中[117]。目前我国的国家标准中规定灭幼脲在蔬菜中的最大残留限量为3.0mg/kg，除虫脲在梨果和柑橘中的最大残留限量为1.0mg/kg，氟苯脲在柑橘中的最大残留限量为0.5mg/kg。苯甲酰脲类杀虫剂在蜂蜜样品中被检出，76份样品检出率为97%，但浓度均低于最大残留限量[118]。乌龙茶样品可检出氟啶脲0.04μg/L，除虫脲2.36μg/L，啶蜱脲0.02μg/L，氟虫脲0.03μg/L，氟铃脲0.04μg/L，伏虫隆0.23μg/L和杀铃脲0.43μg/L；绿茶样品可检出氟啶脲0.05μg/L，除虫脲1.36μg/L，啶蜱脲0.03μg/L，氟铃脲0.04μg/L和杀铃脲0.23μg/L[119]。

苯甲酰脲类杀虫剂在环境中的残留量同时受其自身降解及迁移能力的影响。研究表明，大多数苯甲酰脲类杀虫剂在土壤环境中的迁移能力不强，在水中较稳定，持久性中等。苯甲酰脲类杀虫剂的降解在很大程度上取决于生物因素（微生物和植物）和非生物因素（土壤、水、温度、光照等）[120]。这些因素的任何变化都可能导致化合物降解模式的巨大变化，进而影响苯甲酰脲类杀虫剂在环境中的存在状况。

三、毒性作用过程及效应

苯甲酰脲类杀虫剂可以通过中断蜕皮过程选择性地对幼虫期的昆虫造成影

响。摄入后，可以抑制昆虫的繁殖能力，并起到强杀卵作用。除虫脲能显著改变由几丁质构成的角质层的组成，从而降低昆虫角质层的硬度和弹性。苯甲酰脲类杀虫剂可影响昆虫激素水平，从而对重要生理过程（如 DNA 合成）形成干扰，抑制酚氧化酶、碳水解酶和微粒体氧化酶的活性。苯甲酰脲类化合物改变蜕皮激素依赖的生化位点，从而对几丁质的合成产生抑制[121]。新型磺酰脲受体（Dsur）是苯甲酰脲类杀虫剂抑制昆虫几丁质合成的作用位点，通过抑制 K^+ 通道，导致囊泡膜去极化，最终发挥其抑制几丁质合成的作用[122]。

苯甲酰脲类杀虫剂的结构主要包括苯甲酰环、苯胺环以及脲桥三部分，每部分结构的差异都会对本体的理化性质（包括杀虫活性在内）产生一定影响[120]。其中，苯甲酰环上为 2-氯、2,6-二氯、2,6-二氟取代时，这类杀虫剂的杀虫效果较好，2,6-二氟取代时，杀虫效果最佳。当苯甲酰环替换为芳香族杂环或环状烷基取代基时，其杀幼虫活性显著下降。对于苯胺环部分而言，2,6-取代位为较大基团时，本体的杀虫毒性削弱，而 4-取代位为吸电子基团时其杀虫活性增强。对于脲桥结构而言，虽然其在尿素衍生物和硫脲衍生物中结构相似，但尿素衍生物类脲桥对应的本体杀虫活性更高。N'-甲基取代的苯甲酰脲类杀虫剂相对于母体而言，杀虫活性变化不明显，但对水体中无脊椎动物的毒性更低。卤素取代的苯甲酰脲类杀虫剂相对于烷基取代的苯甲酰脲类杀虫剂而言，杀虫活性更高。4-烷基取代相对于多烷基取代的苯甲酰脲类杀虫剂而言，杀虫活性更高。

苯甲酰脲类杀虫剂在杀虫效果不断提升的同时，也增大了对其他非靶标生物的生存威胁。在蝗虫控制方面，除虫脲是较早使用的一种苯甲酰脲类杀虫剂，但因其毒性较低，在土壤中较不稳定，因此，毒性较高、稳定性较好的氟虫脲、伏虫隆等替代物不断涌现。这些替代物在高效杀灭蝗虫的同时，也威胁着农田爬行动物的生存安全。口服途径暴露于相同浓度的除虫脲、氟虫脲下的蜥蜴，其主要组织对氟虫脲的吸收能力高于除虫脲，其中肝脏、大脑、皮肤、性腺及肾脏等组织对氟虫脲的吸收存在"二次峰值"现象（即这些组织对氟虫脲的吸收量随时间的变化会出现两个峰值）。暴露于氟虫脲的蜥蜴，其肝细胞细胞质空泡化、细胞核丢失等肝脏病变症状更加明显。另外，其体内负责调节细胞增殖和解毒代谢的 Cypla 和 Ahr 基因的 mRNA 表达水平明显增高。蜥蜴体内的这一机制很可能是机体暴露于高浓度氟虫脲时的一种反馈调节行为[123]。

氟虫脲对爬行动物的内分泌系统也有一定的干扰作用，且干扰程度因爬行动物的性别、生长周期以及组织类别的不同而有一定差异[124]。啶蜱脲又名吡虫隆，是牛、羊、猪等牲畜体内和体表寄生虫控制药物的主要活性成分之

—[125]。将含啶蜱脲的药物施用于牲畜后发现，40%～90%的药物未被代谢而以粪便形式排出体外。这类粪便作为肥料施用于土壤后，促进了啶蜱脲等化合物在生态系统中的迁移、扩散。与除虫脲相似，啶蜱脲可使土壤甚至水体中的无脊椎动物在发育过程中出现表皮合成异常，从而导致生长发育受阻，进而使种群密度减小。苯甲酰脲类杀虫剂的使用可能对有益节肢动物存在潜在风险。研究发现，施用氟铃脲对七星瓢虫的发育时间、孵化、化蛹和存活率均可产生较明显的影响[126]。

所有商业苯甲酰脲类杀虫剂都有一个生物富集潜力阈值（BCF＞100），而虱螨脲（BCF＝5300）和氟虫脲（BCF＝33856）的生物富集潜力最强[120]。2011年，氟虫脲因在食物链中强大的生物蓄积潜力和高风险性而被欧盟禁用。大多数苯甲酰脲类杀虫剂对鱼类具有低至中度毒性；但是，这些几丁质合成抑制剂可能对非目标生物（包括有益昆虫物种和甲壳类动物）产生不利影响。常见苯甲酰脲类杀虫剂的毒理学参数见表 4-11。

表 4-11 常见苯甲酰脲类杀虫剂的毒理学参数

杀虫剂名称	哺乳动物口服 LD_{50}（大鼠）/(mg/kg)	鸟类 LD_{50}（山齿鹑）/(mg/kg)	鱼类 LC_{50}（96h,虹鳟）/(mg/L)	水生无脊椎动物 EC_{50}（48h,大型水蚤）/(mg/L)	水生甲壳类动物 LC_{50}（96h）/(mg/L)	蚯蚓 LC_{50}（14d,爱胜蚓）/(mg/kg)	蜜蜂 LD_{50}（48h）/(μg/bee)
除虫脲	＞4640①	＞5000②	＞0.13③	0.0026④	0.0021⑤	＞500⑥	＞25⑦（口服）
灭幼脲	＞10000	＞5000	126.8	—	0.01	—	＞17（接触）
伏虫隆	＞5038	＞2250	＞0.0065⑧	0.0028	0.00059⑨	＞500	＞72（口服）
除虫隆	＞5000	561	＞0.021⑧	0.0016	0.00021⑨	＞500	＞200（接触）
氟铃脲	＞5000	2000	100⑧	0.0001	0.00069(红虾)	880	0.1（口服）
氟虫脲	＞3000	＞2000	＞0.0049	0.000043	—	＞500	＞100（接触）
定虫隆	＞8500	＞2510	＞300	0.000908	—	＞1000	＞100（口服）

① ＞2000，低；100～2000，中等；＜100，高。
② ＞2000，低；100～2000，中等；＜100，高。
③ ＞100，低；0.1～100，中等；＜0.1，高。
④ ＞100，低；0.1～100，中等；＜0.1，高。
⑤ ＞100，低；0.1～100，中等；＜0.1，高。
⑥ ＞1000，低；10～1000，中等；＜10，高。
⑦ ＞100，低；1～100，中等；＜1，高。
⑧ 蓝鳃太阳鱼（Lepomis macrochirus）。
⑨ 48h 急性毒性（EC50, streptocephalus sudanicus）。

四、人体暴露风险

环境及食品中残留的苯甲酰脲类杀虫剂可能对人体健康造成危害。将人类细胞 HepG2、Hek293、HeLa 进行体外暴露（虱螨脲、氟铃脲、NK-17），细胞活性随暴露浓度增大而显著下降[127]。人体摄入氟虫脲中毒后，均表现为精神异常、乳酸酸中毒；且大部分患者表现为深度休克，致死率高达 25%。给予去甲肾上腺素治疗后，患者可由深度休克状态苏醒[128]。

除虫隆的毒性测试结果显示，虽然其对哺乳动物的急性毒性较低，但在反复给药后对哺乳动物的红细胞具有显著毒性作用，可能导致溶血性贫血，并对脾、肝和肾产生副作用[129]。临床调查研究发现，人在摄入苯甲酰脲类杀虫剂后可患中毒性高铁血红蛋白症[130]。其临床表现为发绀，血氧饱和度低，血液呈现褐色，其高铁血红蛋白浓度可高达 59.3%。用抗坏血酸治疗后，有溶血迹象。近年来的研究表明除虫隆能通过 HepG2 细胞促使人肝癌细胞转移，其中缺氧诱导因子可能是其潜在原因[131]。

第六节　三嗪类除草剂

一、结构及理化性质

20 世纪 50 年代，三嗪类除草剂作为防治杂草生长的高效除草剂问世，它通过阻断光合作用的第二阶段水解过程中的电子传递从而抑制植物的光合作用。三嗪类除草剂以低剂量施用时，可促进植物的生长。因此，在 2,4-D 之后，三嗪类除草剂占据着重要地位。这类除草剂在农业上发挥了很大作用，但由于其用量较大、残留期较长并具有一定的水溶性，因此，在使用过中可能会对土壤、地表水、地下水及饮用水造成污染。

常见的三嗪类除草剂可分为均三嗪类除草剂和非均三嗪类除草剂。均三嗪类除草剂开发得比较多，使用比较广泛，主要包括阿特拉津、西玛津、扑灭津、草达津、特丁津、氰草津、西草净、扑草净、莠灭净、特丁净、异丙净、二甲丙乙净等。非均三嗪类除草剂比较典型的有苯嗪草酮和嗪草酮。均三嗪类除草剂的结构通式见图 4-11，主要三嗪类除草剂的结构式见图 4-12，常见的三嗪类除草剂的理化参数见表 4-12。

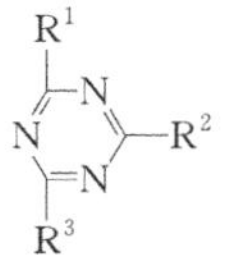

图 4-11　均三嗪类除草剂的结构通式

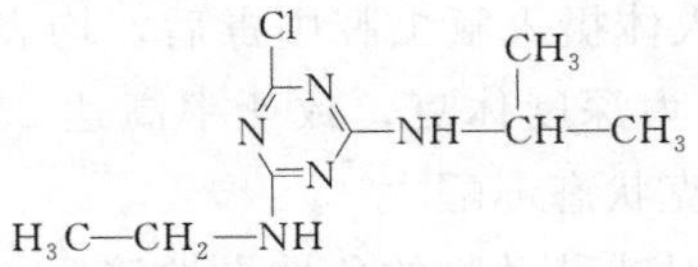

图 4-12　主要三嗪类除草剂的结构式

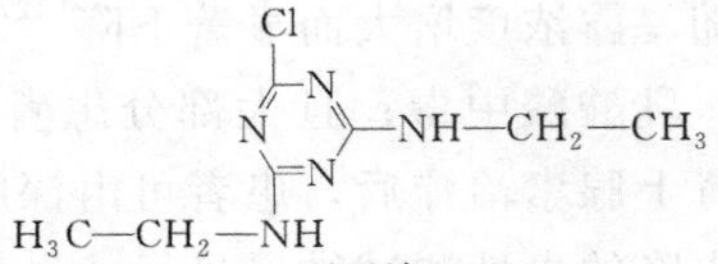

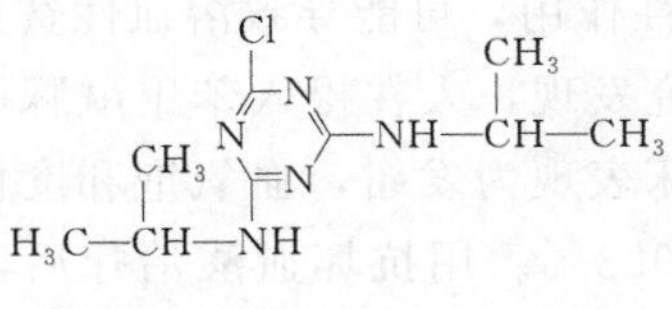

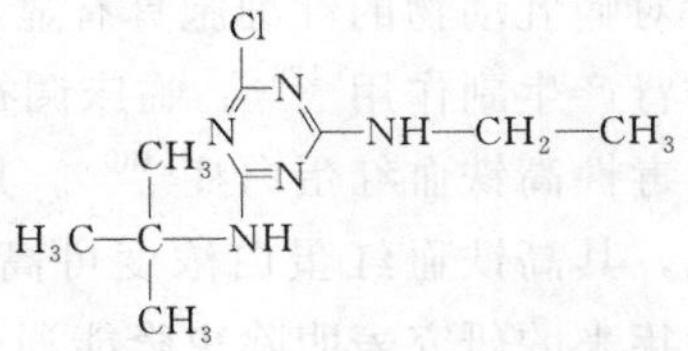

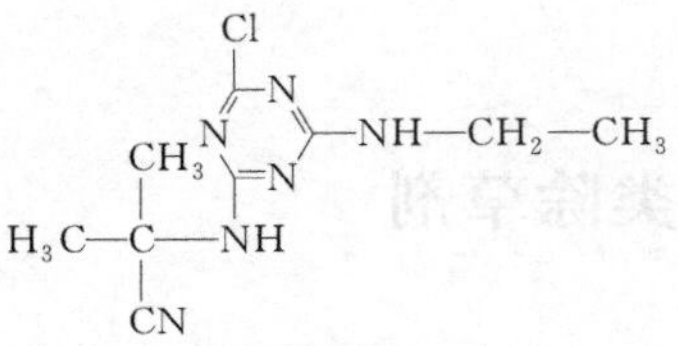

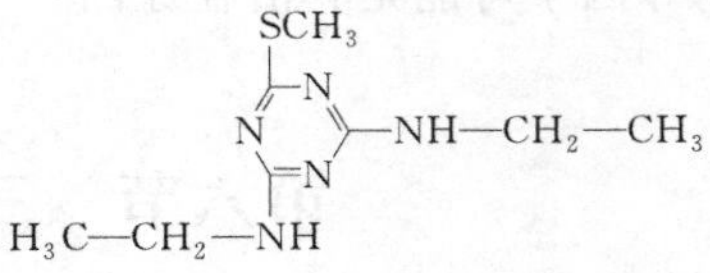

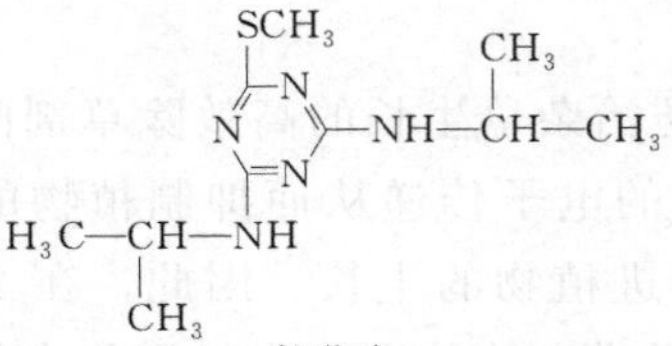

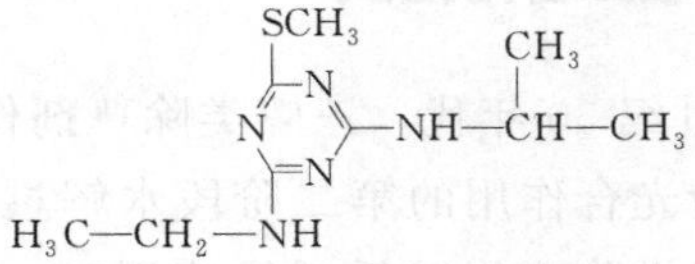

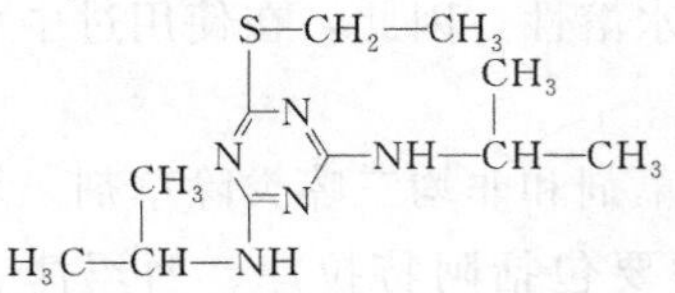

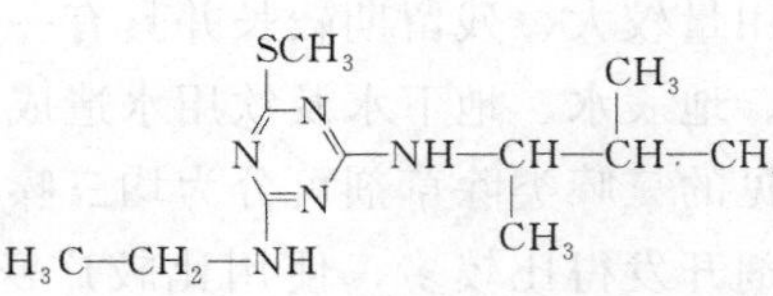

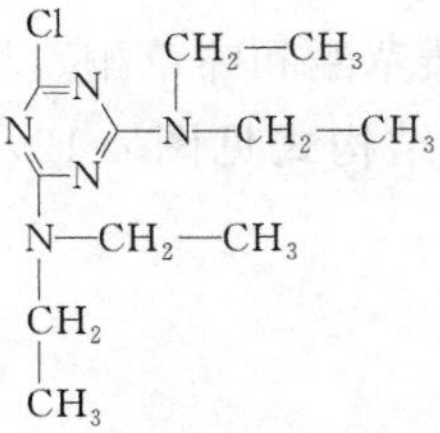

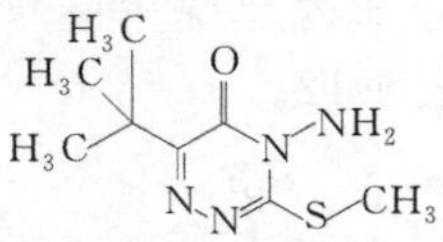

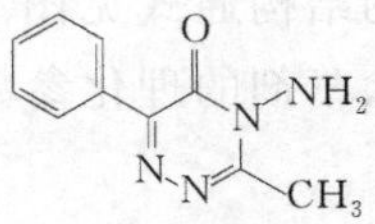

表 4-12　常见的三嗪类除草剂的理化参数

除草剂名称	熔点/℃	沸点/℃	溶解度	稳定性
阿特拉津	173~175	200	在水中溶解度较小,易溶于一般有机溶剂,如氯仿、丙酮、乙酸乙酯、甲醇	pH=7左右较稳定,若温度较高,可被碱或无机酸水解
西玛津	226~227	329	水:5mg/L(20℃) 石油醚:2mg/L(20℃) 甲醇:400mg/L(20℃) 氯仿:900mg/L(20℃)	pH=7左右较稳定,若温度较高,可被较强酸、碱水解
扑灭津	39.5~41.5	100	水:242mg/L(25℃) 可溶于一般有机溶剂,如乙醇、乙醚、丙酮、氯仿等	pH=7左右较稳定,可被较强酸、碱水解,且水解程度随温度升高逐渐增强
特丁津	177~179	333.09	在水中溶解度低,易溶于有机溶剂	—
氰草津	167.5~169		水:171mg/L(25℃) 乙醇:45g/L 甲基环己酮:210g/L 氯仿:210g/L 丙醇:195g/L	在微酸、微碱条件下稳定,强酸、强碱条件下易水解
西草净	82~83	393.2	水:450mg/L(22℃) 易溶于一般有机溶剂,如甲醇、乙醇、氯仿	在强碱及高温条件下易分解
扑草净	118~120		水:33mg/L(25℃) 丙酮:300g/L(25℃) 乙醇:140g/L(25℃) 己烷:6.3g/L(25℃) 甲苯:200g/L(25℃) 正辛醇:110g/L(25℃)	pH=7左右较稳定,在热酸和热碱中可被水解
莠灭净	84~85	396.4	水:18mg/L 丙酮:500g/L 甲醇:450 g/L 甲苯:400g/L	—
异丙净	104~106		水:16mg/L(20℃) 易溶于有机溶剂	—
可乐津	27	387.7	水:10mg/L(21℃)	
嗪草酮	125	132	水:1.2g/L(20℃) 乙醇:190g/L(20℃) 甲醇:450g/L(20℃) 甲苯:130g/L(20℃)	
苯嗪草酮	167~170	340.33	水:1.7g/L(25℃) 环己酮:10~50g/kg(25℃) 二氯甲烷:20~50g/L(25℃) 己烷:<100mg/L(25℃) 异丙醇:5~10g/L(25℃) 甲苯:2~5g/L(25℃)	酸性介质中稳定,pH>10不稳定

二、环境赋存

三嗪类除草剂是一种在种植园与果园作物中被广泛使用的除草剂,尤其是阿特拉津及西玛津,它们在环境中难以被生物降解,因而很容易在大气、水及土壤环境中残留。

三嗪类除草剂可以通过多种途径进入大气中。有研究对加拿大 1996～2002 年间的 2 个湖边站点本泰兰岛(Burnt Island)、彼得角(Point Petre)及一个农村内陆站点埃格伯特(Egbert)进行了为期 6 个月(4～9 月)的大气气相及粒子相阿特拉津浓度的检测[132]。岛屿站点气相中阿特拉津最高浓度为 150pg/m^3(1998 年),粒子相中阿特拉津最高浓度为 2000pg/m^3(1999 年)。Point Petre 站点气相中阿特拉津最高浓度为 840pg/m^3(1999 年),粒子相中阿特拉津最高浓度为 790pg/m^3(1999 年)。Egbert 站点气相中阿特拉津最高浓度为 6100pg/m^3(2001 年),粒子相中阿特拉津最高浓度为 2000 pg/m^3(1999 年)。

2002 年对张家口地区的洋河水域进行了调查[133],在洋河水库检出了阿特拉津及其主要代谢产物脱乙基阿特拉津、脱异丙基阿特拉津及羟基化阿特拉津。其中,阿特拉津浓度为 6.7μg/L,超出我国阿特拉津最大允许残留标准(3μg/L)及欧盟最大允许残留标准(0.1μg/L)。其代谢产物羟基化阿特拉津浓度为 8.6μg/L,脱异丙基阿特拉津浓度为 3.2μg/L。另外,还对农药厂旁边村庄 130m 深井水进行了检测,发现阿特拉津代谢产物脱乙基阿特拉津浓度(7.2μg/L)为阿特拉津浓度(0.72μg/L)的 10 倍,成为污染地下水的主要因素。而位于下游的官厅水库水中阿特拉津的浓度为 0.76～3.9μg/L。2001 年,对东辽河流域水样进行检测[134],在旱田分布区地表水中阿特拉津的平均浓度为 9.71μg/L,旱田分布区从上游至下游阿特拉津浓度逐渐增加。1999 年,对辽河和长江流域水样中的三嗪类除草剂进行了研究[135]。西玛津浓度在 5.3～58.7ng/L 之间,在 4、10、12 月份,辽河流域检测到的阿特拉津浓度在 65.5～383ng/L 之间,6 月份,在施用三嗪类农药后,阿特拉津浓度最高达 1513.1ng/L。

对茶园土壤中 10 种三嗪类除草剂(西玛津、阿特拉津、扑灭津、特丁津、敌草净、环丙津、西草净、莠灭净、扑草净)进行检测[136],随机抽取的 10 份样品,只有一份样品中检测出了阿特拉津,其含量为 45.9μg/kg。沈阳周边 36 个农田土壤样品中共检出 12 种三嗪类除草剂,其中阿特拉津的浓度最高,达 73.80μg/kg[137]。

对多种果蔬（包括梨、苹果、桃、葡萄、哈密瓜、番茄、丝瓜、洋葱、苦瓜、韭菜、芦笋、胡萝卜、土豆、空心菜、卷心菜、蚕豆、扁豆、豇豆、玉米、大米和小麦）中三嗪类除草剂的含量进行分析[138]，结果表明，扑灭通检出率为43%，莠灭净检出率为14%。小麦是唯一一个同时检出扑灭通和莠灭净的样品，且两者都处于最高水平，扑灭通为 $0.98\mu g/kg$，莠灭净为 $0.50\mu g/kg$。另一研究检测了苹果、葡萄、香蕉、草莓、西红柿、白菜、菠菜、油菜中三嗪类除草剂（包括阿特拉津、西玛津、草净津、另丁津、扑灭津、特丁津、草达津、草怕津、可乐津）的含量[139]。其中，特丁津、草达津、草怕津、可乐津在任何果蔬中均未检出；西玛津在草莓、西红柿、白菜、油菜中均被检出，其含量分别为 0.03mg/kg、0.04mg/kg、0.04mg/kg、0.02mg/kg，草净津在白菜、菠菜中的含量分别为 0.03mg/kg、0.02mg/kg，阿特拉津在苹果、葡萄、白菜、菠菜和油菜中的含量分别为 0.03mg/kg、0.02mg/kg、0.12mg/kg、0.05mg/kg、0.06mg/kg，另丁津在白菜、菠菜中的含量分别为 0.03mg/kg、0.02mg/kg，扑灭津在白菜中的含量为 0.03mg/kg。

三、毒性作用过程及效应

阿特拉津通过激活 PXR/CAR 通路反应，破坏细胞色素 P450 稳态，从而引起鸟类神经毒性[140]。暴露于阿特拉津 30d，可使大鼠的肝脏及消化器官发生增生性病变、脾脏和胸腺发生退行性病变[141]。阿特拉津是一种内分泌干扰物，动物在发育过程中暴露于一定浓度的阿特拉津，其雄性生殖组织会发生改变。低浓度的阿特拉津可使雄性非洲爪蟾雌性化[142]，暴露于阿特拉津下会导致脊椎动物睾丸小管的尺寸增大、精原细胞及生殖细胞缺失。阿特拉津还会使雄性硬骨鱼、两栖动物、爬行动物和哺乳动物的性腺雌性化[143]。在妊娠期对大鼠母体注射阿特拉津和脱乙基阿特拉津，其后代的 5α-DHT 前列腺素受体会受到强烈抑制[144]。

有研究分别测试了阿特拉津、西玛津、莠灭净、扑草净、二甲丙乙净、扑灭津及氰草津七种除草剂对蝌蚪的毒理学效应[145]。其半数致死浓度（24h LC_{50}、48h LC_{50}、72h LC_{50}、96h LC_{50}）在 1.54～76.4mg/L 之间。这些三嗪类化合物对蝌蚪具有较低的急性毒性，但在浓度低于 96h LC_{50} 值 1～3 个数量级时促进了脊柱侧凸的发病率，对蝌蚪的生长发育有抑制作用。成年雄性斑马鱼胚胎暴露于阿特拉津下会使与细胞功能、癌症、生殖和神经系统相关的基因表达发生变化[146]。

四、人体暴露风险

阿特拉津被认为是一种具有潜在致癌性的环境内分泌干扰物,对人类有致癌作用,长期暴露于阿特拉津下更易患前列腺癌,还会导致乳腺癌及卵巢癌的发生,也可能造成人体血管系统发生问题和生殖障碍。阿特拉津暴露可对MCF-7细胞蛋白表达产生影响[147],有29个蛋白对应的49个位点存在着显著的差异表达。这些蛋白质属于不同的细胞室(细胞核、胞浆、膜),分别具有不同的功能;88%的蛋白质[包括调节氧化应激的蛋白质(如超氧化物歧化酶)和一些结构蛋白(如肌动蛋白或原肌球蛋白)]在阿特拉津作用下下调。

对阿特拉津暴露的生产工人进行监测,阿特拉津总暴露量为每个工作班次$10\sim700\mu mol$,尿液中总阿特拉津的排泄量占总阿特拉津暴露量的1%~2%,其中,脱双烷基阿特拉津占80%,脱异丙基阿特拉津占10%,脱乙基阿特拉津占8%,阿特拉津占2%[148]。此外,对从事喷洒野草作业和接触液体阿特拉津制剂的工人进行研究[149],检测出了等量的脱双烷基阿特拉津和脱异丙基阿特拉津,但未检测到脱乙基阿特拉津,其尿液中脱双烷基阿特拉津的平均浓度比实验工人尿液中检出的浓度高10倍。

第七节 氨基甲酸酯类农药

一、结构及理化性质

氨基甲酸酯类农药是一种合成农药,为天然氨基甲酸毒扁豆碱的类似物,在水中溶解度较高,是乙酰胆碱酯酶的可逆抑制剂。氨基甲酸酯类农药一般无特殊气味,在酸性条件下稳定,碱性条件下易分解,暴露在空气和阳光下易分解,在土壤中的半减期为数天至数周。这类农药纯品一般为白色结晶,几乎没有气味,味道苦且有冰冷感觉。其在环境中的存在周期及毒性比有机磷和有机氯等杀虫剂低,而且具有较高的杀虫效率,已成为主要的商用合成杀虫剂之一。氨基甲酸酯类农药的结构通式见图4-13,使用较多的有速灭威(metolcarb)、甲萘威(carbaryl)、涕灭威(aldicarb)、克百威(carbofuran)、叶蝉散(isoprocarb)和抗蚜威(pirimicarb)等(图4-14)。几种常见的氨基甲酸酯类农药的理化性质见表4-13。

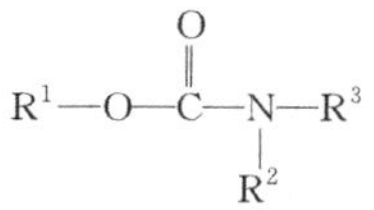

图 4-13 氨基甲酸酯类农药的结构通式

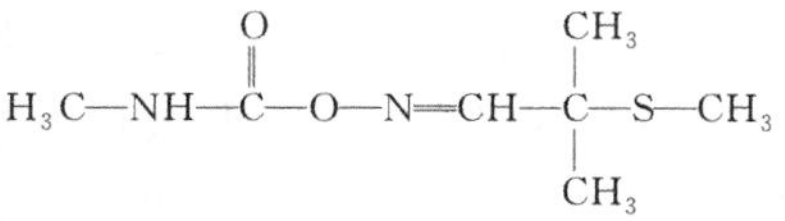

涕灭威

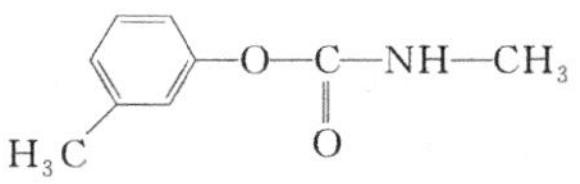

速灭威

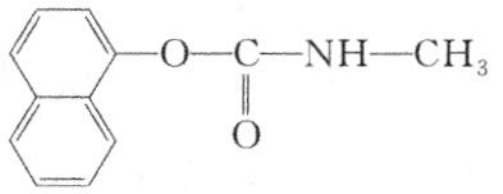

甲萘威

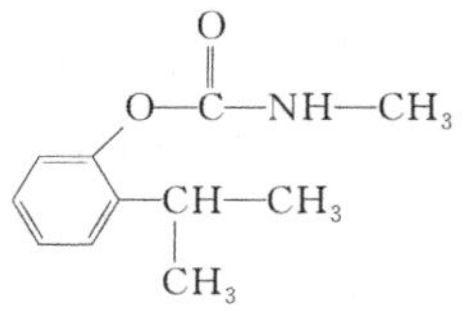

叶蝉散

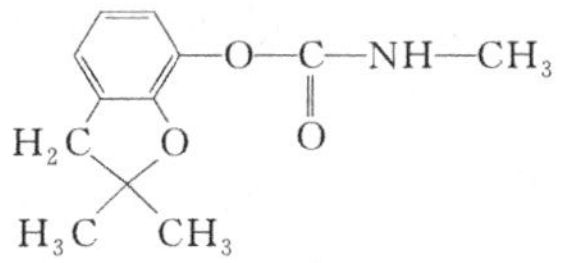

克百威

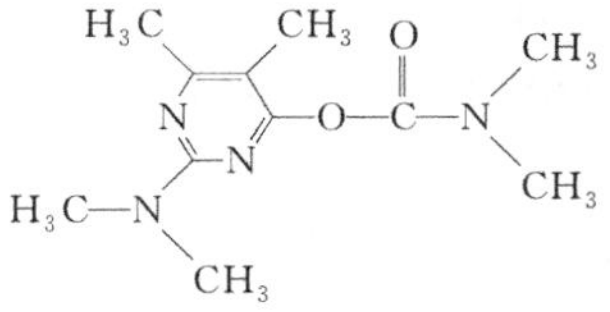

抗蚜威

图 4-14 常见氨基甲酸酯类农药的结构式

表 4-13 几种常见的氨基甲酸酯类农药的理化性质

农药名称	熔点/℃	沸点/℃	溶解度		特殊性质
			水/(mg/L)	有机物(25℃)/(g/L)	
速灭威	76～77	241.6±23.0	难溶于水	易溶于丙酮、乙醇、氯仿，微溶于苯、甲苯	放出有毒的烟气
涕灭威	98～100	306.8±42.0	6000(25℃)	可溶于丙酮、苯、四氯化碳等大多数有机溶剂	—
甲萘威	142～146	315	40 (30℃)	可溶于多种有机溶剂	对光、热较稳定，工业品略带灰色或粉红色
叶蝉散	96～97	128～129	365 (30℃)	丙酮：400 甲醇：125	—
克百威	151～152	313.3	700 (25℃)	丙酮：150 DMF：170	原药为淡黄褐色，有微弱的酯类气味
抗蚜威	90.5	380.88	3060 (30℃)	甲醇：230 乙醇：250 丙酮：400	遇强酸、强碱或紫外光照射易分解

二、环境赋存

氨基甲酸酯类农药的广泛应用，导致其在水、土壤及食品中发生残留。长江中下游作为我国水稻主产区，其稻田可以检测到氨基甲酸酯类农药。在泰国沙敦府农业区附近 6 个地表水中检测到的克百威浓度为 25.9μg/L，甲萘威浓度为 45.1~191μg/L[150]。在孟加拉国朗布尔区的 24 个地表水样本中，水田样品中检出了克百威和甲萘威，其浓度分别为 0~3.395μg/L 和 0~0.163μg/L；湖泊样品中克百威和甲萘威的浓度分别为 0.949~1.671μg/L 和 0~0.195μg/L[151]。从马拉维南部棉花种植区采集了 81 个土壤样品、86 个季节性水样，分析结果表明，雨季地表水、地下水水样中甲萘威的浓度分别为 0.083~0.254mg/L、0.165~0.492mg/L，超过了最大允许残留标准；而雨季土壤样品中甲萘威浓度同样超过了最大允许残留标准[152]。2007~2010 年，加拿大安大略省南部地表水中甲萘威、抗蚜威的检出率最高；2008 年 50% 以上的样品中均检出了甲萘威和抗蚜威；甲萘威在研究期间的总平均浓度为 15ng/L（2007~2010），在雨季浓度较高，其值为 100~950ng/L[153]。希腊中部皮尼奥斯河水域 N-甲基氨基甲酸酯农药的季节变化研究表明，2003 年 1~12 月，4 个采样点水样中 8 种常用的 N-甲基氨基甲酸酯农药检出浓度范围分别为：克百威，25~206ng/L；涕灭威，ND~69ng/L；涕灭威亚砜，5~107ng/L；灭多威，ND~86ng/L；3-羟基克百威，ND~117ng/L；残杀威，ND~91ng/L；甲萘威，10~100ng/L；灭虫威，7~117ng/L。在 5~10 月期间，河水样品中氨基甲酸酯类农药的检出浓度较高，主要原因是该时间段刚施用完农药，其在水样中残留较多[154]。

在孟加拉国常见的 8 种蔬菜（茄子、西红柿、花菜、卷心菜、土豆、黄瓜、辣椒和洋葱）的 210 个样品中，有 31 个样品检出了氨基甲酸酯类农药，其中，克百威的检出率为 8.1%，甲萘威的检出率为 6.7%[155]。在泰国某市场采集的 117 个甘蓝样品中，克百威及其代谢产物的检出率为 6%，其含量在 10~62500μg/kg 之间，其中有 2 个样品超过了其最大允许残留标准（20μg/kg）；甲萘威的检出率为 11%，其含量在 1~10μg/kg 之间，均未超过最大允许残留标准（50μg/kg）[156]。在沙特阿拉伯卡西姆地区（Al-Qassim, Saudi Arabia）4 个大型超市采集的 160 种蔬菜中检测出了 23 种不同的农药，甲萘威、乙硫甲威、残杀威、克百威都有检出，其中甲萘威的检出率最高。在生菜中乙硫甲威的含量最高为 7.648mg/kg，在青椒中甲萘威的含量为 2.228mg/kg，在茄子中克百威的含量为 1.917mg/kg，在胡萝卜和青椒中残杀威的含量分别为 1.999mg/kg 和 1.544mg/kg[157]。我国 8 个主要种植区的 300 份芹菜样品中克百威的检出率为 0.7%，残留范围为 0.010~0.027mg/kg，最高残留量已超过其最大允许残留标准[158]。

三、毒性作用过程及效应

氨基甲酸酯类农药的毒性作用可通过损伤生物体 DNA 来表现。当农药进入生物体中，可与 DNA 结合生成 DNA 加合物，从而导致基因突变。氨基甲酸酯类化合物可通过活性位点的氨基甲酰化作用抑制 B 型胆碱酯酶［胆碱酯酶（ChE）和羧酸酯酶（CabE），胆碱酯酶主要分为乙酰胆碱酯酶（AChE）和丁酰胆碱酯酶（BChE）］，进而影响其正常的生理功能，导致神经中毒。氨基甲酸酯类化合物作用于 AChE，生成脱氨基甲酰化速度相对较快的氨基甲酰化酶，属于"可逆抑制"[159]。氨基甲酰化酶在体内的半减期较短（20~40min），数小时后可完全恢复活性。在氨基甲酸酯类化合物急性中毒时，胆碱能受体兴奋表现为流涎、腹泻、呕吐、支气管收缩、咳嗽、抽搐、痉挛、头痛、意识模糊、呼吸衰竭及昏迷等症状；慢性中毒症状表现为中毒数年后健康恶化，生育能力下降且后代畸变率增加[160]。将妊娠期的大鼠暴露于克百威后，其后代神经祖细胞数量减少，神经细胞分化受阻，胶质细胞分化增强，存在认知障碍[161]。

大鼠的毒理试验结果表明，经浓度为 1.5mg/kg 克百威急性暴露 5~7min，胆碱兴奋或抑制体征显示为唾液分泌、咀嚼和细震颤。激素 24h 时间过程显示，除雌二醇 6h 外，激素水平在 0.5~3h 发生了显著变化。黄体酮、皮质醇和雌二醇水平显著升高（分别为 1279%、202% 和 150%），睾酮水平降低 88%。在中毒早期，克百威引起了葡萄糖水平超过 2 倍的升高。因此，急性暴露于克百威可能导致短暂的内分泌紊乱，反复暴露可能导致严重的生殖问题[162]。

氨基甲酸酯类农药对于水生生物具有潜在的风险。对南亚野鲮的研究发现，克百威的 96h LC_{50} 为 1.4mg/L，甲萘威的 96h LC_{50} 为 8.24mg/L[163]。对斑马鱼的急性毒性试验表明，克百威和 3-羟基克百威的 96h LC_{50} 分别为 0.15mg/L 和 0.36mg/L，毒性大于丁硫克百威（96h LC_{50}=0.53mg/L）。丁硫克百威及其代谢物的二元或三元混合物的急性毒性表现出协同效应，累加指数（AI）值为 1.9~14.3。斑马鱼肝脏和鳃暴露于丁硫克百威、克百威、羟基克百威，会导致过氧化氢酶、超氧化物歧化酶和谷胱甘肽 S-转移酶的活性在多数情况下发生显著改变，丙二醛的含量大大增加，表明丁硫克百威及其代谢产物可以诱导不同程度的氧化应激。这些代谢产物的持久性更强，对斑马鱼具有很强的毒性，同时在组合情况下毒性呈现出协同效应。这些结果可为氨基甲酸酯类农药的潜在风险提供证据，同时也说明了联合氨基甲酸酯及其代谢产物进行系统性评价的重要性[164]。

四、人体暴露风险

氨基甲酸酯类农药是强内分泌干扰物和中枢神经系统毒素，低剂量便可对人和动物造成伤害。试验研究表明，不同器官暴露氨基甲酸酯类农药的肿瘤风险会增加（肝、肾、甲状腺、肾上腺、膀胱、子宫、骨骼），同时氨基甲酸酯职业性长期接触还会导致工人的心理困扰和抑郁[165]。氨基甲酸酯暴露与患糖尿病和代谢综合征的风险也存在着正相关关系。在职业和非职业环境中持续暴露于低剂量氨基甲酸酯类农药中会增加患各种疾病的风险，包括糖尿病、癌症和抑郁症等。

美国曾对中西部 4 个州进行了 985 名白人男性受试者和 2895 名对照受试者的对照研究。结果表明，与没有使用氨基甲酸酯类农药的农民相比，使用过氨基甲酸酯类农药的农民患非霍奇金淋巴瘤的风险增加了 30%～50%。对单个氨基甲酸酯类农药分析发现，患病风险与甲萘威暴露及暴露时间长短有更密切的相关性。在使用甲萘威的农民中，非霍奇金淋巴瘤的风险仅限于那些亲自接触过该产品的人以及那些疾病诊断前使用该产品时间超过 20 年的人[166]。

不同类型的氨基甲酸酯类农药的毒性有所不同，长期接触速灭威可能导致生殖毒性、精神错乱、胎儿畸形甚至癌症[167]。涕灭威亚砜可能会引起不适、肌肉无力、头晕、出汗、头痛、流涎、恶心、呕吐、腹痛和腹泻[168]。甲萘威可能对免疫系统、神经系统和内分泌系统造成损伤。大量接触甲萘威可能会导致明显的瞳孔缩小、流泪、流涕、肌肉抽搐等症状，严重中毒可导致抽搐、昏迷和死亡[169]。

第八节 磺酰脲类除草剂

一、结构及理化性质

磺酰脲类除草剂（sulfonylurea herbicides）是一类高效、广谱、高选择性的除草剂，主要用于防除阔叶杂草和禾本科杂草。磺酰脲类除草剂可通过抑制杂草的乙酰乳酸合成酶的合成，阻碍杂草细胞分裂，从而达到除草的目的。自20世纪80年代美国杜邦公司开发了第一种磺酰脲类除草剂氯磺隆以来，磺酰脲类除草剂发展迅猛，成为除草剂的第二大品种。

磺酰脲类除草剂的结构组成包括3部分：芳环、磺酰脲桥和杂环（图4-15）。其中，芳环可以是脂肪族、芳族或杂环，并通过脲桥与杂环连接，而杂环为取代三嗪类或嘧啶类。常用的磺酰脲类除草剂有噻吩磺隆、苯磺隆、酰嘧磺隆、甲基二磺隆、醚苯磺隆、氟唑磺隆、苄嘧磺隆、吡嘧磺隆、醚磺隆、氯磺隆等，其结构式如图4-16所示。

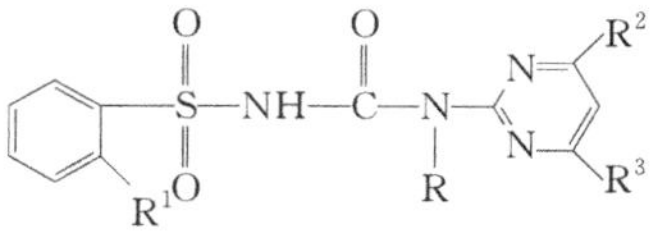

图 4-15　磺酰脲类除草剂的结构通式

磺酰脲类除草剂为非挥发性弱酸，蒸气压一般不大于10^{-10}mmHg，pK_a在3～5之间，磺酰脲的酸性主要是磺酰基中氮上的氢电离所致。因此，磺酰脲类除草剂在酸性条件下主要以分子的形式存在，其在碱性水溶液中的溶解度比在酸性水溶液中大。磺酰脲化合物很容易水解，磺酰脲化合物的水解机制与化合物的结构和pH值变化有关。中性分子容易水解，阴离子水解缓慢，并且酸可以促进水解反应的进行。在酸性条件下，主要水解磺酰脲桥形成取代氨基杂环和磺酰胺。在碱性条件下，主要是发生杂环上烷氧基的亲核取代形成羟基化的芳环以及杂环酯键的水解[170]。常见磺酰脲类除草剂的性质见表4-14。

表 4-14　常见磺酰脲类除草剂的性质

除草剂名称	溶解度(25℃) 有机相/(g/L)	溶解度(25℃) 水/(mg/L)	形态	熔点/℃	蒸气压(25℃)/Pa
噻吩磺隆	二氯甲烷:27.5 丙酮:11.9 乙腈:7.3 乙酸乙酯:2.6 甲醇:2.6 乙醇:0.9 二甲苯:0.2 己烷:<0.1	24(pH=4) 260(pH=5) 2400(pH=6)	白色结晶体	186	3.6×10^{-4}
氯磺隆	二氯甲烷:102 丙酮:57 甲醇:14 甲苯:3 己烷:0.01	100～125(pH=4.1) 2.79×10^4(pH=7)	白色结晶体	174～178	6.13×10^{-4}

续表

除草剂名称	溶解度(25℃) 有机相/(g/L)	溶解度(25℃) 水/(mg/L)	形态	熔点/℃	蒸气压(25℃)/Pa
苯磺隆	丙酮:0.0438 乙腈:0.0542 四氯化碳:3.12×10^{-3} 乙酸乙酯:0.0175 己烷:2.8×10^{-5}	28(pH=4) 50(pH=5) 280(pH=6)	白色固体	141	3.6×10^{-5}
甲磺隆	二氯甲烷:121 丙酮:36.0 甲醇:7.30 乙醇:2.30 二甲苯:0.58	270(pH=4.5) 1.75×10^3(pH=5.4) 9.50×10^3(pH=6.1)	白色结晶固体	158	3.3×10^{-10}
甲酰胺磺隆	甲醇:1.66 丙酮:1.93 乙酸乙酯:0.362	37.2(pH=5) 3.29×10^3(pH=7) 9.46×10^4(pH=9)	淡黄褐色固体	199.5	4.2×10^{-11}
氯嘧磺隆	可溶于N,N-二甲基甲酰胺和1,4-二氧六环,微溶于丙酮、乙醇,难溶于苯等非极性溶剂	9.0(pH=5) 1.20×10^3(pH=7)	白色固体粉末	180~182	4.9×10^{-8}
氯吡嘧磺隆	甲醇:1.62	15(pH=5) 1.65×10^3(pH=7)	白色固体粉末	175.5~177.2	$<1\times10^{-5}$
丙苯磺隆	二氯甲烷:1.50 正庚烷:<0.100 二甲苯:<0.100 异丙醇:<0.100	2.90×10^3(pH=4.5) 42.0×10^3(pH=7~9)	无色无味粉末状晶体	230~240	$<1\times10^{-8}$
四唑嘧磺隆	乙腈:1.39×10^{-2} 丙酮:2.64×10^{-2} 甲醇:2.10×10^{-3} 甲苯:1.80×10^{-3} 正己烷:$<2\times10^{-4}$ 乙酸乙酯:1.3×10^{-2} 二氯甲烷:6.59×10^{-2}	72.3(pH=5) 1.05×10^3(pH=7) 6.54×10^3(pH=9)	白色固体	170	4×10^{-9}
苄嘧磺隆	二氯甲烷:11.7 乙腈:5.38 二甲苯:0.28 乙酸乙酯:1.66 丙酮:1.38 甲醇:0.99 己烷:3.10×10^{-3}	1.20×10^3	白色无臭固体	185~188	1.733×10^{-3}

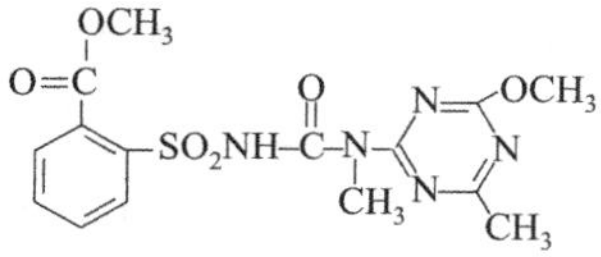

苯磺隆

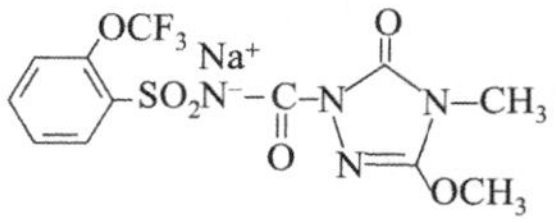

氟唑磺隆

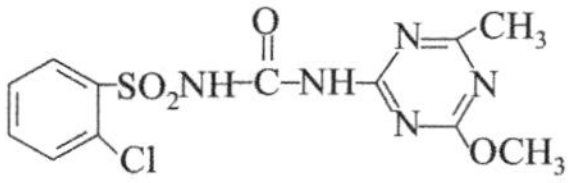

氯磺隆

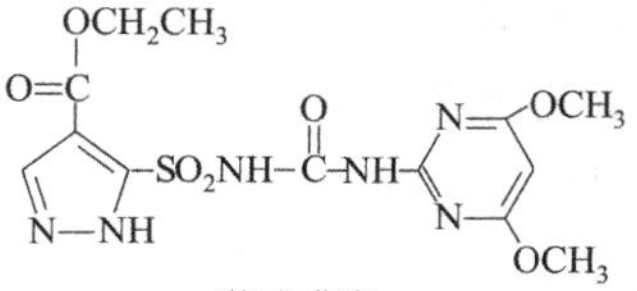

吡嘧磺隆

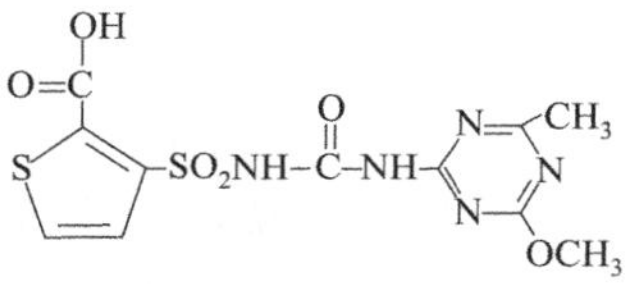

噻吩磺隆

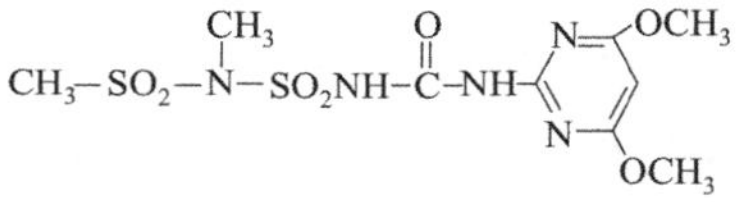

酰嘧磺隆

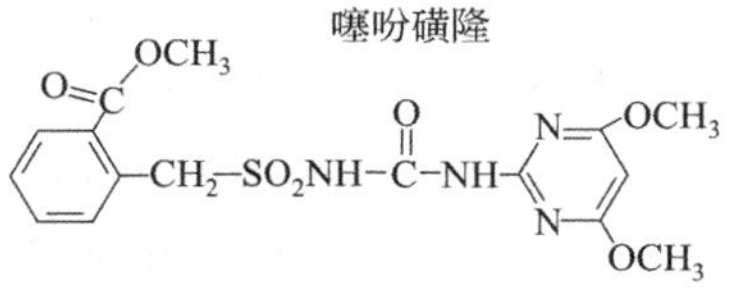

苄嘧磺隆

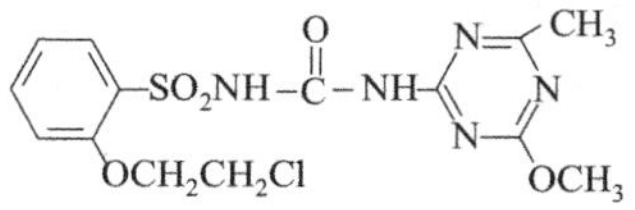

醚苯磺隆

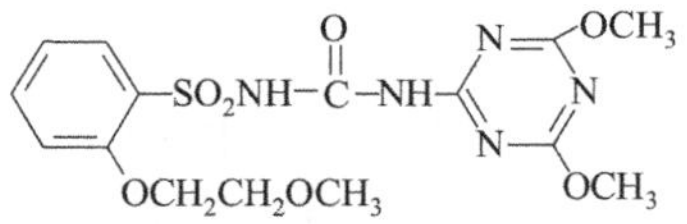

醚磺隆

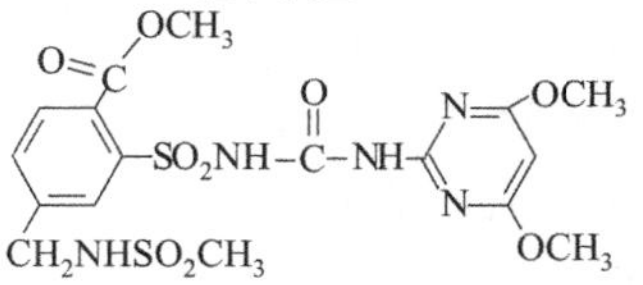

甲基二磺隆

图 4-16 常见磺酰脲类除草剂的结构式

二、环境赋存

磺酰脲类除草剂可用于防除禾谷类和其他油料作物田中多种阔叶杂草和禾本科杂草等，同时可能会在大豆、大米和玉米等农产品中有部分残留。同其他化学农药一样，磺酰脲类除草剂极易随降水渗透到地表和地下。土壤中的磺酰脲类除草剂随地表径流或经渗滤通过土层而渗入地下水中，从而对地下水造成一定程度的污染，随地下径流扩散至居民区，对人体健康构成严重威胁。

有研究对吉林省部分饮用水、污水处理厂出水、松花湖水、松花江水和吉林某高校的生活污水进行了 27 种磺酰脲类除草剂的筛查[171]。在饮用水中检测出了苯磺隆、噻吩磺隆、酰嘧磺隆、甲基二磺隆、四唑嘧磺隆和碘甲磺隆钠盐，其检出浓度均在 0.2~4.6ng/L 之间；在污水处理厂出水中，苯磺隆、噻吩磺隆、酰嘧磺隆和甲基二磺隆的检出浓度均高于 10ng/L，其他检出浓度均低于 4.5ng/L；松花湖水中苯磺隆、噻吩磺隆、酰嘧磺隆、甲基二磺隆和四唑嘧磺隆的检出浓度均高于 20ng/L，其他磺酰脲类的检出浓度均低于 16.3ng/L；松花江水样中苯磺隆、噻吩磺隆、酰嘧磺隆、醚苯磺隆、甲基二磺隆、四唑嘧磺隆、吡嘧磺隆、乙氧嘧磺隆、三氟甲磺隆的检出浓度均在 20~57ng/L 之间，其余磺酰脲类的检出浓度均低于 19.9ng/L；吉林某高校的生活污水中检出浓度高于 10ng/L 的有苯磺隆、噻吩磺隆、酰嘧磺隆、醚苯磺隆，其余磺酰脲类的检出浓度均低于 9.7ng/L。

在厦门市农田水中检出了氟磺隆（0.79μg/L），湖水中检出了甲磺隆（0.11μg/L）和氟胺磺隆（0.96μg/L）；自来水样品中磺酰脲类除草剂均无检出；采集的 3 个农田土壤样品均检出了磺酰脲类除草剂，包括噻吩磺隆（14.7μg/kg）、甲磺隆（8~18.5μg/kg）、氟磺隆（5.0~20.7μg/kg）和氟胺磺隆（20.4~34.2μg/kg）[172]。对随机选取的 200 份土壤样品中 31 种磺酰脲类除草剂残留进行分析，结果发现，6 个样品可检出磺酰脲类除草剂，其中 4 个样品检出了烟嘧磺隆，其检出浓度分别为 3.04mg/kg、1.64mg/kg、2.64mg/kg 和 2.64μg/kg；1 个样品检出了噻吩磺隆（3.92μg/kg），1 个样品检出了苄嘧磺隆（8.44μg/kg）[173]。

2019 年，有研究者对贵州某烟草种植园的土壤和烟草中 19 种磺酰脲类除草剂进行了检测[174]，在土壤样品中检出了苄嘧磺隆、烟嘧磺隆、氟磺隆和玉嘧磺隆，其检出浓度均在 0.37~1.05mg/kg 之间；在新鲜烟叶中检出了苄嘧磺隆、氯磺隆、烟嘧磺隆、氟磺隆和玉嘧磺隆，其检出浓度均在 0.084~4.22mg/kg 之间。对 2000 组土壤样品中的 20 种磺酰脲类除草剂进行了检测，结果表明，其中有 120 组样品中检出了甲酰胺磺隆、甲磺隆、氯磺隆、甲磺胺磺隆、氟胺磺隆和甲基氟嘧磺隆，其检出浓度均在 13.5~217.4ng/kg 之间[175]。

三、毒性作用过程及效应

磺酰脲类除草剂主要通过作用于植物体内的乙酰乳酸合成酶（ALS），来抑制亮氨酸、异亮氨酸、缬氨酸等物质的生物合成，阻碍植物根和幼芽的顶端生长，从而达到杀死杂草的目的。磺酰脲类除草剂水溶性极强，可以直接或间接进入水环境，进而危及水生生物（鱼、虾类），严重时甚至可导致水生生物死亡。存活的水生生物可吸收并富集环境中的磺酰脲类除草剂，并通过食物链放大危及人类健康。

研究表明，磺酰脲类除草剂会降低斑马鱼胚胎孵化率，不同浓度的苯磺隆溶液均可降低斑马鱼胚胎孵化率，且两者存在明显的剂量-效应关系[176]。苄嘧磺隆对斑马鱼胚胎发育有一定的抑制效应，鱼体内丙二醛含量随着苄嘧磺隆暴露浓度的升高而升高[177]。烟嘧磺隆具有潜在生物学毒性[178]，在浓度为20mg/L和40mg/L时可显著降低斑马鱼胚胎孵化率。甲磺隆会显著影响鱼脑组织中乙酰胆碱酯酶的活性，影响程度与甲磺隆的浓度有关[179]。另外，水环境中的甲磺隆也会对水生生态系统结构的稳定性产生重要影响[180,181]。

烟嘧磺隆、噻吩磺隆、砜嘧磺隆和氯嘧磺隆在推荐施药剂量下对玉米、小麦、谷子、高粱4种作物是安全的[182]，但随着施药剂量的增加，会不同程度地抑制作物生长，甚至导致死亡。氯嘧磺隆对大豆的安全性较差，在施用后，气温下降或施药后多雨均可能会出现药害。氯磺隆在1μg/L时可抑制玉米的生长，在10μg/L时可抑制玉米芽的生长[183]。磺酰脲类除草剂单一的作用位点导致杂草对其产生抗药性的速度比较快，连续施用几年后，杂草容易产生抗药性。

四、人体暴露风险

农业生产施用的化学除草剂主要残留于土壤中，少部分迁移至农作物可食用部分，二者均可经不同的途径，最终暴露于人体，从而产生健康风险。有研究考察了土壤中6种磺酰脲类除草剂对人体暴露的致癌风险，结果表明经口摄入土壤暴露途径的贡献率为64.51%，经皮肤接触土壤暴露途径的贡献率为35.27%，经呼吸吸入土壤颗粒物暴露途径的贡献率仅为0.22%；在土壤暴露的致癌风险因素中，经口摄入和经皮肤接触两种途径占主导地位，贡献率合计为99.78%[184]。

当磺酰脲类除草剂分子通过呼吸或肠道进入人体后，会与人血白蛋白结合，随血液分配到各组织器官。当食入被磺酰脲类除草剂污染的蔬菜和食品后，其残留会在人体内累积，达到一定程度时，则会导致急性或慢性中毒。有些磺酰脲类除草剂化学性质不稳定，在施用后，容易受外界条件的影响而分解。如果分解产物具有毒性的磺酰脲类除草剂被施用于生长期较短、连续采收的蔬菜，则很容易导致人畜中毒，例如尿结石的形成[185]。还有些除草剂的代谢产物化学性质稳定，在农作物及环境中停留时间长，易在脂肪中累积。流行病学研究表明，使用磺酰脲类除草剂会显著增大引发结肠癌、膀胱癌和流产等的风险，并会增加男性不育的风险[186]。

第九节 杀菌剂

一、结构及理化性质

杀菌剂（antimicrobial）是指破坏或抑制有害微生物生长的物质或物质混合物，这些有害微生物包括生长在无生命物体及其表面的细菌、真菌等。杀菌剂作为防治各类病原微生物药剂的总称，被广泛应用于农业、工业和医疗卫生等领域中。苯并咪唑类杀菌剂、三唑类杀菌剂、甲氧基丙烯酸酯类杀菌剂、羧酸酰胺类杀菌剂是非常重要的4类杀菌剂。

苯并咪唑类杀菌剂是以有杀菌活性的苯并咪唑环为母体的一类有机杀菌剂，包括多菌灵、苯菌灵、噻菌灵、硫菌灵、甲基硫菌灵、麦穗宁及其主要代谢产物2-氨基苯并咪唑等（图4-17）。部分苯并咪唑类杀菌剂的理化性质见表4-15。这一类农药的抑菌杀菌作用机制是通过在病原微生物细胞分裂的过程中，与微管蛋白相结合进而干扰有丝分裂，从而有效抑制病原菌的繁殖和生长。

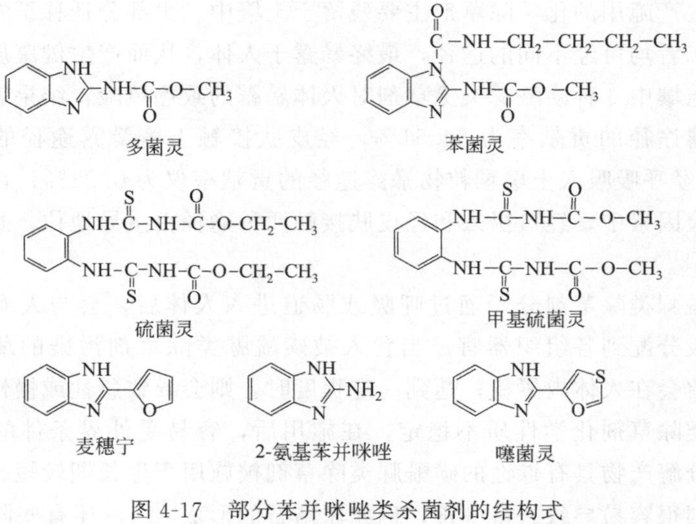

图4-17 部分苯并咪唑类杀菌剂的结构式

表 4-15　部分苯并咪唑类杀菌剂的理化性质

杀菌剂名称	熔点/℃	沸点/℃	蒸气压/Pa	溶解度 水/(mg/L)	溶解度 有机溶剂/(g/L)	稳定性
多菌灵	>300	326.92	1.5×10^{-4} (25℃)	几乎不溶于水	几乎不溶于一般有机溶剂,可溶于硫酸、盐酸等无机酸和醋酸,并生成相应的盐	对热较稳定,对酸、碱不稳定
苯菌灵	>300	432.41	$<5\times10^{-6}$ (25℃)	<1000 (20℃)	不溶于油类,可溶于氯仿、丙酮、二甲基甲酰胺	熔点前分解
噻菌灵	298	446.0	—	50 (25℃)	丙酮: 28 苯: 2.3 氯仿: 0.8 甲醇: 9.3 二甲基亚砜: 80 二甲基甲酰胺: 39 (25℃)	耐酸、耐碱、耐紫外线
甲基硫菌灵	172	—	$<1.3\times10^{-5}$ (25℃)	<1000 (20℃)	在二甲基甲酰胺、氯仿中溶解度较大;可溶于丙酮、甲醇、乙醇、乙酸乙酯、二氧六环	177~178℃时分解,对酸、碱稳定
麦穗宁	310	318.14	$<1\times10^{-3}$ (20℃)	几乎不溶于水	不溶于大多数有机溶剂,可溶于吡啶中	对光、热、潮湿不稳定
2-氨基苯并咪唑	226	235.67	—	溶解度小	—	—

三唑类杀菌剂的化学结构的共同特点是主链上含有羟基(酮基)、取代苯基和1,2,4-三唑基团化合物。三唑类杀菌剂为内吸性杀菌剂,具有保护、治疗和铲除的作用,还具有一定的植物生长调节活性。三唑类杀菌剂的杀菌谱较广,可用于对担子菌、子囊菌及半知菌三大菌纲的真菌引起的多种病害的防治。三唑类杀菌剂通过抑制羊毛甾醇-14α-脱甲基酶,影响生物合成甾醇类物质,使菌体细胞膜功能受到破坏。其对植物体无害,但对致病真菌具有极高的生物毒性。常见的三唑类杀菌剂有腈菌唑、烯唑醇、三唑醇、双苯三唑醇、戊菌唑和苯醚甲环唑等(图4-18),其理化性质见表4-16。

表 4-16　部分三唑类杀菌剂的理化性质

杀菌剂名称	熔点/℃	沸点/℃	蒸气压/Pa	溶解度 水/(mg/L)	溶解度 有机溶剂/(g/L)	稳定性
腈菌唑	63	202	2.13×10^{-4} (25℃)	142 (25℃)	对于醇、芳烃、酯、酮等有机溶剂,溶解度为50~100;不溶于己烷等脂肪烃	在日光下水溶液中降解半减期为25d,土壤中降解半减期66d(28℃)
烯唑醇	134	501.1	2.93×10^{-3} (20℃)	4.1 (25℃)	—	—

续表

杀菌剂名称	熔点/℃	沸点/℃	蒸气压/Pa	溶解度 水/(mg/L)	溶解度 有机溶剂/(g/L)	稳定性
三唑醇	112	465.4	6×10^{-7} (20℃)	62 (20℃)	二氯甲烷:100~200 异丙醇:100~200 己烷:0.1~1.0 甲苯:20~50 (20℃)	在中性或弱酸性介质中稳定,在强酸性介质中煮沸时易分解
双苯三唑醇	49	350	—	5 (20℃)	二氯甲烷:100~200 异丙醇:30~100 甲苯:10~30 正己烷:1~10 不溶于脂肪族碳氢化物(20℃)	在酸性和碱性介质中均较稳定
戊菌唑	57.6	—	1.7×10^{-4} (20℃) 3.7×10^{-4} (25℃)	73 (25℃)	乙醇:730 丙酮:770 甲苯:610 正己烷:24 正辛醇:400 (25℃)	在水中稳定,温度升高至350℃仍稳定,不分解
苯醚甲环唑	76	220	3.3×10^{-8} (25℃)	3.3 (20℃)	乙醇:330 丙酮:610 甲苯:500 正己烷:3.4 (20℃)	≤300℃时稳定

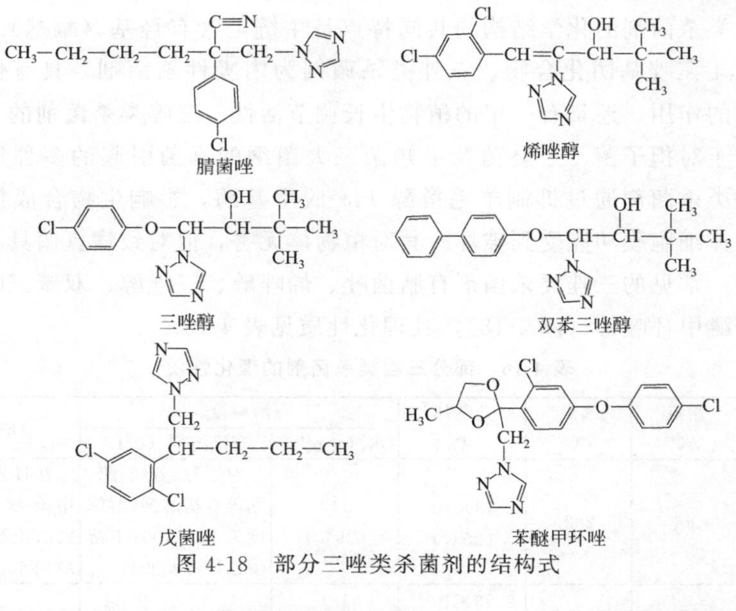

图 4-18 部分三唑类杀菌剂的结构式

甲氧基丙烯酸酯类杀菌剂通过影响细胞色素 b 和 c_1 之间的电子传递而阻

止细胞的 ATP 合成,从而抑制其线粒体呼吸而发挥抑菌作用,几乎对所有的真菌病害均有良好的活性。目前,甲氧基丙烯酸酯类杀菌剂有嘧菌酯、醚菌酯、苯氧菌胺、烯肟菌酯、啶氧菌酯、唑菌酯、氟嘧菌酯、肟菌酯等(图 4-19),部分甲氧基丙烯酸酯类杀菌剂的理化性质见表 4-17。

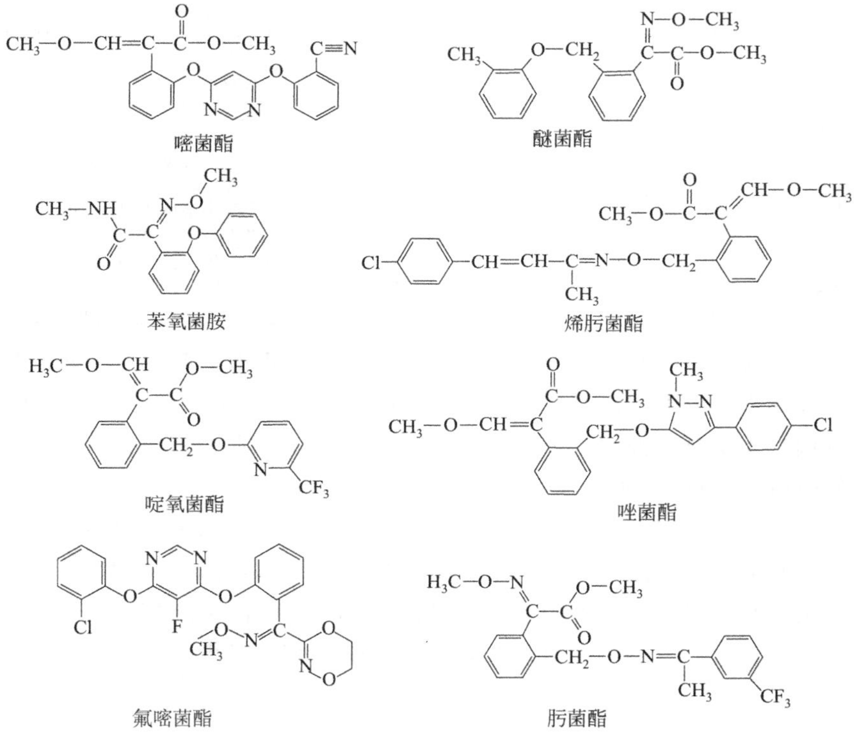

图 4-19 部分甲氧基丙烯酸酯类杀菌剂的结构式

表 4-17 部分甲氧基丙烯酸酯类杀菌剂的理化性质

杀菌剂名称	熔点/℃	沸点/℃	蒸气压/Pa	溶解度		稳定性
				水/(mg/L)	有机溶剂/(g/L)	
嘧菌酯	118	581.3	1.1×10^{-10} (25℃)	6.7 (20℃,pH=7)	甲醇:20 甲苯:55 乙腈:340 丙酮:86 己烷:0.057 正辛醇:1.4 乙酸乙酯:130 (20℃)	水溶液中光解半减期为2d,水解稳定

续表

杀菌剂名称	熔点/℃	沸点/℃	蒸气压/Pa	溶解度 水/(mg/L)	溶解度 有机溶剂/(g/L)	稳定性
醚菌酯	97.2	429.4	1.3×10^{-6}(25℃)	2(20℃)	—	—
肟菌酯	72.9	312	4.3×10^{-6}(25℃)	0.61(25℃)	正己烷:11 辛醇:18 甲醇:76 甲苯:500 在丙酮、二氯甲烷、乙酸乙酯中溶解度较大(25℃)	中性和弱酸性条件下稳定,不易水解
啶氧菌酯	75	453.1	—	3.1(20℃)	—	—
唑菌酯	—	584.6	—	不溶于水	在N,N-二甲基甲酰胺、丙酮、乙酸乙酯、甲醇中溶解度极大,几乎不溶于石油醚	在常温下贮存
烯肟菌酯	99	552.4	—	不溶于水	在丙酮、三氯甲烷、乙酸乙酯、乙醚中溶解度比较大,几乎不溶于石油醚	对光、热比较稳定

羧酸酰胺类杀菌剂通过抑制病原菌孢子囊或休止孢的萌发、菌丝的生长、孢子囊和卵孢子的形成而对多数卵菌病害具有优异的预防和治疗作用,但对腐霉和真菌均无明显的抑制效果。羧酸酰胺类杀菌剂包括肉桂酰胺类(如烯酰吗啉、氟吗啉)、缬氨酰胺氨基甲酸酯类(如异丙菌胺、苯噻菌胺、异苯噻菌胺)和扁桃酰胺类(如双炔酰菌胺)等,部分羧酸酰胺类杀菌剂的结构式见图4-20,其理化性质见表4-18。羧酸酰胺类杀菌剂具体的作用靶标基因等还未见具体报道,目前研究表明可能是抑制细胞膜磷脂层及细胞壁的形成。

表 4-18 部分羧酸酰胺类杀菌剂的理化性质

杀菌剂名称	熔点/℃	沸点/℃	蒸气压/Pa	溶解度 水/(mg/L)	溶解度 有机溶剂/(g/L)	稳定性
烯酰吗啉	125	584.9	1×10^{-6}(25℃)	50(20℃)	—	—
氟吗啉	105	556.3	—	—	—	在常态下对光、热稳定;水解很缓慢
异丙菌胺	163	497.8	—	—	—	常温贮存稳定性2年以上
苯噻菌胺	152	550.6	—	13.14(20℃)	—	—
双炔酰菌胺	96.4	—	$<9.4\times10^{-7}$(25℃)	4.2	丙酮:300 二氯甲烷:400 乙酸乙酯:120 甲醇:66 辛醇:4.8 甲苯:29 正己烷:0.042 (25℃)	常温下稳定

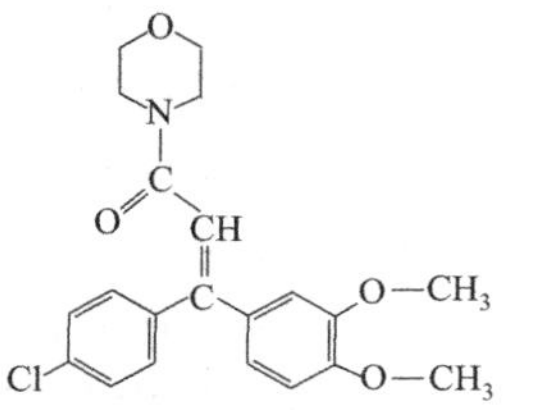

烯酰吗啉

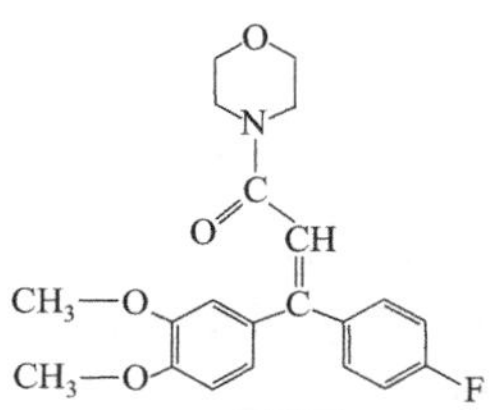

氟吗啉

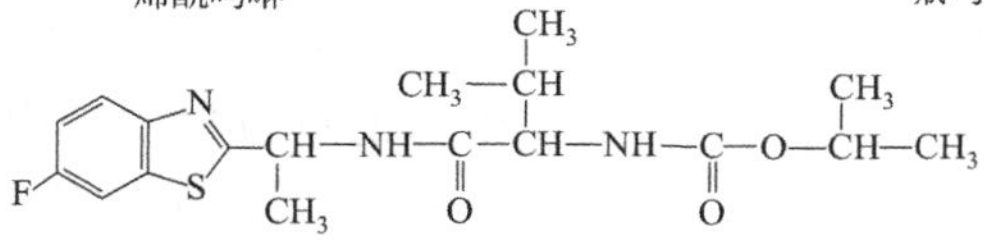

苯噻菌胺

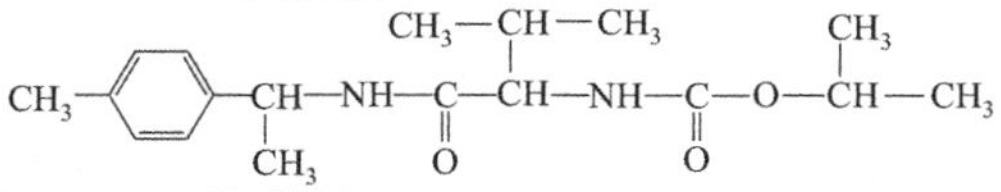

异丙菌胺

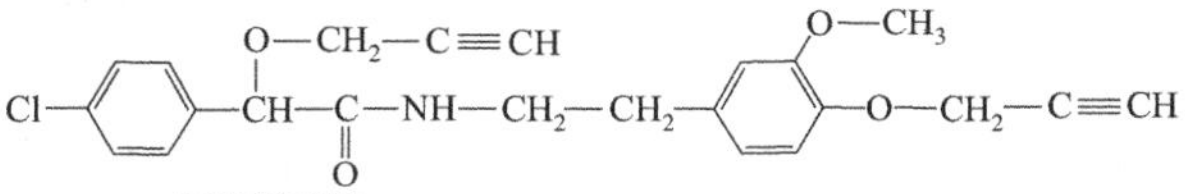

双炔酰菌胺

图 4-20 部分羧酸酰胺类杀菌剂的结构式

二、环境赋存

在施药后，杀菌剂不仅会直接残留在农产品中，还会通过迁移、转化和累积，在空气中扩散、进入河流、渗透进土壤中，从而在环境中积累，进而对人体产生危害。

2010 年 4～10 月，在加拿大萨斯喀彻温省使用了唑类杀菌剂的草原农业区布拉特湖采集大气样品。研究发现，6～8 月的样品可检测出丙环唑和脱硫丙硫菌唑，7 月浓度最大，分别为 77.9pg/m^3 和 37.5 pg/m^3[187]。对 2012～2015 年法国兰斯市中心大气样品中农药的时间与季节变化研究表明，2012 年大气样品中杀菌剂总浓度达到 129.4ng/m^3，2013～2015 年大气样品中杀菌剂总浓度在 30～40ng/m^3 之间；杀菌剂存在季节性变化，夏季浓度均高于 2ng/m^3，最大值为 19.3ng/m^3。2013 年杀菌剂的累积浓度明显降低，最大值为 5.1ng/m^3，2014～2015 年浓度更低，仅在早春可以检出[188]。在法国斯特拉斯堡采集的 10 个大气样品中，20 种杀菌剂中 15 种的检出率为 100%，其他 5 种的检出率在 70%～90%之间，浓度比较高的杀菌剂有咪鲜胺、克菌丹、环丙唑醇、地诺康、氟硅唑和异菌脲，其平均浓度分别为 39.32ng/m^3、

$10.07ng/m^3$、$11.08ng/m^3$、$13.46ng/m^3$、$20.04ng/m^3$ 和 $11.12ng/m^3$ [189]。

研究人员在 2005~2006 年从美国 13 个州 29 条溪流中采集了 103 个水样，对 12 种杀菌剂进行检测分析。结果表明，有 9 种杀菌剂至少在一条溪流样品中有检出，有 20 条溪流样品中至少检出了一种杀菌剂。56%的样品中至少检出了一种杀菌剂，多种杀菌剂同时检出也很普遍，一个样品最多检出 5 种杀菌剂。12 种杀菌剂中，嘧菌酯的检出率最高（45%），其次是甲霜灵、丙环唑、腈菌唑和戊唑醇，检出率分别为 27%、17%、9%和 6%，杀菌剂的检出浓度为 $0.002~1.15~\mu g/L$ [190]。在澳大利亚东南部的雅拉集水区内的 18 个水道采样点对 24 种杀菌剂进行了 5 个月的检测。结果表明，采集的样品中可检出 17 种杀菌剂，水样的检出率为 63%，表层沉积物样品的检出率为 44%，被动采样系统采集样品的检出率为 44%。1/3 的水样含有 2 种或 2 种以上的杀菌剂残留物。最常检测到的杀菌剂有腈菌唑、肟菌酯、嘧霉胺、苯醚甲环唑和甲霜灵。异菌脲、腈菌唑、嘧霉胺、环丙唑醇、肟菌酯和氯苯嘧啶醇在水样中的浓度最高，均大于 $0.2\mu g/L$ [191]。

在美国加利福尼亚州圣金华地区 2006 年河床沉积物中检测出了百菌清（$62.2~\mu g/kg$，干重）、嘧菌酯（$0.5~1.2\mu g/kg$，干重）、环丙唑醇（$0.3~0.7~\mu g/kg$，干重）以及腈菌唑（$0.7~2.4\mu g/kg$，干重）[192]。在 2009~2010 年的样品中，戊唑醇和吡唑醚菌酯是加利福尼亚州的河床沉积物样品中检出率最高的 2 种杀菌剂，其中戊唑醇被检出的最大浓度为 $1380~\mu g/kg$。在科罗拉多州、佐治亚州、爱达荷州、路易斯安那州、缅因州和俄勒冈州 6 个州中，在沉积物中最常检测到的杀菌剂是吡唑醚菌酯和戊唑醇，其检出率分别为 40.47%和 23.81%[193]。澳大利亚东南部的雅拉集水区沉积物样品中检测到浓度较高的杀菌剂是腈菌唑和嘧霉胺[191]。

通过对 974 个水果样品进行 70 余种杀菌剂的残留分析，发现醋栗、苹果和樱桃是杀菌剂残留比较高的水果，检出率分别为 68.5%、63.3%和 54.6%。二硫代氨基甲酸酯（检出率为 27.4%）和克菌丹（检出率为 26.3%）是最常检测到的 2 种杀菌剂，其中，啶酰菌胺和克菌丹的最高含量分别为 $2.83mg/kg$ 和 $3.31mg/kg$ [194]。在尼泊尔南部种植的三种主要蔬菜作物茄子、番茄和辣椒中检出了多菌灵残留，多菌灵在茄子样品中的含量范围为 $1.21~154g/kg$，检出率为 78%；多菌灵在所有的番茄样品中均可检出，含量范围为 $1.45~337g/kg$；多菌灵在辣椒样品中的检出率为 81%，含量范围为 $1.11~95g/kg$ [195]。有研究对浙江省腐霉利、烯酰吗啉、嘧菌酯 3 种杀菌剂在蔬菜中分布与健康风险进行了 3 年的调查研究（2015~2017 年），在 11 个城市采集了 10 种不同蔬菜的 551 份样品，番茄样品检出率为 62.6%，茄子样品检出率为 44.3%，黄瓜样品检出率为 41.6%，腐霉利在茄子中的最高平均含量为 68mg/kg，烯酰吗啉在菠菜中的最高平均含量为 16.4mg/kg，嘧菌酯在菜豆中的最高平均含量为 4mg/kg[196]。

三、毒性作用过程及效应

高浓度百菌清会降低太平洋红鲑孵化率，延长孵化时间，增加鳍折叠畸形发生率，导致肥头鲦鱼和干鱼的蛋孵化率下降[197]。苯酰菌胺对斑马鱼胚胎和幼体的毒性相对较大，在受精后 2 天，暴露量为 10μmol/L 时，斑马鱼的胚胎存活率降低约 50%。在暴露量＞5μmol/L 的幼体中可观察到心包水肿、体长缩短和脊柱弯曲。暴露于苯酰菌胺还会改变与氧化应激和细胞凋亡相关的基因表达，并降低幼体鱼的运动能力[198]。

多菌灵对水生生物有剧毒，会破坏其生殖系统，导致肠道菌群失衡。多菌灵的毒性或致畸作用也在大鼠、小鼠中表现出来。多菌灵会显著降低大鼠睾丸中超氧化物歧化酶和过氧化氢酶的活性以及类固醇合成急性调节蛋白和雄激素结合蛋白的表达，增加唾液酸浓度和脂质过氧化作用，从而引起大鼠睾丸功能障碍。多菌灵对哺乳动物的不同靶器官造成发育和生殖毒性，并且可能在肝脏和肾脏中积累，通过阻断上皮细胞的微管活性而诱导肝脏和肾脏细胞的病理变化。

三唑类杀菌剂三唑酮能够在水生生物体内累积代谢，在不同浓度下对不同类群、不同生命阶段的水生生物表现出不同的毒性效应，其中最重要的是通过抑制细胞色素 P450 酶活性干扰机体内激素水平，影响水生生物的繁殖和生长发育，导致其种群密度降低。在低剂量长期暴露下，三唑酮会对水生生物尤其是鱼类的繁殖能力造成一定的损伤[199-201]。某些三唑类杀菌剂会导致脂肪变性。丙环唑和戊唑醇与组成型雄甾烷受体、过氧化物酶体增殖物激活受体 α 和孕烷 X 受体相互作用，从而诱导脂肪变性相关基因的表达和细胞甘油三酯的积累[202]。当暴露于 0.85mg/L 丙硫菌唑时，斑马鱼胚胎死亡率显著增加，而孵化率显著降低。当丙硫菌唑浓度高于 0.43mg/L 时，观察到斑马鱼发育形态异常，如心包水肿、脊柱弯曲、尾部畸形、体长缩短和眼面积减少[203]。抑霉唑可诱发斑马鱼的发育异常、肠道菌群失调和肝脏代谢紊乱。三唑类杀菌剂也对小鼠的繁殖有毒性作用，导致前列腺和附睾重量减少、前列腺组织病理学改变和精子计数减少。抑霉唑在小鼠组织中会引起氧化应激，导致慢性肝损伤、胆汁酸代谢和肠道功能紊乱并影响相关基因的表达；怀孕和哺乳期间的小鼠接触抑霉唑可能会导致后代的内分泌失调。

嘧菌酯对鸟类、哺乳动物和蜜蜂的急性和慢性毒性较低，但对水生生物的毒性较高。对斑马鱼胚胎发育的研究表明，醚菌酯和吡唑醚菌酯均可抑制孵化、导致死亡率和致畸率增加。醚菌酯和吡唑醚菌酯的 144 h 半数致死浓度（LC_{50}）分别为 195.0 μg/L 和 81.3 μg/L。在斑马鱼幼体研究中，醚菌酯和吡唑醚菌酯均显著提高了过氧化氢酶、过氧化物酶和羧酸酯酶的活性以及丙二醛的含量[204]。

对新型杀菌剂——嘧菌酯的遗传毒性和氧化应激效应进行研究，发现斑马鱼肝脏均蓄积了过多的活性氧物质，雄斑马鱼超氧化物歧化酶（SOD）活性受到明显抑制。暴露 21 d 后，雌性斑马鱼数量明显减少，谷胱甘肽 S-转移酶活性显著升高，脂质过氧化（LPO）产生，DNA 损伤呈浓度依赖性增强[205]。上述现象说明，嘧菌酯可引起斑马鱼肝脏的氧化应激和遗传毒性。

四氯苯醌（TCBQ）具有免疫毒性、遗传毒性和神经毒性等。TCBQ 生物毒性主要涉及两种机制：①通过亲核取代与细胞内亲核物质（如 GSH、蛋白质和 DNA）产生共价结合，破坏相关生物分子的生理活性[206,207]；②产生活性氧，进而氧化蛋白质、脂质和 DNA，使细胞受到氧化损伤。TCBQ 容易迅速还原为半醌自由基 TCSQ，导致细胞产生氧化应激损伤[208]。TCBQ 和 H_2O_2 可通过金属非依赖机制产生羟基自由基（·OH）[209]。TCBQ 对斑马鱼胚胎具有很高的发育毒性，能强烈抑制胚胎孵化，导致胚胎畸形，进而造成机体氧化损伤，最终导致胚胎死亡[210]。

四、人体暴露风险

杀菌剂可通过周围环境中的空气、水、食物及灰尘等介质经饮食、呼吸、皮肤等多种途径进入人体，其中皮肤接触被认为是农业劳动者接触农药的主要途径。将 10mg/kg 剂量的杀菌剂涂在皮肤接触志愿者的前臂上，在施用后的 96h 内，代谢物几乎完全排出体外，0.02% 的克菌丹以四氢邻苯二甲酰亚胺的形式通过尿液排出，1.8% 的灭菌丹以邻苯二甲酸的形式通过尿液排出，0.002% 的克菌丹以邻苯二甲酰亚胺的形式通过尿液排出[211]。在草莓温室中使用手动背负式喷雾器施用百菌清时，施药液量对施药者的人体暴露量为 30.2mL/h，施药者的暴露风险值为 0.238，主要暴露部位为小腿。采收果实时，第 1 天采收者的人体暴露量为 3.8mL/h，第 7 天为 0.027mL/h，采收者的暴露风险值均大于 1，主要暴露部位为手部。百菌清降解的主要中间产物 4-羟基百菌清，通过延迟基底层角质细胞迁移、抑制角质细胞分化和促进皮肤角质细胞中促炎蛋白的产生而积累，从而对人类皮肤细胞产生毒性作用。

在混合、装卸、施用以及农产品收获等农事活动中，杀菌剂也会通过呼吸道进入操作者体内，产生不同程度的急性伤害或各种慢性危害。甲氧基丙烯酸酯类杀菌剂残留可以造成急性中毒和慢性中毒。急性中毒表现为恶心、腹泻、肌肉痉挛、呼吸困难、视力减退等，而慢性中毒则表现为头痛、疲倦、嗜睡。体内杀菌剂及其代谢物可以转运并贮存在人头发中，因此，头发可以反映人体短期和长期暴露情况。在卢森堡工人的头发中检出了嘧菌酯、环唑醇、嘧菌环胺、氟环唑、戊菌唑、唑菌胺酯、嘧霉胺、肟菌酯、苯酰菌胺等杀菌剂，含量为 $0.24\sim78.6\mu g/kg$，检出率为 $3.2\%\sim41.9\%$ [212]。对意大利米兰 4 个葡萄园工人的头发进行分析，施用杀菌剂的工人的头发中的戊唑醇的平均含量为 $143.1\mu g/kg$，戊康唑的平均含量为 $70.1\mu g/kg$。由于葡萄园环境中存在杀菌剂的污染，而在未施用杀菌剂的工人的头发中也检出了戊唑醇和戊康唑，其平均含量分别为 $19.4\mu g/kg$ 和 $18.8\mu g/kg$ [213]。

第十节 杀鼠剂

一、结构及理化性质

杀鼠剂按照毒理学分类大致可以分为 3 类：第一类为抗凝血杀鼠剂，如鼠得克、大隆等；第二类为中枢神经系统兴奋杀鼠剂，如毒鼠强、氟乙酰胺、氟乙酸钠，这类杀鼠剂起效快，毒性强，但是容易导致二次中毒和环境污染，没有特效解毒药，已经很少使用；第三类为其他类型杀鼠药，如增加毛细血管通透性药（安妥）、末梢血管收缩药（如灭鼠特）、抗生育药（老鼠不育剂）、干扰代谢药（如灭鼠优、鼠立死等），这些药毒性作用时间长且用药量大，对人体危害大，均已很少使用，因此，本节重点介绍抗凝血杀鼠剂。常用抗凝血杀鼠剂的分类和结构、理化性质分别见表 4-19 和表 4-20。

二、环境赋存

研究者在 2011 年对美国 50 家大型污水处理厂的处理废水进行检测[214]，所有样本中华法林浓度均在 11ng/L 以下。华法林不仅被用于鼠类防治，也被用作抗血栓的药物，因此，在医药废水中也有存在。芬兰一家医疗保健中心的未经处理的医疗废水中华法林浓度为 $82ng/L$[215]，而在该中心的生活污水中检测到的华法林浓度为 $7ng/L$。在德国一个 2500 人小镇，生活废水经现场污

表 4-19 常用抗凝血杀鼠剂的分类和结构

抗凝血杀鼠剂		名称	化学名称	分子式	结构式
第一代	茚二酮类	敌鼠 (diphacinone)	2-(2,2-二苯基乙酰基)-1,3-茚满二酮	$C_{23}H_{16}O_3$	
		杀鼠酮 (pindone)	2-异戊酰基-1,3-茚满二酮	$C_{14}H_{14}O_3$	
		氯鼠酮 (chlorphacinone)	2-[2-(4-氯苯基)-2-苯基乙酰基]茚满-1,3-二酮	$C_{23}H_{15}ClO_3$	
	4-羟基香豆素类	杀鼠醚 (coumatetralyl)	4-羟基-3-(1,2,3,4-四氢-1-萘基)香豆素	$C_{19}H_{16}O_3$	
		氯灭鼠灵 (coumachlor)	3-[1-(4-氯苯基)-3-氧代丁基]-4-羟基香豆素	$C_{19}H_{15}ClO_4$	

续表

抗凝血杀鼠剂		名称	化学名称	分子式	结构式
第一代	4-羟基香豆素类	华法林 (warfarin)	3-(1-丙酮基苄基)-4-羟基香豆素	$C_{19}H_{16}O_4$	
第二代	4-羟基香豆素类	鼠得克 (difenacoum)	3-(3-联苯基-1,2,3,4-四氢-1-萘基)-4-羟基香豆素	$C_{31}H_{24}O_3$	
		溴敌隆 (bromadiolone)	3-[3-(4-溴苯基)-3-羟基-1-苯基丙基]-4-羟基香豆素	$C_{30}H_{23}BrO_4$	
		溴鼠灵 (brodifacoum)	3-[3-(4′-溴-1,1′-联苯-4-基)-1,2,3,4-四氢-1-萘基]-4-羟基香豆素	$C_{31}H_{23}BrO_3$	
		氟鼠灵 (flocoumafen)	3-[3-(4′-三氟甲基苄基氧代苯-4-基)-1,2,3,4-四氢-1-萘基]-4-羟基香豆素	$C_{33}H_{25}F_3O_4$	

表 4-20 常用抗凝血杀鼠剂的理化性质

杀鼠剂名称	熔点/℃	沸点(在标准大气压下)/℃	密度/(g/cm³)	闪点/℃	折射率	危险品标志	性状/溶解性
敌鼠	145~147	528.7	1.281	—	1.643	极毒	黄色结晶粉末,无嗅无味,易溶于甲苯,可溶于丙酮乙醇,不溶于水,无腐蚀性,化学性质稳定
杀鼠酮	68~69	392.6	1.195	170	1.554	极毒,剌激	浅色粉末,易溶于苯、甲苯、丙酮等,能溶于乙醇,溶于大部分有机溶剂,难溶于水(18mg/L,25℃)
氯鼠酮	140~144	555.5	1.342	>100	1.648	极毒,危害环境	白色或接近白色的粉末,无臭味,可溶于丙酮,乙酸乙酯,乙醇,难溶于水。酸性条件下不稳定,无腐蚀性
杀鼠醚	176.1	502.438	1.329	100	1.673	极毒	黄白色结晶粉末,没有气味。可溶于丙酮,乙醇,微溶于苯、乙醚,不溶于水
氯灭鼠灵	168~170	543.108	1.384	—	1.641	有害	淡黄色粉末,可溶于丙酮
华法林	162~164	356	1.307	188.8	—	有毒	白色至灰白色结晶粉末,难溶于水、苯和环己烷、微溶于乙醇和甲醇,易溶于丙酮和二噁烷
鼠得克	215~217	612.8	1.272	204.3	1.676	极毒,危害环境	灰白色粉末;溶解度(g/L):水<0.1,丙酮或氯仿>50,苯0.6;可与碱金属离子生成盐,其钠盐和钾盐在水中有一定的溶解度
溴敌隆	200~210	687	1.454	369.3	1.687	高毒	淡黄色粉末;溶解度(g/L):甲基酰胺730.0,乙酸乙酯25.0,丙酮22.3,氯仿10.1,乙醇8.2,甲醇5.6,正己烷0.2,水0.019
溴鼠灵	228~230	678.995	1.39	343.5	1.686	极毒,危害环境	原药为白色至灰色结晶粉末;20℃溶解度:丙酮6~20g/L,氯仿3g/L,苯<6mg/L,水10mg/L,对一般金属无腐蚀性
氟鼠灵	181~191(顺式异构体),163~166(反式异构体)	640.2	1.348	341	1.629	极毒,危害环境	灰白色结晶粉末,几乎不溶于水

水处理设施处理后（无工业废水及雨水），其中华法林浓度为15ng/L[216]。在西班牙加泰罗尼亚9个接收城市和农业废水的污水处理厂采集废水样品并进行11种抗凝剂的检测，华法林在9个污水处理厂被普遍检出，其在废水进水中的浓度为8.75~334ng/L，活性污泥反应器中的浓度为6.89~155ng/L，出水中的浓度为1.17~44.7ng/L；华法林在6个污水处理厂可以被完全去除，在部分污水处理厂的去除率为82%~98%[217]。

法国南斯国家兽医学院野生动物中心于2003年收集了58只来自大西洋卢瓦尔（法国）的遇险野生动物。在26个动物样本的肝脏中检测到了抗凝血杀鼠剂，其中15只鸟的肝脏中检测到至少一种抗凝血杀鼠剂（0.08~0.25mg/kg），11只鸟的肝脏中抗凝血杀鼠剂含量≥0.25mg/kg[218]。西班牙地中海地区（加泰罗尼亚和马略卡岛）死亡的11种344个食肉野生动物个体肝脏中普遍存在抗凝血杀鼠剂[219]。在216只（62.8%）动物的肝脏中发现了6种不同的抗凝血杀鼠剂，在119只（34.6%）动物肝脏中发现2种及以上的杀鼠剂。马略卡岛的红角鸮（*Otus scops*）居住种群杀鼠剂检出率（57.7%）显著高于来自加泰罗尼亚的迁徙种群（14.7%）。

为了根治鼠害，许多岛屿会采取在空中撒播饵料丸的方法，对撒播杀鼠剂后的热带太平洋巴尔米拉环礁土壤和生物样本中的污染物残留量进行测定[220]，在投放饵料前收集的7份土壤样品中，有2份（28.6%）含有溴鼠灵残留。在投放饵料后的21份土壤样品中，有7份（33.3%）含有溴鼠灵残留，土壤中检测到的最高残留为0.056mg/kg。在收集到的生物样本中，陆地蟹的肝胰腺、蟹肉均检出了溴鼠灵，其浓度比招潮蟹、寄居蟹中的要高很多；鸟类的肝脏、鱼类样品中均有溴鼠灵检出；蟑螂的溴鼠灵残留水平一直是最高的。在苏格兰超过3/4的耕地会使用抗凝血杀鼠剂，主要是第二代杀鼠剂鼠得克和溴敌隆，这两种杀鼠剂的使用量累计占所有杀鼠剂使用量的78%以上，约70%的红鸢肝脏组织样品中可以检出抗凝血杀鼠剂，36%的红鸢肝脏组织样品中检出超过1种的抗凝血杀鼠剂[221]。

三、毒性作用过程及效应

杀鼠剂会抑制维生素K环氧化物还原酶，因此，依赖于维生素K的凝血因子Ⅱ、Ⅶ、Ⅸ、Ⅹ及蛋白质S、C、Z无法合成，从而导致凝血系统功能紊乱。杀鼠剂并不会对已经形成的维生素K、凝血因子和蛋白质造成影响，当维生素K的剂量达到一定值时，机体可以通过其他途径形成γ-谷酰基羧化酶的辅酶，使凝血因子和蛋白质正常合成，所以补充大量的维生素K也是目前解毒的主要思路。杀鼠剂的代谢产物可能会损伤毛细血管，使毛细血管壁的脆性和通透性增强，出血增加[222]。虽然抗凝血作用是该类杀鼠剂致死性的最主要原因，但也存在其他可能致病、致毒的原因。维生素 K 除了是凝血蛋白质形成的辅助因子外，还是体内其他几个蛋白质形成的辅助因子。研究表明，谷氨酸可能有超过 100 个靶点。因此，维生素 K 水平较低，将减少依赖于 γ-谷酰基羧化酶的蛋白羧化，这些蛋白包括能参与能量代谢、繁殖、大脑发育和骨重塑的激素——骨钙素和对血管脱钙很重要的基质蛋白（GLA）以及中枢神经系统（CNS）中几种具有重要功能的蛋白质。华法林的强疏水特性使华法林分子能够直接与细胞膜和潜在的亚细胞膜相互作用，从而导致细胞膜破裂、细胞激活和氧化物质的产生[223]。

溴杀灵是一种高效杀鼠剂，也是一种神经毒素，能抑制大脑内线粒体能量功能（三磷酸腺苷，ATP）的产生。溴杀灵很容易被胃肠道吸收，其在血浆中的浓度可在摄入后的数小时内（大鼠体内为 4h）达到峰值。溴杀灵在肝脏中通过混合功能氧化酶代谢。去甲基溴杀灵比母体化合物毒性大得多。溴杀灵具有高亲脂性，在脂肪和大脑中的含量最高。溴杀灵在大鼠的血浆中的半减期为 5~6d。溴杀灵影响氧化磷酸化过程导致细胞和组织中 ATP 减少，钠-钾离子通道泵受到影响，进而导致电解质失衡，液体转移到大脑和脊髓的有髓区域。溴杀灵还可能引发脑脂质过氧化，从而损坏细胞器和细胞膜。然后会出现渐进的不可逆细胞损伤和坏死的连锁反应。高剂量的溴杀灵会导致"惊厥综合征"，通常在剂量大于或等于一个物种的半致死剂量时出现。在狗和猫中，临床症状可能包括感觉过敏、兴奋过度、震颤、癫痫发作、打转、发声、轻度至重度中枢神经系统抑郁症、高热和死亡。摄入后 4~18h 内可能会出现症状。较低剂量的溴杀灵会导致"麻痹综合征"，临床症状的发作较慢，有时会延迟。症状可能需要 1~7d 才能出现，最初表现为共济失调、中枢神经系统抑郁、后肢瘫痪，几天后发展为瘫痪。在接下来的 1~2 周内，临床症状可能会继续恶化。其他可能包括上运动神经元体征如本体感受缺陷、深度疼痛消失、骨盆肢体反射过度和膀胱张力增加。精神迟钝的动物可能会进入昏迷或半昏迷状态。猫偶尔会出现腹胀和肠梗阻。狗和猫的其他临床症状可能包括厌食、呕吐、伸肌强直、位置性眼球震颤、屈光参差、发声障碍、精细肌肉震颤、平卧、呼吸急促、排尿困难[224]。

四、人体暴露风险

4-羟基香豆素分子量低，所以较容易通过胎盘，会抑制胎儿肝脏和肝外组织中的维生素 K 依赖性蛋白的合成。胎儿华法林综合征的发生率可高达 30%，表现为妊娠前 3 个月自然流产、胚胎病和中枢神经系统异常、胎儿死亡等。在一个案例中，在死胎血清和脐血中溴敌隆的浓度均为 94μg/L，母体血清中溴敌隆的浓度为 126μg/L[225]。2007 年，首次发现华法林中毒病人出现了关节疼痛的并发症[226]。1996 年报道了第一例因摄入溴鼠灵而导致自发性腹腔积血的案例[227]。患者有明显的喉部红斑，随后出现严重腹痛和无法排尿的症状。一名 40 岁男子曾试图自杀，吞下了数量不详的氯吡酮后出现贫血、血尿症状，治疗当天出现偏瘫和异位（右瞳孔比左瞳孔大）、伸展性抽筋、意识障碍，最后昏迷[228]。杀鼠剂中毒经过治疗好转后仍然存在复发的风险。一位农民杀鼠剂中毒患者，经治疗身体状况良好，但医学检查发现其凝血功能严重紊乱，随后再次出现血尿[229]。

对长效抗凝血杀鼠剂暴露的 174 个病例进行分析，数据表明，与抗凝血杀鼠剂暴露相关的前 4 个临床症状为血尿、牙龈出血、鼻出血和胃肠道出血[230]。颅内出血虽然发病案例不多，但却是最容易导致死亡事件发生的病因。根据病例报告的数据，14 例死亡案例中有 10 例（71%）与颅内出血有关。

第十一节　新型农药

一、简介

随着全球人口不断增加，粮食需求越来越大，为保障农业产量和质量，农药的应用已成为常态。然而，随着环境毒理学研究的深入和大众环境保护意识的不断增强，人们对生态环境质量和食品安全的期望值也越来越高，因此，对农药提出了更高的要求，倒逼农业科技领域不断开发新的农药产品，以满足现代农业发展的需求。现代农业使用的农药既要求对靶生物有防治作用的同时又要求对非靶生物及环境的影响要小。一方面，传统农药如滴滴涕等有机氯农药，因其高毒性、持久性、活性低、难降解和强富集，将被逐步禁用；另一方面，新型农药特别是环境友好、生物兼容、可降解、毒性低、活性高的新型农药应运而生。按照农药的发展历程分类，新型农药主要分为三类：新型化学农药、生物农药和纳米农药。

二、新型化学农药

化学农药向来是农药的重要组成部分,现代农业的发展催生了对新型化学农药和传统农药新型施用方法的研发,包括利用不同的现有试剂复配实现杀虫、杀菌、除草等多功能性。比如将丙环唑与苯醚甲环唑进行复配可用于防治作物的白粉病、灰霉病等。开发的氯虫苯甲酰胺可以对鳞翅目昆虫的交配过程产生影响,进而降低其产卵率。此农药对有益昆虫等影响极小,相比较而言具有较好的环境安全性。新型农药嘧菌酯是一种高效的杀菌剂,在国际上应用广泛。应用高效立体与化学选择性的铃木反应与格氏试剂反应相结合的方法,可以采用价格低廉的邻溴苯酚为起始反应物,通过改进合成工艺,可以避免农药生产过程剧毒物质的应用及复杂的后续处理过程,产率可达 48.4%,明显高于传统工艺的收率(30%)[231]。另外,其他如手性农药等化学农药一直在探索中,化学农药一直是农药开发最重要的方向,目前正朝向低毒、低残留、对非靶生物无影响或低影响的开发方向发展,此方面的研究较多,在此不再赘述。

三、生物农药

生物农药的研发已有较长时间,研发早期主要是从活的生物体如真菌、动物、辣椒、大蒜、生姜、印楝、细菌、昆虫病毒、基因改造有机体、自然天敌等或其代谢物中提取,其提取成分具有很强的杀虫、杀菌或抑菌效果。生物农药由于对环境影响较小,具有较低的环境和土壤持久性,对非靶生物的毒性水平较低,在有机农业病虫害管理中发挥了重要的作用。第一代生物农药有生物碱、尼古丁、除虫菊素、植物油(柠檬烯、沉香醇等),如除虫菊素Ⅰ、Ⅱ可有效防治蚊子等。生物农药按其来源可分为:植物源生物农药、微生物生物农药、霉菌毒素、藻类毒素、动物生物农药、信息素、转基因农药等[232]。从长远的角度来看,生物农药是可持续农业的有力支撑。

到目前为止,已有大量的有用植物物种如万寿菊、秋海棠、长叶马府树、印楝、除虫菊、烟草等,可提取其有效成分用作生物农药。植物源生物农药因其在环境中的优势被作为生物农药的首选,主要有植物杀虫剂、植物杀菌剂、植物除草剂和光活化植物霉菌等。微生物生物农药是基于发现的具有杀虫特性的微生物基因,相关基因已在实验中得到验证,证明了其对害虫的有效性。杀虫活性基因在鞘翅目和鳞翅目昆虫中获得了证实,其中包括一些对玉米作物最具破坏性的害虫。当把这些基因导入目标植物的基因组时，其生物杀虫剂特性基因可保护植物免受多种害虫的侵害。这些生物杀虫剂大多是基于来自苏云金杆菌的微生物基因，多年来，昆虫对苏云金杆菌产生了抗药性。新的生物杀虫剂产品很可能来源于其他微生物，由于微生物种类的多样性，将可能开发出多种潜在的有效微生物农药。霉菌毒素也是一类重要的生物农药，麦角产生的生物碱可影响神经系统，也是一种重要的血管收缩剂。藻类毒素通常通过生物放大、生物富集等作用进入鱼类、双壳类等水生动物体内，使其体内藻类毒素的含量水平增加，因其具有肝毒性、神经毒性、细胞毒性等，增加了人类暴露风险。藻类毒素一般具有很强的稳定性，因此，可以从这类毒素中提取得到合适的生物农药。动物源生物农药主要包括动物毒素，如蜘蛛毒素、大黄蜂毒素等。信息素是用于植物保护的物质，通常是指"外源性激素"，可在很稀的情况下将不同物种的信号和信息传递到其生存的环境中。这些物种在物种间交流过程中起到了非常重要的作用。病毒研究人员从非洲蝎子体内提取出了有毒化合物，开发出了生物杀虫剂——重组棉铃虫病毒。重组棉铃虫病毒对棉铃虫的天敌是安全的，是环境友好的生物农药[232,233]。

四、纳米农药

现代纳米技术的兴起，推动了农业领域纳米产品的开发和利用。通过设计合成农用纳米材料，有望开发出可以充当高效杀菌剂、杀虫剂、除草剂、植物生长促进剂等的新型农用药剂。农用纳米材料通常被称为纳米农药[234]。

纳米材料传统的合成方法，通常会产生大量的热量，大多需要用有毒元素做原料，并且需要先进的制造设备，还可能产生一些环境问题等。近年来开发的环境友好的合成方法，如生物源合成纳米材料，是将植物、微生物或者基于其相关产品作为还原剂调节与稳定不同尺寸的纳米材料，如纳米金、银、钯、$CdSe$、FeS_2、Bi_2O_3、SiO_2等。不同种类的纳米材料已有不少应用，纳米材料的应用主要取决于预期的作用方式或性质，用得比较多的纳米材料有金、铜、银、锌、二氧化硅、铝、几丁质、纳米黏土、碳纳米管、石墨烯等。这些纳米材料可以根据所预期的特异性、溶解性、可控释放等进行合理的设计合成，因此，在多数情况下，农用纳米材料都是与载流分子进行标记或结合的，从而形成乳液、聚合物、水凝胶等相应的产品，以便于进一步的使用。农用纳米材料通常具有生物相容性好、活性大、风险小、使用量少等特性，颇具应用潜力。

真菌导致的作物病害占作物病害的70%以上，主要农作物如水稻、小麦、大麦、棉花、花生等都非常容易遭受真菌的侵害。如大量采用化学杀菌剂，将对生态系统产生很强的破坏作用。开发由多活性分子构成的复合纳米颗粒材料作为抗真菌剂，是解决此类作物病害的重要方式之一。研究表明，纳米银颗粒对稻瘟病有较好的防治作用；纳米铜颗粒（15mg/L）可很好地抑制烟草赤星病菌（*Alternaria alternate*）和灰霉菌（*Botrytis cinereal*）；氧化锌、氧化镁纳米颗粒对尖孢镰刀菌、匍枝根霉等具有显著的抑制作用；纳米硫颗粒对腐皮镰刀菌、苹果黑星病病原菌、黑曲霉菌、黄曲霉菌、白色念珠菌、尖孢镰刀菌、绿脓杆菌等具有一定的杀菌作用[235-238]。

由球孢菌合成的蛋白包被的纳米银颗粒，展示了很强的杀灭细菌特性。球型纳米银颗粒（5～40nm）对于正常（LBA4404）和耐多药（LBA4404 MDR）根癌农杆菌具有显著的抑制活性。采用胡椒叶和胡椒茎提取物为原料合成的纳米银颗粒，对植物病原菌（*Citrobacter freundii* 和 *Erwinia cacticida*）具有很强的抑菌活性。氧化锌-纳米铜负载的硅胶制剂无植物毒性，对植物细菌有很强的抗菌活性，田间试验证明其连续2年内药效很好[239]。植物源合成的纳米颗粒材料不仅具有较强的杀细菌活性，而且还具有较大的应用潜力和较好的开发前景。

近年来，纳米农药在除草剂应用方面也得到了快速发展。纳米除草剂具有较好的化学稳定性、溶解性、生物可利用性、光解性和土壤吸附作用。研究表明，纳米颗粒与农药活性成分复合可以作为高效农药，如在除草剂阿特拉津负载的聚己内酯纳米颗粒上形成复合制剂，可以增强除草活性。此外，通过壳聚糖和三聚磷酸钠纳米颗粒的包覆，可以减少除草剂的吸附，降低毒性，从而减少对环境的风险。

将纳米颗粒材料引入杀虫剂领域，也获得了较好的成果。纳米氧化铝对储藏食品中的主要害虫米象和谷蠹有很好的杀虫活性[240]，对切叶蚁也具有良好的诱杀活性[241]。通过纳米技术可以大大改善农药施用效果。通过制备空心多孔二氧化硅纳米颗粒，形成井冈霉素控释体系，与游离井冈霉素相比，显著提高了药效，降低了毒性[242]。

农药生产的总趋势是向环境友好的方向发展，纳米农药的开发具有更大的应用前景，纳米封装材料与缓释研究正在兴起。通过纳米技术运用可以提高药物靶向投放水平，减少其有效成分损失。新型农药的研发和施用，将是未来发展绿色农业和建设生态友好型社会的必由之路，也是食品安全和全民健康的重要保障，具有广阔的发展前景。

参考文献

[1] United States Environmental Protection Agency. Basic Information about Pesticide Ingredients [EB]. (2018-04-02) [2020-10-26]. https://www.epa.gov/ingredients-used-pesticide-products/basic-information-about-pesticide-ingredients.

[2] Ritter S K. Pinpointing trends in pesticide use [J]. Chemical & Engineering News, 2009, 87 (7). https://cen.acs.org/articles/87/i87/Pinpointing-Trends-Pesticide-Use.html.

[3] Aspelin A L. Pesticide usage in the United States: Trends during the 20th century [EB]. Washington D.C., USA: United States Environmental Protection Agency, 2000.

[4] 中华人民共和国农业农村部. 新中国60年：农药创制能力跃居世界先进 [EB]. (2009-09-21) [2020-10-26]. http://www.moa.gov.cn/ztzl/xzgnylsn/gd-1/200909/t20090921_1354798.htm.

[5] Wikipedia, the free encyclopedia. Pesticides [EB]. https://en.wikipedia.org/wiki/Pesticide#cite_note-Pinpointing-15.

[6] Atwood D, Paisley-Jones C. Pesticides industry sales and usage: 2008-2012 market estimates [EB]. Washington D.C., USA: United States Environmental Protection Agency, 2017.

[7] Aspelin A L, Grube A H, Torla R. Pesticides industry sales and usage: 1990 and 1991 market estimates [EB]. Washington D.C., USA: United States Environmental Protection Agency, 1992.

[8] Aspelin A L. Pesticides industry sales and usage: 1992 and 1993 market estimates [EB]. Washington D.C., USA: United States Environmental Protection Agency, 1994.

[9] Aspelin A L. Pesticides industry sales and usage: 1994 and 1995 market estimates [EB]. Washington D.C., USA: United States Environmental Protection Agency, 1997.

[10] Aspelin A L, Grube A H. Pesticides industry sales and usage: 1996 and 1997 market estimates [EB]. Washington D.C., USA: United States Environmental Protection Agency, 1999.

[11] Donaldson D, Kiely T, Grube A. Pesticides industry sales and usage: 1998 and 1999 market estimates [EB]. Washington D.C., USA: United States Environmental Protection Agency, 2002.

[12] Kiely T, Donaldson D, Grube A H. Pesticides industry sales and usage: 2000 and 2001 market estimates [EB]. Washington D.C., USA: United States Environmental Protection Agency, 2004.

[13] Grube A, Donaldson D, Kiely T, et al. Pesticides industry sales and usage: 2006 and 2007 market estimates [EB]. Washington D.C., USA: United States Environmental Protection Agency, 2011.

[14] Malakof D, Stokstad E. Infographic: Pesticide planet [J]. Science, 2013, 341 (6147): 730-731.

[15] Zhang W J. Global pesticide use: Profile, trend, cost/benefit and more [J]. Proceedings of the International Academy of Ecology and Environmental Sciences, 2018, 8 (1): 1-27.

[16] 盛来运. 中国统计年鉴-2013 [M]. 北京:中国统计出版社, 2013.

[17] 毛盛勇,叶植材. 中国统计年鉴-2018 [M]. 北京:中国统计出版社, 2018.

[18] 杨益军. 我国农药供应的历程、特点和主要趋势 [J]. 农药市场信息, 2018 (21) 6-9.

[19] 中华人民共和国农业农村部. 坚持绿色引领加强农药管理 [EB]. (2018-01-15) [2020-06-01]. http://www.moa.gov.cn/xw/zwdt/201801/t20180115_6134982.htm.

[20] 张新民. 中国农村统计年鉴-1994 [M]. 北京:中国统计出版社, 1994.

［21］ 张新民．中国农村统计年鉴-1995［M］．北京：中国统计出版社，1996．
［22］ 张新民．中国农村统计年鉴-1996［M］．北京：中国统计出版社，1996．
［23］ 张新民．中国农村统计年鉴-1997［M］．北京：中国统计出版社，1997．
［24］ 朱向东．中国农村统计年鉴-1998［M］．北京：中国统计出版社，1998．
［25］ 朱向东．中国农村统计年鉴-1999［M］．北京：中国统计出版社，1999．
［26］ 中国农村统计年鉴-2000［M］．北京：中国统计出版社，2000．
［27］ 中国农村统计年鉴-2001［M］．北京：中国统计出版社，2001．
［28］ 中国农村统计年鉴-2002［M］．北京：中国统计出版社，2002．
［29］ 中国农村统计年鉴-2003［M］．北京：中国统计出版社，2003．
［30］ 鲜祖德．中国农村统计年鉴-2004［M］．北京：中国统计出版社，2004．
［31］ 鲜祖德．中国农村统计年鉴-2005［M］．北京：中国统计出版社，2005．
［32］ 中国农村统计年鉴-2006［M］．北京：中国统计出版社，2006．
［33］ 中国农村统计年鉴-2007［M］．北京：中国统计出版社，2007．
［34］ 中国农村统计年鉴-2008［M］．北京：中国统计出版社，2008．
［35］ 中国农村统计年鉴-2009［M］．北京：中国统计出版社，2009．
［36］ 中国农村统计年鉴-2010［M］．北京：中国统计出版社，2010．
［37］ 中国农村统计年鉴-2011［M］．北京：中国统计出版社，2011．
［38］ 中国农村统计年鉴-2012［M］．北京：中国统计出版社，2012．
［39］ 张为民．中国农村统计年鉴-2015［M］．北京：中国统计出版社，2015．
［40］ 张淑英．中国农村统计年鉴-2016［M］．北京：中国统计出版社，2016．
［41］ 黄秉信．中国农村统计年鉴-2017［M］．北京：中国统计出版社，2017．
［42］ Zimdahl R L. A history of weed science in the United States［M］. Oxford：Elsevier，2010.
［43］ Zimdahl R L. Chapter 16—Properties and uses of herbicides, fundamentals of weed science (fifth edition)［M］. Oxford：Academic Press，2018：463-499.
［44］ Zimdahl R L. Chapter 13—Introduction to chemical weed control, fundamentals of weed science (fifth edition)［M］. Oxford：Academic Press，2018：391-416.
［45］ Gupta R C，Miller Mukherjee I R，Malik J K，et al. Chapter 26—Insecticides, biomarkers in toxicology (second edition)［M］. Oxford：Academic Press，2019：455-475.
［46］ 华乃震．保护性杀菌剂中的四个杰出楷模述评［J］．农药市场信息，2019，4：23-27．
［47］ 华乃震．保护性杀菌剂中的四个杰出楷模述评［J］．农药市场信息，2019，3：6-10，29．
［48］ 周连柱，孔繁芳，张昊，等．五类内吸性杀菌剂在葡萄上的抗药性研究［J］．中外葡萄与葡萄酒，2019，1：44-51．
［49］ 华乃震．新型高效、低毒杀螨剂产品的综述［J］．世界农药，2016，38（3）：25-34，39．
［50］ Dalefield R. Chapter 8—Insecticides and acaricides, veterinary toxicology for Australia and New Zealand［M］. Oxford：Elsevier，2017：87-109.
［51］ Gulatia S，Gulatia A. Anticoagulant rodenticide poisoning［J］. Indian Journal of Medical Specialities，2018，9：150-153.
［52］ 刘晓辉．我国杀鼠剂应用现状及发展趋势［J］．植物保护，2018，44（5）：85-90．
［53］ 刘长江，门万杰，刘彦军，等．农药对土壤的污染及污染土壤的生物修复［J］．农业系统科学与综合研究，2002，18（4）：291-292，297．

[54] 蔡大旺. 正确认识化学农药的作用及防止滥用化学农药的对策[J]. 农业科技通讯, 2008, 1: 36-38.

[55] Carson R. Silent spring[M]. Boston, United States: Houghton Mifflin, 1962.

[56] Goldman L R. Managing pesticide chronic health risks[J]. Journal of Agromedicine, 2007, 12 (1): 67-75.

[57] 金相灿, 程振华, 徐南妮, 等. 有机化合物污染化学: 有毒有机物污染化学[M]. 北京: 清华大学出版社, 1990.

[58] Mackay D M, Shiu W Y, Ma K C, et al. Handbook of physical-chemical properties and environmental fate for organic chemicals[M]. Boca Raton: CRC Press, 2006.

[59] 李利锋, 成升魁. 生态占用: 衡量可持续发展的新指标[J]. 自然资源学报, 2000, 4: 8-11.

[60] 黄海. 重庆市土地生态承载力评价研究[J]. 安徽农业科学, 2008, 36 (19): 8190-8191, 8204.

[61] 徐中民, 程国栋, 张志强, 等. 中国1999年生态足迹计算与发展能力分析[J]. 应用生态学报, 2003, 14 (2): 280-285.

[62] 徐殿斗, 马玲玲, 李淑珍, 等. 北京石景山区夏季大气中有机氯农药的研究[J]. 中国环境科学, 2010, 30 (5): 599-602.

[63] Wang H, Qu B, Liu H, et al. Analysis of organochlorine pesticides in surface water of the Songhua River using magnetoliposomes as adsorbents coupled with GC-MS/MS detection[J]. Science of the Total Environment, 2018, 618: 70-79.

[64] Wang Y Z, Zhang S L, Cui W Y, et al. Polycyclic aromatic hydrocarbons and organochlorine pesticides in surface water from the Yongding River basin, China: Seasonal distribution, source apportionment, and potential risk assessment[J]. Science of the Total Environment, 2018, 618: 419-429.

[65] Grung M, Lin Y, Zhang H, et al. Pesticide levels and environmental risk in aquatic environments in China—A review[J]. Environment International, 2015, 81: 87-97.

[66] Liu J, Qi S H, Yao J, et al. Contamination characteristics of organochlorine pesticides in multi-matrix sampling of the Hanjiang River Basin, southeast China[J]. Chemosphere, 2016, 163: 35-43.

[67] Yuan L X, Qi S H, Wu X G, et al. Spatial and temporal variations of organochlorine pesticides (OCPs) in water and sediments from Honghu Lake, China[J]. Journal of Geochemical Exploration, 2013, 132: 181-187.

[68] Zhi H, Zhao Z H, Zhang L. The fate of polycyclic aromatic hydrocarbons (PAHs) and organochlorine pesticides (OCPs) in water from Poyang Lake, the largest freshwater lake in China [J]. Chemosphere, 2015, 119: 1134-1140.

[69] Zhong G, Tang J, Xie Z, et al. Selected current-use and historic-use pesticides in air and seawater of the Bohai and Yellow Seas, China[J]. Journal of Geophysical Research Atmospheres, 2014, 119 (2): 1073-1086.

[70] Liu L, Tang J H, Zhong G C, et al. Spatial distribution and seasonal variation of four current-use pesticides (CUPs) in air and surface water of the Bohai Sea, China[J]. Science of the Total Environment, 2018, 621: 516-523.

[71] Sun J T, Pan L L, Li Z H, et al. Comparison of greenhouse and open field cultivations across China: Soil characteristics, contamination and microbial diversity [J]. Environmental Pollution, 2018, 243: 1509-1516.

[72] Yu H Y, Liu Y F, Shu X Q, et al. Assessment of the spatial distribution of organochlorine pesticides (OCPs) and polychlorinated biphenyls (PCBs) in urban soil of China [J]. Chemosphere, 2020, 243: 125392.

[73] Zheng X Y, Liu X D, Liu W J, et al. Concentrations and source identification of organochlorine pesticides (OCPs) in soils from Wolong Natural Reserve [J]. Chinese Science Bulletin, 2009, 54 (5): 743-751.

[74] Newton I, Bogan J. Organochlorine residues, eggshell thinning and hatching success in British sparrowhawks [J]. Nature, 1974, 249 (5457): 582-583.

[75] Abdollahi M, Ranjbar A, Shadnia S, et al. Pesticides and oxidative stress: A review [J]. Medical Science Monitor, 2004, 10 (6): RA141-147.

[76] Khan M A Q, Khan S F, Shattari F. Halogenated hydrocarbons, encyclopedia of ecology [M]. Oxford: Academic Press, 2008: 1831-1843.

[77] Safe S. Molecular biology of the Ah receptor and its role in carcinogenesis [J]. Toxicology Letters, 2001, 120 (1): 1-7.

[78] McKinlay R, Plant J A, Bell J N B, et al. Endocrine disrupting pesticides: Implications for risk assessment [J]. Environment International, 2008, 34 (2): 168-183.

[79] 王大延,王晶晶,聂亚光,等. 有机氯农药硫丹的生殖毒性及其机制研究进展 [J]. 生态毒理学报, 2017, 12 (4): 34-44.

[80] Saiyed H, Dewan A, Bhatnagar V, et al. Effect of endosulfan on male reproductive development [J]. Environmental Health Perspectives, 2003, 111 (16): 1958-1962.

[81] Krstevska-Konstantinova M, Charlier C, Craen M, et al. Sexual precocity after immigration from developing countries to Belgium: Evidence of previous exposure to organochlorine pesticides [J]. Human Reproduction, 2001, 16 (5): 1020-1026.

[82] Ascherio A, Chen H, Weisskopf M G, et al. Pesticide exposure and risk for Parkinson's disease [J]. Annals of Neurology, 2006, 60 (2): 197-203.

[83] Hatcher J M, Pennell K D, Miller G W. Parkinson's disease and pesticides: a toxicological perspective [J]. Trends in Pharmacological Sciences, 2008, 29 (6): 322-329.

[84] 滕恩江. 分析测试技术 [M]. 北京: 中国环境出版社, 2013: 154-173.

[85] Li H Z, Mehler W T, Lydy M J, et al. Occurrence and distribution of sediment-associated insecticides in urban waterways in the Pearl River Delta, China [J]. Chemosphere, 2011, 82 (10): 1373-1379.

[86] Li H Z, Ma H Z, Lydy M J, et al. Occurrence, seasonal variation and inhalation exposure of atmospheric organophosphate and pyrethroid pesticides in an urban community in South China [J]. Chemosphere, 2014, 95: 363-369.

[87] Guo Z, Li Y, Yang Q, et al. Concentrations, sources and pollution characteristic of organic pesticide in soil from typical Chinese Bamboo forest [J]. Environmental Progress & Sustainable Energy, 2016, 35 (3): 729-736.

[88] Silva V, Mol H G J, Zomer P, et al. Pesticide residues in European agricultural soils-A hidden reality unfolded [J]. Science of the Total Environment, 2019, 653: 1532-1545.

[89] Struger J, L'italien S, Sverko E. In-use pesticide concentrations in surface waters of the Laurentian Great Lakes, 1994-2000 [J]. Journal of Great Lakes Research, 2004, 30 (3): 435-450.

[90] Montiel-León J M, Munoz G, Vo Duy S, et al. Widespread occurrence and spatial distribution of glyphosate, atrazine, and neonicotinoids pesticides in the St. Lawrence and tributary rivers [J]. Environmental Pollution, 2019, 250: 29-39.

[91] Smith G J. Pesticide use and toxicology in relation to wildlife: Organophosphorus and carbamate compounds [EB]. Washington, D. C: U. S. Fish and Wildlife Service, 1987.

[92] 王志超, 康志娇, 史雪岩, 等. 有机磷类杀虫剂代谢机制研究进展 [J]. 农药学学报, 2015, 17 (1): 1-15.

[93] De Silva H J, Samarawickremab N A, Wickremasinghe A R. Toxicity due to organophosphorus compounds: what about chronic exposure? [J]. Transactions of the Royal Society of Tropical Medicine and Hygiene, 2006, 100: 803-806.

[94] Vale A, Lotti M. Chapter 10-Organophosphorus and carbamate insecticide poisoning, Handbook of Clinical Neurology [M]. Oxford: Elsevier, 2015.

[95] Cecchi A, Rovedatti M G, Sabino G, et al. Environmental exposure to organophosphate pesticides: Assessment of endocrine disruption and hepatotoxicity in pregnant women [J]. Ecotoxicology & Environmental Safety, 2012, 80 (2): 280-287.

[96] Sanchez-Pena L C, Reyes B E, Lopez-Carrillo L. Organophosphorous pesticide exposure alters sperm chromatin structure in Mexican agricultural workers [J]. Toxicology and Applied Pharmacology, 2004, 196: 108-113.

[97] Perrya M J, Venners S A, Barr D B, et al. Environmental pyrethroid and organophosphorus insecticide exposures and sperm concentration [J]. Reproductive Toxicology, 2007, 23: 113-118.

[98] Yu Y, Yang A M, Zhang J H, et al. Maternal exposure to the mixture of organophosphorus pesticides induces reproductive dysfunction in the offspring [J]. Environmental Toxicology, 2013, 28 (9): 507-515.

[99] Zheng S L, Chen B, Qiu X Y, et al. Distribution and risk assessment of 82 pesticides in Jiulong River and estuary in South China [J]. Chemosphere, 2016, 144: 1177-1192.

[100] Dou R N, Sun J T, Deng F C, et al. Contamination of pyrethroids and atrazine in greenhouse and open-field agricultural soils in China [J]. Science of the Total Environment, 2020, 701: 134916.

[101] Ingenbleek L, Hu R, Pereira L L, et al. Sub-Saharan Africa total diet study in Benin, Cameroon, Mali and Nigeria: Pesticides occurrence in foods [J]. Food Chemistry: X, 2019, 2: 100034.

[102] Gómez-Ramos M d M, Nannou C, Martínez Bueno M J, et al. Pesticide residues evaluation of organic crops. A critical appraisal [J]. Food Chemistry: X, 2020, 5: 100079.

[103] Aldridge W N. An Assessment of The Toxicological Properties of Pyrethroids And Their Neurotoxicity [J]. Toxicology, 1990, 21 (2): 89-104.

[104] Haya K. Toxicity of Pyrethroid Insecticides to Fish [J]. Environmental Toxicology and Chemi-

stry，1989，8：381-391.

[105] Cantalamessa F. Acute toxicity of two pyrethroids, perrnethrin, and eypermethrin in neonatal and adult rats [J]. Archives of Toxicology，1993，67：510-513.

[106] Amweg E L，Weston D P，Ureda N M. Use and toxicity of pyrethroid pesticides in the Central Valley, California, USA [J]. Environmental Toxicology and Chemistry，2005，24（4）：966-972.

[107] Amweg E L, Weston D P, You J, et al. Pyrethroid Insecticides and Sediment Toxicity in Urban Creeks from California and Tennessee [J]. Environmental Science & Technology，2006，40（5）：1700-1706.

[108] 李蓓茜，王安. 拟除虫菊酯杀虫剂的毒性和健康危害研究进展 [J]. 生态毒理学报，2015，10（6）：29-34.

[109] Hu Y, Zhang Z J, Qin K, et al. Environmental pyrethroid exposure and thyroid hormones of pregnant women in Shandong, China [J]. Chemosphere，2019，234：815-821.

[110] Oulhote Y, Bouchard M F. Urinary metabolites of organophosphate and pyrethroid pesticides and behavioral problems in Canadian children [J]. Environ Health Perspect，2013，121（11-12）：1378-1384.

[111] Viel J F, Warembourg C, Le Maner-Idrissi G, et al. Pyrethroid insecticide exposure and cognitive developmental disabilities in children: The PELAGIE mother-child cohort [J]. Environment International，2015，82：69-75.

[112] Lu C, Barr D B, Pearson M, et al. A Longitudinal Approach to Assessing Urban and Suburban Children's Exposure to Pyrethroid Pesticides [J]. Environmental Health Perspectives，2006，114（9）：1419-1423.

[113] 米娜，王唤，范志金，等. 苯甲酰脲类杀虫剂研究进展 [J]. 世界农药，2009，31（A02）：24-26.

[114] 汪亦中，宋建新，周云，等. 苯甲酰脲类杀虫剂防治白蚁效果的研究进展 [J]. 中华卫生杀虫药械，2015，21（5）：511-514.

[115] Fan J X, Liu Z K, Li J, et al. PEG-modified magnetic Schiff base network-1 materials for the magnetic solid phase extraction of benzoylurea pesticides from environmental water samples [J]. Journal of Chromatography A，2020，1619：460950.

[116] Bull D L, Ivie G W. Fate of diflubenzuron in cotton, soil, and rotational crops [J]. Journal of Agricultural & Food Chemistry，1978，26（3）：515-520.

[117] 何红梅,吴俐勤,章虎,等. 蔬菜中苯甲酰脲类药物残留的测定方法研究 [J]. 分析化学，2006，10：1379-1383.

[118] Cotton J, Leroux F, Broudin S, et al. High-resolution mass spectrometry associated with data mining tools for the detection of pollutants and chemical characterization of honey samples [J]. Journal of Agricultural & Food Chemistry，2014，62（46）：11335-11345.

[119] 薛芝敏,付凤富. 高效液相色谱-串联质谱法同时测定茶汤中7种苯甲酰脲类农药残留 [J]. 分析科学学报，2015，31（2）：178-182.

[120] Sun R F, Liu C J, Zhang H, et al. Benzoylurea chitin synthesis inhibitors [J]. Journal of Agricultural & Food Chemistry，2015，63（31）：6847-6865.

[121] Ganguly P, Mandal J, Mandal N, et al. Benzophenyl urea insecticides -useful and eco friendly options for insect pest control [J]. Journal of Environmental Biology, 2020, 41: 527-538.

[122] Matsumura F. Studies on the action mechanism of benzoylurea insecticides to inhibit the process of chitin synthesis in insects: A review on the status of research activities in the past, the present and the future prospects [J]. Pesticide Biochemistry and Physiology, 2010, 97: 133-139.

[123] Chang J, Li W, Xu P, et al. The tissue distribution, metabolism and hepatotoxicity of benzoylurea pesticides in male Eremias argus after a single oral administration [J]. Chemosphere, 2017, 183: 1-8.

[124] Chang J, Li W, Guo B Y, et al. Unraveling the different toxic effect of flufenoxuron on the thyroid endocrine system of the Mongolia racerunner (*Eremias Argus*) at different stages [J]. Chemosphere, 2017, 172: 210-216.

[125] Zortéa T, Segat J C, Maccari A P, et al. Toxicity of four veterinary pharmaceuticals on the survival and reproduction of Folsomia candida in tropical soils [J]. Chemosphere, 2017, 173: 460-465.

[126] Yu C H, Fu M R, Lin R H, et al. Toxic effects of hexaflumuron on the development of Coccinella septempunctata [J]. Environmental Science and Pollution Research, 2014, 21 (2): 1418-1424.

[127] Yun X M, Huang Q C, Rao W B, et al. A comparative assessment of cytotoxicity of commonly used agricultural insecticides to human and insect cells [J]. Ecotoxicology and Environmental Safety, 2017, 137: 179-185.

[128] Woo J H, Lim Y S. Severe human poisoning with a flufenoxuron-containing insecticide: Report of a case with transient myocardial dysfunction and review of the literature [J]. Clinical Toxicology, 2015, 53 (6): 569-572.

[129] More S, Bampidis V, Benford D, et al. Guidance on harmonised methodologies for human health, animal health and ecological risk assessment of combined exposure to multiple chemicals [J]. EFSA Journal, 2019, 17: 5634.

[130] D'sa S R, Victor P, Jagannati M, et al. Severe methemoglobinemia due to ingestion of toxicants [J]. Clinical Toxicology, 2014, 52 (8): 897-900.

[131] Timoumi R, Buratti F M, Abid-Essefi S, et al. Metabolism of triflumuron in the human liver: Contribution of cytochrome P450 isoforms and esterases [J]. Toxicology Letters, 2019, 312: 173-180.

[132] Yao Y, Galarneau E, Blanchard P, et al. Atmospheric atrazine at Canadian IADN sites [J]. Environmental Science & Technology, 2007, 41 (22): 7639.

[133] 任晋, 蒋可. 阿特拉津及其降解产物对张家口地区饮用水资源的影响 [J]. 科学通报, 2002, 47 (10): 758-762.

[134] 严登华, 何岩, 王浩. 东辽河流域地表水体中 Atrazine 的环境特征 [J]. 环境科学, 2005, 26 (3): 203-208.

[135] Gfrerer M, Martens D, Gawlik B M, et al. Triazines in the aquatic systems of the Eastern Chinese Rivers Liao-He and Yangtse [J]. Chemosphere, 2002, 47 (4): 455-466.

[136] 方灵, 苏德森, 刘文静, 等. 多壁碳纳米管固相萃取气相色谱-串联质谱法测定乌龙茶及土壤中 10

种三嗪类除草剂残留[J]. 农药学学报, 2017, 19 (5): 617-623.

[137] 王晓春, 刘庆龙, 杨永亮. 高效液相色谱-串联质谱法同时测定农田土壤中 31 种三嗪类除草剂残留[J]. 分析化学, 2014, 42 (3): 390-396.

[138] Ji F, Zhao L X, Yan W, et al. Determination of triazine herbicides in fruits and vegetables using dispersive solid-phase extraction coupled with LC-MS [J]. Journal of Separation Science, 2015, 31 (6-7): 961-968.

[139] 俞志刚, 丁为民, 何敬, 等. MSPD-RRLC-UV/MS 法同时检测果蔬中 9 种三嗪类除草剂残留量[J]. 分析试验室, 2009, 28 (9): 38-42.

[140] Xia J, Qin L, Du Z H, et al. Performance of a novel atrazine-induced cerebellar toxicity in quail (Coturnix C. coturnix): Activating PXR/CAR pathway responses and disrupting cytochrome P450 homeostasis [J]. Chemosphere, 2017, 171: 259-264.

[141] 栾新红, 丁鉴峰, 孙长勉, 等. 除草剂阿特拉津影响大鼠脏器功能的毒理学研究[J]. 沈阳农业大学学报, 2003, 34 (6): 441-445.

[142] Hayes T B. Hermaphroditic, demasculinized frogs after exposure to the herbicide atrazine at low ecologically relevant doses [J]. Proceedings of the National Academy of Sciences, 2002, 99 (8): 5476-5480.

[143] Hayes T B, Anderson L L, Beasley V R, et al. Demasculinization and feminization of male gonads by atrazine: consistent effects across vertebrate classes [J]. Journal of steroid biochemistry and molecular biology, 2011, 127 (1-2): 64-73.

[144] Kniewald J, Peruzovi M, Gojmerac T, et al. Indirect influence of s-triazines on rat gonadotropic mechanism at early postnatal period [J]. Journal of Steroid Biochemistry, 1987, 27 (4-6): 1095-1100.

[145] Saka M, Tada N, Kamata Y. Chronic toxicity of 1, 3, 5-triazine herbicides in the postembryonic development of the western clawed frog Silurana tropicalis [J]. Ecotoxicology and Environmental Safety, 2018, 147: 373-381.

[146] Horzmann K A, Lin L F, Taslakjian B, et al. Embryonic atrazine exposure and later in life behavioral and brain transcriptomic, epigenetic, and pathological alterations in adult male zebrafish [J]. Cell Biology and Toxicology, 2021, 37 (3): 421-439.

[147] Lasserre J P, Fack F, Revets D, et al. Effects of the endocrine disruptors atrazine and PCB 153 on the protein expression of MCF-7 human cells [J]. Journal of Proteome Research, 2009, 8 (12): 5485-5496.

[148] Catenacci G, Barbieri F, Bersani M, et al. Biological monitoring of human exposure to atrazine [J]. Toxicology Letters, 1993, 69 (2): 217-222.

[149] Ikonen R, Kangas J, Savolainen H. Urinary atrazine metabolites as indicators for rat and human exposure to atrazine [J]. Toxicology Letters, 1988, 44 (1-2): 109-112.

[150] Charoenpornpukdee K, Thammakhet C, Thavarungkul P, et al. Novel pipette-tip graphene/poly (vinyl alcohol) cryogel composite extractor for the analysis of carbofuran and carbaryl in water [J]. Journal of Environmental Science and Health, Part B, 2014, 49 (10): 713-721.

[151] Chowdhury A Z, Jahan S A, Islam M N, et al. Occurrence of organophosphorus and carbamate pesticide residues in surface water samples from the Rangpur district of Bangladesh [J]. Bulletin

of Environmental Contamination & Toxicology, 2012, 89 (1): 202-207.

[152] Kanyika-Mbewe C, Thole B, Makwinja R, et al. Monitoring of carbaryl and cypermethrin concentrations in water and soil in Southern Malawi [J]. Environmental Monitoring and Assessment, 2020, 192 (9): 595.

[153] Struger J, Grabuski J, Cagampan S, et al. Occurrence and distribution of carbamate pesticides and metalaxyl in southern Ontario surface waters 2007-2010 [J]. Bulletin of Environmental Contamination and Toxicology, 2016, 96: 423-431.

[154] Fytianos K, Pitarakis K, Bobola E. Monitoring of N-methylcarbamate pesticides in the Pinios River (Central Greece) by HPLC [J]. International Journal of Environmental Analytical Chemistry, 2006, 86 (1/2): 131-145.

[155] Chowdhury M A Z, Fakhruddin A N M, Islam M N, et al. Detection of the residues of nineteen pesticides in fresh vegetable samples using gas chromatography-mass spectrometry [J]. Food Control, 2013, 34 (2): 457-465.

[156] Wanwimolruk S, Kanchanamayoon O, Phopin K, et al. Food safety in Thailand 2: Pesticide residues found in Chinese kale (Brassica oleracea), a commonly consumed vegetable in Asian countries [J]. Science of the Total Environment, 2015, 532: 447-455.

[157] Osman K A, Al-Humaid A M, Al-Rehiayani S M, et al. Monitoring of pesticide residues in vegetables marketed in Al-Qassim region, Saudi Arabia [J]. Ecotoxicology and Environmental Safety, 2010, 73 (6): 1433-1439.

[158] Fang L P, Zhang S Q, Chen Z L, et al. Risk assessment of pesticide residues in dietary intake of celery in China [J]. Regulatory Toxicology & Pharmacology, 2015, 73 (2): 578-586.

[159] Fukuto T R. Mechanism of action of organophosphorus and carbamate insecticides [J]. Environmental Health Perspectives, 1990, 87: 245-254.

[160] 胡维国, 朱明学, 杜先林. 氨基甲酸酯类化合物的毒性特点 [J]. 职业卫生与应急救援, 1998, 16 (3): 132-135.

[161] Divya M, Kant T S, Swati A, et al. Prenatal carbofuran exposure inhibits hippocampal neurogenesis and causes learning and memory deficits in offspring [J]. Toxicological Sciences, 2012, 127 (1): 84-100.

[162] Goad R T, Goad J T, Atieh B H, et al. Carbofuran-induced endocrine disruption in adult male rats [J]. Toxicology Methods, 2008, 14 (4): 233-239.

[163] Mustafa G, Mahboob S, Al-Ghanim K A, et al. Acute toxicity I: effect of profenofos and triazophos (organophosphates) and carbofuran and carbaryl (carbamates) to Labeo rohita [J]. Toxicological & Environmental Chemistry Reviews, 2014, 96 (3): 466-473.

[164] Cui J N, Wang F, Gao J, et al. Bioaccumulation and metabolism of carbosulfan in zebrafish (Danio rerio) and the toxic effects of its metabolites [J]. Journal of Agricultural and Food Chemistry, 2019, 67 (45): 12348-12356.

[165] Wesseling C, Van Wendel de J B, Keifer M, et al. Symptoms of psychological distress and suicidal ideation among banana workers with a history of poisoning by organophosphate or n-methyl carbamate pesticides [J]. Occupational & Environmental Medicine, 2010, 67 (11): 778-784.

[166] Zheng T Z, Hoar Zahm S, P Cantor K, et al. Agricultural exposure to carbamate pesticides and

[166] risk of non-Hodgkin lymphoma [J]. Journal of Occupational & Environmental Medicine, 2001, 43 (7): 641-649.

[167] Xiao F J, Li H L, Yan X R, et al. Graphitic carbon nitride/graphene oxide ($g\text{-}C_3N_4$/GO) nanocomposites covalently linked with ferrocene containing dendrimer for ultrasensitive detection of pesticide [J]. Analytica Chimica Acta, 2020, 1103: 84-96.

[168] Anwar Z M, Ibrahim I A, Abdel-Salam E T, et al. A luminescent europium complex for the selective detection of trace amounts of aldicarb sulfoxide and prometryne [J]. Journal of Molecular Structure, 2017, 1135: 44-52.

[169] Gul E E, Can I, Kusumoto F M. Case report: An unusual heart rhythm associated with organophosphate poisoning [J]. Cardiovascular Toxicology, 2012, 12 (3): 263-265.

[170] 郭敏, 单正军, 石利利, 等. 三种磺酰脲类除草剂在土壤中的降解及吸附特性 [J]. 环境科学学报, 2012, 32 (6): 1459-1464.

[171] 吴春英, 白鹭, 谷风, 等. 固相萃取-超高效液相色谱/串联质谱法同时测定水中27种磺酰脲类除草剂 [J]. 分析科学学报, 2016, 32 (6): 783-788.

[172] Pang J L, Song X C, Huang X J, et al. Porous monolith-based magnetism-reinforced in-tube solid phase microextraction of sulfonylurea herbicides in water and soil samples [J]. Journal of Chromatography A, 2020, 1613: 460672.

[173] 李莹, 韩梅, 邱世婷, 等. QuEChERS/超高效液相色谱-串联质谱法测定土壤中31种磺酰脲类除草剂残留 [J]. 分析测试学报, 2020, 39 (3): 343-350.

[174] Chen Y, Yu Y R, Liu X W, et al. Development and validation of a liquid chromatography-tandem mass spectrometry method for multiresidue determination of 25 herbicides in soil and tobacco [J]. Chromatographia, 2019, 83 (2): 229-239.

[175] 赵彬, 张付海, 张敏, 等. 土壤中20种磺酰脲类除草剂的超高效液相色谱-串联质谱测定方法 [J]. 中国环境监测, 2019, 35 (5): 151-159.

[176] 李争龙. 苯磺隆对斑马鱼胚胎孵化的影响 [J]. 渭南师范学院学报, 2014, 29 (3): 89-91.

[177] 胡传禄, 玉晓微, 赵占克, 等. 苄嘧磺隆对斑马鱼胚胎发育的毒性效应 [J]. 公共卫生与预防医学, 2011, 22: 1-4.

[178] 刘小宁. 烟嘧磺隆对斑马鱼胚胎孵化的影响 [J]. 渭南师范学院学报, 2013, 28 (12): 130-132.

[179] Miron D D S, Crestani M, Shettinger M R, et al. Effects of the herbicides clomazone, quinclorac, and metsulfuron methyl on acetylcholinesterase activity in the silver catfish (*Rhamdia quelen*) (Heptapteridae) [J]. Ecotoxicology and Environmental Safety, 2005, 61 (3): 398-403.

[180] Wendt-Rasch L, Pirzadeh P, Woin P. Effects of metsulfuron methyl and cypermethrin exposure on freshwater model ecosystems [J]. Aquatic Toxicology, 2003, 63 (3): 243-256.

[181] Cedergreen N, Streibig J C, Spliid N H. Sensitivity of aquatic plants to the herbicide metsulfuron-methyl [J]. Ecotoxicology and Environmental Safety, 2004, 57 (2): 153-161.

[182] 黄春艳, 陈铁保, 王宇, 等. 磺酰脲类除草剂对禾谷类作物的安全性及药害研究 [J]. 植物保护, 2005, 31 (1): 50-53.

[183] 李德平. 磺酰脲类除草剂在土壤中的物理化学行为 [J]. 土壤, 1996, 28 (3): 128-133.

[184] 孙惠青, 邱军, 张继光, 等. 土壤中 6 种磺酰脲类除草剂的消解及暴露风险评估 [J]. 农药, 2017, 56 (1): 52-55.

[185] Heine S, Schild F, Schmitt W, et al. A toxicokinetic and toxicodynamic modeling approach using Myriophyllum spicatum to predict effects caused by short-term exposure to a sulfonylurea [J]. Environmental Toxicology & Chemistry, 2016, 35 (2): 376-384.

[186] Garry V F, Harkins M, Lyubimov A, et al. Reproductive outcomes in the women of the Red River Valley of the north. I. The spouses of pesticide applicators: pregnancy loss, age at menarche, and exposures to pesticides [J]. Journal of Toxicology & Environmental Health Part A, 2002, 65 (11): 769-786.

[187] Raina R, Smith E. Determination of azole fungicides in atmospheric samples collected in the Canadian prairies by LC/MS/MS [J]. Journal of AOAC International, 2012, 95 (5): 1350-1356.

[188] Villiot A, Chrétien E, Drab-Sommesous E, et al. Temporal and seasonal variation of atmospheric concentrations of currently used pesticides in Champagne in the centre of Reims from 2012 to 2015 [J]. Atmospheric Environment, 2018, 174: 82-91.

[189] Schummer C, Mothiron E, Appenzeller B M, et al. Temporal variations of concentrations of currently used pesticides in the atmosphere of Strasbourg, France [J]. Environmental Pollution, 2010, 158 (2): 576-584.

[190] Battaglin W A, Sandstrom M W, Kuivila K M, et al. Occurrence of azoxystrobin, propiconazole, and selected other fungicides in US streams, 2005-2006 [J]. Water Air and Soil Pollution, 2011, 218 (1-4): 307-322.

[191] Wightwick A M, Bui A D, Zhang P, et al. Environmental fate of fungicides in surface waters of a horticultural-production catchment in southeastern Australia [J]. Archives of Environmental Contamination and Toxicology, 2012, 62 (3): 380-390.

[192] Smalling K L, Kuivila K M. Multi-residue method for the analysis of 85 current-use and legacy pesticides in bed and suspended sediments [J]. Journal of Chromatography A, 2008, 1210 (1): 8-18.

[193] Smalling K L, Orlando J L, Calhoun D, et al. Occurrence of pesticides in water and sediment collected from amphibian habitats located throughout the United States, 2009-2010 [J]. US Geological Survey Data Series, 2012, 707: 36.

[194] Lozowicka B, Hrynko I, Kaczynski P, et al. Long-term investigation and health risk assessment of multi-class fungicide residues in fruits [J]. Polish Journal of Environmental Studies, 2016, 25 (2): 681-697.

[195] Bhandari G, Zomer P, Atreya K, et al. Pesticide residues in Nepalese vegetables and potential health risks [J]. Environ Res, 2019, 172: 511-521.

[196] Lin S, Tang T, Cang T, et al. The distributions of three fungicides in vegetables and their potential health risks in Zhejiang, China: A 3-year study (2015-2017) [J]. Environmental Pollution, 2020, 267: 115481.

[197] Du Gas L M, Ross P S, Walker J, et al. Effects of atrazine and chlorothalonil on the reproductive success, development, and growth of early life stage sockeye salmon (Oncorhynchus nerka)

[J]. Environmental Toxicology and Chemistry, 2017, 36 (5): 1354-1364.

[198] Zhang X J, Zhang P, Perez-Rodriguez V, et al. Assessing the toxicity of the benzamide fungicide zoxamide in zebrafish (Danio rerio): Towards an adverse outcome pathway for beta-tubulin inhibitors [J]. Environmental Toxicology and Pharmacology, 2020, 78: 103405.

[199] 刘娜, 金小伟, 穆云松, 等. 三唑酮在水环境中的环境行为、毒性效应及生态风险 [J]. 生态毒理学报, 2017, 12 (4): 65-75.

[200] Liu N, Jin X W, Zhou J Y, et al. Predicted no-effect concentration (PNEC) and assessment of risk for the fungicide, triadimefon based on reproductive fitness of aquatic organisms [J]. Chemosphere, 2018, 207: 682-689.

[201] 刘娜, 金小伟, 王业耀, 等. 三唑酮对青鳉鱼和大型溞不同测试终点的毒性效应评价 [J]. 中国环境科学, 2016, 36 (7): 2205-2211.

[202] Knebel C, Buhrke T, Sussmuth R, et al. Pregnane X receptor mediates steatotic effects of propiconazole and tebuconazole in human liver cell lines [J]. Archives of Toxicology, 2019, 93 (5): 1311-1322.

[203] Sun Y, Cao Y, Tong L, et al. Exposure to prothioconazole induces developmental toxicity and cardiovascular effects on zebrafish embryo [J]. Chemosphere, 2020, 251: 126418.

[204] Mao L, Jia W, Zhang L, et al. Embryonic development and oxidative stress effects in the larvae and adult fish livers of zebrafish (Danio rerio) exposed to the strobilurin fungicides, kresoxim-methyl and pyraclostrobin [J]. Science of the Total Environment, 2020, 729: 139031.

[205] Han Y N, Tong L, Wang J H, et al. Genotoxicity and oxidative stress induced by the fungicide azoxystrobin in zebrafish (Danio rerio) livers [J]. Pesticide Biochemistry & Physiology, 2016, 133: 13-19.

[206] Ewens S, Wulferink M, Goebel C, et al. T cell-dependent immune reactions to reactive benzene metabolites in mice [J]. Archives of Toxicology, 1997, 73 (3): 159-167.

[207] Waidyanatha S, Pohsiung Lin A, Rappaport S M. Characterization of chlorinated adducts of hemoglobin and albumin following administration of pentachlorophenol to rats [J]. Chemical Research in Toxicology, 1996, 9 (3): 647-653.

[208] Ling B B, Gao B S, Yang J. Evaluating the effects of tetrachloro-1, 4-benzoquinone, an active metabolite of pentachlorophenol, on the growth of human breast cancer cells [J]. Journal of Toxicology, 2016, 2016 (5): 1-8.

[209] Zhu B Z, Zhao H T, Kalyanaraman B, et al. Metal-independent production of hydroxyl radicals by halogenated quinones and hydrogen peroxide: an ESR spin trapping study [J]. Free Radical Biology & Medicine, 2002, 32 (5): 465-473.

[210] 吕鹏, 徐嘉擎, 王森, 等. 杀菌剂苯并噻唑啉酮对斑马鱼胚胎的急性毒性和氧化应激效应研究 [J]. 生物技术通报, 2018, 34 (1): 172-182.

[211] Berthet A, Bouchard M, Vernez D. Toxicokinetics of captan and folpet biomarkers in dermally exposed volunteers [J]. Journal of Applied Toxicology, 2012, 32 (3): 202-209.

[212] Schummer C, Salquèbre G, Briand O, et al. Determination of farm workers' exposure to pesticides by hair analysis [J]. Toxicology Letters, 2012, 210 (2): 203-210.

[213] Polledri E, Mercadante R, Fustinoni S. Determination of tebuconazole and penconazole fung-

icides in rat and human hair by liquid chromatography/tandem mass spectrometry [J]. Rapid Communications in Mass Spectrometry Rcm, 2018, 32: 1243-1249.

[214] Kostich M S, Batt A L, Lazorchak J M. Concentrations of prioritized pharmaceuticals in effluents from 50 large wastewater treatment plants in the US and implications for risk estimation [J]. Environmental Pollution, 2014, 184: 354-359.

[215] Ajo P, Preis S, Vornamo T, et al. Hospital wastewater treatment with pilot-scale pulsed corona discharge for removal of pharmaceutical residues [J]. Journal of Environmental Chemical Engineering, 2018, 6 (2): 1569-1577.

[216] Ejhed H, Fång J, Hansen K, et al. The effect of hydraulic retention time in onsite wastewater treatment and removal of pharmaceuticals, hormones and phenolic utility substances [J]. Science of the Total Environment, 2017, 618: 250-261.

[217] Gómez-Canela C, Barata C, Lacorte S. Occurrence, elimination, and risk of anticoagulant rodenticides and drugs during wastewater treatment [J]. Environmental Science & Pollution Research, 2014, 21 (11): 7194-7203.

[218] Lambert O, Pouliquen H, Larhantec M, et al. Exposure of raptors and waterbirds to anticoagulant rodenticides (difenacoum, bromadiolone, coumatetralyl, coumafen, brodifacoum): Epidemiological survey in Loire Atlantique (France) [J]. Bulletin of Environmental Contamination and Toxicology, 2007, 79 (1): 91-94.

[219] López-Perea J J, Camarero P R, Molina-López R A, et al. Interspecific and geographical differences in anticoagulant rodenticide residues of predatory wildlife from the Mediterranean region of Spain [J]. Science of the Total Environment, 2015, 511: 259-267.

[220] Pitt W C, Berentsen A R, Shiels A B, et al. Non-target species mortality and the measurement of brodifacoum rodenticide residues after a rat (Rattus rattus) eradication on Palmyra Atoll, tropical Pacific [J]. Biological Conservation, 2015, 185: 36-46.

[221] Hughes J, Sharp E, Taylor M J, et al. Monitoring agricultural rodenticide use and secondary exposure of raptors in Scotland [J]. Ecotoxicology, 2013, 22 (6): 974-984.

[222] 余亚蕾,任亮,张有友,等. 二代香豆素类杀鼠剂研究进展 [J]. 中国法医学杂志, 2020, 35 (2): 192-195.

[223] Feinstein D L, Akpa B S, Ayee M A, et al. The emerging threat of superwarfarins: History, detection, mechanisms, and countermeasures [J]. Annals of the New York Academy of Sciences, 2016, 1374 (1): 111-122.

[224] Declementi C, Sobczak B R. Common rodenticide toxicoses in small animals [J]. Veterinary Clinics of North America Small Animal Practice, 2012, 42 (2): 349-360.

[225] Ma M S, Zhang M Q, Tang X Y, et al. Massive neonatal intracranial hemorrhage caused by bromadiolone: A case report [J]. Medicine, 2017, 96 (45): e8506.

[226] Kotsaftis P, Girtovitis F, Boutou A, et al. Haemarthrosis after superwarfarin poisoning [J]. European Journal of Haematology, 2010, 79 (3): 255-257.

[227] Morgan B W, Tomaszewski C, Rotker I. Spontaneous hemoperitoneum from brodifacoum overdose [J]. American Journal of Emergency Medicine, 1996, 14 (7): 656-659.

[228] Rutovi S, Dikanovi M, Mirkovi I, et al. Intracerebellar hemorrhage caused by superwarfarin

poisoning [J]. Neurological Sciences, 2013, 34 (11): 2071-2072.

[229] Binks S, Davies P. Case of the month: " Oh! Drat!—A case of transcutaneous superwarfarin poisoning and its recurrent presentation" [J]. Emergency Medicine Journal, 2007, 24 (4): 307-308.

[230] King N, Tran M H. Long-acting anticoagulant rodenticide (Superwarfarin) poisoning: A review of its historical development, epidemiology, and clinical management [J]. Transfusion Medicine Reviews, 2015, 29 (4): 250-258.

[231] 刘勇敢. 基于 Suzuki 反应新型农药嘧菌酯的绿色合成工艺探究 [D]. 上海:东华大学, 2016.

[232] Butu M, Stef R, Grozea I, et al. Biopesticides: Clean and viable technology for healthy environment [M]. Switzerland: Springer, Cham, 2020.

[233] Jin L, Wang J, Guan F, et al. Dominant point mutation in a tetraspanin gene associated with field-evolved resistance of cotton bollworm to transgenic Bt cotton [J]. Proceedings of the National Academy of Sciences of the United States of America, 2018, 115 (46): 11760-11765.

[234] Baker S, Volova T, Prudnikova S V, et al. Nanoagroparticles emerging trends and future prospect in modern agriculture system [J]. Environmental Toxicology and Pharmacology, 2017, 53: 10-17.

[235] Rai M, Ingle A P, Paralikar P. Sulfur and sulfur nanoparticles as potential antimicrobials: from traditional medicine to nanomedicine [J]. Expert Review of Anti-infective Therapy, 2016, 14 (10): 969-978.

[236] Choudhury S R, Ghosh M, Mandal A, et al. Surface-modified sulfur nanoparticles: an effective antifungal agent against *Aspergillus niger* and *Fusarium oxysporum* [J]. Applied Microbiology & Biotechnology, 2011, 90 (2): 733-743.

[237] Bloem E, Haneklaus S, Schnug E. Milestones in plant sulfur research on sulfur-induced-resistance (SIR) in Europe [J]. Frontiers in Plant Science, 2015, 5: 779.

[238] Rao K J, Paria S. Use of sulfur nanoparticles as a green pesticide on *Fusarium solani* and *Venturia inaequalis* phytopathogens [J]. Rsc Advances, 2013, 3 (26): 10471-10478.

[239] Young M, Ozcan A, Myers M E, et al. Multimodal generally recognized as safe ZnO/nanocopper composite: A novel antimicrobial material for the management of citrus phytopathogens [J]. Journal of Agricultural and Food Chemistry, 2018, 66 (26): 6604-6608.

[240] Stadler T, Buteler M, Weaver D K. Novel use of nanostructured alumina as an insecticide [J]. Pest Management Science, 2010, 66 (6): 577-579.

[241] Buteler M, Lopez Garcia G, Stadler T. Potential of nanostructured alumina for leaf-cutting ants *Acromyrmex lobicornis* (Hymenoptera: Formicidae) management [J]. Austral Entomology, 2018, 57 (3): 292-296.

[242] Liu F, Wen L X, Li Z Z, et al. Porous hollow silica nanoparticles as controlled delivery system for water-soluble pesticide [J]. Materials Research Bulletin, 2006, 41 (12): 2268-2275.

第五章

传统有机污染物

第一节 概 述

早在1962年,蕾切尔·卡逊就在《寂静的春天》一书中指出,现代工业品的生产和使用已导致人类暴露于多类化学品复合污染中。复合污染的危害在于单一化学品不存在"安全剂量",其长期、低剂量的暴露将会诱发包括癌症在内的各种疾病。这些化学品既包括为了提高工农业生产而人工合成的有机氯农药(如DDT、艾氏剂等),也包括多氯联苯、甲醛等化工产品,以及人类活动无意识产生的二噁英、多环芳烃等化合物。本章将主要介绍曾经引发污染公害事件、明确具有健康危害、最早受到人们关注的传统有机化学品。直到今天,这些有机化学品依然是环境和人类健康的潜在威胁。

化学品的生产和应用为现代科技进步提供了条件,同时也为人类生活提供了便利。在众多的人工合成化学品当中,有机化学品占据了非常大的比例,为改善人类日常生产生活发挥了举足轻重的作用。有机化学品被广泛应用于各类产品中,如食品包装所需的疏水疏油材料、冲锋衣表面防水透气涂层、家用电器防火阻燃材料等。这些化学产品在给人类生活提供高质量体验的同时,部分产品也会对生态环境和人体健康构成一定的危害。欧盟统计了2004~2017年间有害化学品的生产和使用情况(图5-1),发现对环境存在长期危害的传统化学品的生产量未见明显下降,但从其使用量可以看出存在严重的长期环境危害的传统化学品的使用已经得到控制,说明人们已经逐渐意识到有害化学品管理的重要性[1]。美国化学理事会指出,2010~2021年是发展中国家化学品生产的爆发时期,而发达国家同期则保持相对稳定的增长,这给发展中国家化学品安全生产、使用以及环境保护提出了新的挑战[2]。

在有机化学品中,卤代有机化合物是非常重要的一大类,一般通过在有机化学品结构中加入溴、氯、氟等卤素原子而获得。卤代化学品可被广泛用于聚氯乙烯(PVC)材料、农药以及其他一些聚合物的生产。中国是卤代化学品生产

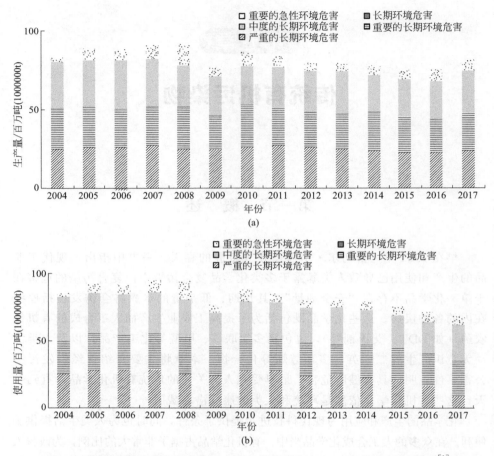

图 5-1 欧洲不同环境危害程度的有害化学品的生产（a）和使用（b）情况[1]

和使用大国。目前，已有多种卤代有机化合物被识别为持久性有机污染物（persistent organic pollutants，POPs），受到《关于持久性有机污染物的斯德哥尔摩公约》（以下简称《斯德哥尔摩公约》）管控，二噁英和多氯联苯均属第一批列入《斯德哥尔摩公约》的卤代有机化合物。历史上，多氯联苯和二噁英曾引发多起污染公害事件。米糠油污染事件（日本：1968 年；中国台湾：1979 年）、比利时污染鸡事件（1999 年）均是这类化学品处置不当进入食物链造成的。近年来，在全球海洋最深处马里亚纳海沟的生物体内发现高含量的多氯联苯[3]；在海洋顶级捕食者体内观测到呈上升趋势的多氯联苯含量变化[4]；在虎鲸体内发现高蓄积的多氯联苯并对其种群存在深远影响[5]。卤代有机化合物更长远的危害在于通过长期低剂量（痕量水平）暴露能对生物体及其后代造成健康影响，已有研究显示糖尿病等一些慢性疾病以及人类生殖能力下降等健康问题均与POPs类化学品长期暴露有关[6]。与一些新型POPs相比，这些传统POPs的毒性作用更为显著，直到今天，依然是环境和人类健康的潜在威胁。

近年来，人们对空气污染诱发的疾病格外关注。多环芳烃和挥发性有机物是人类工业活动和日常生活中经常接触到的有害物质。与卤代有机化合物相比，这些化合物挥发性强，在生物体内易降解，但其含量却处于较高水平，长期暴露可导致健康危害。因此，将这两类化合物在本章中一并介绍。通过本章的论述，期待读者对传统有机化学品有一个整体的了解和认识。

第二节 多氯联苯

一、结构及理化性质

多氯联苯（polychlorinated biphenyls，PCBs）是一类以联苯为原料，在金属催化剂作用下高温氯化生成的氯代芳烃，其结构式见图5-2。常温下PCBs是无色或浅黄色的油状物质，其物理化学性质稳定，属半挥发性有机物，具有良好的化学热稳定性、惰性、不可燃性和绝缘性，不易降解，曾被作为热交换剂、润滑剂、变压器和电容器的绝缘介质、涂料、液压油等广泛应用于电力工业、塑料加工业、化工和印刷等领域，但主要还是用于电容器和变压器的生产。

PCBs单体根据苯环上氯代数量和位置进行命名，如一个五氯代PCBs单体可表示为$3,3',4,4',5$-CB。本书采用国际纯粹与应用化学联合会（International Union of Pure and Applied Chemistry，IUPAC）方法对多氯联苯命名（表5-1）。

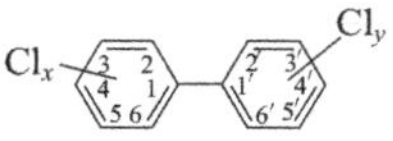

图5-2 多氯联苯（PCBs）结构式（$x+y=1\sim10$）

PCBs因具有与二噁英类似的毒性效应而受到广泛关注。二噁英和PCBs共同被称为"二噁英类化合物"，简称二噁英类。在PCBs单体（congener）中，最受关注的是12个与PCDD/Fs具有类似毒性的PCBs单体，它们属于共平面PCBs（co-planar PCBs），被称为二噁英类多氯联苯（dioxin-like PCBs，dl-PCBs）。另有其他6种PCBs单体在环境介质中含量较高，被称为指示性PCBs。dl-PCBs毒性当量因子及毒性当量计算方法见表5-2。常见多氯联苯单体的理化性质和环境行为参数见表5-3。

表 5-1 PCBs/多溴二苯醚以氯/溴代数量和位置命名规则（IUPAC）[①]

编号	结构	编号	结构	编号	结构	编号	结构
单氯/溴代(3个)		52	2,2′,5,5′	106	2,3,3′,4,5	160	2,3,3′,4,5,6
1	2	53	2,2′,5,6′	107	2,3,3′,4′,5	161	2,3,3′,4,5′,6
2	3	54	2,2′,6,6′	108	2,3,3′,4,5′	162	2,3,3′,4′,5,5′
3	4	55	2,3,3′,4	109	2,3,3′,4,6	163	2,3,3′,4′,5,6
二氯/溴代(12个)		56	2,3,3′,4′	110	2,3,3′,4′,6	164	2,3,3′,4′,5′,6
4	2,2′	57	2,3,3′,5	111	2,3,3′,5,5′	165	2,3,3′,5,5′,6
5	2,3	58	2,3,3′,5′	112	2,3,3′,5,6	166	2,3,4,4′,5,6
6	2,3′	59	2,3,3′,6	113	2,3,3′,5′,6	167	2,3′,4,4′,5,5′
7	2,4	60	2,3,4,4′	114	2,3,4,4′,5	168	2,3′,4,4′,5′,6
8	2,4′	61	2,3,4,5	115	2,3,4,4′,6	169	3,3′,4,4′,5,5′
9	2,5	62	2,3,4,6	116	2,3,4,5,6	七氯/溴代(24个)	
10	2,6	63	2,3,4′,5	117	2,3,4′,5,6	170	2,2′,3,3′,4,4′,5
11	3,3′	64	2,3,4′,6	118	2,3′,4,4′,5	171	2,2′,3,3′,4,4′,6
12	3,4	65	2,3,5,6	119	2,3′,4,4′,6	172	2,2′,3,3′,4,5,5′
13	3,4′	66	2,3′,4,4′	120	2,3′,4,5,5′	173	2,2′,3,3′,4,5,6
14	3,5	67	2,3′,4,5	121	2,3′,4,5′,6	174	2,2′,3,3′,4,5,6′
15	4,4′	68	2,3′,4,5′	122	2′,3,3′,4,5	175	2,2′,3,3′,4,5′,6
三氯/溴代(24个)		69	2,3′,4,6	123	2′,3,4,4′,5	176	2,2′,3,3′,4,6,6′
16	2,2′,3	70	2,3′,4′,5	124	2′,3,4,5,5′	177	2,2′,3,3′,4′,5,6
17	2,2′,4	71	2,3′,4′,6	125	2′,3,4,5,6′	178	2,2′,3,3′,5,5′,6
18	2,2′,5	72	2,3′,5,5′	126	3,3′,4,4′,5	179	2,2′,3,3′,5,6,6′
19	2,2′,6	73	2,3′,5′,6	127	3,3′,4,5,5′	180	2,2′,3,4,4′,5,5′
20	2,3,3′	74	2,4,4′,5	六氯/溴代(42个)		181	2,2′,3,4,4′,5,6
21	2,3,4	75	2,4,4′,6	128	2,2′,3,3′,4,4′	182	2,2′,3,4,4′,5,6′
22	2,3,4′	76	2′,3,4,5	129	2,2′,3,3′,4,5	183	2,2′,3,4,4′,5′,6
23	2,3,5	77	3,3′,4,4′	130	2,2′,3,3′,4,5′	184	2,2′,3,4,4′,6,6′
24	2,3,6	78	3,3′,4,5	131	2,2′,3,3′,4,6	185	2,2′,3,4,5,5′,6
25	2,3′,4	79	3,3′,4,5′	132	2,2′,3,3′,4,6′	186	2,2′,3,4,5,6,6′
26	2,3′,5	80	3,3′,5,5′	133	2,2′,3,3′,5,5′	187	2,2′,3,4′,5,5′,6
27	2,3′,6	81	3,4,4′,5	134	2,2′,3,3′,5,6′	188	2,2′,3,4′,5,6,6′
28	2,4,4′	五氯/溴代(46个)		135	2,2′,3,3′,5′,6	189	2,3,3′,4,4′,5,5′
29	2,4,5	82	2,2′,3,3′,4	136	2,2′,3,3′,6,6′	190	2,3,3′,4,4′,5,6
30	2,4,6	83	2,2′,3,3′,5	137	2,2′,3,4,4′,5	191	2,3,3′,4,4′,5′,6
31	2,4′,5	84	2,2′,3,3′,6	138	2,2′,3,4,4′,5′	192	2,3,3′,4,5,5′,6
32	2,4′,6	85	2,2′,3,4,4′	139	2,2′,3,4,4′,6	193	2,3,3′,4′,5,5′,6
33	2′,3,4	86	2,2′,3,4,5	140	2,2′,3,4,4′,6′	八氯/溴代(12个)	
34	2′,3,5	87	2,2′,3,4,5′	141	2,2′,3,4,5,5′	194	2,2′,3,3′,4,4′,5,5′
35	3,3′,4	88	2,2′,3,4,6	142	2,2′,3,4,5,6	195	2,2′,3,3′,4,4′,5,6
36	3,3′,5	89	2,2′,3,4,6′	143	2,2′,3,4,5,6′	196	2,2′,3,3′,4,4′,5′,6
37	3,4,4′	90	2,2′,3,4′,5	144	2,2′,3,4,5′,6	197	2,2′,3,3′,4,4′,6,6′
38	3,4,5	91	2,2′,3,4′,6	145	2,2′,3,4,6,6′	198	2,2′,3,3′,4,5,5′,6
39	3,4′,5	92	2,2′,3,5,5′	146	2,2′,3,4′,5,5′	199	2,2′,3,3′,4,5,6,6′
四氯/溴代(42个)		93	2,2′,3,5,6	147	2,2′,3,4′,5,6	200	2,2′,3,3′,4,5′,6,6′
40	2,2′,3,3′	94	2,2′,3,5,6′	148	2,2′,3,4′,5,6′	201	2,2′,3,3′,4′,5,5′,6
41	2,2′,3,4	95	2,2′,3,5′,6	149	2,2′,3,4′,5′,6	202	2,2′,3,3′,5,5′,6,6′
42	2,2′,3,4′	96	2,2′,3,6,6′	150	2,2′,3,4′,6,6′	203	2,2′,3,4,4′,5,5′,6
43	2,2′,3,5	97	2,2′,3′,4,5	151	2,2′,3,5,5′,6	204	2,2′,3,4,4′,5,6,6′
44	2,2′,3,5′	98	2,2′,3,5,6,6′	152	2,2′,3,5,6,6′	205	2,3,3′,4,4′,5,5′,6
45	2,2′,3,6	99	2,2′,4,4′,5	153	2,2′,4,4′,5,5′	九氯/溴代(3个)	
46	2,2′,3,6′	100	2,2′,4,4′,6	154	2,2′,4,4′,5,6′	206	2,2′,3,3′,4,4′,5,5′,6
47	2,2′,4,4′	101	2,2′,4,5,5′	155	2,2′,4,4′,6,6′	207	2,2′,3,3′,4,4′,5,6,6′
48	2,2′,4,5	102	2,2′,4,5,6′	156	2,3,3′,4,4′,5	208	2,2′,3,3′,4,5,5′,6,6′
49	2,2′,4,5′	103	2,2′,4,5′,6	157	2,3,3′,4,4′,5′	十氯/溴代(1个)	
50	2,2′,4,6	104	2,2′,4,6,6′	158	2,3,3′,4,4′,6	209	2,2′,3,3′,4,4′,5,5′,6,6′
51	2,2′,4,6′	105	2,3,3′,4,4′	159	2,3,3′,4,5,5′		

① PCB 的 IUPAC 命名规则是以 CB 指代 PCBs 单体，缀以单体相应的编号，如 2,2′,3,3′,4,4′,5,5′,6,6′-DecaCB 可写为 CB209。表中的"氯代"是仅对 PCBs 命名而言的；而"溴代"是仅对多溴二苯醚命名而言的。

表 5-2 dl-PCBs 毒性当量因子（TEF）及毒性当量（TEQ）计算方法

类别	名称	WHO-TEF$_{1998}$	WHO-TEF$_{2005}$
	$\text{TEQ}_{\text{PCB}} = \sum_{12}(\text{PCB}_k \times \text{TEF}_k)$		
非邻位 PCBs (non-ortho PCBs)	PCB-77	0.0001	0.0001
	PCB-81	0.0001	0.0003
	PCB-126	0.1	0.1
	PCB-169	0.01	0.03
单邻位 PCBs (mono-ortho PCBs)	PCB-105	0.0001	0.00003
	PCB-114	0.0005	0.00003
	PCB-118	0.0001	0.00003
	PCB-123	0.0001	0.00003
	PCB-156	0.0005	0.00003
	PCB-157	0.0005	0.00003
	PCB-167	0.00001	0.00003
	PCB-189	0.0001	0.00003

注：WHO-TEF$_{1998}$ 和 WHO-TEF$_{2005}$ 分别表示 WHO 于 1998 年和 2005 年发布的 TEF 值；PCB$_k$ 和 TEF$_k$ 中的下标"k"表示不同的 PCBs 单体。

表 5-3 常见多氯联苯单体的理化性质和环境行为参数

名称	$-\lg S_W$	$-\lg p_i$	$\lg K_{OA}$	$\lg K_{OW}$	lgBCF	lgBAF
PCB-77	7.08	2.66	9.96	6.1	4.59	7.10
PCB-81	7.51	2.54	8.46	6.42	4.84	7.67
PCB-126	8.23	3.31	10.6	6.96	5.81	7.73
PCB-169	9.00	4.18	11.0	7.49	5.97	8.03
PCB-105	7.42	3.06	10.3	6.82	5.00	7.50
PCB-114	7.59	2.90	9.99	6.63	5.20	7.60
PCB-118	7.52	2.92	10.1	6.69	5.20	7.87
PCB-123	7.78	2.88	10.0	6.72	5.23	7.62
PCB-156	8.25	3.65	10.7	7.44	5.39	7.95
PCB-157	8.09	3.70	10.8	7.12	5.39	7.92
PCB-167	8.32	3.60	10.4	7.23	5.62	8.46
PCB-189	8.99	4.32	11.3	7.62	5.78	8.30
PCB-28	6.66	1.47	8.25	5.66	4.20	6.20
PCB-52	7.03	1.79	8.61	5.91	4.63	6.87
PCB-101	7.73	2.47	9.31	6.33	5.40	7.50
PCB-138	8.24	3.29	10.1	7.22	5.39	7.80
PCB-153	8.48	3.17	10.0	6.87	5.65	7.90
PCB-180	9.01	3.88	10.8	7.16	5.80	8.18
PCB-209	10.5	4.85	11.6	8.09	5.44	8.66

注：S_W 为水中溶解度，mol/L；p_i 为 25℃时的挥发蒸气压，Pa；K_{OA} 为正辛醇-空气分配系数；K_{OW} 为正辛醇-水分配系数；BCF 为生物富集因子；BAF 为生物积累因子。

二、生产与应用

1929 年,PCBs 在美国首次由 Swann Chemical 公司投入工业生产,该公司于 1935 年被美国 Monsanto Chemicals(孟山都)公司收购,并继续生产 PCBs。随后孟山都成为全球多氯联苯工业品生产的核心公司。据估计,1976 年,全球 PCBs 的产量约为 61 万吨,其中孟山都公司产量约占 93%[7]。20 世纪 70 年代中期,大部分企业开始减少或停止 PCBs 的生产。但由于种种原因,直到 1983 年,少数企业依然生产 PCBs。据估计,1930~1993 年间,全球有 100 万~150 万吨多氯联苯工业品生产和投入使用,主要集中在美国(约 48.4%)、苏联(约 13%)、德国(约 12%)、法国(约 10%)、英国(约 5%)和日本(约 4.2%)等地区[8]。由于一些地区的 PCBs 生产和使用数据缺失,对全球 PCBs 生产和使用情况的统计存在一定偏差。1965~1974 年间,我国曾工业化生产 PCBs,历史产量累计约有 8000 吨,但仅占全球产量的 0.6%[8]。值得注意的是,PCBs 的工业品并不是纯品,而是以 PCBs 为主的复杂混合物。例如,孟山都公司生产的 PCBs 工业品注册商标名为 Aroclor®。几种 Aroclor 商品中共平面 PCB 单体的含量见表 5-4。

表 5-4　几种 Aroclor 商品中共平面 PCB 单体的含量　　单位:$\mu g/g$

PCB 单体	Aroclor 1242	Aroclor 1248	Aroclor 1254	Aroclor 1260
PCB-77	1700	3000	200	<61
PCB-81	160	310	<4	<55
PCB-126	16	38	88	<52
PCB-169	<12	<2	<3	<42
PCB-105	2700	14000	32000	250
PCB-114	330	1600	2500	28
PCB-118	3800	20000	76000	4500
PCB-123	60	280	560	<20
PCB-156	36	390	7600	2900
PCB-157	19	100	3400	①
PCB-167	20	190	4400	1900
PCB-189	<7	11	270	890

① 受指示性 PCB-180 干扰,准确数据缺失。

PCBs 最常见的工业应用是用于电容器和变压器的生产。如孟山都公司大幅削减 PCBs 生产之后,仍在 1972 年分别投入了约 10000 吨和 5000 吨 PCBs 工业品用于电容器和变压器的生产。据估计,20 世纪 80 年代末期,美国每年仍约有 260 万台矿物油变压器(PCBs 含量在 50~500$\mu g/g$ 之间)投入市场[9]。除此之外,PCBs 在其他行业也有许多应用,如 NCR 无碳复写纸中 PCBs 含量可高达 3%~5%。PCBs 也曾作为塑化剂用于氯化橡胶涂料生产,其中 Aroclor 1254 含量最高可达 40%。PCBs 工业品在聚氯乙烯和防水涂层材料生产中，比例也可达 3%～8%。但随着人们逐渐意识到 PCBs 的健康风险，这类化学品自 20 世纪 70 年代就逐渐被禁止在"非封闭"状态下使用，而其用于电容器和变压器的生产仍持续了一段时间。

除了工业品生产之外，PCBs 作为工业、其他人类活动的副产物，在工业热过程（如钢铁冶炼、有色金属生产、炼焦生产、冬季燃煤供暖等）和垃圾焚烧、电子垃圾粗放拆解回收过程中也能产生和释放。此外，考虑到 PCBs 的联苯环氯代结构，PCBs 在一些含氯工业（如氯碱工业、纸张漂白过程）的生产环节可伴生并释放到环境中。曾有报道，在氯化苯、氯乙烯、氯化溶剂、氯化烷烃、氯苯基硅氧烷黏合剂、有机硅氧烷类药物、颜料（如颜料黄、酞菁绿）的生产过程中均可生成 PCBs，并伴随着工业品的使用和工业废物的不当处置进入环境中。

三、环境赋存

2018 年，发表在 *Science* 上的一篇文章指出，在全球虎鲸体内发现了极高含量的 PCBs。经过多年追踪研究发现，虎鲸体内 PCBs 含量与幼鲸成活率呈显著负相关，可能对全球超过 50% 的虎鲸种群生殖和免疫能力产生影响，造成未来 100 年内虎鲸种群数量下降[5]。在 PCBs 停产近半个世纪后，一些不当处置和仍在使用的 PCBs 产品仍向环境不断释放 PCBs。另外，源自人类活动和海洋/土壤"汇"的二次释放也是环境中 PCBs 的重要来源。尽管环境、生物体内 PCBs 含量在其停产之后呈下降趋势，但随时间推移已逐渐趋向平衡。PCBs 的物理化学性质极为稳定，半减期长，这也是其成为历史上分布最广的环境污染物之一的重要原因。

PCBs 是我国乃至全球最早受到关注的 POPs 物质之一。自 1966 年首次在环境中发现[10]，大气、土壤、生物体、水体等环境介质甚至人体中的相关研究报道逐渐增多。由于 PCBs 具有环境持久性、生物富集/放大性、长距离迁移等特性，当从产品或者其他排放源进入环境后，可以借助大气、洋流的长距离传输作用在全球广泛分布，甚至到达人迹罕至的偏远地区。目前在南极、北极和青藏高原"三极"地区均已发现 PCBs 的存在。

1. 大气

大气传输是 PCBs 长距离迁移及其全球分布的主要途径。PCBs 具有半挥发特性，可以通过大气气相或颗粒相的运载作用，从点源向其他地区扩散。此外，土壤、水体、植物等介质中的 PCBs，可通过土气交换、水气交换以及蒸腾作用，再次进入大气并参与 PCBs 的全球分配。PCBs 的全球传输主要基于以下与温度相关的几个机制：全球蒸馏效应（global distillation effect）、蚱蜢跳效应（grasshopper effect）和冷捕集效应（cold-trapping effect）。包括 PCBs 在内的一些具有环境持久性和半挥发性的 POPs 具有全球迁移的能力，主要体现在其可以从低海拔向高海拔迁移、从低纬度人口工业密集地区向人迹罕至的南北极等高纬度地区迁移。在温度较高时，PCBs 易从土壤中向大气中迁移，经大气传输后，到达较冷的高海拔和高纬度地区，再次沉降并在当地蓄积[11]。PCBs 在从低纬度向高纬度迁移的过程中，不断挥发、沉降，表现出"蚱蜢跳"的特点[12]（图 5-3）。PCBs 的这种行为导致其在高山和极地等生物链较为脆弱的地区逐渐富集，危害当地的生态系统。此外，由于大气中 PCBs 半减期较长，如 PCB-28、PCB-52、PCB-101、PCB-138、PCB-153 和 PCB-180 等单体在大气中的半减期在 2.3~8.9 年之间，均值为（4.7±1.6）年[13]，PCBs 可对生态系统造成持续的影响。

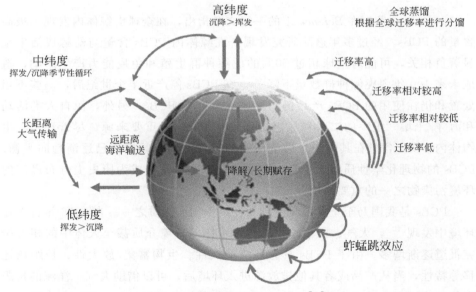

图 5-3　POPs 全球迁移示意图[12]

PCBs 的大气传输主要受环境温度、风向、风速以及其自身的物理化学性质（如亨利常数、过冷液体蒸气压 p_L^0、正辛醇-空气分配系数 K_{OA} 等因素的影响。PCBs 在大气气相和颗粒相上的分配关系（气-粒分配）是影响其挥发、迁移、干湿沉降、降解等环境行为以及动植物暴露途径的重要因素，决定其最终环境归趋。一般来说，气相中的 PCBs 迁移半径要高于颗粒相上的

PCBs。p_L^0 是影响 PCBs 气-粒分配的一个重要因素，其他影响因素还包括化合物性质、环境温度、总悬浮颗粒物浓度（total suspended particulates，TSP）、颗粒物表面性质以及化合物与颗粒物间的相互作用方式等[14]。分析大气中 PCBs 含量水平时需要考虑气相和颗粒相中 PCBs 的不同浓度。目前大气中 POPs 采样方式主要包括主动采样和被动采样。其中大流量主动空气采样器可通过玻璃纤维滤膜收集空气中颗粒相样品，通过 PUF 膜（polyurethane foam）收集气相样品。而被动采样器通常使用 XAD-2 树脂、PUF 膜、SPMD（semi-permeable membrane device）等吸附材料捕集大气中的 PCBs。

PCBs 禁用后，已不存在大量释放的源，其全球分布已逐渐趋于平衡。大气中 PCBs 分布特征为：PCBs 原产地、工业区、经济发达地区、污染点源（如电子垃圾焚烧、钢铁厂及其他工业排放源）周围的 PCBs 含量较高，城市大气中 PCBs 含量高于乡村和偏远地区。对加拿大多伦多城乡夏季大气中 PCBs 含量差异研究发现，城市地区大气中 PCBs 最高可比乡村地区高出 5~10 倍，春季差异可达 2~3 倍[15]。大气中 PCBs 含量与当地人口密度呈显著正相关[13,16]，这说明工业生产和人类活动对城市大气中 PCBs 含量水平有较大的贡献。全球大气中 PCBs 含量也存在一定的差异。欧洲[17]和北美五大湖地区[16]城市大气中 PCBs 含量明显高于乡村和背景点。城市大气中 PCBs 的主要单体为四氯联苯和五氯联苯，而乡村和背景点则以低氯代单体为主。值得注意的是，四氯联苯和五氯联苯是 PCBs 工业品 Aroclor 1248、Aroclor 1254 和 Aroclor 1242 的主要组成成分。我国城市大气中 PCBs 含量[(350 ± 218)pg/m^3]尽管高于乡村[(230 ± 180)pg/m^3]和背景地区[(77 ± 50)pg/m^3]，但差别与欧美地区相比没有那么明显，以三氯代 PCBs 为主。这是由于欧美城市建筑材料中使用 PCBs 较多，而我国对工业品 PCBs 的使用则较少[18]。

大气中的 PCBs 含量水平受温度影响较大，呈现出明显的季节性变化：春夏时节大气中 PCBs 含量明显高于其他时期。这主要是春季温度逐渐升高，在冬季气温较低时沉积于表层中的 PCBs 再次释放到大气中造成的[19]。城市地区这种现象更为严重，这是因为冬季城市地区颗粒物的沉降要远大于偏远地区颗粒物的沉降。

从时间变化上来看，2010 年前，大气中的 PCBs 呈现出下降趋势。1990~2003 年期间，北美五大湖地区大气中四氯代 PCBs 和五氯代 PCBs 单体含量水平逐渐下降[16]。对英国大气中指示性 PCBs 含量水平进行追踪研究，发现 1991~2008 年间，大气中 PCBs 含量出现明显下降。在 20 世纪 90 年代早期，大气中 PCBs 的主要单体为三氯代 PCBs 和四氯代 PCBs，与工业品的单体分布较为一致[13]。大气中 PCBs 更易受到附近点源的影响，与污染源呈现类似的单体指纹图谱。

2. 土壤

土壤是环境中 PCBs 等 POPs 类物质主要的存储介质。据估计，全球土壤中 PCBs 总量大约为 21000 吨[20]。环境中超过 90% 的 PCBs 存在于土壤中[9,21]。土壤是 PCBs 的"汇"，同时也是大气 PCBs 的二次污染源。被释放的 PCBs 可再次进入全球大气传输。

土气交换作用是大气中半挥发性 POPs 含量水平变化的主要影响因素之一。土壤中的 PCBs 通过土气交换作用从土壤挥发到大气中，以及随着干沉降（挥发吸附和与颗粒相结合）和湿沉降（沉淀去除和降水清除）自大气向土壤迁移，最终在土壤-大气之间达到平衡[22]。影响化合物土气交换作用的关键因素包括：化合物自身理化性质（如化合物的正辛醇-空气分配系数 K_{OA}、正辛醇-水分配系数 K_{OW} 和亨利常数 H）、环境温度、土壤有机质含量和组成等。例如，低氯代 PCBs 的 K_{OW} 和饱和蒸气压低于高氯代单体，更容易挥发到大气中。针对我国空气和土壤调查研究发现，土壤中 PCBs 主要以高氯代单体为主，而大气中 PCBs 则主要是三氯代单体[18]。温度是影响土壤中 PCBs 含量水平的另一个重要因素。温度升高时，PCBs 可从土壤向大气中挥发，造成土壤中含量下降[21]。此外，土壤中的有机质与 PCBs 含量一般呈正相关。土壤中有机质含量越高，PCBs 含量越高，低氯代 PCBs 单体与土壤有机质的相关性高于高氯代单体[20]。土气分配系数（K_{SA}）定义为达到平衡状态时土壤和大气中化合物浓度的比值，通常被用来描述化合物在土气之间的分配状态。K_{SA} 值越大，说明土壤对化合物的吸附能力越强，PCBs 越不容易从土壤挥发到大气中[22]。K_{SA} 与土壤温度、土壤有机质含量以及有机质类型有关[21]。土气交换作用一直是半挥发性 POPs 类化合物的研究热点。

不同地区土壤中 PCBs 含量水平及单体组成受当地工业生产、土壤中有机质含量、人类活动及其他因素影响。全球表层土壤研究发现，不同地区土壤中 PCBs 含量水平差异可达到 3 个数量级（26～97000pg/g 干重），其中北纬 30°～60°的北温带区域被认为是全球 PCBs 的源，超过 80% 的 PCBs 赋存于该区域[20]。不同地区土壤中 PCBs 含量存在显著差异，欧洲和北美土壤中 PCBs 水平明显高于南美、亚洲、非洲和大洋洲[13]。2005 年，我国各地土壤中 PCBs 平均含量水平为 515pg/g 干重，这个值约相当于 1998 年全球背景土壤值的 1/10[23]。该调查中我国城乡土壤中 PCBs 含量差别不大，主要单体为三氯代单体和二氯代单体。研究中显示出非常明显的 PCBs 点源污染特征，以及 PCBs 含量与土壤有机质正相关的特点。此外，高氯代 PCBs 单体容易在城市点源附近沉降。因此，农村地区和背景区的低氯代 PCBs 单体呈现良好的土-气相关性，而城市地区的高氯代 PCBs 单体呈现土-气相关性，这是城市分馏效应（urban fractionation effect）的有力证据[18]。对我国上海周边土壤研究也发现了明显的城市分馏效应[23]。

电子垃圾拆解地区、钢铁冶炼工厂以及经济发达地区（如长三江、珠三角等）等工业活动密集、高风险污染源周边土壤中 PCBs 含量也明显高于背景区域，这些 PCBs 很有可能是工业生产过程中的副产物或者垃圾粗放焚烧过程中伴随产生的。值得注意的是，在这些土壤污染区域中，可以随着土壤的侵蚀作用向水体和底泥进一步地释放出 PCBs，成为二次污染源。

3. 水体和沉积物

PCBs 的正辛醇-水分配系数 K_{OW} 对数值在 5.66～8.09 之间（表 5-3），水溶性差，在湖泊、河流、海洋等水体中更容易吸附在可溶性有机碳或有机颗粒物上，沉降在底泥中，而不是以溶解态存在于水相中。海洋是 PCBs 等 POPs 最终的"汇"。受此影响，水生生物和水生食物链的 POPs 生物富集/放大效应是高级捕食者健康风险研究的重点和热点。

水相中的 PCBs 与底泥中的 PCBs 可相互迁移，并最终达到平衡。由于 PCBs 亲脂性强，较难溶于水，同一区域水体和底泥中的 PCBs 含量会存在较大的差异，达到平衡后一般底泥中的 PCBs 含量高于水体。底泥中的 PCBs 可以成为水相中 PCBs 的二次污染源，通过悬浮颗粒物向水体中转移[24]。如美国得克萨斯州船运航道水体与底泥中 PCBs 含量分别为 0.49～12.49ng/L 和 4.18～4601ng/g 湿重。分配理论分析结果表明，当地水体中的 PCBs 主要来源于底泥中 PCBs 的二次释放[25]。美国加利福尼亚州水体中 PCBs 含量在 0.06～1.14ng/L 之间，该研究同样发现水相中部分 PCBs 单体来自底泥的迁移[24]。值得注意的是，分析水相中的 PCBs 通常是将溶解态（dissolved phase）和悬浮颗粒物（suspended particulate matter）中污染物含量综合考量[25]。西班牙一条位于农业和工业发达地区的河流水相中 PCBs 总量平均值为 (76.3±23.4)ng/L，底泥中 PCBs 总量平均值为 (14.1±7.55)ng/g 干重，溶解态与颗粒相中 PCBs 比值约为 1:1。由于此河流存在实时污染排放源，水体和底泥之间 PCBs 含量有可能尚未达到平衡[26]。这种情况在一些存在持续污染源的地区（如受到土壤径流和污水排放等因素的影响）较为常见。如针对我国大亚湾地区水体和底泥中 PCBs 的研究发现，底泥中 PCBs（0.85～27.37ng/g 干重）是水体中（0.09～1.35ng/mL）的几十倍[27]，该比值低于其他河道底泥与水体中 PCBs 的比值[25]。另外，点源污染能直接导致附近水体和底泥中 PCBs 含量的升高。如受到 PCBs 原生产工厂排污等影响，排污口附近底泥中 PCBs 含量（1772ng/g 干重）远高于河流其他区域底泥中 PCBs 含量[(14.1±7.55)ng/g 干重][26]。

水-颗粒相分配系数（K_p）被定义为水相和颗粒相中化合物浓度的比值，通常被用来描述化合物在水体和颗粒相之间的分配。密歇根湖水样中 PCBs 的 lgK_p 在 4.8～6.1 之间，说明不同水体中 PCBs 单体的环境行为并不相同，主要受物化性质的影响[28]。该研究中近岸水样 PCBs 含量（3.2ng/L）高于开放水域（1.2ng/L），lgK_p 与悬浮颗粒物浓度对数值呈相关性，但受颗粒有机碳影响不大。2015 年，密歇根湖附近水体中 PCBs 含量在 1.52～22.4ng/L 之间，与该实验室在同地区往年收集的样品（1994～1995 年）相比，2010～2015 年水体和底泥样品（开放水域）中 PCBs 含量基本持平，河口水体中 PCBs 含量呈下降趋势。通过比较该地区 PCBs 干湿沉降、径流输入、水气交换、底泥释放、挥发作用、河流输出等途径的通量变化，认为在 PCBs 停止使用近 40 年后，当地 PCBs 主要存在于水体和表层底泥中，并可向大气二次释放[29]。

4. 水生和陆生生态系统

PCBs 的典型特性之一为其具有生物累积/放大效应。环境中的 PCBs 可以通过食物链逐级蓄积、放大，对高营养级生物造成更大的健康风险。一般来说，同一采样区域生物的营养级和脂肪含量越高，其体内的 PCBs 负荷越高。例如某污染地区河流生态系统中，不同营养级之间 PCBs 含量水平相差 1～2 个数量级[30]。

由于海洋是 PCBs 的"汇"，水生食物链/网中 PCBs 是研究关注的热点之一。水生生物不仅能够通过表皮、呼吸等途径直接暴露于水体中的 PCBs，还能够通过摄食低营养级生物而不断蓄积 PCBs，后一途径是水生动物体内 PCBs 的主要来源。偏远地区污染源少，是研究 POPs 环境行为的理想地区。在对北极水生食物链的研究中，发现 PCBs 沿食物链出现了明显的放大效应。随着食物链从低级捕食者向高级捕食者过渡，北极鳕鱼鱼肉（0.0037ng/g 湿重）、海豹脂肪（0.68ng/g 湿重）和北极熊脂肪（4.50ng/g 湿重）中 PCBs 含量呈现明显的升高趋势，北极熊脂肪中 PCBs 水平是北极鳕鱼鱼肉中的 1000 多倍[31]。营养级较低的食物链同样也呈现 PCBs 放大。北极深海颗粒物、浮游植物、浮游和底栖端足类动物以及鱼中 PCBs 含量水平介于未检出到 15093ng/g 干重之间，整体呈现出升高的趋势[32]。污染地区食物链中 PCBs 的生物富集效应更是受到了广泛关注。我国环渤海地区工业密集，并且为半封闭港湾，海水自净能力较差，当地水生生态系统中 POPs 含量相对较高。在当地"浮游植物→浮游动物→无脊椎动物→鱼→海鸟"食物链中，多数共平面 PCBs 含量与 4 个营养级呈正相关关系，说明 PCBs 能够随食物链富集放大[33]。在其他地区水域中，PCBs 也存在类似生物放大情况。在佛罗里达沿海食物链中发现，海豚（36200~240000ng/g 脂重）和鲨鱼（190~71200ng/g 脂重）体内 PCBs 水平比低营养鱼（162~2890ng/g 脂重）高出 1~2 个数量级[34]。此外，底栖生物由于受到底泥（4.18~4601ng/g 湿重）的影响，存在较高的 PCBs 暴露风险。研究发现鲶鱼（4.13~1596ng/g 湿重）和蟹（3.44~169ng/g 湿重）等油脂含量丰富的底栖生物中 PCBs 含量水平往往较高，含量远高于水体（0.49~12.49ng/L）[25]。

陆生生物同样能够富集 PCBs 等持久性有机污染物，但其赋存途径与水生生物存在一定的差异。陆生生物体内 PCBs 主要来源于食物摄入，此外饮水、呼吸、灰尘接触等途径也可以导致污染暴露。通过对大量污染物在生态系统中富集行为的研究，发现除了 $\lg K_{OW}$ 大于 5 的污染物以外，$\lg K_{OW}$ 在 2~5 之间，同时满足 $\lg K_{OA} > 5$ 的污染物在陆生生态系统中也具有较高的生物富集能力[35]。在一项对 PCBs 污染地区的陆生食物链研究中，也发现当地植物、小型食草动物、蚯蚓、鼩鼱、猫头鹰和家养鹌鹑蛋中 PCBs 含量分别为 0.023ng/g 湿重、0.13ng/g 湿重、1.3ng/g 湿重、1.3ng/g 湿重、1.6ng/g 湿重和 8.2ng/g 湿重，整体呈现出中等水平的富集趋势[36]。

不同 PCBs 单体在生物体内的迁移和富集规律存在差异。影响 PCBs 在某种生物体内富集能力的主要因素有：氯取代位置和数量、生物在食物链中的位置、动物摄食方式及其对 PCBs 的代谢能力。如在上述北极食物链研究中，虽然发现鳕鱼鱼肉中以三氯代单体和四氯代单体为主，但在海豹脂肪和北极熊脂肪中却以五氯代~七氯代单体为主，说明不同 PCBs 单体在不同生物体内的富集能力存在差异性[31]。对某污染地区陆生食物链的研究发现，蚯蚓体内 PCBs 单体分布与当地土壤中 PCBs 单体类似，但在植物中却以低氯代（一氯代~四氯代）单体为主，而小型哺乳动物体内则以 PCB-153、PCB-180、PCB-138、PCB-118 和 PCB-99 单体为主[36]。对我国环渤海食物链研究发现，具有类似 K_{OW} 值的 PCBs 单体，有的随营养级升高呈现出富集放大现象，有的则呈现出营养级稀释特性，这主要是不同化合物之间的富集能力和代谢差异造成的[33]。

5. 农业生态系统

饲料是养殖动物的主要食物，养殖动物已成为全球蛋白食物的主要来源。过去的几十年，饲料污染引起的二噁英和多氯联苯污染公害事件已经引起全球重视，农牧生态系统中 POPs 迁移、蓄积和转化研究是健康风险评估的重要内容。亲脂性和难降解特性使饲料中低浓度 PCBs 在长期暴露下不断在动物体内累积，肉、蛋、奶等动物产品已成为人类摄入 POPs 的主要来源。因此，评价饲料/生长环境-养殖动物-动物产品中的 POPs 赋存，是保证"从农田到餐桌"食品安全的重要研究内容。

养殖动物体内 PCBs 等污染物可以通过产蛋、泌乳等方式向动物产品中传递，这是动物代谢 PCBs 的主要途径之一。通过研究奶牛饲喂污染饲料后其泌乳中 PCBs 的赋存情况，认为牛奶中 PCBs 的主要来源是饲料污染。如果将蛋、奶等动物产品中污染物含量水平与动物摄入污染物的比值定义为 COR（carry-over rate），并以该值指示污染物在动物体内的迁移能力，在上述研究的稳态阶段，饲料与牛奶之间的 COR 值在 12％（PCB-28）～78％（PCB-118、PCB-138、PCB-153、PCB-180）之间变化，说明随氯代水平升高，PCBs 单体向牛奶中的迁移能力逐渐增强[37]。污染饲料与鸡蛋之间 PCBs 的 COR 值分别在 41％～54％（非邻位）、51％～76％（单邻位）、4％～61％（指示性）之间，说明鸡蛋是蛋鸡代谢 PCBs 的一个主要途径[38]。

养殖动物的内脏、脂肪和肌肉组织均可富集 PCBs。由于 PCBs 具有亲脂性，一般认为脂肪是动物体内 PCBs 的主要贮存器官，有时可占动物体内 PCBs 负荷的 97％以上[39]。这里所指的脂肪并非仅是动物的脂肪组织，也包括其他体脂含量相对较高的器官中的脂肪。动物体内不同器官的脂肪含量差异会导致 PCBs 水平差别较大。在肉鸡的指示性 PCBs 污染饲料代谢试验中，2个试验组饲料中 PCBs 含量分别为 3ng/g 和 12ng/g，2个试验组的腹部脂肪、鸡腿肉和鸡胸肉中 PCBs 含量分别为 26ng/g 脂重、20ng/g 脂重和 63ng/g 脂重（3ng/g 组）及 117ng/g 脂重、41ng/g 脂重和 107ng/g 脂重（12ng/g 组）[40]。这说明 PCBs 在动物体内的分布并不是均匀的。此外，肝脏也是动物体内 PCBs 赋存的靶器官之一，一些高氯代的单体更易在动物肝脏中富集[39]。对比奶牛肝脏和脂肪组织中的 PCBs，肝脏中六氯代单体含量比脂肪中高，肝脏具有更强的蓄积能力。

饲料是养殖动物暴露 PCBs 的主要来源。为降低动物产品中 PCBs 含量水平，欧盟分别制定了饲料和食品中二噁英类化合物的最高限量标准。该限量标准充分考虑了不同基质中化合物污染水平和风险的差异性，一般油脂含量较高的产品的限量值相对略高〔如牛肉中二噁英类化合物限量（WHO-TEQ）为 4.0pg/g 脂肪，奶制品中限量（WHO-TEQ）为 5.5pg/g 脂肪〕[41]。不同饲料产品中的二噁英类化合物限量标准也不尽相同，如植物源性饲料产品中二噁英类化合物限量（WHO-TEQ）为 1.25pg/g，鱼粉中限量（WHO-TEQ）为 4.0pg/g[42]。与其他饲料种类相比，鱼粉类饲料来源于海洋废杂鱼，基质较为复杂，存在更高的 PCBs 暴露风险。在 2001～2011 年间，欧盟对多类饲料中的二噁英类化合物进行持续性监测，发现 4.1% 的鱼粉中二噁英类化合物的含量超过了欧盟限量，但在整体饲料基质中，仅有小于 1% 超出欧盟限量[43]。近期，借助同位素稀释-高分辨气相色谱/高分辨质谱技术对全球主要鱼粉产区（南美、中国、美国、欧洲、东南亚）的 102 个鱼粉中的 PCBs 和二噁英进行了研究，发现 4.9% 的鱼粉中二噁英类化合物的含量超过了欧盟最高限量。其中，来自当年 PCBs 主要生产和使用地区的美国鱼粉，其 PCBs 含量（6.85ng/g 干重）约是其他地区的 5 倍，说明在 PCBs 停产近半个世纪之后，历史工业生产对饲料产品中的 PCBs 仍存在影响[44]。除饲料外，动物养殖环境中的灰尘、土壤、空气和水也可能成为动物摄入 PCBs 的来源。如散养鸡蛋中 PCBs 含量水平一般高于集中化养殖鸡蛋，主要是散养鸡可通过土壤摄入 PCBs 的缘故[38]。因此，在管控动物产品中污染物含量时，还应考虑有关环境因素的影响。

四、毒性作用过程及效应

目前不同暴露水平下的研究均已证明 PCBs 具有毒性作用，从体内（in vivo）试验到体外（in vitro）试验，从分子水平到活体水平，从低等生物到人群队列，研究结果不一而足。但有一点已达成共识，即 PCBs 的主要危害并非体现为急性毒性，而是长期低剂量暴露后，累积产生的"三致"效应、生殖毒性、发育毒性、内分泌干扰效应等。此外，不同种属的动物以及动物与人之间的毒性效应存在较大差异，动物试验结果并不能完全代表其对人的毒性效应。目前流行病学研究结果大多基于相关性分析，并未充分证明 PCBs 暴露与疾病之间存在必然的因果关系。

早期研究发现，PCBs 具有致癌性、神经毒性以及生殖毒性，大量的 PCBs 暴露导致皮肤病变，出现氯痤疮。与二噁英具有类似结构的 dl-PCBs 具有更高的毒性，其毒性机制与 17 种 2,3,7,8-位取代的 PCDD/Fs 类似。dl-PCBs 的毒性当量因子及毒性当量计算方法见表 5-2。一般而言，二噁英类化合物显著的生物链富集放大效应使其能够对食物链顶端的动物和人类构成更严重的健康风险。因此，欧盟分别针对饲料[42]和食品[41]中二噁英类化学品设定了严格的限量标准。这也是目前国际上为数不多的对 POPs 类化学品明确限量标准，该标准已经得到大部分国家和组织的认可。

PCBs 是导致癌症病发的风险因素之一。乳腺组织活检结果显示，PCB-28 和 PCB-52 与恶性肿瘤发生存在相关性，其中 PCB-28 是研究关注的所有变量（年龄、哺乳期、超重、污染物）中最重要的影响因素[45]。低氯代 PCBs 暴露可能导致 DNA 氧化损伤，而乳腺肿瘤组织中的 DNA 氧化损伤程度与肿瘤发生存在一定关系[45]。对美国旧金山地区胰腺癌病发因素的研究发现，癌症病人血清中 PCBs 的含量（330ng/g 脂重）显著高于对照组人群血清中 PCBs 的含量（220ng/g 脂重，$p<0.001$）。用 OR（odds ratio）值指示该因素对疾病发生的相对危险度（OR>1，表示该因素是疾病发生的危险因素；OR=1，表示该因素不起作用；OR<1，表示该因素是保护因素），PCBs 含量最高的三分位人群中 OR 值为 4.2 [95%CI（confidence interval）=1.8~9.4][46]。男性睾丸癌很可能始于胎儿时期，是母体暴露于内分泌干扰物导致的。研究人员分别对比了患儿和患儿母亲、对照组儿童和对照组母亲血液中的 PCBs 含量，发现患儿母亲血液中 PCBs 的 OR 值为 3.8（95%CI=1.4~10），与患者睾丸癌的发生存在关联[47]。美国环保局综合现有数据和工作后，也认为 PCBs 与人类癌症的发生存在着相关性[9]。

PCBs 具有内分泌干扰效应，可对动物和人类的生殖系统产生危害。日本和我国台湾地区米糠油 PCBs 污染公害事件之后出生的儿童表现出明显的发育迟缓症状[48]，如体重和身高较同龄人偏低、偏矮，行为异常、智商偏低。研究表明，胎儿期曾暴露于 PCBs 的儿童，在出生后 5 个月至 4 岁之间仍存在体重不足现象，7 个月至 4 岁之间短期记忆能力表现出受损症状[49]。对 PCBs 高浓度暴露人群调查显示，长期暴露于 PCBs 中的工人、急性暴露于热解过程中生成的 PCBs 的工人、误食被 PCBs 污染的米糠油而导致急性中毒的人群，均出现神经症状异常，如头痛、疲乏和其他中枢神经问题[50]。但之后的相关研究却未能明确证实 PCBs 暴露与神经损害之间的直接联系[51]，这说明 PCBs 的毒性效应是非常复杂的。近些年研究发现，PCBs 与人类的肥胖和糖尿病发病相关；PCBs 在病患体内的含量水平显著高于对照人群，并且与发病情况存在着正相关关系[52]。以上研究表明，PCBs 的内分泌干扰效应是人类部分慢性疾病重要的发病诱因之一。

PCBs 的毒性作用还表现在影响鱼类、鸟类和哺乳动物的繁殖方面[53]。PCBs 低剂量暴露可导致鱼产卵失败[54]、鸟类生殖行为和发育异常、水肿病等[53]。研究人员还发现，当鸟类脑中 PCBs 含量超过 $300\mu g/g$ 时，其水平与鸟类死亡存在着显著相关性[53]。1970 年，在英国一项鸟类研究中发现，尽管 PCBs 不会导致鸟类大量死亡，但可能是多种鸟类繁殖失败的原因之一[55]。PCBs 可通过损伤自然杀伤细胞活性、体外 T 淋巴细胞功能、抗原特异性体外淋巴细胞增殖，以及通过损伤迟发型超敏反应和对卵清蛋白的抗体反应等途径，对哺乳动物产生免疫毒性[56]。近些年，PCBs 在大型海洋哺乳动物中的毒性作用受到关注[5]。研究认为 PCBs 是导致海豹体内免疫毒性的主要化学品。对虎鲸种群多年追踪研究发现，虎鲸体内高含量 PCBs 与其种群个体数量呈显著负相关，这说明 PCBs 仍是危害野生动物健康的重要因素之一。

五、人体暴露风险

普通人群体内 PCBs 来源途径主要是通过食品长期低剂量摄入。人类通过饮食摄入的 POPs 占总暴露剂量的 90% 以上，其中动物源食品如鱼和贝类等水产品、肉类和奶制品是膳食中 POPs 化合物的主要贡献者。鱼等水产品是人类摄入 POPs 类污染物的重要来源，可占人体总摄入量的 50% 以上[57]。各国家和地区开展了系统的风险评估工作，评价人类通过饮食和其他途径摄入 PCBs 的风险[58,59]。一项西班牙膳食评估工作调查了居民通过蔬菜、水果、谷物、豆类、肉和肉制品、油脂、蛋、奶制品和海产品摄入 PCBs 的情况，发现海产品中 PCBs 含量最高（11864pg/g 湿重），奶制品次之（675pg/g 湿重），当地人群通过饮食摄入 PCBs 总量（WHO-TEQ）约为 150pg/d[57]。美国居民膳食研究同样发现，鱼类等水产品是当地人群摄入 PCBs 的主要来源，远高于肉类和奶制品等[60]。我国 2007 年第 4 次全国人群膳食调查研究表明，普通人群通过动物源性食品暴露 PCBs 含量水平高于植物源性食品，儿童是 PCBs 暴露的敏感人群[61]。2011 年第 5 次全国人群膳食调查结果显示，人群暴露 PCBs 水平略微下降[59]。不过应当注意的是，污染地区的高污染风险食品中 PCBs 仍可能处于较高的污染水平。此外，人类通过植物源性食品摄入 PCBs 同样不可忽视[60]。在蔬菜和水果摄入量较大的地区，这类食品也可成为人类摄入污染物的重要来源之一。我国居民蔬菜摄入量高于欧美居民，通过植物源性食品摄入 PCBs 的风险不可忽视。

职业人群往往通过呼吸和皮肤接触暴露于较高含量的 PCBs。例如，电器回收工人、电容器厂工人、电子垃圾拆解工人在工作过程中可通过呼吸吸入工作环境中的灰尘，从而导致高浓度污染物暴露。特别是在一些缺乏职业保护、原始拆解环境中，工人暴露 PCBs 的风险较高[62]。

婴幼儿是重点关注的 PCBs 暴露人群，这不仅是因为婴幼儿单位体重暴露量通常高于成人，更主要是因为婴幼儿外源性异物代谢免疫系统尚未发育成熟，暴露于 POPs 类污染物后更易出现健康问题。PCBs 可穿透胎盘屏障，通过母婴传递进入子代，母乳喂养也是婴儿体内 PCBs 的重要来源[63]。2000 年，挪威母乳调查显示，母乳中 PCBs 的含量（170ng/g 脂重）明显高于 PBDEs（4.1ng/g 脂重），婴儿单邻位 PCBs 的每日估计摄入量［estimated daily intake，EDI；其值（TEQ）为 3.7pg/kg］超过了建议摄入量的 1.8 倍左右。但研究也发现，当地母乳中 PCBs 含量与 1991 年相比下降了 50%～60%[64]。有关我国浙江地区母乳的调查发现，城市人群母乳中 PCBs 含量[（42774±27841）pg/g 脂重]高于乡村地区母乳中 PCBs 含量 [（26546±11375）pg/g 脂重][63]。

第三节 二噁英

一、结构及理化性质

二噁英（dioxins）是两类化学结构和毒理学性质相似的多氯代三环芳烃类化合物的统称，包括多氯代二苯并对二噁英（polychlorinated dibenzo-p-dioxins, PCDDs）和多氯代二苯并呋喃（polychlorinated dibenzofurans, PCDFs）两大类，其化学结构式见图 5-4。因其苯环上氯原子的取代位置和数目不同，PCDDs 和 PCDFs 分别有 75 种和 135 种单体。二噁英在常温下为无色晶体，挥发性小，化学性质稳定，具有较高的熔点和沸点，700℃以上才开始分解。二噁英在环境中难以降解，半减期长，多数单体半减期在 1.4～13 年之间，2,3,7,8-TCDD 半减期为 7～8 年，PCDFs 较 PCDDs 半减期略短[1]。PCDD/Fs 的正辛醇-水分配系数（K_{OW}）较高，易在动物体脂肪内蓄积，亲脂疏水性和较长半减期导致其易在生物体内累积，并随食物链传递、放大。在所有 PCDD/Fs 单体中，具有较强生物毒性的是 17 个 2,3,7,8-位取代单体。PCDD/Fs 毒性计算按照表 5-5 中公式进行：以毒性作用最强的单体 2,3,7,8-TCDD 的毒性当量因子（toxic equivalent factor，TEF）为 1，将其他单体毒性与 2,3,7,8-TCDD 进行比较后，分别赋予不同的 TEF 值。17 个 PCDD/Fs 单体含量水平分别与 TEF 相乘之后的加和值即为总毒性当量（toxic equivalent quantity，TEQ）。目前，国际上通常使用的 TEF 值分别是由北大西洋公约组织（NATO）提出的 I-TEF 值（international toxic equivalence factor）以及世界卫生组织（WHO）提出的 WHO-TEF 值。其中 WHO-TEF 值在 1998 年发布后，于 2005 年进行了更新，分别以 WHO-TEF$_{1998}$ 和 WHO-TEF$_{2005}$ 表示，目前主要应用后者进行计算。二噁英的常见理化参数见表 5-6。

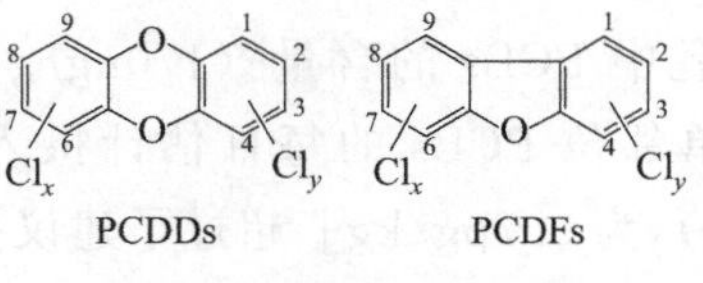

图 5-4 PCDD/Fs 结构式

表 5-5 PCDD/Fs 毒性当量因子（TEF）及毒性当量（TEQ）计算方法

名称	WHO-TEF$_{1998}$	WHO-TEF$_{2005}$	I-TEF
$\text{TEQ}_{\text{PCDD/Fs}} = \sum_{i=1}^{10} (\text{PCDF}_i \times \text{TEF}_i) + \sum_{j=1}^{7} (\text{PCDD}_j \times \text{TEF}_j)$			
多氯代二苯并呋喃（PCDFs）			
2,3,7,8-TCDF	0.1	0.1	0.1
1,2,3,7,8-PeCDF	0.05	0.03	0.05
2,3,4,7,8-PeCDF	0.5	0.3	0.5
1,2,3,4,7,8-HxCDF	0.1	0.1	0.1
1,2,3,6,7,8-HxCDF	0.1	0.1	0.1
2,3,4,6,7,8-HxCDF	0.1	0.1	0.1
1,2,3,7,8,9-HxCDF	0.1	0.1	0.1
1,2,3,4,6,7,8-HpCDF	0.001	0.001	0.01
1,2,3,4,7,8,9-HpCDF	0.001	0.001	0.01
OCDF	0.0001	0.0003	0.001
多氯代二苯并对二噁英（PCDDs）			
2,3,7,8-TCDD	1	1	1
1,2,3,7,8-PeCDD	1	1	0.5
1,2,3,4,7,8-HxCDD	0.1	0.1	0.1
1,2,3,6,7,8-HxCDD	0.1	0.1	0.1
1,2,3,7,8,9-HxCDD	0.1	0.1	0.1
1,2,3,4,6,7,8-HpCDD	0.001	0.001	0.01
OCDD	0.0001	0.0003	0.001

注：WHO-TEF$_{1998}$ 和 WHO-TEF$_{2005}$ 分别表示 WHO 于 1998 年和 2005 年发布的 TEF 值；PCDF$_i$ 和 TEF$_i$ 中的下标"i"表示不同的 PCDF 单体；PCDD$_j$ 和 TEF$_j$ 中的下标"j"表示不同的 PCDD 单体。

表 5-6 PCDD/Fs 的常见理化参数

名称	S_W/(ng/L)	$-\lg p_i$	$\lg K_{OA}$	$\lg K_{OW}$	lgBCF	lgBAF
2,3,7,8-TCDF	419	5.70	10.90	6.10	—	—
1,2,3,7,8-PeCDF	—	—	11.40	6.79	—	—
2,3,4,7,8-PeCDF	—	6.46	11.52	6.50	—	—
1,2,3,4,7,8-HxCDF	8.25	7.50	11.98	7.00	—	—
1,2,3,6,7,8-HxCDF	—	—	12.00	—	—	—
2,3,4,6,7,8-HxCDF	—	—	12.17	—	—	—
1,2,3,7,8,9-HxCDF	—	—	12.10	—	—	—
1,2,3,4,6,7,8-HpCDF	1.35	—	12.06	7.40	—	—
1,2,3,4,7,8,9-HpCDF	—	—	12.34	7.97	—	—
OCDF	—	9.30	12.84	8.00	—	—
2,3,7,8-TCDD	483	6.70	11.04	6.80	3.97	−0.33
1,2,3,7,8-PeCDD	—	—	11.63	6.64	—	—
1,2,3,4,7,8-HxCDD	4	8.29	12.20	7.80	3.63	0.14
1,2,3,6,7,8-HxCDD	—	—	12.22	—	—	—
1,2,3,7,8,9-HxCDD	—	—	12.26	—	—	—
1,2,3,4,6,7,8-HpCDD	2.4	/	12.36	8.00	3.15	−0.39
OCDD	0.07	10.00	13.00	8.20	3.35	−1.37

注：S_W 为水中溶解度；p_i 为 25℃时挥发蒸气压（Pa）；K_{OA} 为正辛醇-空气分配系数；K_{OW} 为正辛醇-水分配系数；BCF 为生物富集因子；BAF 为生物积累因子。

二、产生与释放

历史上二噁英从未经历过工业生产，近现代环境中二噁英含量上升主要源于工业和人类活动中无意识生成和排放，如钢铁和有色金属冶炼、燃煤、城市固体废物和危险废物的焚烧及其他热处理过程、含氯化工产品或生产工艺的副产物、氯漂白或消毒过程（如纸浆漂白）、自来水的氯气消毒过程、汽车尾气排放等。此外，火山喷发和森林火灾等燃烧过程也可产生 PCDD/Fs。

2004 年我国 PCDD/Fs 主要排放源调查显示，全国 PCDD/Fs 总排放量为 10236.8g TEQ/a，其中钢铁冶炼（4667.0g TEQ/a）、废物焚烧（1757.57g TEQ/a）和铁矿石烧结（1523.4g TEQ/a）为主要排放行业[65]。在钢铁生产过程中，电弧炉炼钢和铁矿石烧结过程为 PCDD/Fs 生成的主要环节，排放因子分别在 1.33～7.61g TEQ/t 和 0.177～0.869g TEQ/t 范围内[66]。我国 19 个城市垃圾焚烧炉研究显示，烟道气中 PCDD/Fs 在 0.04～2.46ng TEQ/Nm^3 范围内，排放因子在 0.169～10.72μg TEQ/t 范围内，存在着较大差异，说明不同城市垃圾焚烧设备排放 PCDD/Fs 的差异较为明显[67]。近些年，危险废物和医疗废物焚烧处置造成的 PCDD/Fs 污染排放不容忽视。对我国 36 座危险废物和医疗废物焚烧回转窑的烟气中 PCDD/Fs 进行分析发现，危险废物焚烧烟气中约有 85.7% 低于 1ng I-TEQ/Nm^3，但满足欧盟排放标准的仅占 28.6%。医疗废物焚烧烟气中仅有 38.9% 低于 1ng I-TEQ/Nm^3，达到欧盟焚烧排放标准的仅有 11.1%[68]。欧洲 PCDD/Fs 排放与我国类似。17 个欧洲国家 PCDD/Fs 的排放研究显示，其总量为 5545g I-TEQ/a，其中废物焚烧（25.9%）和铁矿石烧结（18.2%）是最主要的排放源，其他排放源包括家庭垃圾的庭院焚烧、木材防腐、医疗废物焚烧、有色金属冶炼、意外火灾、汽车尾气排放等[69]。

近些年，国际和国内学者通过研究 PCDD/Fs 阻滞技术，不断降低 PCDD/Fs 工业排放。通过按垃圾处置容量分类、优化燃烧参数、添加阻滞剂、烟气急冷收集、活性炭布袋联用系统能有效降低 PCDD/Fs 的生成和排放。

三、环境赋存

PCDD/Fs 的物理化学性质和环境行为与 PCBs 相似。PCDD/Fs 化学结构极为稳定，在酸、碱环境下均难以降解，微生物对其降解能力较差。PCDD/Fs 具有环境持久性、亲脂性、生物累积性等典型的 POPs 特征。PCDD/Fs 在人体内半减期可长达 7～11 年。

大气传输是 PCDD/Fs 全球分布的重要途径，受到全球蒸馏和冷捕集效应等温度机制的影响，从人类活动密集区域向其他地区扩散。英国到南极航线大气研究显示，全球大气中 PCDD/Fs 负荷约为 350kg，TEQ 约为 3kg。PCDD/Fs 最高浓度在北纬 25°~52°之间，这是人类活动的主要集中区域，南半球偏远区域大气中 PCDD/Fs 最低浓度通常比北大西洋的最高浓度低 2 个数量级。气-粒分配结果显示，四氯代~六氯代 PCDD/Fs 分配系数差别较大，气相中污染物占比在 10%~90%之间，主要受地域和温度的影响[70]。20 世纪 70 年代，研究人员在飞灰中发现了高浓度 PCDD/Fs，自此开始关注城市废物焚烧过程中产生的 PCDD/Fs。通过研究垃圾焚烧厂周围干沉降样品中 PCDD/Fs 含量发现，其水平明显高于其他城市，PCDD/Fs 干沉降受颗粒相的干沉降速度、温度和总悬浮颗粒物浓度的影响。两家垃圾焚烧厂通过干沉降对当地 PCDD/Fs 的年贡献量分别为 189ng/m^3、217ng/m^3[71]。比较不同地区大气中 PCDD/Fs 的含量和 TEQs 发现，城市和工业区（10~100pg/m^3，100~400fg TEQ/m^3）远高于偏远地区（<0.5pg/m^3，<10fg TEQ/m^3），农村地区（0.5~4pg/m^3，20~50fg TEQ/m^3）介于两者之间，说明大气中 PCDD/Fs 的主要污染源为城市活动和化工产品的生产、使用及排放[72]。各国相继立法对垃圾焚烧炉的排放标准做出相应规定，大气中 PCDD/Fs 含量得到了有效控制。西班牙某地区 1994~2004 年间大气样品研究显示，工业区和城市道路附近空气中 PCDD/Fs 含量最高，而郊区大气中含量较低。2003~2004 年结果显示，该区域大气中 PCDD/Fs 含量比 1997~1998 年下降了约 70%[73]。

土壤中的 PCDD/Fs 主要来源于大气干湿沉降以及土气交换作用。土壤中的 PCDD/Fs 水平同样与人类活动有关，人类活动造成的氮氧化物排放量与 PCDD/Fs 的沉降量线性相关。通过模型估计，每年大气中 PCDD/Fs 向土壤的沉降量为 2~15 吨[74]。工业污染源、电子垃圾拆解地、垃圾焚烧厂周边土壤中 PCDD/Fs 含量一般高于对照区域中 PCDD/Fs 含量，并且呈现出一定的空间分布特征。以电子垃圾拆解为例，粗放式电子垃圾拆解是当地土壤中 PCDD/Fs 的主要污染源。传统电子垃圾拆解地广东贵屿地区农田土壤中 I-TEQ 水平在 5.7~57pg TEQ/g 之间，含量水平在 2816~17738pg/g 之间，远高于对比地区土壤中 PCDD/Fs 含量[75]。浙江台州电子垃圾拆解地农田土壤中 PCDD/Fs 含量水平在 392~3783pg/g 干重（1.48~24.5pg WHO-TEQ/g 干重）范围内，其中八氯代二苯并对二噁英（octachlorianted dibenze-p-dioxin，OCDD）是主要检出单体，占 PCDD/Fs 总量的 40%以上，在典型电子垃圾拆解点样品中占比高达 73%。八氯代和四氯代单体为主要贡献单体，七氯代单体仅占 10%左右。PCDFs 含量水平高于相应氯代水平的 PCDDs[76]。

电子垃圾拆解地土壤中PCDD/Fs高含量水平表明，粗放的电子垃圾拆解过程（露天焚烧等）导致当地环境中PCDD/Fs含量显著升高，对当地环境造成了严重的污染，是当地居民健康的潜在危害。近年来，随着中国禁止电子垃圾进口，逐渐引导粗放拆解模式向集中化处理转变，电子垃圾拆解地环境中PCDD/Fs等POPs含量逐渐下降[77]。

垃圾处理厂污泥和污染地区周边河流底泥中PCDD/Fs水平一般较高，如对欧洲某河流底泥中PCDD/Fs来源追溯发现，PCBs和五氯苯酚的使用是其主要污染来源[78]。北美五大湖地区以及其他湖区泥芯研究表明，环境中PCDD/Fs浓度在1935~1970年间呈上升趋势，20世纪70年代达到了最高值，之后逐渐下降到原来水平的2/3[79]。工业革命之前的底泥样品中PCDD/Fs含量基本上低于检测限，火山活动等可能导致局部地区底泥中PCDD/Fs含量升高。

PCDD/Fs在生态系统中广泛检出，污染环境生物体内PCDD/Fs含量水平较高，偏远地区和极地等人迹罕至地区的生物体内都发现了PCDD/Fs的存在。在水生生物、鸟类、哺乳动物、人体内均检出了PCDD/Fs，其含量水平受到生物体性别、年龄、采样地点和采样时间等因素的影响。PCDD/Fs在食物链中的富集能力一直是研究关注的重点，但是由于PCDD/Fs在生物体内的含量水平大多在fg~pg的量级水平，且生物体内干扰组分多，因此，分析方法的灵敏度成为研究这类化合物含量水平的关键。对渤海湾的一条"浮游植物→浮游动物→无脊椎动物→鱼→海鸟"食物链的营养级研究显示，低氯代2,3,7,8-PCDD/Fs并未显示出营养级的放大现象，2,3,7,8-PCDD/Fs含量随营养级升高而快速下降，显示出食物链的稀释效应[33]。PCDD/Fs的研究主要集中在对农牧食物链中的污染迁移、动物组织中的分布以及污染来源追溯等方面。20世纪90年代发生的多起二噁英污染公害事件大多是由于动物饲料受到工业产品的污染，导致PCDD/Fs在养殖动物体内大量蓄积，导致动物死亡和动物产品污染，造成严重的经济损失。研究表明，饲料中PCDD/Fs可被牛、鸡等养殖动物吸收富集，在动物体各组织、器官中逐渐达到平衡，摄入的污染物可通过牛奶和鸡蛋等动物产品排出体外，导致动物组织和动物产品中PCDD/Fs超出限量标准[38]。

四、毒性作用过程及效应

二噁英具有强致癌、致畸作用，同时还具有生殖毒性、免疫毒性和内分泌干扰效应，短时间高浓度暴露会导致严重的皮肤损伤并诱发疾病，长期暴露可对动物和人体产生严重危害，包括发育异常、免疫力下降、氯痤疮、甲状腺功能异常和心血管疾病等[80]。1997年，WHO国际癌症研究机构（IARC）根据动物及人类流行病学数据，将二噁英列为"已知人类致癌物"。2012年，IARC进一步明确2,3,7,8-TCDD为Ⅰ类致癌物。

二噁英毒性作用分子机制：其单体能够穿过细胞膜进入细胞内部，通过与细胞质中转录因子芳香烃受体（aryl hydrocarbon receptor，AhR）结合，暴露入核序列，进入细胞核后形成二聚体，识别特异DNA序列，进一步影响下游靶基因（如细胞色素P450氧化酶）的转录，从而产生毒性效应。二噁英可促进或抑制基因的转录调控，针对不同物种和细胞类型，即使是对同一个基因片段，其作用也可产生差异，这是二噁英-AhR通路能作用于不同的转录调控位点导致的[80]。二噁英具有肝毒性，在高暴露下可导致肝脏肿大和细胞坏死、细胞色素P450氧化酶浓度上升、肝脏氧化损伤等。流行病学调查结果显示，人体血清中二噁英浓度与肝癌发病率呈正相关，模式动物暴露二噁英后也出现肝细胞肥大、细胞坏死和胆管纤维化等症状[81]。二噁英具有强免疫抑制作用。二噁英能够引发T细胞凋亡，抑制吞噬细胞活性，通过降低免疫系统对病原体或肿瘤的免疫能力影响胎儿淋巴细胞的发育和成熟，有时甚至会影响整个免疫系统的发育和功能。近年来，人们对二噁英毒性的关注还体现在其可能诱发糖尿病、冠心病、心脏病等疾病的发生方面。人体血清中PCDD/Fs浓度与糖尿病的发生呈正相关，高浓度PCDD/Fs的暴露可导致体内胰岛素抗性升高。流行病学研究显示，PCDD/Fs高暴露人群缺血性心脏病发生风险与对照组人群相比较高，呈现出显著的剂量-效应关系。

五、人体暴露风险

人群膳食风险评估与人体负荷研究显示，膳食暴露是普通人群暴露PCDD/Fs的主要途径，脂肪含量较高的动物源性食品贡献较大[58,59]。1995~2010年，26个欧洲国家的13797个食品样品的调查显示，鳗鱼、鱼肝及相关产品中二噁英类含量水平最高，10%的样品超出最高限量标准。肉、蛋、奶是居民日常饮食中二噁英类化合物的主要来源。婴幼儿食物中的二噁英类化合物主要来源于奶和奶制品，青少年和成人二噁英类化合物的膳食暴露则主要来源于海产品。肉类也对人体内二噁英类化合物有较大的贡献[58]。法国膳食研究表明，成人和儿童通过饮食暴露PCDD/Fs和PCBs总量均值分别为0.57pg WHO-TEQ/(kg·d)和0.89pg WHO-TEQ/(kg·d)。95th分位值分别为1.29pg WHO-TEQ/(kg·d)和2.02pg WHO-TEQ/(kg·d)，按照体重计算，儿童暴露二噁英类化合物的风险高于成人[82]。我国 2007 年第 4 次全国人群膳食调查研究表明，8 类食品（水产品、肉和肉制品、蛋和蛋制品、奶和奶制品、谷物、豆产品、土豆和蔬菜）中，动物源性食品中二噁英类化合物含量高于植物源性食品，二噁英类化合物含量在 0.001～0.85pg WHO-TEQ/g 湿重之间。普通人群月摄入 PCDD/Fs 和 PCBs 量在 15.4～38.7pg WHO-TEQ/kg 范围内，高风险人群月摄入量在 68.5～226.1pg WHO-TEQ/kg 范围内。同样，儿童比成人存在更高的暴露风险[61]。2011 年第 5 次全国人群膳食调查显示，我国人群二噁英类化合物摄入量略低于第 4 次膳食调查的结果。PCDD/Fs 和 PCBs 月摄入量在 4.2～53.7pg WHO-TEQ/kg 之间，均值为 20.1pg WHO-TEQ/kg[59]。职业工人和污染地区居民面临较高的 PCDD/Fs 暴露风险。电子垃圾拆解工人头发中 PCDD/Fs 含量水平为（2.6±0.6）ng/g 干重［(42.4±9.3)pg WHO-TEQ/g］，其工厂灰尘中 PCDD/Fs 含量为(50.0±8.1)ng/g 干重［(724.1±249.6)pg WHO-TEQ/g］。对比工人头发和灰尘中 PCDD/Fs 的指纹图谱，认为工人体内的 PCDD/Fs 有可能来源于电子垃圾露天焚烧过程中的暴露[62]。

第四节　多环芳烃

一、结构及理化性质

多环芳烃（polycyclic aromatic hydrocarbons，PAHs）是由 2 个或 2 个以上不含杂原子和取代基的苯环构成的稠环有机化合物，已经发现的 PAHs 有 200 多种单体。低环和高环 PAHs 物理化学性质差别较大，五环以上的 PAHs 多为无色或淡黄色的结晶，熔点及沸点较高，部分 PAHs 在高温下能分解。PAHs 大多具有大的共轭体系，因此，其高浓度溶液具有荧光效应。PAHs 大多不溶于水，正辛醇-水分配系数较高。1979 年，美国环保署公布了 16 种优先控制 PAHs 名单（结构式见图 5-5，其信息和理化参数见表 5-7），这 16 种 PAHs 具有致癌、致畸及致突变等特性，其中包括致癌性极强的苯并[a]芘（benzo[a]pyrene，BaP）。BaP 是第一个被发现的环境致癌物，是肺癌的重要诱因。大气中 PAHs 主要来源于含碳氢有机化合物的不完全燃烧，其来源可分为自然源和人为源两部分。自然源包括森林、草原燃烧，火山喷发以及生物降解再合成过程等。人类活动是大气中 PAHs 的主要来源，包括机动车尾气排放、工业活动（炼焦、炼油过程产生的废气，化工燃料不完全燃烧产生的烟气）、尾气排放、燃煤取暖以及烹调过程等，其中烟煤燃烧被认为可产生大量

PAHs，是室内 PAHs 的主要来源。

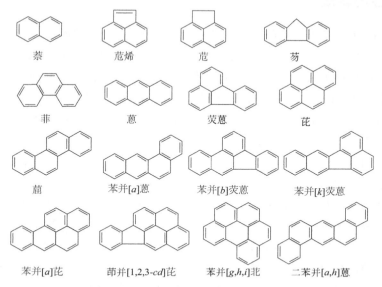

图 5-5　16 种优先控制 PAHs 的结构式

表 5-7　多环芳烃的名称、缩写、分子式、毒性当量因子和理化参数

名称	英文名称	缩写	分子式	TEF	$-\lg p_i$	$\lg K_{OA}$	$\lg K_{OW}$
萘	naphthalene	NaP	$C_{10}H_8$	0.001	−1.05	—	3.30
苊烯	acenaphtylene	AcP	$C_{12}H_8$	0.001	0.05	6.34	3.94
苊	acenaphthene	ACY	$C_{12}H_{10}$	0.001	0.54	6.52	3.92
芴	fluorene	Flu	$C_{13}H_{10}$	0.001	1.10	6.90	4.18
菲	phenanthrene	PhA	$C_{14}H_{10}$	0.001	1.79	7.68	4.46
蒽	anthracene	AnT	$C_{14}H_{10}$	0.010	3.06	7.71	4.45
荧蒽	fluoranthene	FluA	$C_{16}H_{10}$	0.001	2.91	8.76	5.16
芘	pyrene	Pyr	$C_{16}H_{10}$	0.001	3.22	—	4.88
苯并[a]蒽	benzo[a]anthracene	BaA	$C_{18}H_{12}$	0.100	4.55	10.28	5.76
䓛	chrysene	Chr	$C_{18}H_{12}$	0.010	6.08	10.30	5.81
苯并[b]荧蒽	benzo[b]fluoranthene	BbF	$C_{20}H_{12}$	0.100	4.18	11.34	5.78
苯并[k]荧蒽	benzo[k]fluoranthene	BkF	$C_{20}H_{12}$	0.100	6.89	11.37	6.11
苯并[a]芘	benzo[a]pyrene	BaP	$C_{20}H_{12}$	1.000	6.14	11.56	6.13
茚并[1,2,3-cd]芘	indeno[1,2,3,c-d]pyrene	InP	$C_{22}H_{12}$	0.100	7.78	12.43	6.70
二苯并[a,h]蒽	dibenz[a,h]anthracene	DbA	$C_{22}H_{14}$	1.000	6.90	12.59	6.75
苯并[g,h,i]苝	benzo[g,h,i]perylene	BghiP	$C_{22}H_{12}$	0.010	7.88	12.55	6.63

注：p_i 为 25℃时的挥发蒸气压（Pa）；K_{OA} 为正辛醇-空气分配系数；K_{OW} 为正辛醇-水分配系数；PAHs 毒性当量因子 TEF 值是以 BaP 毒性为 1，其他单体毒性与其相比计算之后所得。

二、产生与释放

PAHs 从未经历过工业生产，其主要来源于不完全燃烧过程。工业生产、机动车尾气排放、冬季燃煤取暖、烹调过程等人类活动以及森林火灾、火山喷发等自然过程均可造成 PAHs 排放。但与人类活动相比，自然排放的 PAHs 占比较小。PAHs 排放与能源结构和人口密度有关，与发达国家相比，我国属于 PAHs 排放密度较高的国家。据估计，2004 年全球 37 个国家的 PAHs 总排放量约为 52.0 万吨，亚洲约占总排放量的 55.8%，非洲（18.8%）、欧洲（9.5%）、北美洲（8.0%）、南美洲（6.0%）和大洋洲（1.5%）的贡献与亚洲相比略低。中国（21.9%）、印度（17.3%）和美国（6.15%）是 PAHs 排放量最高的 3 个国家。BaP 排放量与总 PAHs 相比，占比在 0.05%~2.08% 之间，发展中国家 BaP 排放量高于发达国家[83]。2003 年，我国大气排放的 PAHs 总量约为 11.4 万吨，其中生物质能源燃烧是环境中 PAHs 最重要的污染来源，约占总排放量的 57%，其中秸秆（35%）和薪柴（22%）是主要贡献者。此外，炼焦过程排放（28.1%）、生活用煤（6.8%）和交通排放（2.5%）也是我国大气中 PAHs 的重要贡献者[84]。

PAHs 含量水平与人口分布相关。我国人口众多且具有特定的能源结构，城市中 PAHs 的主要贡献为机动车尾气排放及各种工业燃煤排放，取暖燃烧则是农村室内空气中 PAHs 的重要来源之一。例如，我国华北地区、川东盆地和沿海地区 PAHs 的排放量较高[84]。另一项研究表明，四川、山西和河北等省份 PAHs 的排放量高于其他地区，家庭燃煤是北京及其他北方城市空气中 PAHs 的主要来源。生物质能源燃烧占四川地区 PAHs 排放量的 79%，而山西等传统煤炭大省焦炭生产的排放约占当地 PAHs 排放量的 69%。与我国相比，美国 PAHs 的源特征存在着较大差异，消费品使用是当地 PAHs 的主要来源[83]。也有研究表明，美国一些地区燃煤取暖、农林燃烧废气和机动车排放量分别占总 PAHs 的 36%、36% 和 21%[85]。以上说明不同地区 PAHs 的排放量与当地居民的主要生产及生活活动相关。此外，吸烟会明显影响室内 PAHs 的含量水平。与不吸烟家庭相比，吸烟家庭室内 BaP 的含量较高，占室内 PAHs 总量的 67%。

三、环境赋存

多环芳烃具有长距离迁移能力和生物毒性，目前在水、大气、土壤、沉积物等环境介质以及生物体内均有检出[86]。影响大气中PAHs含量的因素包括当地人类活动（排放源、人口密度、生活方式和建筑模式）和气象条件（如温度、风力、光照等）。一般来说，大气中PAHs一般呈现出非常明显的城-乡特征，城市大气中PAHs浓度要远高于乡村和偏远地区，浓度相差可达5倍以上[19]。PAHs季节性变化一般与冬季燃煤取暖、蒸气压变化和光化学反应有关。受冬季排放源变化和气象条件改变（冬季光照时间短、温度低）的影响，部分地区冬季大气中PAHs含量高于夏季。但在北半球，随着冬季气温降低，PAHs更易分布于颗粒相上，降雪会对附着于颗粒相上的PAHs产生净化作用，造成大气中PAHs的含量出现短期降低，这个现象在颗粒物含量高的城市地区尤为明显[19]。大气中PAHs单体季节性变化较为复杂，低环PAHs更易存在于气相中，高环PAHs更易吸附于颗粒相上。因此，当温度变化引起PAHs单体饱和蒸气压改变时，不同单体在气-固两相上的分配会发生变化。例如，尽管冬季大气中PAHs总含量高于夏季，但夏季大气中苊和菲单体含量却高于冬季，这是不同季节城市大气中污染物的来源贡献差异导致的。多伦多地区夏季大气中PAHs含量较高，其中气相中的菲是大气中PAHs的主要贡献单体，这是由于夏季一些石油工业的热解活动使菲的含量升高，导致PAHs总量上升[19]。

土壤中的PAHs主要来源于大气沉降，附着于大气颗粒相上的PAHs以及气相中的PAHs可随干湿沉降进入土壤，并在土壤中沉积。高环PAHs更易吸附于颗粒相上，其在土壤中的含量水平一般高于易挥发的低环PAHs[87]。土壤中PAHs含量水平受大气颗粒物污染的影响。2013～2018年间，北京空气中$PM_{2.5}$的含量水平降低了约34%，期间土壤中PAHs也呈下降趋势，灰霾天气的减少是土壤中PAHs水平下降的原因之一。利用条件推断树（CIT）追溯到当地土壤中PAHs来源于燃煤和汽油、柴油等石油燃料，交通排放是最主要的PAHs来源[87]。美国佛罗里达州2个城市土壤中，高环PAHs是主要单体，两地PAHs总含量分别为3.23μg/g和4.56μg/g，主要来源为车辆排放、生物质和煤炭燃烧，商业区和繁忙道路附近土壤中PAHs含量较高[88]。环境中的PAHs含量水平与传统POPs相比可高出数个数量级。土耳其冬季和夏季土壤中PAHs含量范围分别为56～3114ng/g和36.5～1435ng/g，比PCBs高出2～3个数量级。PAHs主要来源于发电和供暖的煤炭燃烧（48.9%）以及柴油和汽油的废气排放（47.3%）。PCBs主要来源于煤炭（火力发电和供暖）和木材的燃烧（住宅供热）（45.4%）以及PCBs工业品的挥发（34.7%）[89]。

水体中PAHs含量水平受周边污染源的影响明显。例如，我国太湖流域工业和人类活动密集，地表水中PAHs含量在＜LOQ（定量限）～949ng/L之间，污水处理厂废水（880ng/L）和企业排放废水（642ng/L）中 PAHs 含量水平相对较高，呈现季节性变化，是当地水体中 PAHs 的主要污染来源[90]。不同地区的水体和底泥中 PAHs 含量的差别较大，欧洲波罗的海、北海和我国渤海、黄海底泥中 PAHs 含量分别在 0.91~5361ng/g 干重、0.46~227ng/g 干重、25.0~308ng/g 干重和 4.3~659ng/g 干重范围内，煤炭燃烧、汽车尾气排放、炼焦工业和石油残留是底泥中 PAHs 的主要来源[86]。人类活动产生的 PAHs 随着大气沉降和河流不断向海洋水体和底泥输入。近海水体和底泥中 PAHs 含量水平较高，其分布受到污染源、自然沉积过程和水动力学的影响。我国北部海域底泥中 PAHs 含量水平高于南海底泥，这是因为华北地区煤矿产业和矿物燃烧多于华南地区。泥芯断层研究显示，1800~2000 年间，PAHs 水平呈上升趋势，并且与能源消耗量、人口数量呈线性相关，这说明人类工业活动是我国沿海大陆架底泥中 PAHs 的主要来源[91]。由于 4~6 个环的高环 PAHs 有较高的疏水性，更易被沉积物吸附，一般为沉积物中 PAHs 的主要贡献单体。

PAHs 在生物体内能够快速代谢，一般不具有生物放大能力，但是 PAHs 的环境浓度高，长期暴露可导致生物体内的 PAHs 处于较高水平。鲸鱼等顶级捕食者体内不同组织中 PAHs 含量高达 64.8~3112ng/g 湿重，比 PCBs、DDT 和其他有机氯农药高出 2~3 个数量级。肺脏中 PAHs 含量高于其他内脏组织，推断呼吸作用是鲸鱼体内 PAHs 的主要来源[92]。对 6 类掠食性鸟类研究表明，其体内 PAHs 含量在 48.9~53995ng/g 湿重范围内。不同鸟类体内 PAHs 含量水平与其不同的捕食习性有关。PAHs 含量较低的 3 类主要为捕食性鸟类，较高的 3 类鸟类主要以小型哺乳动物和爬行动物为食。鸟类体内的 PAHs 以低环单体为主，如 NaP 在多数污染水平较高的鸟类体内的贡献率超过 99%，说明几种鸟类存在类似的饮食习惯和 NaP 的污染源。与 PCBs 相比，鸟类体内的 PAHs 处于较高水平，但并未达到有害剂量。研究发现，鱼的肝脏中 PAHs 含量水平（312~579ng/g 干重）略高于鱼肉（294~527ng/g 干重），NaP 等低环 PAHs 为主要贡献单体。肝脏和鱼肉中 PAHs 含量与单体的 K_{ow} 值、鱼摄食习惯、组织脂肪含量密切相关。鱼肉中的 PAHs 含量水平与鱼的长度和体重呈显著正相关[93]。

近些年，除母体多环芳烃外，人们对 PAHs 衍生物［如氯代多环芳烃（Cl-PAHs）、溴代多环芳烃（Br-PAHs）、硝基多环芳烃（nitro-PAHs）等］的关注逐渐增多。Cl-PAHs 和 Br-PAHs 主要为工业活动的副产物，nitro-PAHs 主要来源于化石燃料和生物质的不完全燃烧和热解。由于取代基修饰，与母体化合物相比，PAHs 衍生物极性更强、挥发性较差，容易在颗粒相上富集。近期研究表明，Cl-PAHs 和 Br-PAHs 结构与二噁英类化合物更为类似，可产生类二噁英类化合物毒性效应。Cl-PAHs 和 Br-PAHs 的环境持久性和生物蓄积能力也较母体化合物更强。多氯萘是结构最为简单的 PAHs 氯取代化合物，其具有典型的 POPs 特性，目前已经被增列入《斯德哥尔摩公约》名单中。其他的 Cl-PAHs 和 Br-PAHs 工业排放因子、环境赋存及迁移转化研究相对较少，但也逐渐成为研究的热点。硝基多环芳烃主要来源于 PAHs 与大气中自由基的氧化反应，与母体多环芳烃相比其蒸气压更低，能促进大气中二次气溶胶形成，而且这类化合物具有更强的致突变效应。鉴于 PAHs 排放水平高、其衍生物毒性高于母体化合物，未来 PAHs 的监测、管控及对环境、生物体风险的研究依然面临着挑战。

四、毒性作用过程及效应

很多研究已经明确 PAHs 具有致癌性。2012 年，世界卫生组织国际癌症研究机构已将 BaP 与 2,3,7,8-TCDD 等 116 种物质列为 Ⅰ 类致癌物。经口摄入、吸入性接触及皮肤接触是 PAHs 进入体内产生毒性作用的重要途径。与对照组相比，终生暴露 BaP 的小鼠胃肿瘤发生率明显升高，同时暴露 PAHs 和煤焦油混合物，小鼠肿瘤发生率与其暴露量呈现剂量-效应关系，并导致肺、胃、小肠等位置肿瘤的发生。目前 16 种优先控制 PAHs 的暴露风险通常是以 BaP 毒性当量因子为 1，其他单体毒性当量因子与其比较后折合计算得到的。但在一项小鼠口服暴露 PAHs 的研究中发现，这种计算方式会导致对 PAHs 毒性的低估，PAHs 暴露与肿瘤发生之间的关系与暴露方式和癌症种类有关。2008 年北京奥运会期间，采取机动车出行数量限制和工厂关停等手段集中治理大气污染。这段时间内北京市空气中 PAHs 含量水平下降明显，与之相关的北京地区人群 PAHs 吸入性暴露导致的癌症发生风险下降约 46%。研究显示，BaP 浓度与芳烃羟化酶（aromatic hydrocarbon hydroxylase, AHH）活性之间存在剂量-效应关系。AHH 是参与 PAHs 体内羟基化代谢的重要酶，常被作为肺癌发生的肿瘤标志物，PAHs 可诱导生物体合成 AHH。与正常人群相比，肺癌病人体内 AHH 诱导活性明显高于对照组[94]。

PAHs 的遗传毒性主要表现在其能够导致 DNA 损伤、基因突变，影响细胞分化、修复、增殖过程。美国有毒物质和疾病登记局（the Agency for Toxic Substances and Disease Registry，ATSDR）对 PAHs 的毒理学概况进行了总结：PAHs 暴露可导致 DNA 单链的断裂，PAHs-DNA 加合物的形成，氧化应激、脂质过氧化、组织病理学变化等氧化损伤的发生。

PAHs 的免疫毒性主要表现在这类污染物进入生物体后，可导致体内稳态发生改变，在不同水平上对生物体的免疫能力造成影响。研究表明，PhA 可导致水生无脊椎动物淋巴发生氧化应激和免疫参数水平变化，暴露后总谷胱甘肽显著降低，淋巴中脂质过氧化水平显著升高，说明 PAHs 可能诱导生物体发生氧化应激，对血细胞免疫功能产生抑制。

PAHs 在生物体内的代谢包括 I 相反应和 II 相反应两个阶段。PAHs 进入生物体后，经多功能氧化酶（multi-function oxidases，MFO）氧化形成环氧化物后，继续水解形成二羟基代谢物。在该阶段中，PAHs 会出现一个极性反应基团，使其水溶性增强，同时为下一阶段的结合反应创造条件。进入机体的 PAHs 能与某些内源性化合物（如碳水化合物的衍生物、氨基酸、谷胱甘肽等）结合。部分代谢产物与谷胱甘肽、葡萄糖醛酸等结合形成无毒的水溶性物质排出体外，达到解毒的目的。也有一部分 PAHs 通过活性氧的自由基氧化被代谢活化。PAHs 代谢过程中产生的二氢二醇衍生物是致癌物，能与 DNA 结合导致基因突变，诱发癌症发生。PAHs 代谢物可经历氧化还原并产生活性氧（ROS）中间产物，ROS 可引起人体内 DNA 氧化损伤和脂质过氧化。8-羟基-2′-脱氧鸟苷（8-OHdG）和丙二醛（MDA）分别是 DNA 氧化损伤和脂质过氧化的关键生物标志物，常被用于指示人类体内总体氧化水平。高暴露 PAHs 的人群尿液中 8-OHdG 水平显著升高，尿液中 1-羟基芘代谢物与 MDA 呈显著正相关（$r=0.284$，$p<0.01$），说明人体内氧化应激加剧[95]。

动物试验表明，PAHs 的致癌靶器官除了呼吸系统外，肝脏作为外源性有害物的解毒器官，也是 PAHs 作用的靶器官之一。通过呼吸道慢速吸入 BaP 染毒新生小鼠，可诱导肝脏肿瘤发生，并呈现时间和剂量相关关系，肝脏中 DNA 加合物水平明显上升。对美国某 PAHs 污染严重地区采取关停钢铁厂和炼焦厂措施后，1980~1982 年间，俄亥俄州某河流沉积物和鱼肌肉组织中 PAHs 含量水平分别下降了 65% 和 93%。至 1987 年，3~4 年生野生鲶鱼肝癌发病率降至 1982 年的 1/4，发病率从 1982 年的 42% 降至 1987 年的 20%，说明野生鱼体内 PAHs 暴露与肝癌之间存在显著的相关性。在污染源停止排放后，环境强大的自我修复和自净能力可使污染危害逐渐减弱[96]。

五、人体暴露风险

人类暴露于 PAHs 的途径主要是吸入和饮食。易接触 PAHs 的从业人员

（如炼焦厂、钢铁厂工人，消防员等）、吸烟人群、采用较为原始的炉灶进行室内取暖和烹饪的人群具有较高的 PAHs 暴露风险。烧烤和高温油炸食物在加工制作过程中会产生较多的 PAHs，经常食用此类食物也会增加人体 PAHs 的暴露风险[84]。2008 年一项对西班牙某地膳食中 PAHs 的研究发现，食品中含量最高的 PAHs 单体为菲（18.2ng/g），其次为萘（13.3ng/g）和苊（8.46ng/g）。从食品种类来看，肉类（39.0ng/g）、油脂类（18.8ng/g）和奶制品（7.57ng/g）中 PAHs 含量较高，牛奶（0.47ng/g）、块茎类食物（0.73ng/g）和水果（0.81ng/g）中 PAHs 含量较低。肉类（4.75μg/d）和油脂（0.51μg/d）是饮食中 PAHs 摄入的主要贡献者。BaP 对 PAHs 总毒性当量的贡献率约为 47.8%。与 2000 年和 2006 年相比，2008 年膳食中 PAHs 的含量有所下降[97]。另一项研究考察了烧烤过程对人体摄入 PAHs 的贡献，认为饮食仍然是 PAHs 暴露的主要途径，通过皮肤暴露的周边空气中的低环 PAHs 的量要高于呼吸摄入的量。尿液中羟基化 PAHs 的含量显示，羟基萘、羟基芴、羟基菲和羟基芘经皮肤吸收、代谢产生的净排泄量分别为 367ng、63ng、98ng 和 28ng。经皮肤和吸入联合暴露产生的净排泄量分别为 453ng、98ng、126ng 和 38ng。芴、菲和芘经皮肤暴露产生的净排放量与摄入量之比分别为 0.11、0.036 和 0.043，低于膳食（0.38、0.14 和 0.06）但高于呼吸作用（0.097、0.016 和 0.025）的贡献[98]。

目前，在人体样品（血液、尿液、母乳、唾液、毛发、粪便和脂肪组织等）中已经广泛发现 PAHs 的存在。由于 PAHs 在体内能快速代谢，因此，常用尿液中的 OH-PAHs 指示人类暴露 PAHs 的量。一项研究同时考察了消防员通过吸烟和灭火暴露于 PAHs 的水平，发现与对照组相比，吸烟导致消防员体内总 OH-PAHs 增加了 76%～412%，消防活动则导致体内总 OH-PAHs 升高 158%～551%。受到吸烟影响的消防员体内升高最多的 PAHs 单体为 1-羟基萘和 1-羟基芘[99]。电子垃圾拆解地区人群存在较高的 PAHs 暴露风险，其尿液中 10 种 OH-PAHs 的含量为 20.0ng/mL，该值显著高于农村（12.3ng/mL）和城市（9.44ng/mL）对照人群。电子垃圾拆解职业工人尿液中 OH-PAHs 含量（37.1ng/mL）高于当地其他人群（18.8ng/mL）。当地吸烟人群和非吸烟人群尿液中 OH-PAHs 没有显著性差异，但在周边城市和农村地区却存在着显著性差异，说明当地电子垃圾拆解活动造成的 PAHs 暴露高于吸烟的影响[95]。

我国某地区是肺癌高发地区。当地男性和女性吸烟比例约为 200∶1，但肺癌死亡率比值约为 1.09。通过检测宣威女性肺癌患者肺组织中 PAH-DNA 加合物的表达，对宣威地区燃煤产生的高浓度 PAHs 与当地女性肺癌的关系进行了探讨，发现无论是癌组织、癌旁组织或正常肺组织，宣威女性肺癌患者肺组织中的 PAH-DNA 加合物含量都显著高于其他地区女性肺癌患者（$p<0.05$），表明 PAHs 暴露与肺癌的发生存在着高度相关性[100]。多年研究表明，肺癌高发性与工业、吸烟等因素的相关性不显著，主要因素可能是当地室内燃煤取暖和大量使用烟煤烹饪，导致空气中 BaP 等处于较高含量水平（626μg/100m^3），超过建议卫生标准的 5000 多倍，并远超炼焦工人 PAHs 的暴露水平。经过改炉、改灶后，传统土灶逐渐被煤气灶、天然气灶等现代炉灶代替，室内空气中 BaP 含量下降 90% 以上，当地室内空气颗粒物致突变性、妇女胎盘中 AHH 活性和谷胱甘肽硫转移酶比值（AHH/GST）随 BaP 含量下降而下降[101]。

婴幼儿是 PAHs 等外源性污染物暴露的敏感人群。研究发现，怀孕早期暴露于 PAHs 会引起胎儿宫内发育迟缓。孕期 PAHs 暴露与婴儿出生体重、身长、头围降低有关，也会增加胎儿早产和生长发育风险。母体暴露 PAHs 水平的对数值每升高 1 个单位，胎儿早产风险会增加 5 倍。婴幼儿体内的 PAHs 可导致其癌症发生风险升高。比较美国、波兰、中国居民近 1700 个母血和新生儿脐带血样本中 BaP-DNA 加合物水平，并将其作为癌症发生风险的生物指示物，发现胎儿受到 DNA 损伤的可能性大约比母亲高 10 倍，胎儿在子宫内暴露 PAHs 与其癌症发病风险呈现效应-剂量关系[102]。

第五节 挥发性有机物

一、结构及理化性质

挥发性有机物（volatile organic compounds，VOCs）是指常温下饱和蒸气压大于 70Pa、常压下沸点在 260℃ 以下的有机化合物。VOCs 种类繁多，包括烃类、醛类、酯类等，广泛分布于城市和各工业区，有较强的刺激性和毒性，日常生活中经常接触的 VOCs 为甲醛和苯系物。

甲醛（formaldehyde）是常见的室内空气污染物，为许多合成材料的前体，分子式为 HCHO 或 CH_2O，分子量为 30.03，碳原子以三个 sp^2 杂化轨道形成三个 σ 键，其中一个是和氧形成一个 σ 键。这三个键在同一平面上，碳原子的一个 p 轨道和氧的一个 p 轨道彼此重叠起来形成一个 π 键，与三个 σ 键所成的平面垂直，键角 ∠HCH = 111.5°，∠HCO = 121.8°。碳氢键键长 120.3pm，碳氧双键键长 110pm。甲醛在室温下为无色、有强烈刺激性气味的气体，熔点为-92℃，沸点为-21℃，正辛醇-水分配系数为 0.35，易燃且有很强的还原性。

苯系物（BTEX）是苯及其衍生物的总称，常温下为无色、有特殊芳香气味的液体，微溶或不溶于水。苯系物分布广泛，毒性强，对环境危害严重。生活中常见的苯系物有苯（benzene）、甲苯（toluene）、乙苯（ethylbenzene）、间二甲苯（m-xylene）、对二甲苯（p-xylene）、邻二甲苯（o-xylene），其物理化学性质参数如表 5-8 所示，结构及 CAS 号如图 5-6 所示。

表 5-8 常见苯系物的物理化学性质参数

名称	分子量	熔点/℃	沸点/℃
苯(C_6H_6)	78.11	5.5	80
甲苯(C_7H_8)	92.14	-94.9	110.6
乙苯(C_8H_{10})	106.16	-94.9	136.2
间二甲苯(C_8H_{10})	106.16	-47.9	139.1
对二甲苯(C_8H_{10})	106.16	13.3	138.4
邻二甲苯(C_8H_{10})	106.16	-25.2	144.4

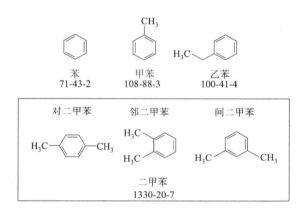

图 5-6 BTEX 结构和 CAS 号

二、产生与释放

VOCs 的来源十分复杂，通常可以分为天然源和人为源。在全球范围内，自然界释放的 VOCs 远多于人类活动产生的 VOCs。自然界产生 VOCs 的途径主要为植物排放，主要成分为异戊二烯和单萜烯。而就人类活动区域来看，人为源是 VOCs 的主要来源。

VOCs 的人为排放源主要来自日常生活和工业生产。日常生活中的 VOCs 污染主要来源于室内排放和机动车尾气排放。新居装修是全球室内甲醛和苯系物污染的重要来源。人造板制作的家具通常使用脲醛树脂（urea-formaldehyde，UF）作为胶黏剂。UF 是以甲醛和尿素为原料合成的，由于 UF 黏合剂耐水性差，当含有 UF 的家具遇水时会导致 C—N 键断裂，从而释放甲醛。此外，人造板中残留的甲醛也会向空气中释放。苯系物常作为有机溶剂在装修中被大量使用，如油漆的稀释剂、人造板制造家具的胶黏剂、防水材料添加剂等，通过挥发进入空气中。吸烟也是 VOCs 的室内主要排放源之一，每支香烟可产生的甲醛等挥发性化合物高达 $150\mu g$。机动车排放是城市中 VOCs 的主要来源，约占城区 VOCs 总排放量的 50%，排放量受车龄、燃油等多种因素影响，其中燃料成分的影响最大。尾气中 VOCs 的主要成分为苯系物，其中甲苯平均浓度最高，这是由于甲苯以 5%～7% 的质量分数被添加到汽油中以提高辛烷值，增强汽油的抗爆性。工业生产中 VOCs 的来源较日常生活更为广泛且排放量更大。2010 年我国工业源 VOCs 排放量约为 1335.6 万吨，并呈现逐年增长的趋势，部分行业排放的 VOCs 的主要组分如表 5-9 所示，其中机械制造业是我国 VOCs 的主要工业排放源。以汽车制造业为例，截至 2013 年，我国已有 120 多家企业从事汽车制造。在汽车制造流程中，VOCs 主要来源于涂层工艺，VOCs 随着工艺过程中有机溶剂的挥发进入大气中，其主要成分为苯系物。

表 5-9 部分行业排放的 VOCs 的主要组分

序号	行业	主要排放组分
1	机械制造业	甲苯、乙苯、二甲苯等
2	石油化工业	苯系物、酮类、酯类和石油烃化合物等
3	制药业	苯、甲苯、甲醛、甲醇等
4	印刷业	丙酮、丁酮、苯系物等
5	建筑装饰业	苯系物、丙酮、二氯甲烷等

三、环境赋存

VOCs 广泛分布于大气中，虽然 VOCs 在大气中的浓度不高，但其能在大气中发生一系列的物理化学反应，是 O_3 和 $PM_{2.5}$ 的重要前体物。近年来，随着全球经济的高速发展，大量污染物被排入大气中，使大气中 VOCs 的浓度明显升高。总体而言，工业区中 VOCs 的浓度最高，其次是城区，郊区中的 VOCs 浓度最低，如我国连云港市 2018 年工业区、城区和郊区中 VOCs 的浓度分别为 $54.51\mu g/m^3$、$52.59\mu g/m^3$ 和 $43.98\mu g/m^3$[103]。

人类大约有 87% 的时间在室内度过，而室内环境中甲醛和苯系物的含量大多超标，尤其是在吸烟的室内，甲醛浓度可达 $0.2mg/m^3$ 以上，室内甲醛和苯系物对人体健康的影响不容忽视。一般而言室内甲醛的浓度比室外可高出2~50倍。我国室内空气质量标准（GB/T 18883—2002）规定，甲醛1h均值限值为0.1mg/m^3。我国11户普通住宅室内甲醛浓度为0.014~0.255mg/m^3，超标率为31.3%。某大学校园13处不同室内环境（包括图书馆、教室、宿舍等）中甲醛浓度为0.023~0.103mg/m^3，超标率为27.3%[104]。美国具有代表性的住宅室内甲醛浓度的中位数，比加利福尼亚州设定的甲醛的参考长期暴露水平（9μg/m^3）高1.9~2.4倍。欧洲5个发达国家室内甲醛浓度在9~70μg/m^{3}之间，该浓度水平比我国低，说明我国应加强室内甲醛污染的防治[105]。室内甲醛浓度与家具量、暴露时间、室内温度、通风条件等因素密切相关。室内家具量越多，甲醛浓度越高。在封闭12h后的40m^{2}的空间内，家具面积为9m^{2}时室内甲醛浓度为0.13mg/m^3。随着时间的延长，室内甲醛含量下降，新装修完毕一个月后室内甲醛浓度为0.874mg/m^3，一年后为0.087mg/m^3。温度升高能显著增加室内甲醛浓度。当室内温度为15℃时甲醛浓度为0.18mg/m^3，30℃时甲醛浓度为0.28mg/m^3。通风能降低室内甲醛浓度至安全浓度以下，加拿大卫生部设定其住宅室内甲醛8h接触限值为50mg/m^3，在空气变化率超过0.26h^{-1}的住宅内甲醛浓度均低于该限值[106]。

苯系物广泛存在于室内生活环境中，包括公共场所（超市、车库、办公室、商场等）、住宅等。德国524个住宅室内苯系物浓度为室外的3倍以上。我国室内空气质量标准（GB/T 18883—2002）规定苯、甲苯、二甲苯的1h均值限值分别为0.11mg/m^3、0.2mg/m^3、0.2mg/m^3，2016~2017年我国5个气候区的室内苯、甲苯、二甲苯和乙苯的平均浓度分别为6.78μg/m^3、17.4μg/m^3、17.68μg/m^{3}和9.87μg/m^3，其中95%以上的室内苯系物浓度低于我国室内标准。这一浓度水平与澳大利亚、西班牙和韩国等国家接近，但考虑到长期暴露的危害，苯系物对人体健康的影响不容忽视[107]。住宅室内苯系物浓度主要与装修、翻修有关。我国62套新装修住宅室内苯、甲苯、二甲苯超标率分别为12.9%、8.06%、9.68%。随着装修后间隔时间的延长，室内苯系物浓度越低。刚装修完的室内苯浓度可达0.15mg/m^3，超过国家标准，3个月后浓度降为0.07mg/m^3，达到国家标准，2年后室内苯系物浓度已足够低，对人类健康的影响大大降低。现我国住宅室内苯系物浓度约为10年前的1/10，这主要是由于环保型家具和空气净化器等的广泛使用。城区室外大气中苯系物主要来源于机动车尾气排放，交通主干道大气中苯系物浓度比室内高出6~20倍。苯系物能在大气中迁移，这些尾气中含有的苯系物也能影响室内苯系物的浓度，主要体现为城区住宅室内苯系物浓度高于郊区。公共场所室内苯系物来源广泛、浓度影响因素复杂，甲苯是公共场所室内的主要苯系物。几家超市中苯、甲苯、乙苯的浓度分别为 $1.57\sim34.0\text{mg/m}^3$、$6.09\sim340\text{mg/m}^3$、$1.04\sim31.5\mu\text{g/m}^3$，甲苯占苯系物总浓度的 50%。车库是污染最严重的场所之一，苯、甲苯、乙苯的浓度分别为 $7.91\sim130\mu\text{g/m}^3$、$5.56\sim102\mu\text{g/m}^3$、$1.34\sim20.9\mu\text{g/m}^3$，车库通风条件差导致尾气中的苯系物大量聚集[107]。

四、毒性作用过程及效应

细胞的无序增殖是肿瘤形成的重要原因和过程，并且在癌症形成的后期（包括良性肿瘤向恶性肿瘤的转变）起着重要的作用。DNA-蛋白质交联（DNA-protein crosslink，DPC）是一种高毒性的 DNA 损伤，能导致基因突变，诱发癌症。甲醛能诱发鼻咽癌，吸入后能对大鼠和小鼠的鼻上皮产生毒性，并能诱导鼻上皮细胞增殖。无论甲醛暴露时间长短，浓度大于 2.68mg/m^3 的甲醛暴露能持续刺激大鼠的鼻上皮细胞增殖。连续 5d 暴露于 20.1mg/m^3 甲醛下的大鼠，其鼻上皮细胞增殖超过 20 倍。甲醛进入鼻腔后还能与蛋白质或 DNA 上的氨基反应，形成不稳定的羟甲基中间体，中间体与另一个氨基反应，在蛋白质和 DNA 间形成稳定的亚甲基桥，从而交联鼻黏膜中的 DNA 和蛋白质。吸入超过一定浓度的甲醛会导致大鼠和小鼠的鼻腔肿瘤发病率升高。当甲醛浓度在 2.68mg/m^3 以下时，大鼠和小鼠均不会患鼻咽癌；当甲醛浓度在 $2.68\sim8.04\text{mg/m}^3$ 时，大鼠和小鼠会出现鼻炎、鼻上皮发育不良等；而当甲醛浓度大于或等于 8.04mg/m^3 时，大鼠和小鼠的肿瘤发病率急剧增加[108]。甲醛诱导的大多数肿瘤是鳞状细胞癌，此外甲醛也能诱发白血病。甲醛通过呼吸系统进入人体后，与人体血液中的造血干细胞中的 DNA 和蛋白质结合，使其发生突变，这些造血干细胞回到骨髓后会引发白血病。2005 年 IARC 已将甲醛列为 I 类致癌物质。苯系物也是重要致癌物。苯系物主要通过呼吸道进入人体，对人体产生一系列的危害。苯进入人体后，先在代谢酶 CYP2E1 等的作用下氧化成苯环氧化物，而后经过一系列反应，生成苯酚、氢醌等，产生毒性效应。苯和甲苯的共同暴露会使 CYP2E1 的活性显著提高，从而加剧在人体内的毒性效应。长期吸入苯系物会导致这些酚类和醌类在人体内蓄积，对骨髓造成不可逆性伤害，导致再生障碍性贫血，甚至会诱发白血病，且苯和甲醛的相互作用会增加患病率。甲醛与苯系物的混合作用能引起肝脏氧化损伤，小鼠吸入甲醛与苯系物混合气体的浓度越高，肝脏活性氧含量就越高，氧化系统失衡，从而导致氧化损伤。长期处于 VOCs 浓度较高的室内还会引发病态建筑综合征（sick building syndrome，SBS）。甲醛和苯系物还能对神经系统、生殖系统、呼吸道、眼睛、皮肤等造成不良影响。甲醛能够刺激大鼠脑和睾丸组织的 DPC 作用，使中枢神经系统和生殖系统受到影响。苯的代谢物己二烯二酸（$C_6H_6O_4$）能引起精子异常，包括精子畸形、精子数量减少和精子活性降低等。加拿大卫生部曾声明，急性接触甲醛主要会刺激上呼吸道黏膜和眼睛，甲醛浓度为 0.54mg/m³ 时可能引发鼻炎，甲醛浓度为 4.02mg/m³ 时可对眼睛、鼻子和喉咙造成刺激。当暴露时间为 5～10min、浓度为 4.15～7.1mg/m³ 时，雄性小鼠的呼吸速率下降 50%。皮肤直接接触甲醛可引发过敏性皮炎。吸入含一定浓度苯系物的空气也会出现头晕、呼吸困难甚至昏迷的症状[109]。

五、人体暴露风险

VOCs 广泛分布于校园、办公室、工厂、住宅等人类长期生活的环境中，可以通过呼吸、皮肤接触、饮食等途径进入人体，危害身体健康。饮食是人体甲醛暴露的一个重要途径，甲醛可以直接存在于食物中或通过烹饪含脂肪的食物产生，人体可通过直接食用这些食物而直接暴露于甲醛。人体也能通过摄入含有可代谢成甲醛的分子或产品等途径而间接暴露于甲醛。人体摄入果蔬后，果蔬中的果胶被肠道细菌分解生成甲醇，甲醇被人体迅速吸收代谢成甲醛。室内甲醛和苯系物是人体暴露 VOCs 的主要成分，探究室内空气污染物的人体暴露风险，常用的指标包括暴露量与潜在剂量。暴露量反映 1d 内人体外界面（口、鼻、皮肤等）与污染物的接触。潜在剂量反映人体通过吞咽、吸入、皮肤吸收等途径摄入污染物的量[110]。呼吸是这些空气污染物进入人体内的主要方式。不同年龄段的人群呼吸速率的差异会影响人体 VOCs 的潜在剂量。呼吸速率越大的人群 VOCs 的潜在剂量越大。同一住宅中的成人和儿童的呼吸速率分别为 0.5m³/h 和 0.4m³/h，甲醛的潜在剂量分别为 1.43mg/d 和 1.14mg/d[110]。人体对甲醛的暴露也受人类活动场所的影响。不同的活动场所室内甲醛浓度不同，暴露量和潜在剂量也有所差异。在甲醛浓度为 0.057mg/m³ 的办公室内，1h 暴露量为 0.34mg/m³，潜在剂量为 0.34mg/d；在甲醛浓度为 0.22mg/m³ 的住宅内，1h 暴露量为 2.86mg/m³，潜在剂量为 1.43mg/d[110,111]。各年龄段的人群 1d 中有 45%～75% 的时间在家中度过，住宅室内甲醛浓度水平与暴露量有较强的相关性。我国住宅室内甲醛平均浓度为 0.102mg/m³，是室外的 10 倍，个体平均日暴露量为 0.109mg/（m³·h）；芬兰住宅室内甲醛平均浓度为 0.044mg/m³，低于中国的浓度水平，居民暴露水平为 0.028mg/m³。澳大利亚住宅室内甲醛浓度更低，为 0.026mg/m³，个人暴露水平也更低[111,112]。人体对苯系物的暴露也受室内浓度的影响。西班牙瓦伦西亚市和萨瓦德尔市的室内苯系物浓度分别为 2.40μg/m³ 和 0.32μg/m³，人体暴露量分别为 3.05μg/m³ 和 1.02 μg/m³[113]。人体中苯系物的浓度依次为：苯 1.21～2.8μg/m³、甲苯 14.33μg/m³、乙苯 2.55μg/m³。其中，甲苯的浓度最高。血液中的甲苯水平与心血管疾病发病率的增加有关。在人体血液（包括孕妇的脐带血）中均可发现苯系物。孕妇对苯系物的暴露能够影响胎儿的发育，孕妇的苯系物暴露与后代患脊柱裂的概率增加相关。孕妇在妊娠期的苯系物暴露会引起婴儿出生体重显著下降，也会对胎儿的大脑发育造成不良影响[109]。

甲醛和苯系物对人体的健康风险主要体现在致癌方面。通常，致癌风险用致癌系数（LCR）来评估。美国 EPA 研究认为：当 LCR>$1.0×10^{-4}$ 时，为较大风险；当 $1.0×10^{-6}$<LCR<$1.0×10^{-4}$ 时，为一般风险；当 LCR<$1.0×10^{-6}$ 时，为较低风险[107]。室内苯系物对不同职业居民造成的致癌风险较高，且对女性的致癌风险（$8.41×10^{-4}$～$9.42×10^{-4}$）高于男性（$7.11×10^{-4}$～$7.97×10^{-4}$），该现象可能是女性尤其是孕妇免疫力低于男性，且女性在室内活动时间比男性长等因素导致的。家庭主妇、车库管理员和出租车司机的苯系物致癌风险较大，其 LCR 值一般在 $8.7×10^{-4}$ 左右，其体内苯系物水平高于其他职业从业人员，其癌症风险通常与室内污染物浓度水平呈现一定相关性[107]。

参考文献

[1] Eurostat Statistics Explained. Chemicals production and consumption statistics. 2018.

[2] American Chemistry Council. Mid-Year Outlook：U. S. Chemical Industry Expansion Continues Despite Headwinds. 2019.

[3] Jamieson A J, Malkocs T, Piertney S B, et al. Bioaccumulation of persistent organic pollutants in the deepest ocean fauna [J]. Nature Ecology & Evolution, 2017, 1 (3).

[4] Jepson P D, Law R J. Marineenvironment persistent pollutants, persistent threats [J]. Science, 2016, 352 (6292)：1388-1389.

[5] Desforges J P, Hall A, McConnell B, et al. Predicting global killer whale population collapse from PCB pollution [J]. Science, 2018, 361 (6409)：1373-1376.

[6] Anway M D, Cupp A S, Uzumcu M, et al. Epigenetic transgenerational actions of endocrine disruptors and mate fertility [J]. Science, 2005, 308 (5727)：1466-1469.

[7] EPA. Production and usage of PCB's in the United States. National Service Center for Environmental

Publications (NSCEP). 1976.

[8] Breivik K, Sweetman A, Pacyna J M, et al. Towards a global historical emission inventory for selected PCB congeners - a mass balance approach 1. Global production and consumption [J]. Science of the Total Environment, 2002, 290 (1-3): 181-198.

[9] Erickson M D. Analytical Chemistry of PCBs [M]. 2nd ed. America: CRC Press, 1997.

[10] Jensen S. A new chemical hazard [J]. New Scientist, 1966, 15: 612.

[11] Frank W, Mackay D. Global fractionation and cold condensation of low volatility organochlorine compounds in polar regions [J]. Ambio, 1993, 22 (1): 10-18.

[12] Wania F, Mackay D. Tracking the distribution of persistent organic pollutants [J]. Environmental Science & Technology, 1996, 30 (9): A390-A396.

[13] Schuster J K, Gioia R, Sweetman A J, et al. Temporal trends and controlling factors for polychlorinated biphenyls in the UK atmosphere (1991-2008) [J]. Environmental Science & Technology, 2010, 44 (21): 8068-8074.

[14] Harner T, Bidleman T F. Octanol-air partition coefficient for describing particle/gas partitioning of aromatic compounds in urban air [J]. Environmental Science & Technology, 1998, 32 (10): 1494-1502.

[15] Harner T, Shoeib M, Diamond M, et al. Using passive air samplers to assess urban - Rural trends for persistent organic pollutants. 1. Polychlorinated biphenyls and organochlorine pesticides [J]. Environmental Science & Technology, 2004, 38 (17): 4474-4483.

[16] Sun P, Basu I, Blanchard P, et al. Temporal and spatial trends of atmospheric polychlorinated biphenyl concentrations near the Great Lakes [J]. Environmental Science & Technology, 2007, 41 (4): 1131-1136.

[17] Jaward F M, Farrar N J, Harner T, et al. Passive air sampling of PCBs, PBDEs, and organochlorine pesticides across Europe [J]. Environmental Science & Technology, 2004, 38 (1): 34-41.

[18] Zhang Z, Liu L, Li Y F, et al. Analysis of polychlorinated biphenyls in concurrently sampled Chinese air and surface soil [J]. Environmental Science & Technology, 2008, 42 (17): 6514-6518.

[19] Motelay-Massei A, Harner T, Shoeib M, et al. Using passive air samplers to assess urban-rural trends for persistent organic pollutants and polycyclic aromatic hydrocarbons. 2. Seasonal trends for PAHs, PCBs, and organochlorine pesticides [J]. Environmental Science & Technology, 2005, 39 (15): 5763-5773.

[20] Meijer S N, Ockenden W A, Sweetman A, et al. Global distribution and budget of PCBs and HCB in background surface soils: Implications or sources and environmental processes [J]. Environmental Science & Technology, 2003, 37 (4): 667-672.

[21] Cabrerizo A, Dachs J, Moeckel C, et al. Factors influencing the soil-air partitioning and the strength of soils as a secondary source of polychlorinated biphenyls to the atmosphere [J]. Environmental Science & Technology, 2011, 45 (11): 4785-4792.

[22] Cousins I T, Beck A J, Jones K C. A review of the processes involved in the exchange of semi-volatile organic compounds (SVOC) across the air-soil interface [J]. Science of the Total Environment, 1999, 228 (1): 5-24.

[23] Ren N, Que M, Li Y F, et al. Polychlorinated biphenyls in chinese surface soils [J]. Environmental Science & Technology, 2007, 41 (11): 3871-3876.

[24] Zeng E Y, Yu C C, Tran K. In situ measurements of chlorinated hydrocarbons in the water column off the Palos Verdes Peninsula, California [J]. Environmental Science & Technology, 1999, 33 (3): 392-398.

[25] Howell N L, Suarez M P, Rifai H S, et al. Concentrations of polychlorinated biphenyls (PCBs) in water, sediment, and aquatic biota in the Houston Ship Channel, Texas [J]. Chemosphere, 2008, 70 (4): 593-606.

[26] Fernández M A, Alonso C, González M J, et al. Occurrence of organochlorine insecticides, PCBs and PCB congeners in waters and sediments of the Ebro River (Spain) [J]. Chemosphere, 1999, 38 (1): 33-43.

[27] Zhou J L, Maskaoui K, Qiu Y W, et al. Polychlorinated biphenyl congeners and organochlorine insecticides in the water column and sediments of Daya Bay, China [J]. Environmental Pollution, 2001, 113 (3): 373-384.

[28] Swackhamer D L, Armstrong D E. Distribution and characterization of PCBs in Lake Michigan Water [J]. Journal of Great Lakes Research, 1987, 13 (1): 24-36.

[29] Guo J, Romanak K, Westenbroek S, et al. Updated polychlorinated biphenyl mass budget for lake Michigan [J]. Environmental Science & Technology, 2017, 51 (21): 12455-12465.

[30] Walters D M, Fritz K M, Johnson B R, et al. Influence of trophic position and spatial location on polychlorinated biphenyl (PCB) bioaccumulation in a stream food web [J]. Environmental Science & Technology, 2008, 42 (7): 2316-2322.

[31] Muir D C G, Norstrom R J, Simon M. Organochlorine contaminants in Arctic marine food chains: accumulation of specific polychlorinated biphenyls and chlordane-related compounds [J]. Environmental Science & Technology, 1988, 22 (9): 1071-1079.

[32] Hargrave B T, Harding G C, Vass W P, et al. Organochlorine pesticides and polychlorinated biphenyls in the Arctic Ocean food web [J]. Archives of Environmental Contamination and Toxicology, 1992, 22 (1): 41-54.

[33] Wan Y, Hu J Y, Yang M, et al. Characterization of trophic transfer for polychlorinated dibenzo-p-dioxins, dibenzofurans, non- and mono-ortho polychlorinated biphenyls in the marine food web of Bohai Bay, north China [J]. Environmental Science & Technology, 2005, 39 (8): 2417-2425.

[34] Johnson-Restrepo B, Kannan K, Addink R, et al. Polybrominated diphenyl ethers and polychlorinated biphenyls in a marine foodweb of coastal Florida [J]. Environmental Science & Technology, 2005, 39 (21): 8243-8250.

[35] Kelly B C, Ikonomou M G, Blair J D, et al. Food web-specific biomagnification of persistent organic pollutants [J]. Science, 2007, 317 (5835): 236-239.

[36] Blankenship A L, Zwiernik M J, Coady K K, et al. Differential accumulation of polychlorinated biphenyl congeners in the terrestrial food web of the Kalamazoo River superfund site, Michigan [J]. Environmental Science & Technology, 2005, 39 (16): 5954-5963.

[37] McLachlan M S. Mass balance of polychlorinated biphenyls and other organochlorine compounds in

a lactating cow [J]. Journal of Agricultural and Food Chemistry, 1993, 41 (3): 474-480.

[38] Hoogenboom L A P, Kan C A, Zeilmaker M J, et al. Carry-over of dioxins and PCBs from feed and soil to eggs at low contamination levels - influence of mycotoxin binders on the carry-over from feed to eggs [J]. Food Additives and Contaminants Part a: Chemistry Analysis Control Exposure & Risk Assessment, 2006, 23 (5): 518-527.

[39] Thomas G O, Sweetman A J, Jones K C. Metabolism and body-burden of PCBs in lactating dairy cows [J]. Chemosphere, 1999, 39 (9): 1533-1544.

[40] De Vos S, Maervoet J, Schepens P, et al. Polychlorinated biphenyls in broiler diets: their digestibility and incorporation in body tissues [J]. Chemosphere, 2003, 51 (1): 7-11.

[41] European Commission. Amending Regulation (EC) No 1881/2006 as regards maximum levels for dioxins, dioxin-like PCBs and non dioxin-like PCBs in foodstuffs. 2011.

[42] European Commission. Amending Annexes I and II to Directive 2002/32/EC of the European Parliament and of the Council as regards maximum levels and action thresholds for dioxins and polychlorinated biphenyls. 2012.

[43] Adamse P, Van der Fels-Klerx H J, Schoss S, et al. Concentrations of dioxins and dioxin-like PCBs in feed materials in the Netherlands, 2001-11 [J]. Food Additives and Contaminants Part a: Chemistry Analysis Control Exposure & Risk Assessment, 2015, 32 (8): 1301-1311.

[44] Li X M, Dong S J, Wang P L, et al. Polychlorinated biphenyls are still alarming persistent organic pollutants in marine-origin animal feed (fishmeal) [J]. Chemosphere, 2019, 233: 355-362.

[45] Oakley G G, Devanaboyina U S, Robertson L W, et al. Oxidative DNA damage induced by activation of polychlorinated biphenyls (PCBs): Implications for PCB-induced oxidative stress in breast cancer [J]. Chemical Research in Toxicology, 1996, 9 (8): 1285-1292.

[46] Hoppin J A, Tolbert P E, Holly E A, et al. Pancreatic cancer and serum organochlorine levels [J]. Cancer Epidemiology Biomarkers & Prevention, 2000, 9 (2): 199-205.

[47] Hardell L, van Bavel B, Lindstrom G, et al. Increased concentrations of polychlorinated biphenyls, hexachlorobenzene, and chlordanes in mothers of men with testicular cancer [J]. Environmental Health Perspectives, 2003, 111 (7): 930-934.

[48] Rogan W J. PCBs and cola-colored babies: Japan, 1968, and Taiwan, 1979 [J]. Teratology, 1982, 26 (3): 259-261.

[49] Jacobson S W, Fein J, Jacobson J L, et al. The effect of intrauterine PCB exposure on visual recognition memory [J]. Child Development, 1985, 56: 853-860.

[50] Rogan W J, Gladen B C. Neurotoxicology of PCBs and related compounds [J]. Neurotoxicology, 1992, 13 (1): 27-35.

[51] Schantz S L. Developmental neurotoxicity of PCBs in humans: What do we know and where do we go from here? [J]. Neurotoxicology and Teratology, 1996, 18 (3): 217-227.

[52] Silverstone A E, Rosenbaum P F, Weinstock R S, et al. Polychlorinated biphenyl (PCB) exposure and diabetes: Results from the Anniston Community Health Survey [J]. Environmental Health Perspectives, 2012, 120 (5): 727-732.

[53] Barron M G, Galbraith H, Beltman D. Comparative reproductive and developmental toxicology of PCBs in birds, comparative biochemistry and physiology part C: Pharmacology [J]. Toxicology

and Endocrinology, 1995, 112 (1): 1-14.

[54] Hose J E, Cross J N, Smith S G. Reproductive impairment in a fish inhabiting a contaminated coastal environment off Southern California [J]. Environmental Pollution, 1989, 57 (2): 139-148.

[55] Prestt I, Jefferies D J, Moore N W. Polychlorinated biphenyls in wild birds in Britain and their avian toxicity [J]. Environmental Pollution, 1970, 1 (1): 3-26.

[56] Ross P, De Swart R, Addison R. Contaminant-induced immunotoxicity in harbour seals: Wildlife at risk? [J]. Toxicology, 1996, 112 (2): 157-169.

[57] Llobet J M, Bocio A, Domingo J L, et al. Levels of polychlorinated biphenyls in foods from Catalonia, Spain: Estimated dietary intake [J]. Journal of Food Protection, 2003, 66 (3): 479-484.

[58] Malisch R, Kotz A. Dioxins and PCBs in feed and food—Review from European perspective [J]. Science of the Total Environment, 2014, 491-492: 2-10.

[59] Zhang L, Yin S, Wang X, et al. Assessment of dietary intake of polychlorinated dibenzo-p-dioxins and dibenzofurans and dioxin-like polychlorinated biphenyls from the Chinese total diet study in 2011 [J]. Chemosphere, 2015, 137: 178-184.

[60] Schecter A, Colacino J, Haffner D, et al. Perfluorinated compounds, polychlorinated biphenyls, and organochlorine pesticide contamination in composite food samples from Dallas, Texas, USA [J]. Environmental Health Perspectives, 2010, 118 (6): 796-802.

[61] Zhang L, Li J, Liu X, et al. Dietary intake of PCDD/Fs and dioxin-like PCBs from the Chinese total diet study in 2007 [J]. Chemosphere, 2013, 90 (5): 1625-1630.

[62] Wen S, Yang F X, Gong Y, et al. Elevated levels of urinary 8-hydroxy-2′-deoxyguanosine in male electrical and electronic equipment dismantling workers exposed to high concentrations of polychlorinated dibenzo-p-dioxins and dibenzofurans, polybrominated diphenyl ethers, and polychlorinated biphenyls [J]. Environmental Science & Technology, 2008, 42 (11): 4202-4207.

[63] Shen H, Ding G, Wu Y, et al. Polychlorinated dibenzo-p-dioxins/furans (PCDD/Fs), polychlorinated biphenyls (PCBs), and polybrominated diphenyl ethers (PBDEs) in breast milk from Zhejiang, China [J]. Environment International, 2012, 42: 84-90.

[64] Polder A, Thomsen C, Lindstrom G, et al. Levels and temporal trends of chlorinated pesticides, polychlorinated biphenyls and brominated flame retardants in individual human breast milk samples from Northern and Southern Norway [J]. Chemosphere, 2008, 73 (1): 14-23.

[65] 郑明辉,孙阳昭,刘文斌. 中国二噁英类持久性有机污染物排放清单 [M]. 北京:中国环境科学出版社, 2008.

[66] Lv P, Zheng M, Liu G, et al. Estimation and characterization of PCDD/Fs and dioxin-like PCBs from Chinese iron foundries [J]. Chemosphere, 2011, 82 (5): 759-763.

[67] Ni Y, Zhang H, Fan S, et al. Emissions of PCDD/Fs from municipal solid waste incinerators in China [J]. Chemosphere, 2009, 75 (9): 1153-1158.

[68] Chen J, Chen T, Wang Q, et al. PCDD/Fs emission levels of hazardous and medical waste incineration in China [J]. Acta Scientiae Circumstantiae, 2014, 34 (4): 973-979.

[69] Qua B U, Fermann M W, BrökerG. Steps towards a European dioxin emission inventory

[J]. Chemosphere, 2000, 40 (9): 1125-1129.

[70] Lohmann R, Ockenden W A, Shears J, et al. Atmospheric distribution of polychlorinated dibenzo-p-dioxins, dibenzofurans (PCDD/Fs), and non-Ortho biphenyls (PCBs) along a north—south Atlantic transect [J]. Environmental Science & Technology, 2001, 35 (20): 4046-4053.

[71] Wu Y L, Lin L F, Hsieh L T, et al. Atmospheric dry deposition of polychlorinated dibenzo-p-dioxins and dibenzofurans in the vicinity of municipal solid waste incinerators [J]. Journal of Hazardous Materials, 2009, 162 (1): 521-529.

[72] Lohmann R, Jones K C. Dioxins and furans in air and deposition: A review of levels, behaviour and processes [J]. Science of the Total Environment, 1998, 219 (1): 53-81.

[73] Abad E, Martinez K, Gustems L, et al. Ten years measuring PCDDs/PCDFs in ambient air in Catalonia (Spain) [J]. Chemosphere, 2007, 67 (9): 1709-1714.

[74] Wagrowski D M, Hites R A. Insights into the global distribution of polychlorinated dibenzo-p-dioxins and dibenzofurans [J]. Environmental Science & Technology, 2000, 34 (14): 2952-2958.

[75] Xu P J, Tao B, Li N, et al. Levels, profiles and source identification of PCDD/Fs in farmland soils of Guiyu, China [J]. Chemosphere, 2013, 91 (6): 824-831.

[76] 王璞,张庆华,王亚韡,等. 电子垃圾拆解地土壤中二噁英、多氯联苯和多溴联苯醚的分析 [J]. 分析试验室, 2007, 26: 14-16.

[77] Fu J, Zhang H, Zhang A, et al. E-waste recycling in China: A challenging field [J]. Environmental Science & Technology, 2018, 52 (12): 6727-6728.

[78] Schramm K W, Henkelmann B, Kettrup A. PCDD/F sources and levels in River Elbe sediments [J]. Water Research, 1995, 29 (9): 2160-2166.

[79] Hayward D G, Nortrup D, Gardner A, et al. Elevated TCDD in chicken eggs and farm-raised catfish fed a diet with ball clay from a southern United States mine [J]. Environmental Research, 1999, 81 (3): 248-256.

[80] Birnbaum L S. The mechanism of dioxin toxicity: Relationship to risk assessment [J]. Environmental Health Perspectives, 1994, 102: 157-167.

[81] Fingerhut M A, Halperin W E, Marlow D A, et al. Cancer mortality in workers exposed to 2,3,7,8-tetrachlorodibenzo-p-dioxin [J]. New England Journal of Medicine, 1991, 324 (4): 212-218.

[82] Sirot V, Tard A, Venisseau A, et al. Dietary exposure to polychlorinated dibenzo-p-dioxins, polychlorinated dibenzofurans and polychlorinated biphenyls of the French population: Results of the second French total diet study [J]. Chemosphere, 2012, 88 (4): 492-500.

[83] Zhang Y X, Tao S. Global atmospheric emission inventory of polycyclic aromatic hydrocarbons (PAHs) for 2004 [J]. Atmospheric Environment, 2009, 43 (4): 812-819.

[84] Zhang Y X, Tao S, Shen H Z, et al. Inhalation exposure to ambient polycyclic aromatic hydrocarbons and lung cancer risk of Chinese population [J]. Proceedings of the National Academy of Sciences of the United States of America, 2009, 106 (50): 21063-21067.

[85] Peters J, Seifert B. Losses of benzo(a)pyrene under the conditions of high-volume sampling [J]. Atmospheric Environment, 1980, 14 (1): 117-119.

[86] Wang P, Mi W Y, Xie Z Y, et al. Overall comparison and source identification of PAHs in the sediments of European Baltic and North Seas, Chinese Bohai and Yellow Seas [J]. Science of the Total Environment, 2020, 737.

[87] Qu Y J, Gong Y W, Ma J, et al. Potential sources, influencing factors, and health risks of polycyclic aromatic hydrocarbons (PAHs) in the surface soil of urban parks in Beijing, China [J]. Environmental Pollution, 2020, 260.

[88] Liu Y G, Gao P, Su J, et al. PAHs in urban soils of two Florida cities: Background concentrations, distribution, and sources [J]. Chemosphere, 2019, 214: 220-227.

[89] Dumanoglu Y, Gaga E O, Gungormus E, et al. Spatial and seasonal variations, sources, air-soil exchange, and carcinogenic risk assessment for PAHs and PCBs in air and soil of Kutahya, Turkey, the province of thermal power plants [J]. Science of the Total Environment, 2017, 580: 920-935.

[90] Huang Y Z, Sui Q, Lyu S, et al. Tracking emission sources of PAHs in a region with pollution-intensive industries, Taihu Basin: From potential pollution sources to surface water [J]. Environmental Pollution, 2020, 264.

[91] Liu L Y, Wang J Z, Wei G L, et al. Sediment records of polycyclic aromatic hydrocarbons (PAHs) in the continental shelf of China: Implications for evolving anthropogenic impacts [J]. Environmental Science & Technology, 2012, 46 (12): 6497-6504.

[92] Zhan F, Yu X, Zhang X, et al. Tissue distribution of organic contaminants in stranded pregnant sperm whale (Physeter microcephalus) from the Huizhou coast of the South China Sea [J]. Marine Pollution Bulletin, 2019, 144: 181-188.

[93] Jafarabadi A R, Bakhtiari A R, Yaghoobi Z, et al. Distributions and compositional patterns of polycyclic aromatic hydrocarbons (PAHs) and their derivatives in three edible fishes from Kharg coral Island, Persian Gulf, Iran [J]. Chemosphere, 2019, 215: 835-845.

[94] Kellermann G, Shaw C R, Luyten-Kellerman M. Aryl hydrocarbon hydroxylase inducibility and bronchogenic carcinoma [J]. New England Journal of Medicine, 1973, 289 (18): 934-937.

[95] Lu S Y, Li Y X, Zhang J Q, et al. Associations between polycyclic aromatic hydrocarbon (PAH) exposure and oxidative stress in people living near e-waste recycling facilities in China [J]. Environment International, 2016, 94: 161-169.

[96] Baumann P C, Harshbarger J C. Decline in liver neoplasms in wild brown bullhead catfish after coking plant closes and environmental PAHs plummet [J]. Environmental Health Perspectives, 1995, 103 (2): 168-170.

[97] Martorell I, Perelló G, Martí-Cid R, et al. Polycyclic aromatic hydrocarbons (PAH) in foods and estimated PAH intake by the population of Catalonia, Spain: Temporal trend [J]. Environment International, 2010, 36 (5): 424-432.

[98] Lao J Y, Xie S Y, Wu C C, et al. Importance of dermal absorption of polycyclic aromatic hydrocarbons derived from barbecuefumes [J]. Environmental Science & Technology, 2018, 52 (15): 8330-8338.

[99] Oliveira M, Slezakova K, Magalhães C P, et al. Individual and cumulative impacts of fire emissions and tobacco consumption on wildland firefighters'total exposure to polycyclic aromatic

hydrocarbons [J]. Journal of Hazardous Materials, 2017, 334: 10-20.

[100] 杨凯云, 黄云超, 赵光强, 等. 宣威女性肺癌患者肺组织中 PAHS-DNA 加合物的表达 [J]. 中国肺癌杂志, 2010, 13 (5): 517-521.

[101] 何兴舟, 杨儒道. 室内燃煤空气污染与肺癌 [M]. 昆明: 云南科技出版社, 1994: 2-99.

[102] Perera F, Tang D, Whyatt R, et al. DNA damage from polycyclic aromatic hydrocarbons measured by benzo[a]pyrene-DNA adducts in mothers and newborns from Northern Manhattan, the world trade center area, Poland, and China [J]. Cancer Epidemiology Biomarkers & Prevention, 2005, 14 (3): 709-714.

[103] 王伶瑞, 李海燕, 陈程, 等. 长三角北部沿海城市 2018 年大气 VOCs 分布特征 [J]. 环境科学学报, 2020, 40 (4): 1385-1400.

[104] 罗晓良. 室内甲醛释放规律及其控制研究 [D]. 重庆: 重庆大学, 2006.

[105] Hun D E, Corsi R L, Morandi M T, et al. Formaldehyde in residences: Long-term indoor concentrations and influencing factors [J]. Indoor Air, 2010, 20 (3): 196-203.

[106] Gilbert N L, Guay M, Gauvin D, et al. Air change rate and concentration of formaldehyde in residential indoor air [J]. Atmospheric Environment, 2008, 42 (10): 2424-2428.

[107] 李爽. 典型微环境空气中苯系物的污染特征及来源解析 [D]. 杭州: 浙江大学, 2010.

[108] Swenberg J A, Moeller B C, Lu K, et al. Formaldehyde carcinogenicity research: 30 Years and counting for mode of action, epidemiology, and cancer risk assessment [J]. Toxicologic Pathology, 2013, 41 (2): 181-189.

[109] Bolden A L, Kwiatkowski C F. Response to comment on "New Look at BTEX: Are Ambient Levels a Problem?" [J]. Environmental Science & Technology, 2016, 50 (2): 1072-1073.

[110] 白志鹏, 贾纯荣, 王宗爽, 等. 人体对室内外空气污染物的暴露量与潜在剂量的关系 [J]. 环境与健康杂志, 2002, 19 (6): 425-428.

[111] 苗娟, 魏学锋. 甲醛对人体健康影响及其暴露水平的调查 [J]. 环境科学与技术, 2008, 31 (10): 79-81.

[112] Jurvelin J, Vartiainen M, Jantunen M, et al. Personal exposure levels and microenvironmental concentrations of formaldehyde and acetaldehyde in the helsinki metropolitan area, Finland [J]. Journal of the Air & Waste Management Association, 2001, 51 (1): 17-24.

[113] Llop S, Ballester F, Aguilera I, et al. Outdoor, indoor and personal distribution of BTEX in pregnant women from two areas in Spain-Preliminary results from the INMA project [J]. Atmospheric Pollution Research, 2010, 1 (3): 147-154.

第六章

新型有机污染物

第一节 概 述

随着社会的发展和检测技术的提高,新型化学品不断进入人们的视野。这些化学品与人类生活紧密相关,但生产和应用年限相对较短,环境赋存水平处于上升趋势,相关毒性数据欠缺,很多化合物毒理学效应并不明确。其中一部分已被初步证实对生态环境和人体健康具有潜在危害,并被列入相关国际公约如《关于持久性有机污染物的斯德哥尔摩公约》(简称《斯德哥尔摩公约》)的受控污染物名单。我国是缔约方之一,于 2007 年 4 月制定通过了《中华人民共和国履行〈关于持久性有机污染物的斯德哥尔摩公约〉的国家实施计划》,在持久性有机物消减和淘汰方面开展了大量的工作。

近年来备受关注的新型有机污染物包括但不限于全氟及多氟烷基化合物、氯化石蜡、多氯萘、六氯丁二烯、多溴二苯醚、双酚 A、四溴双酚 A、甲基硅氧烷类药物和个人护理用品。本章将着重介绍这几类新型有机污染物的特性、生产与应用、环境赋存、毒性作用过程及效应和人体暴露风险。

第二节 全氟及多氟烷基化合物

一、结构及理化性质

全氟及多氟烷基化合物(per-and polyfluoroalkyl substances,PFASs)是一类与碳原子连接的氢原子被氟原子取代的有机化合物,其碳链末端多与极性官能团相连接。环境中的 PFASs 按照官能团分为磺酸类、羧酸类、碘烷类、调聚醇类和酰胺类等,碳链长度多在 4~14 之间。作为电负性最强的元素,氟能吸引化学键上的电子,使 C—F 键具有极性和强度。PFASs 中 C—F 共价键的化学键能约为 110kcal/mol(1cal=4.184J),而且氟原子最外层电子层上带有三对电子,它们不与其他原子成键。在高度氟化的体系中,这些未键结电子作为保护层,能使整个体系具有高度热稳定性和化学稳定性。此外,PFASs 具有优良的表面活性、疏水性和疏油性。全氟辛烷磺酸(perfluorooctane sulfonic acid,PFOS)和全氟辛酸(perfluorooctanoic acid,PFOA)是环境中分布最广泛的两种 PFASs,也是多种全氟化合物前驱体在环境中的最终转化产物。PFOA 和 PFOS 的三维结构如图 6-1 所示,主要物化性质如表 6-1 所示[1,2]。考虑到其高毒性、环境持久性、生物累积效应和远距离迁移能力,PFOS 及其盐类和全氟辛烷磺酰氟(perfluorooctane sulfonyl fluoride,PFOSF)于 2009 年被列入《斯德哥尔摩公约》附件 B 的受控污染物名单,其生成、使用、出口和进口均受到限制。PFOA 及其盐类和相关化合物于 2019 年被增列入该公约的受控名单。

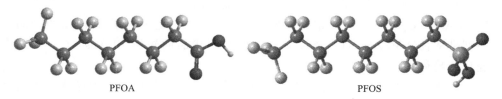

图 6-1　PFOA 和 PFOS 的三维结构示意图

表 6-1　**PFOA 和 PFOS 的主要物化性质**[1,2]

属性	PFOA[$CF_3(CF_2)_6CO_2H$]	PFOS[$CF_3(CF_2)_7SO_3K$]
常温常压下存在状态	白色絮状固体	白色粉末
分子量	414	538
蒸气压	10mmHg(25℃)	$3.31×10^{-4}$Pa
水溶性	3.4g/L	519mg/L(20℃±0.5℃)
		680mg/L(24~25℃)
熔点	45~50℃	≥400℃
沸点	189~192℃(736mmHg)	—
气-水分配系数	—	$<2×10^{-6}$
亨利常数	—	$3.09×10^{-9}$Pa·m³/mol
pK_a	2.5	-3.27
pH 值(1g/L)	2.6	—

二、生产与应用

PFASs 自 20 世纪 50 年代被美国 3M 公司研制出来后得到了大量生产和

广泛的应用，被用于消防泡沫、表面活性剂、航空液压油、农药、皮革、地毯、织物涂料、食品包装材料、不粘锅涂料和洗发香波等产品中。1951～2004年全氟辛酸和全氟辛酸铵的全球总产量达3600～5700吨，1985～2002年PFOSF的全球总产量为13670吨[3,4]。电化学氟化法和调聚反应法是PFASs的主要生产工艺，其中调聚反应法生产的PFOS或PFOA产品纯度较高，一般为直链全氟化合物；而电化学氟化法生产的产品为混合物，包括直链和支链同分异构体以及其他副产物（占20%～30%）。3M公司在2001年主动停止了利用电化学氟化法合成PFOS，并宣布至2003年初完全停产。由于国际和国内市场对PFOS及相关物质仍存在较大的需求，我国等发展中国家继而成为PFASs的生产大国。我国主要采用电化学氟化法生产PFOS，其产量在2003～2006年显著升高，2007～2011年仍保持较高的年产量（200t左右），主要产地为湖北、福建、广东、上海、江苏等[5]。随着PFOS等陆续被列入《斯德哥尔摩公约》受控污染物名单或候选名单，全球范围内PFOS产量有所下降，我国氟化工企业及氟产品产量也在逐渐减少。鉴于短链PFASs（C_4～C_6）毒性相对较低，北半球氟化工企业生产和使用的产品类型呈从长链PFASs（C_8及以上）向作为替代品的短链PFASs（C_4～C_6）变化的趋势。

此外，随着电化学氟化法生产含氟化合物的禁止使用以及含氟化合物消耗量的增加，使用全氟碘烷类（polyfluorinated iodine alkanes，PFIs）参与调聚反应生成含氟化合物如含氟调聚醇（fluorinated telomere alcohols，FTOHs）得到了广泛的应用。FTOHs作为合成表面活性剂和氟聚物的前体化合物，用于皮革、纺织品和纸张的表面处理。这些物质的生产并没有被限制。2002年后FTOHs的年产量增长到1.1万～1.3万吨[6]。PFIs及其同系物的产量也随之增加，导致挥发性的PFIs和FTOHs释放到环境中的风险增加。

三、环境赋存

PFASs在环境中广泛存在，几乎所有环境介质（如海洋、地表水、沉积物、土壤、污泥、大气以及灰尘）和生物体系（如鱼类、贝类、鸟类及哺乳动物）中均有PFASs检出。环境中PFASs来源于人类生产、使用和处置含PFASs产品过程的直接排放或前驱体的转化。而且，PFASs及其前驱体的长距离迁移能力使这类物质成为全球性污染物，在青藏高原和两极地区也有检出。

PFOS 和 PFOA 是水体、沉积物以及土壤中主要的 PFASs。2005～2012 年国内外地表水、沉积物及土壤中 PFOS 和 PFOA 的污染水平如表 6-2 所示[7-17]。PFOS 和 PFOA 在海洋和地表水中检出的最大浓度分布在几个至几百个 ng/L 范围内，平均浓度低于美国 EPA 设定的临时健康咨询值（PFOS：200 ng/L；PFOA：400ng/L）。我国地表水中 PFOS 的含量中值显著低于美国和奥地利，与加拿大和日本处于同一水平；PFOA 的含量中值显著低于美国、日本和奥地利，与加拿大处于同一水平。我国沉积物中 PFOS 和 PFOA 含量基本与其他国家处于同一数量级，土壤中 PFOS 和 PFOA 含量则大多高于其他国家。一般靠近点源地区的 PFASs 含量显著高于偏远地区，经济发达地区高于经济不发达地区。湖北某氟化工厂周边土壤中 PFOS、PFOA 最大含量分别为 189ng/g 干重、34.2ng/g 干重，且其含量随着与化工厂距离的增加呈指数下降[18]。上海、宁波、台州、厦门和广东沿海水体中 PFASs 含量高于东部其他人口少、经济不发达地区[19]。由于羧酸基团的亲水性比磺酸基团高，靠近点源区域的水体中 PFOA 浓度往往高于 PFOS，而沉积物中 PFOS 含量往往高于 PFOA。同时由于 PFOA 更容易跟随流动的水体从点源区域迁移至偏远区域，在渤海、东海以及黄海等远离点源区域的沉积物中 PFOA 含量反而高于 PFOS[20]。另外，短链 PFASs 具有较好的水溶性，主要存在于水相中，而长链 PFASs 吸附能力较强，是污泥或沉积物固相中 PFASs 的主要成分。

表 6-2 2005～2012 年国内外地表水、沉积物及土壤中 PFOS 和 PFOA 的污染水平

样品	地区	PFOA/(ng/L 或 ng/g)			PFOS/(ng/L 或 ng/g)			文献
		最小值	最大值	中值	最小值	最大值	中值	
地表水	中国	<0.1	73.5	1.3	0.1	82.0	1.2	[7,8]
	美国	12.6	287	72.7	30.0	132	40.7	[9]
	奥地利	1.1	19.0	12.0	4.0	35.0	11.0	[10,11]
	日本	7.9	110	39.0	4.1	10.0	5.2	[11,12]
	加拿大	1.6	38.0	2.9	1.2	38.0	4.8	[13]
沉积物	中国	<0.1	203	<0.1	0.1	8.8	0.3	[8,13,14]
	美国	<0.04	0.6	0.2	<0.04	3.8	0.2	[15]
	德国	<0.03	0.1	<0.03	0.1	0.3	0.2	[16]
	奥地利	0.1	2.8	0.4	<0.1	0.9	<0.1	[10]
	日本	<0.1	3.9	0.9	0.3	11.0	1.9	[12]
土壤	中国	3.3	47.5	42.6	8.6	10.4	9.5	[13,14]
	美国	1.4	31.7	2.7	<0.5	2.6	1.6	[17]
	墨西哥	0.8	0.8	0.8	10.1	10.1	10.1	[17]
	日本	1.8	21.5	11.7	0.6	5.2	2.9	[17]

大气不同于其他环境介质，气相中 PFASs 以 PFOS 和 PFOA 的前驱体如 FTOHs 为主。这些前驱体会远距离迁移并转化为 PFOS 和 PFOA。欧洲西北部大气气相中 PFASs 以 8：2FTOHs（5～243pg/m^3）和 6：2FTOHs（5～189pg/m^3）为主，颗粒相中占主导地位的 PFASs 为 PFOA（1～818pg/m^3）[21]。由于含 PFASs 的产品在人类家居生活中广泛应用，PFASs 也存在于室内空气及灰尘中，且其浓度一般远高于室外空气。

PFASs 不仅在上述环境介质中迁移扩散，还会累积在生物体内，并随着食物链传递。我国湖北汤逊湖鱼肉样品中检出了多种 PFASs，PFOS 是主要污染物，其含量为 170～1140ng/g 湿重[22]。青藏高原的高山湖泊鱼肉样品中也检出了 PFASs，PFOS 也是主要污染物，含量相对其他地区较低（0.21～5.20ng/g 干重），且含量水平与采样纬度的高低以及鱼年龄的大小无关[23]。我国南部地区（包括香港、厦门和泉州）水鸟蛋中 11 种 PFASs 的含量范围为 27～160ng/g 湿重。PFOS 也是蛋类中主要的 PFASs，多集中于蛋黄。近年来其他 PFASs 同系物或替代物的环境负荷逐渐升高。我国武汉某氟化工企业近年来 PFOS 类产品的产量逐年下降，产品类型从长链 PFASs（C_8 及以上）向短链 PFASs（C_4～C_6）转变。在该厂附近的汤逊湖中，全氟丁酸（perfluorobutanoic acid，PFBA）成为水体中主要的 PFASs，且 2 个沉积物柱芯中短链 PFASs 含量随深度的降低而升高[24]。一些新型 PFASs 如多氟磷酸酯类化合物、全氟碘烷类化合物、氯代多氟醚基磺酸盐在环境中被陆续检出。实际上，全球市场上存在的 PFASs 超过 3000 种，而目前得到研究的 PFASs 只是其中的一小部分，全球正面临着越来越多的未知有机氟化合物污染的挑战。

四、毒性作用过程及效应

1. 生物过程

PFASs 在高温、强酸、强碱以及强氧化性等条件下，均具有很好的稳定性，不易被微生物降解，且难以被高等脊椎动物代谢，是最难分解的有机污染物之一。PFOS 在人体内的半减期为 5.4 年，PFOA 为 3.8 年，碳原子数较少的 PFASs 的半减期相对较短，但也有例外，如比 PFOS 少 2 个碳原子的全氟乙烷磺酸（PFHxS）的半减期可长达 8.5 年。在生物作用下，其他 PFASs 可能转化为全氟羧酸类（perfluorinated carboxylic acids，PFCAs）。例如，8：2FTOHs 在生物作用下会转化为更稳定的 PFOA，多氟调聚碘烷如 6：2FTI 经生物转化形成 6：2FTOHs，而 6：2FTOHs 在土壤等环境中能继续被有氧生物转化为全氟丁酸（PFBA）、全氟戊酸（PFPeA）和全氟己酸（PFHxA）等[25]。

PFASs容易在生物体中蓄积。不同生物易蓄积的PFASs类型不同。蚯蚓通过肠道直接摄取土壤有机质上吸附的PFASs，而植物主要吸收溶解在土壤孔隙水中的PFASs。因此，通过直接摄取PFASs污染的土壤、沉积物颗粒的生物可能累积更多的长链PFASs，而根系植物则倾向于富集更多的短链PFASs。蚯蚓富集PFASs的能力随着PFASs中碳链长度的增加而增加，羊茅草和小麦等富集PFASs的能力则随着PFASs中碳链长度的增加而降低[26]。水生生物也具有类似的表现。生物富集因子（BCF）是生物体对化合物的吸收速率与生物体内化合物净化速率之比，其值可反映有机物在生物体内的生物富集作用大小。我国武汉汤逊湖中水生动物对短链PFASs的富集能力都较低（lgBCF<1），而莲藕、浮萍、水仙这些水生植物中短链PFASs的含量比鱼肉中高[22]。PFASs具有疏水性和疏油性，其生物富集机制与其他POPs有一定差异。其他POPs一般遵循"先分裂成脂肪组织，再行聚积"的模式，而PFASs会优先黏附在蛋白质上，并与之结合而产生蓄积，如在血浆中会和白蛋白及脂蛋白结合。动物体中PFASs的含量一般在肝脏和血液中较高，在脂肪和肌肉中较低[27]。由于动物对PFOA具有更高的净化效率，因此，在动物血液和肝脏样品中PFOS水平往往较PFOA要高。动物体对直链PFOS的吸收率较高，支链异构体更容易通过肝脏或者肾脏消除。江苏太湖地区的水生动物中PFOS异构体比例在卵和肝脏中的分布表现为直链＞单甲基支链＞二甲基支链，且直链PFOS在肝脏和肌肉中的比值以及肾脏和肌肉中的比值都高于支链PFOS[28]。

生物放大因子又称为营养级放大因子（trophic magnification factor，TMF），是指某种污染物在一个特定的营养级水平的生物体内的含量与较低营养级水平的生物体内的含量之比，是评价POPs在食物链中生物累积性的重要指标之一。多个陆生与水生食物网的研究表明，PFOS及8个碳以上的全氟羧酸的TMF值大于1，在高营养级动物中的含量高于低营养级动物[29]，表明这些PFASs在食物网中具有一定的生物放大效应。PFOS直链异构体的BCF值和TMF值均高于单甲基支链异构体。

2. 毒性效应

肝毒性是生物体暴露PFASs后最典型的毒性效应之一。PFOS和PFOA长期暴露可导致试验动物体重下降、肝脏肿大、肝细胞空泡变性和坏死，并可能出现脂滴累积和肿瘤。PFASs也可以直接作用于过氧化物酶体增殖受体、肝 X 受体 α 及其下游基因，诱导大鼠和小鼠肝过氧化物酶体脂肪酸氧化，血清甘油三酯和胆固醇的含量降低。当碳链长度小于 9 个碳时 PFASs 对过氧化物酶体增殖受体的激活效应随碳链长度的增加而升高，当碳链长度大于 9 个碳时则表现出相反的趋势。羧酸取代的 PFASs（如 PFOA）对过氧化物酶体增殖受体的激活效率要高于磺酸基取代的 PFASs（如 PFOS）[30]。

生殖发育毒性是 PFASs 的另一毒性效应。怀孕期间的大鼠经口暴露不同剂量的 PFOS [$1\sim10\mu g/(g\cdot d)$]，最高剂量暴露组的幼鼠在出生 1h 后变得无活力，并且很快死亡；其他剂量 PFOS 暴露也会导致子代不同程度的死亡，存活的幼鼠表现出发育迟缓、睁眼时间延后等症状。PFOA 能够导致孕鼠早期流产和仔鼠出生后呼吸窘迫、生长发育迟缓和青春期性发育异常[31]。PFOA 和 PFOS 的生殖发育毒性机理尚未十分明确。在怀孕后期进行发育的呼吸系统以及肺可能是 PFOS 的毒性靶标。PFOS 也可能改变母体和胎儿的甲状腺激素的利用情况，从而影响生殖和发育。

PFASs 能够与甲状腺激素转运蛋白竞争性结合而导致甲状腺激素水平下降，还能够直接影响甲状腺激素受体调控的基因表达，或通过减弱下丘脑-垂体-甲状腺轴的响应对甲状腺激素产生干扰[32]。PFASs 还表现出一定的雌激素干扰效应，PFOA 和 PFOS 能够改变血浆中类固醇雄激素以及类固醇雌激素的含量。经 PFOA 或 PFOS 暴露后，雄性大鼠血液中雌二醇水平升高，而血液和睾丸中睾酮水平降低，同时发现肝芳香化酶活性增高[33]。因此，PFASs 的内分泌干扰效应也不容忽视。

PFASs 还具有潜在的神经毒性。PFOS 和 PFOA 的暴露会干扰新生 NMRI 试验小鼠的胆碱能系统发育，引起海马内钙调素依赖蛋白激酶Ⅱ（CaMKⅡ）、神经生长因子相关蛋白 43（GAP-43）和突触小泡蛋白含量上升，大脑皮层中突触小泡蛋白和 Tau 蛋白含量升高，这些异常变化可导致新生小鼠神经行为学表现的改变，这种改变反映在人体上包括儿童的注意缺陷和多动障碍等[34]。在多数情况下，PFOS 通过提高胞内钙离子浓度抑制突触生长，导致神经递质功能紊乱和神经行为学改变[35]。PFOS 也能通过引起活跃中枢神经系统的小胶质细胞氧化应激释放一氧化氮或分泌肿瘤坏死因子，导致神经元的凋亡[36]。PFASs 还可以通过 ROS 介导的肌动蛋白纤维重塑或通过 PI3K/Akt 信号通路激活诱导的紧密连接解聚来直接刺激血管内皮细胞，增大血管生物学屏障通透性，从而影响污染物靶器官神经毒性的调控[37,38]。

此外，PFASs 具有潜在的遗传毒性和致癌性。基于人肝癌细胞 HepG2 的研究表明，PFOA 能引起细胞内过量的 ROS 的生成，遗传物质脱氧核糖核酸

(DNA)损伤标记物的含量明显升高[39]。PFOS 和 PFOA 可诱发啮齿类动物的肝脏肿瘤[40]。高暴露人群流行病学调查显示，PFOS 和全氟辛酸铵暴露与膀胱癌、糖尿病、脑血管疾病和前列腺癌有一定关联[41]。

五、人体暴露风险

环境和生物介质中存在的 PFASs 都会直接或间接地进入人体中。人体血液、组织等样品中污染物的含量水平，能够反映人体通过各种途径暴露环境污染物的总体水平。全世界大部分国家人体血液、血浆、血清中均能检出 PFASs。相比美国和日本等国家，我国人体全血样品中 PFOA 含量较低，但 PFOS 平均浓度较高[42]。PFASs 在职业人群体内的含量往往要远高于普通人群，普通人群血清中 PFASs 的浓度一般在 ng/mL 水平，而职业人群中的相应浓度在 μg/mL 水平[43]。肾消除被认为是 PFASs 排出体外的主要方式之一。女性月经、胆汁排泄也会起到一定的消除作用，因此，成年男性血清中 PFASs 浓度普遍高于女性[44]。基于血清中污染物的减少速率对氟化工厂退休工人 PFASs 的半减期进行预测，PFHxS 的半减期最长（算术平均值 8.5 年，几何平均值 7.3 年），PFOS 次之（5.4 年，4.8 年），PFOA 最短（3.8 年，3.5 年)[45]。

一些国家制定了 PFOS 和 PFOA 的每日耐受摄入量（TDI）标准。欧盟食品安全局食物链污染物科学专家组提出 TDI_{PFOS} 和 TDI_{PFOA} 分别为 150ng/(kg·d) 体重和 1500ng/(kg·d) 体重。英国食品、化妆品及环境中化学品毒性委员会提出 TDI_{PFOS} 和 TDI_{PFOA} 分别为 300ng/(kg·d) 体重和 3000ng/(kg·d) 体重。

饮食是人体暴露 PFASs 的主要途径之一。相比其他国家如欧洲国家和加拿大等，我国普通居民膳食摄入 PFASs 处于较低或相当的水平，沿海居民从鱼类食品摄入 PFOS 和 PFOA 的水平估计值分别为 1.7~2.8ng/(kg·d) 体重和 1.9ng/(kg·d) 体重。成人通过消耗肉类和奶制品摄入的 PFOS 量分别为 0.01ng/(kg·d) 体重、0.02ng/(kg·d) 体重[46-48]。一项关于我国辽宁、宁夏、上海和四川的主要动物性食品（水产品、肉类、蛋类和奶类）中 7 种 PFASs 的调查表明，上海居民的膳食摄入 PFASs 量最高，其中 PFOS 和 PFOA 摄入量分别为 2.93ng/(kg·d) 体重、1.61ng/(kg·d) 体重[49]。另外，我国居民膳食结构中植物性食品占了很大比例，蔬菜也可能成为 PFASs 膳食摄入量的主要贡献者。饮用水中的 PFASs 也是人体 PFASs 的来源。2009 年美国 EPA 设定 PFOA 和 PFOS 的暂行健康限值分别为 0.4μg/L 和 0.2μg/L。2006~2008 年，在采集自中国、日本、印度、美国、加拿大的城市自来水中均检出了PFASs,来自上海的自来水中的PFASs总量最高(0.13μg/L),但仍低于限值,暂未对消费者构成健康威胁[50]。

在一些极端条件下,空气或灰尘暴露贡献增大,成为人体尤其是婴幼儿暴露PFASs的重要途径。基于我国17个城市的灰尘样品分析结果,成人通过室内灰尘对PFOS和PFOA的摄入量分别为0.23～0.31ng/d、9.68～13.4ng/d[46]。职业人群通过空气或灰尘暴露PFASs的风险更大。我国湖北某氟化工厂工人通过灰尘(吸入和皮肤接触)暴露PFOS和PFOA的平均量分别为37.1μg/d和1.45μg/d,通过灰尘摄入PFASs对总摄入量的贡献比例达67%～88%[18,43]。对于哺乳期的婴儿,母乳是其暴露PFASs的主要摄入途径之一。PFOS和PFOA是我国舟山母乳样品中的主要PFASs污染物[51]。

第三节 氯化石蜡

一、结构及理化性质

氯化石蜡(chlorinated paraffins,CPs),也称为多氯代烷烃(polychlorinated n-alkanes,PCAs),是环境中最复杂的一类有机氯代污染物,其同族体、异构体和对映异构体超过一万种。按照碳链的长度,CPs可分为短链氯化石蜡(碳链长度为10～13,short-chain chlorinated paraffins,SCCPs)、中链氯化石蜡(碳链长度为14～17,medium-chain chlorinated paraffins,MCCPs)以及长链氯化石蜡(碳链长度为18～30,long-chain chlorinated paraffins,LCCPs)。通常情况下,CPs是无色或浅黄色的黏稠油状液体,但碳链长度较长且氯化程度较高(>70%)的CPs是白色粉末状固体。

CPs属于高亲脂、强疏水性物质,在水中的溶解度比较低,且随着碳链长度的增加,其溶解度下降。基于一些同分异构体和有机物结构-活性估算软件(EPI Suite 4.1)估计,SCCPs的溶解度范围为6.4～2370μg/L,MCCPs的溶解度范围为0.56～468ng/L。CPs具有较高的正辛醇-水分配系数(K_{OW}),SCCPs的$\lg K_{OW}$值估计为6.23～12.2,MCCPs的$\lg K_{OW}$值估计为8.19～13.5。SCCPs和MCCPs的亨利常数范围分别为0.34～14.67Pa·m³/mol和0.01～0.34Pa·m³/mol。SCCPs已被证实具有持久性、生物富集性、长距离迁移潜力和水生生物毒性等POPs特征。鉴于此,SCCPs于2017年被增列入《斯德哥尔摩公约》附件A的受控POPs名单。

二、生产与应用

CPs 源于人工合成，是石蜡烷烃氯化所得到的产品。CPs 的工业生产和应用始于 20 世纪 30 年代，最先应用于药品和纺织品，之后被广泛应用于阻燃剂、增塑剂、金属切削液、涂料以及橡胶等产品中。不同碳链长度的 CPs 在工业混合物中的比例因不同的生产工艺和产品氯化度而有所不同。随着人们对 SCCPs 的毒性和环境污染相关认知的提高，20 世纪 90 年代起，很多欧盟国家签订了旨在保护东北大西洋的《奥斯陆-巴黎公约》，开始减少 SCCPs 在金属和皮革加工等方面的使用。1994～1998 年，欧盟范围内所有用途的 SCCPs 的使用量从 13208 吨/年下降到 4075 吨/年[52]。我国自 20 世纪 50 年代开始生产 CPs，1963 年其产量仅为 1859 吨，但之后国内塑料制品工业迅速发展，使得 CPs 产量快速上升，2003 年 CPs 产量已达到 15 万吨，河南、山东、浙江和江苏等地为其主要产地。截至 2016 年，我国 CPs 年产量达百万吨以上，成为世界上 CPs 的主要生产国和出口国之一。CPs 工业产品常以含氯量进行命名，几种主要工业产品为 CP-42、CP-52 和 CP-70，其中 CP-52 在国内生产应用最多，占总产量的 90% 左右。MC-CPs 是 CP-52 中的主要成分，平均占比为 57%[53]。

三、环境赋存

CPs 在生产和使用以及最终的产品处置过程中会进入周围环境，如 CPs 在制造过程中外溢，在设备冲洗以及暴雨冲刷等过程中进入水环境，在电子垃圾拆解和塑料再生等处置过程中释放。污水处理厂和电子垃圾拆解地是 CPs 污染较为严重的典型区域。我国 52 个污水处理厂污泥样品中 SCCPs 的含量在 $0.80\sim52.7\mu g/g$ 干重之间[54]。接收污水处理厂出水的一个湖泊的湖水和表层沉积物中的 SCCPs 含量分别为 $162\sim176ng/L$ 和 $1.1\sim8.7\mu g/g$ 干重[55]。同一个污水处理厂出水污灌的农田的表层土中 SCCPs 含量在 $160\sim1450ng/g$ 干重之间，低氯原子数和碳链长度短的 SCCPs 更易发生土壤的垂直迁移[56]。我国南方某电子垃圾拆解地的陆生鸟类中检出了较高含量的 SCCPs，其含量范围为 $620\sim17000ng/g$ 脂重，其中留鸟体内的 SCCPs 含量显著高于候鸟[57]。CPs 尤其是 SCCPs 具有长距离迁移能力，可以从典型地区迁移至偏远的北极等背景区域，已在全球范围内的各种环境介质中被广泛检出。北极地区水生和陆生生态系统中 SCCPs 的平均含量分别为 $179ng/g$ 干重和 $157ng/g$ 干重[58]。湖泊沉积物记录了流域侵蚀和环境污染的历史，利用定年技术确定沉积物柱芯不同层节所代表的年限，依此可研究污染物的历史变化。SCCPs 在代表过去年代的湖泊沉积层中依然有检出，说明在厌氧环境中 SCCPs 也能够长久存在。瑞士湖泊沉积物柱芯（可表征 1899～2004 年）中 CPs 自 1930 年开始被检出，在 1950～1980 年间其含量不断上升，1990～2004 年间处于基本平稳状态，峰值（58ng/g 干重）出现在 2000 年[59]。北美五大湖的表层沉积物中 SCCPs 的含量为 49～410ng/g 干重，MCCPs 仅在伊利湖的表层沉积物中有检出，其含量为 68ng/g 干重[60]。我国渤海周边工业活动密集，渤海表层沉积物中 SCCPs 的含量高达 97.4～1757ng/g，这与巴塞罗那附近海域沉积物中的含量相当，高于北海和波罗的海以及捷克境内河流沉积物中的含量[61]。

近年来，关于 SCCPs 和 MCCPs 在生物体内赋存的报道主要来源于我国。我国渤海海域大部分软体动物体内 SCCPs 含量在数百个 ng/g 脂重的水平[62]。香港地区江豚体内 SCCPs 和 MCCPs 的含量分别为 570～5800ng/g 脂重和 670～11000ng/g 脂重[63]。

四、毒性作用过程及效应

1. 生物过程

SCCPs 在水解等非生物过程中降解的可能性较小。在有适合微生物存在的环境中，某些氯含量较低（<50%）的 SCCPs 可能会缓慢地被生物降解，然而大多数其他 SCCPs 则无法发生降解。

SCCPs 和 MCCPs 的 $\lg K_{OW}$ 均大于 5，表明其具有生物富集和生物放大的潜能。SCCPs 的 BCF 值在不同的物种之间会出现巨大的差异，在虹鳟鱼体内测得的 BCF 值最高为 7816（湿重），而在紫贻贝体内的 BCF 值为 5785～138000（湿重）[64]。高氯化度的 SCCPs 和中等氯化度的 MCCPs 生物放大潜能较大[65]。南极原始腹足目和新腹足亚纲生物中存在 CPs 的生物放大现象，碳链长度越短放大系数越大[66]。辽东湾"浮游植物→虾→鱼"之间 SCCPs 的营养级放大因子（TMF）数值为 2.38[67]。上海淀山湖淡水食物网中 SCCPs 也呈现营养级放大现象，TMF 最低的为 $C_{10}H_{12}Cl_{10}$ 同族体（1.19），最高的为 $C_{13}H_{20}Cl_8$ 同族体（1.57）[68]。TMF 值高于 1，表明这些氯化石蜡异构体在水生食物网中具有生物放大的潜力。但也有食物网中 SCCPs 的含量与营养级呈显著的负相关。我国南部某电子垃圾拆解地候鸟中 SCCPs 具有营养级放大现象，但陆生留鸟却没有[57]；北极陆生和水生生态系统中 CPs 能够富集在生物体内，但未出现生物放大现象[58]，说明 CPs 的营养级放大现象并不一定会发生。

2. 毒性效应

CPs 的毒性与碳链长度相关，碳链长度越短，毒性越强。SCCPs 对水生鱼类没有明显的生态毒性，对鱼类的急性毒性阈值超过其在水中的溶解度（6.4～2370μg/L）。SCCPs 对某些水生生物具有一定的毒性效应。最低可观察效应浓度（lowest observable effect concentration，LOEC）指的是在一定时间内受试动物产生统计学显著性有害效应的最低毒物浓度。$C_{10～12}$ 的 SCCPs 对日本青鳉胚胎的 LOEC 值在 55μg/L（$C_{12}H_{19.5}Cl_{6.5}$）～460μg/L（$C_{10}H_{15.5}Cl_{6.5}$）之间，其对胚胎的毒性作用表现为促使青鳉鱼卵黄囊增大、使其昏睡或无运动等[69]。$C_{10}H_{15}Cl_7$ 和 $C_{11}H_{18}Cl_6$ 暴露后的虹鳟鱼会出现广泛的纤维损害和肝细胞坏死，$C_{10～12}$ 的 CPs 在全鱼组织中的 LOEC 值在 0.79～5.5μg/g 之间[70]。C_{10}-CPs 比 C_{12}-CPs 更容易引起斑马鱼甲状腺激素水平的下降。对于不同氯含量的 C_{10}-CPs，氯含量低的 CPs 对亚致死性畸形有更强的效应，而对甲状腺激素（T3 和 T4）水平的影响则较低。在基因水平上，CPs 可以通过影响 mRNAs 的表达来影响甲状腺激素水平。土壤和底泥中蚯蚓和端足虫对 MCCPs 比较敏感，在 270mg/g 干重的 MCCPs 暴露水平下可以观测到端足虫的平均体重显著下降，蚯蚓在 410ng/g 干重的 MCCPs 暴露水平下体重明显减轻[71]。总体上，CPs 对哺乳动物的毒性较低。SCCPs 对兔、鼠都有致癌的潜力，可能引起雄性大鼠的肾脏肿瘤，而对于 MCCPs 和 LCCPs 则没有发现致癌的现象[72]。40%氯含量的 C_{10}-CPs、66%氯含量的 C_{10}-CPs 和 43%氯含量的 C_{11}-CPs 均具有雌激素效应，该作用由雌激素受体蛋白 α（Erα）调控，其中 C_{10}-CPs（66%氯含量）和 C_{11}-CPs（43%氯含量）这两种 SCCPs 的暴露还会导致 H295R 癌细胞株中的皮质醇的增加[73]。

此外，在高温过程（如金属切削过程和燃烧过程）中 MCCPs 会发生分解，产生其他有毒有害的 POPs 物质（如多氯联苯和多氯萘），会增加这类物质的毒性风险。

五、人体暴露风险

SCCPs 对哺乳动物的毒性较小，其环境水平往往也较低，因此，目前尚没有揭示 CPs 对原位生态系统产生负面效应的报道。孕期女性和初生婴儿对污染物极其敏感，需重点关注。胎盘是母婴物质交换的介质，胎盘中的污染物水平可以用来评估胎儿的污染物暴露水平。我国河南地区 54 名产妇胎盘中 SCCPs 的检出含量为 98.5～3371ng/g 脂重，MCCPs 仅在 38 个样本中有检出，含量为 80.8～954ng/g 脂重[74,75]。另外，母乳既能反映母亲身体内暴露 CPs 的状况，作为婴幼儿的食物来源，也能反映婴幼儿外暴露 CPs 的风险。在 2007～2010 年采集的中国、韩国、日本的母乳样本中，某地区的 17 个母乳样本中有 8 个检出 SCCPs，最高含量为 54ng/g 脂重，而在其他母乳样本中未检出 SCCPs[76]。城市采集的母乳中 SCCPs 和 MCCPs 的浓度水平一般要高于农村。2007 年和 2011 年我国城市地区母乳中 SCCPs 的浓度中值分别为 681ng/g 脂重和 733ng/g 脂重，MCCPs 的浓度中值分别为 60.4ng/g 脂重和 64.3ng/g 脂重。SCCPs 和 MCCPs 在 2007 年（和 2011 年）的农村地区母乳样品中的浓度中值分别为 303ng/g 脂重（和 360ng/g 脂重）和 35.7ng/g 脂重（和 45.4ng/g 脂重）[77]。血液也是了解人体内暴露污染物情况的重要介质。SCCPs 更易被人体从环境中摄入并累积，我国人体血液样本中 SCCPs、MCCPs 和 LCCPs 的浓度分别为 370～35000ng/g 脂重、130～3200ng/g 脂重和 22～530ng/g 脂重[78]。

人体摄入 CPs 的外暴露途径介质包括空气、灰尘、颗粒物、膳食以及饮用水。中国、韩国、日本的食品中均含有不同水平的 SCCPs，但尚不会引起健康风险[79]。我国 18 个省水产类食物中 SCCPs 和 MCCPs 的平均含量为 1472ng/g 湿重和 80.5ng/g 湿重，20 个省肉类食物中 SCCPs 和 MCCPs 的含量为 (129±4.1)ng/g 湿重和 (5.7±0.59)ng/g 湿重，低于水产类食物中的 CPs 水平[80]。近期调查发现，某地食品中 SCCPs 和 MCCPs 的平均含量分别为 83ng/g 和 56ng/g，普通成人通过膳食摄入的 SCCPs 和 MCCPs 的水平分别为 316～1101ng/(kg·d) 体重和 153～1307ng/(kg·d) 体重。1～2 岁幼儿通过膳食摄入的 SCCPs 和 MCCPs 的水平分别为 439～1224ng/(kg·d) 体重和 164～1465ng/(kg·d) 体重[81]。室内环境颗粒物中的 CPs 含量一般高于室外，SCCPs 在室内外两侧颗粒物中均具有较高的富集，室内侧含量通常高于室外侧。SCCPs 同族体在室内外玻璃膜中的含量水平存在差异，表明室内与室外存在不同的 SCCPs 来源，装饰材料等可能是 SCCPs 的重要室内释放源[82]。家居微环境灰尘中的 CPs 含量高于校园宿舍和办公场所[81]。

第四节 多氯萘

一、结构及理化性质

多氯萘（polychlorinated naphthalenes，PCNs）是一类基于萘环上的氢原

子被氯原子所取代的化合物的总称，由 8 组同族体的 75 种可能同系物组成，其结构如图 6-2 所示。PCNs 同族体的物理化学性质因氯取代数目的不同而差异较大。如表 6-3 所示，PCNs 具有半挥发性，其水溶性和蒸气压随着氯化程度的增加而减小[83,84]。三氯萘~八氯萘的亲脂性很强，正辛醇-水分配系数较高，一般大于 5。二氯萘、三氯萘、四氯萘、五氯萘、六氯

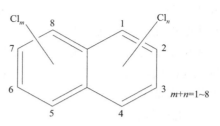

图 6-2 PCNs 的结构式
$[C_{10}H_{8-m-n}Cl_{m+n}, 1 \leqslant m+n \leqslant 8]$

萘、七氯萘和八氯萘于 2015 年均被增列入《斯德哥尔摩公约》附件 A 和附件 C 的受控 POPs 名单。

表 6-3 《斯德哥尔摩公约》受控 PCNs 同族体的物理化学性质参数[83,84]

同族体	分子量	溶解度 /(μg/L)①	蒸气压 (25℃) /Pa	亨利常数 /(Pa·m³/mol)	正辛醇-水分配系数的对数	正辛醇-空气分配系数的对数	空气-水分配系数的对数	熔点 /℃	沸点/℃
二氯萘	197.0	137~862(2713)	0.198~0.352	3.7~29	4.2~4.9	6.55~7.02	−2.83~−1.98	37~138	287~298
三氯萘	231.5	16.7~65(709)	0.0678~0.114	1.1~51	5.1~5.6	7.19~7.94	−3.35~−2.01	68~133	274②
四氯萘	266.0	3.7~8.3(177)	0.0108~0.0415	0.9~40	5.8~6.4	7.88~8.79	−3.54~−2.02	111~198	—
五氯萘	300.4	7.30(44)	0.00275~0.00789	0.5~12	6.8~7.0	8.79~9.40	−3.73~−2.3	147~171	313
六氯萘	335.0	0.11(11)②	0.00157~0.00734	0.3~2.5	7.5~7.7	9.62~10.2	−4.13~−3.04	194	331
七氯萘	369.5	0.04(2.60)②	2.78×10⁻⁴	0.1~0.2	8.2	10.7~10.8	−4.34~−4.11	194	348
八氯萘	404.0	0.08(0.63)	1.5×10⁻⁵	0.02	6.42~8.50	11.64	−5.21	198	365

① 括号外数据是对固体同系物用水饱和法（六氯萘和七氯萘采用其他方法）通过实验测定的，括号内数据采用 WSKOWWIN 2000 预测得到。
② 使用 Lyman 等（1982 年）所列的方法估算的数值。

二、生产与应用

PCNs 在 20 世纪初期被商业化生产，大多数工业生产的 PCNs 产品是若干种同系物的混合物，商品名包括 Clonacire Wax、Halowax、Nibren Wax 和

Seekay Wax 等。部分 Halowax 产品中 PCNs 的组成如表 6-4 所示[83,84]。因具有化学惰性（包括低可燃性、绝缘性和耐生物降解和杀菌等稳定性），PCNs 主要用于木材防腐、电缆绝缘、折射率测试油和电容器绝缘油，并用作油漆和机械润滑油添加剂。第二次世界大战后，PCNs 渐渐被多氯联苯（PCBs）所取代。大部分国家在 20 世纪 80 年代也已经停止了 PCBs 的生产。迄今为止，PCBs 总产量为 15 万～40 万吨[84]。PCNs 作为工业 PCBs 生产的副产物存在于商用 PCBs 中，占 0.01%～0.09%[85]。

表 6-4 部分 Halowax 产品中 PCNs 的组成[83,84]

Halowax 产品	PCNs 同系物占比①/%							
	一氯萘	二氯萘	三氯萘	四氯萘	五氯萘	六氯萘	七氯萘	八氯萘
1031	65	30	7.6	6.4	1.1	0.2	0.1	0.1
1000	15	76	6.4	1.3	0.4	0.3	0.1	0
1001	0	2.7～4.3②	36～52②	40～58②	3.3～3.9②	0.1	0	0
1099	0	3.6	38.7	48	9	0.5	0.1	0
1013	0	0.5	13	53.3	30	3.2	0.1	0
1014	0	0.7	6	16	48	25	3	0.1
1051	0.1	0.1	0.1	0.3	0.1	0.3	8	91

① 表中数据综合多项研究结果，仅表示大概占比。
② 具体数值受不同分离过程影响。

尽管 PCNs 的商业化生产已被禁止，但是 PCNs 的无意识生成和排放仍然存在。除历史上生产使用 PCNs 和含 PCNs 的产品未得到有效处理而再释放外，医疗、市政和工业废物等废物的焚烧被认为是当前环境中 PCNs 的主要来源。1944～1986 年英国土壤中与焚烧等热处理过程相关的某些 PCNs 特征单体（CN-29、CN-51、CN-52/60、CN-54、CN-66/67）的含量呈上升趋势，显示焚烧源对环境 PCNs 污染的贡献在不断增大[86]。2000 年欧洲释放的 PCNs 中有 80% 以上来自废物焚烧。此外，其他热过程（包括工业热过程和化石燃料燃烧等）以及氯碱工业都可能产生和排放 PCNs。

我国没有商业化生产的 PCNs 制剂，仅为科研目的生产了少量的八氯萘，PCBs 试剂也已于 1974 年停产[87]。然而，我国仍存在大量其他无意识产生和排放 PCNs 的源。我国是电子垃圾制造第二大国，曾大量接收处理国外的电子垃圾，电子垃圾焚烧或加热熔化过程均会产生 PCNs。在浙江废金属回收工业园热金属回收排放废气和飞灰中能够检出高浓度的 PCNs[88]。工业热过程也是一类重要的 PCNs 无意识生产源。近期研究表明在我国焦化、二次金属冶金及原生性铜冶炼厂产生的飞灰和废气中均检出了 PCNs[89]。

三、环境赋存

1. 浓度分布

由于 PCNs 的商业化生产和使用已被停止几十年，各环境介质中 PCNs 总量普遍呈下降趋势。近年来国内外大气、土壤、沉积物和污泥中 PCNs 的含量水平如图 6-3 所示[86,87,90-118]。

全球大气中普遍存在 PCNs，其污染水平在城市和工业大气环境中相对较高。我国大气中 PCNs 水平总体上也呈现出经济发达地区高于经济落后地区的现象，局部地区污染较严重。2010 年冬季珠江三角洲大气中 PCNs 的平均浓度高达 $273pg/m^3$，与波兰、伦敦、莫斯科等国外污染严重地区相当。在 2011 年京津地区和 2004~2005 年成都地区大气中也检测出较高浓度的 PCNs，分别为 $41.9pg/m^3$（$\sum_{29}$ PCNs 中值）和 $32pg/m^3$（$\sum_{49}$ PCNs 平均值）。我国其他大部分地区大气中 PCNs 含量低于或与韩国、日本、印度等国外地区相当，稍高于国外背景地区如挪威和北极等 [图 6-3（a）]。气候条件也会影响 PCNs 的浓度水平。珠江三角洲东部东江流域冬季大气中 PCNs 污染水平高于夏季，这与相应土壤中 PCNs 水平冬季低、夏季高的特征是相符合的。主要是由于冬季冷、干燥、风较少，不利于污染物的扩散；而夏季温度高、强风、多雨，增强了污染物的扩散。另外，也有可能与冬季生物质燃烧增加有关。美国劳伦森大湖流域和日本大气中 PCNs 的研究也报道了类似规律。

我国土壤中 PCNs 的分布规律与大气中的分布相似，在经济发达地区土壤中 PCNs 含量较高，靠近点源如电子和玩具制造业的土壤中 PCNs 的污染比较严重。珠江三角洲的表层土壤样品中 $\sum_{47}$ PCNs 在 9.5~666pg/g 干重之间，山西省 6 个城市的表层土壤样品中 $\sum_{75}$ PCNs 在 45~414pg/g 干重之间，四川省卧龙高山的表层土壤样品中 $\sum_{47}$ PCNs 在 13.0~29.0pg/g 干重之间。珠江三角洲地区土壤中 PCNs 含量与西班牙石油化工等工业发达地区加泰罗尼亚相当，但低于其他国家城市的含量水平 [图 6-3（b）]。三氯萘往往是土壤中 PCNs 的主要成分，但与大气中三氯萘所占比例相比，土壤中三氯萘对 PCNs 总含量的贡献比例有所降低，这可能与其挥发性较强有关。

相比国外，我国沉积物中 PCNs 处于较低或相近水平，局部地区如台州电子垃圾拆解地河流沉积物中 PCNs 含量较高，但仍低于德国氯碱工厂附近 PCNs 含量水平 [图 6-3（c）]。渤海作为黄河、辽河、海河三大水系汇聚的半封闭内海，深受经济和工业迅速发展所带来的陆上污染的影响。渤海南部莱州湾河口、近海沉积物中 $\sum_{49}$ PCNs 的含量分别在 0.05～5.1ng/g 干重和 0.06～0.47ng/g 干重之间。渤海北部辽河入海口沉积物中也检出了 PCNs，$\sum_{40}$ PCNs 的含量在 0.03～0.28ng/g 干重之间。河流沉积物中 PCNs 污染程度也呈现出类似于大气和土壤的分布规律：工业区＞城市＞乡村。此外，在我国青岛近海岸、长江口及黄河口的沉积物中均检出了 PCNs。

污泥是有机污染物重要的"汇"和"二次源"。我国污水处理厂污泥中 $\sum_{75}$ PCNs 的含量范围在 1.05～10.9ng/g 干重之间，平均值为 3.98ng/g 干重，较国外同类样品处于较低水平[119]。北京 8 个城市污水处理厂污泥样品中 70 余种 PCNs 的总含量水平在 1.48～28.2ng/g 干重范围内，平均含量为 7.69ng/g 干重。2 个含 50％工业污水来源的城市污水处理厂污泥样品中 PCNs 总量分别为 27.1ng/g 干重和 28.2ng/g 干重，显著高于只有市政污水来源的城市污水处理厂污泥中 PCNs 含量（1.48～2.57ng/g 干重），一定程度上证明了工业污染源对污泥中 PCNs 污染的重要贡献。污泥中 PCNs 同族体的分布类似，均以低氯代 PCNs 为主。

暴露于污染环境中的生物体内也可检出 PCNs。1981～2005 年北极生物群中 PCNs 含量范围为 0.3～6ng/g 脂重，其中海豹的含量最低，无脊椎动物和海鸟的含量最高。副北极及北极地区海豹和鲸鱼物种中 PCNs 总含量为 0.1～5.2ng/g 脂重，处于较高营养级的齿鲸种群中的含量最高[120]。

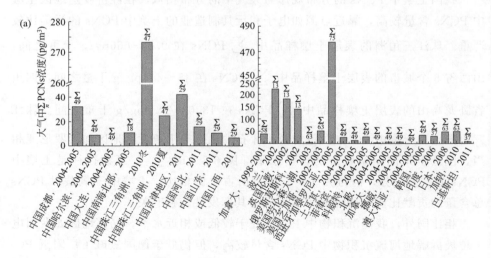

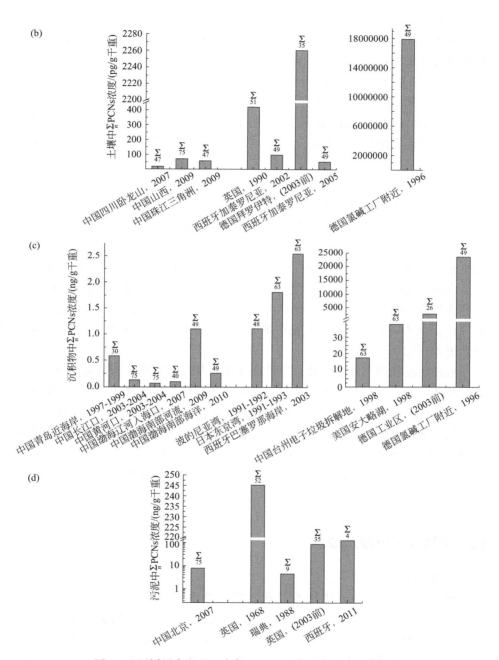

图 6-3 不同国家和地区大气（a）、土壤（b）、沉积物（c）和污泥（d）中 PCNs 的含量水平（均值或中值）[86,87,90-118]

2. 特征单体

PCNs 同系物的组成可用来解析其来源。Aroclors 混合物中 PCNs 的同系物组成与高温焚烧和工业热过程中排放的 PCNs 混合物组成明显不同。部分 PCNs 同系物单体（如 CN-45/36、CN-52/60、CN-50、CN-51、CN-54、CN-66/67、CN-73 等）在工业热过程和焚烧源中含量水平较高（一般比值均大于1），而在 Halowax 或 Aroclors 混合物中的含量极低或几乎没有[86,92,93]。这些同系物可被认为是在废物焚烧及工业热处理过程中 PCNs 同系物污染的主要特征单体。

珠江三角洲东部东江流域大气样品中热过程有关 PCNs 特征单体含量占 PCNs 总量比例的平均值为 43%。成都和大连大气样品中该比例在 30%～60% 之间，与文献有关热过程排放的飞灰中的比例（49%～64%）相当，远高出 PCNs 制剂 Halowax 及 Aroclors 混合物商品的比例范围（0～11%）。说明这些地区大气中 PCNs 的污染主要来自垃圾焚烧和工业热过程中的高温燃烧源。废旧电动机、变压器和电缆中可能含有商品级 PCNs 技术制剂，PCNs 随着这些物品的处理而被再释放到环境中。哈尔滨市大气样品中 PCNs 特征单体比例在 15% 左右，表明历史上使用的 PCNs 技术制剂的再释放对 PCNs 污染的贡献更大[93]。

通过比较我国工业热过程、市政固体废物焚烧、医疗废物焚烧和危险废物焚烧等 14 类无意识排放源中 PCNs 的浓度和毒性当量水平发现[121]，锌的二次炼制和电线回收热过程中释放的 PCNs 显著高于其他排放源。对于排放总量较大的行业或者排放浓度较高的点源，需予以优先关注和控制。部分热过程排放的 PCNs 混合物中毒性较大的单体（如 CN-67 和 CN-73）的含量较高，可能对周边环境和人群健康造成不利影响，这也是需要重视焚烧和工业热过程的原因之一。

四、毒性作用过程及效应

1. 生物过程

PCNs 的生物降解作用随着氯化程度的增强而减弱。在实验室有利条件下，1,2,3,4-四氯萘经除氯菌种 *Dehalococcoides ethenogen* 脱氯后生成一种不明的二氯萘的同系物[122]。二氯萘在白腐菌 *Phlebia lindtneri* 的作用下会发生有氧降解，转化为单羟基和/或二羟基的 PCNs 和二氢二醇 PCNs[123]。然而，在野外现场条件下，PCNs 一般较难发生生物降解。某一厌氧峡湾沉积物中 PCNs 的含量随着沉积物深度的增加而增加，但其同系物的组成相同，不会随深度的变化而变化[124]。

PCNs 的正辛醇-水分配系数的对数值在 3.9～8.5 之间，正辛醇-空气分配系数的对数值均大于 5，说明其能在生物体中累积和放大。虹鳟鱼中二氯萘、三氯萘、四氯萘的生物浓缩系数从 2300 到 34000 不等[125]。在生物体内，高氯化的 PCNs（五氯萘～八氯萘）未能经代谢分解，而含氯量较低的 PCNs 则会转化为羟基化的 PCNs。相邻碳原子被氯取代的 PCNs 不易进行生物转化，更容易通过食物链产生生物累积，且其含量随着营养级的升高而增加，表现出生物放大效应。PCNs 的生物放大潜力与 PCBs 类似[126]。一项北极熊岛的淡水湖食物链（浮游生物→小红点鲑→大红点鲑）的研究发现，小红点鲑中 PCNs 的含量远高于浮游生物，1,3,5,7-四氯萘、1,2,3,5,7-五氯萘、1,2,3,4,6,7-六氯萘、1,2,3,5,6,7-六氯萘的生物放大系数在 3.6～10 之间。大红点鲑和小红点鲑中 1,2,3,5,7-五氯萘的生物放大系数为 6.4，其他同系物的生物放大系数则小于 1[127]。深海和远洋食物链中六氯萘的累积性较强。波罗的海鲱鱼（大西洋鲱鱼）通过进食接触五氯萘、六氯萘后，1,2,3,4,6,7-六氯萘、1,2,3,5,6,7-六氯萘的生物放大系数可达 2.1[128]。

2. 毒性效应

PCNs 的异构体种类繁多，且在技术混合物、商业制剂等样品中的毒性各异，对 PCNs 进行毒理评估的难度较大。目前已有 23 种 PCNs 同系物被证实具有二噁英类似毒性（胚胎毒性、肝毒性、致畸性等）。六氯萘和七氯萘的同系物单体毒性相对较强，其中 CN-73 毒性最强，毒性当量因子为 0.003[129]。雌性 Wistar 大鼠喂服 PCNs 混合物后，胎仔在着床后损失量增加，宫内死亡率明显上升，并伴有剂量依赖性的胎毒效应（胚胎体重减少和身长变短、宫内发育紊乱、骨化过程延迟和内脏发育缓慢）[130]。PCNs 能使新孵化的青鳉鱼胚胎无法鼓起鱼鳔，处于早期成年阶段的雌鱼性腺指数大幅下降，可能产生内分泌干扰效应[131]。

此外，四氯萘～七氯萘可穿透港湾鼠海豚体内的血脑屏障，使大脑受到侵害[124]。一项使用雄性 Wistar 大鼠接触六氯萘的研究显示，当六氯萘水平低至不足以产生明显的毒性症状时，仍会导致大鼠长期记忆受损、痛觉敏感性降低以及应力诱发的痛觉丧失[132]。PCNs 还可导致大鼠肝脏内的细胞色素 P450 的总含量增加和 CYP 1A 酶的活性提高，脂重过氧化增加，体重严重下降。另一研究也显示，大鼠和豚鼠通过口服、饮食和呼吸接触 PCNs 技术混合物后，出现体重下降、肝脏损伤和死亡现象[133]。

PCNs 对人类具有较高的致氯痤疮性和致命性，在各器官中造成不利的影响，如体重和食欲下降、黄疸等症状，还可能造成胎儿畸形[134]。

五、人体暴露风险

现有分析手段还不能完全分离 PCNs 同系物，而且由于单体的毒性当量因子不同、数据不完整，无法准确评估 PCNs 的污染水平及其总毒性，增大了风险评估结果的不确定性。单独暴露 PCNs 可能并不表现出明显的毒理学效应，但其可对二噁英类物质（PCDD/Fs、dl-PCBs、dl-PCNs）的复合暴露毒性有一定的贡献。PCNs 已在人体血清、脂肪、母乳等样品中被检出，六氯萘是人体样本中最常见的同系物，且与四氯二苯并对二噁英和其他相关化合物相似，1,2,3,4,6,7-六氯萘可通过胎盘及哺乳途径转移到胎儿体内[135]。人体组织中 PCNs 含量一般处于 pg 级或 ng 级水平。PCNs 在人体肝脏中的含量较高，显示肝脏可能是 PCNs 的贮存库或靶器官。食用受污染的鱼类被认为是人类暴露 PCNs 重要途径之一。2006 年西班牙加泰罗尼亚 12 个代表性城市的各类食品中均检出了 PCNs。$\sum_{4Cl\sim 8Cl}$PCNs 在鱼肉中的含量最高，其次为油和脂肪。基于所研究人群的膳食结构，2006 年西班牙成年男子的总膳食摄入 PCNs 的量约为 $0.10 ng/(kg \cdot d)$ 体重[136]。相比成年人，儿童通过各种鱼类摄入 PCNs 的量相对更高。2007～2008 年采集的英国大部分食品（包括肉类和肉制品、鱼和贝类、动物脂肪和内脏、牛奶、蛋类、蔬菜、水果、谷类等）中也被检出了 PCNs，其最高含量（37pg/g 全重）是在鱼类样品中被检出的。英国成人和 4～6 岁儿童膳食摄入 PCNs 的量分别为 $0.39 pg\ TEQ/(kg \cdot d)$ 体重和 $0.98 pg\ TEQ/(kg \cdot d)$ 体重，$TEQ_{dl-PCNs}$ 对 $\sum TEQ_{PCDD/Fs,dl-PCBs,dl-PCNs}$ 的贡献为 36%～40%。鱼类和贝类对膳食摄入 PCNs 的总暴露量贡献最大（37%），其次为肉类（23%）和蛋类（3%）。儿童膳食摄入 PCDD/Fs、dl-PCBs 和 dl-PCNs 的毒性当量的总量或已超过 WHO 规定的该类物质的每日最高允许摄入量 $[1\sim 4pg\ TEQ/(kg \cdot d)$ 体重$]$[137]。

我国沿海城市海产品中也存在着 PCNs 的污染。2002 年青岛近岸贝类样品中 PCNs 的毒性当量浓度为 $0.45 pg\ TEQ/g$ 脂重，对 $\sum TEQ_{PCDD/Fs,dl-PCBs,dl-PCNs}$ 的贡献为 5.8%[108]。2003～2004 年广州和舟山的 26 种海产品（鱼、蟹、虾类等）中 $\sum_{63} PCNs$ 的含量在 93.8～1300pg/g 脂重的范围内，居民摄入 $\sum TEQ_{PCDD/Fs,dl-PCBs,dl-PCNs}$ 的总量分别为 $1.05 pg\ TEQ/(kg \cdot d)$ 体重（广州）和 $0.86 pg\ TEQ/(kg \cdot d)$ 体重（舟山），$TEQ_{dl-PCNs}$ 对 $\sum TEQ_{PCDD/Fs,dl-PCBs,dl-PCNs}$ 的

贡献小于 10%。鱼中的 PCNs 含量最高，平均值分别为 545pg/g 脂重（广州）和 137pg/g 脂重（舟山）。2006 年在青岛海鱼和上海崇明岛淡水鱼中检出了 PCNs，其平均含量分别为 225pg/g 脂重和 640pg/g 脂重。相比 2002 年青岛近岸贝类样品，2006 年采集的青岛海鱼中的 PCNs 含量较低，目前尚不清楚此差异是由于时间引起的污染程度降低或是存在其他原因。此外，在崇明岛鸭肉中也检出了 PCNs，平均含量为 43.8pg/g 脂重。根据当地饮食习惯，估计 PCNs 的毒性当量摄入量小于 WHO 的规定值[138]。另外，四川省卧龙高山地区牦牛肉及脂肪组织中也存在着 PCNs，含量分别为 122.8pg/g 脂重和 224.1pg/g 脂重（0.49pg TEQ/g 脂重和 0.89pg TEQ/g 脂重）[106]。当地居民通过牦牛摄入 PCNs 的量为 0.82pgTEQ/(kg·d) 体重。目前，国内研究的食品种类较少，尽管所研究的食物中 PCNs、PCDD/Fs 和 PCBs 的毒性当量的总量较低，但膳食总摄入仍有可能对人群健康造成不利的影响，有待进行系统性的全面评估。

此外，人类也可能通过饮水和呼吸暴露 PCNs。我国华东地区成人通过空气摄入二噁英类 PCNs 的中值为 2.7fg TEQ/(kg·d) 体重，电子垃圾回收地区的相应值为 170fg TEQ/(kg·d) 体重[95]。我国 8 个二次非铁金属冶金厂内大气中 PCDD/Fs、PCBs 和 PCNs 的毒性当量浓度分别为 $0.52\sim44.5$pg TEQ/m^3、$0.07\sim5.07$pg TEQ/m^3 和 $0.03\sim22.3$pg TEQ/m^3。工人通过呼吸职业暴露 PCDD/Fs、PCBs 和 PCNs 的量的范围分别为 $0.10\sim8.90$pg TEQ/(kg·d) 体重、$0.01\sim1.01$pg TEQ/(kg·d) 体重和 $0.005\sim4.46$pg TEQ/(kg·d) 体重。PCNs 毒性对二噁英物质总毒性当量的贡献在 1.2%～45% 之间[139]。

第五节　六氯丁二烯

一、结构及理化性质

六氯丁二烯（hexachlorobutadiene，HCBD）是一种碳链上氢被氯完全取代的脂肪族卤代烃，其分子式为 C_4Cl_6，分子量为 260.759，三维结构式如图 6-4 所示。HCBD 的物理化学性质及环境行为参数如表 6-5 所示[140]。相较于其他 POPs，HCBD 具有较低的水溶性以及较高的蒸气压，易挥发进入气相或附着在气体中的颗粒物上。HCBD 缺乏可水解的官能团，不会发生水解。HCBD 因具有较强的亲脂性，会吸附在土壤及沉积物的有机物中，导致其生物利用率下降，不利于生物降解，在环境中有较强的持久性。HCBD 的正辛醇-水分配系数较大，易存在于生物脂肪中，具有潜在的生物积累能力。

鉴于这些性质，HCBD 分别于 2015 年、2017 年被列入《斯德哥尔摩公约》附件 A、附件 C 的受控 POPs 名单中，以控制其全球有意识及无意识的生成和使用。

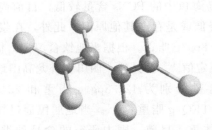

图 6-4 HCBD 的三维结构式

表 6-5 HCBD 的物理化学性质及环境行为参数[140]

属性	数值	属性	数值
熔点	−21℃	亨利常数	1044Pa·m³/mol(实验值)
沸点	215℃	$\lg K_{OW}$	4.78;4.9
密度	1.68g/cm³(20℃)	$\lg K_{OA}$	6.5(10℃)
水溶性	3.2mg/L(25℃)	$\lg K_{OC}$	3.7~5.8
蒸气压	20Pa(20℃);2926Pa(100℃)	半减期	3 天~12 周(水);4~26 周(土壤);＞2 天(大气)

二、生产与应用

HCBD 在工业和农业生产中应用广泛，被用于生产橡胶和其他弹性聚合物，用作传热液体、变压器油、液压油、杀虫剂、除草剂和杀真菌剂等。环境中没有 HCBD 的天然来源。历史上，HCBD 主要通过将六氯丁烯、乙基碘化物、多氯丁烷或丁二烯经氯化或脱氢氯化反应制得。除有意生产外，HCBD 还会在其他工业活动（如①高氯化制造四氯乙烯和四氯化碳；②乙炔和氯气制造四氯乙烯和三氯乙烯，以及从四氯化碳分解成四氯乙烯和三氯乙烯；③甲醇法制造氯代甲烷；④环戊二烯制造六氯环戊二烯；⑤电解法制镁；⑥塑料和树脂材料生产；⑦水泥制造；⑧四氯乙烯的热解）过程中作为副产物被生产和排放[141]。此外，垃圾填埋、污水处理以及垃圾焚烧等废物处置（包括历史残留处置）过程中也存在 HCBD 的再释放[142]。这些无意识生成和排放成为目前环境中 HCBD 的主要来源。1992~2016 年期间，我国 HCBD 的无意识总产量估计为 8211.3 吨（95% 置信区间，6131.5~10579.5 吨），年产量从 1992 年的 60.8 吨（38.2～88.5 吨）上升到了 2016 年的 2871.5 吨（2234.2～3530.0 吨），平均年增长率为 17.4%[141]。1992～2003 年，我国无意识生产的 HCBD 主要来自四氯化碳的生产，占 HCBD 总量的 50.5%～70.4%，但 2010 年该源生产 HCBD 的量占总量的比例下降到 3.4%。这是由于 2003 年后我国履约蒙特利尔议定书，使用甲醇法替代甲烷法制造四氯化碳，该方法产生的 HCBD 较少。

三、环境赋存

人类生产和生活过程中产生的且未被妥善处理的 HCBD，可能被释放到周围环境中。HCBD 具有高挥发性（亨利常数为 1044Pa·m^3/mol，25℃）和疏水性（正辛醇-水分配系数的对数值为 4.78），可通过挥发、吸收、沉积、生物积累等途径在多种环境介质中迁移。利用多室半球输运模型计算，估计 HCBD 的迁移距离为 8784km。全球排放点源附近、非点源地区以及偏远地区环境中均有 HCBD 的检出。

1. 大气

大气中 HCBD 的浓度水平通常较低，而部分排放源附近或污染区的大气中可能出现高浓度的 HCBD。位于西班牙加泰罗尼亚地区的氯碱厂周围空气中 HCBD 检出率高达 77%，平均浓度为 0.21μg/m^3[143]。2004 年 8 月～2005 年 7 月期间，在我国台湾某地空气样本中检测到了高浓度的 HCBD（平均值为 225.8μg/m^3，最大值为 716.5μg/m^3）[144]。上海某堆肥厂带式输送机区域和堆肥车间空气中 HCBD 的几何平均浓度达到了 8.7×10^{3}μg/m^3[145]。

2. 水、沉积物和水生生物

污染空气沉降、废物的直接排放以及雨水冲刷和径流都会造成水体 HCBD 污染。2006 年我国 28 个省份饮用水源的地下水中几乎检测不到 HCBD，但地表水中 HCBD 浓度达到了 0.08～0.37μg/L。这表明，由于大气迁移和沉降，地表水更容易受到 HCBD 的污染[146]。在一项关于我国五大流域典型饮用水源的调查中，水体中 HCBD 浓度达到了 0.10～1.23μg/L，其中三个采样点 HCBD 的含量超过了世界卫生组织建议的饮用水标准限值（0.6μg/L）[147]。我国河水中 HCBD 的浓度水平与沙特阿拉伯（0.46～0.81μg/L）相近，但比韩国（0.029～0.067μg/L）高出许多[148]。

某些水域中的 HCBD 是由沉积物或土壤中 HCBD 的二次释放产生的。20 世纪 60 年代后期，法国氯化有机化合物的泄漏产生了含有 HCBD 的致密非水相液体,随后迁移到10m深的土壤中并长时间向地下水释放[149]。葡萄牙奥比多斯潟湖表层沉积物(0～2cm深度)和底层沉积物(50cm深度)样品中HCBD的检出率为57%,检出含量范围为0.3～11.1ng/g干重。底层沉积物中HCBD的含量高于表层沉积物,反映了历史上含有HCBD产品的广泛应用[150]。

水生生物中污染物的含量通常可以反映其生活环境中污染物的水平。欧洲水体以及水生生物中HCBD的污染较小。英国环境局进行水质监测发现,2006～2012年从泰晤士河和韦兰河沿岸采集的136个水样中HCBD的含量均低于检出限(3ng/L),鱼体中检测到的HCBD含量也很低(<0.2ng/g湿重)[151]。一项长期研究发现,2004～2008年,在苏格兰30个地点采集的150个鳗鱼样本中,仅在一个样本体内检测到了HCBD(3.9ng/g湿重)[152]。2010～2011年,在西班牙埃布罗河的菲利克斯水库采集的28个欧洲鲶鱼样本中,只有一个样本被检测出高含量的HCBD(其头部和尾部的HCBD含量分别为393.7ng/g湿重和935.6ng/g湿重),大多数样本的HCBD含量均低于4.7ng/g湿重[153]。

3. 土壤和陆生植物

我国土壤中普遍存在着低浓度的HCBD,其可能来自氯碱厂等污染源的大气迁移和沉积、含HCBD有机氯农药的使用以及含HCBD废物的意外泄漏或处置过程。长江三角洲农田表层土壤中的HCBD含量(0.07～8.47ng/g干重)与一些化工厂周围土壤中的HCBD含量(<0.02～9.26ng/g干重)相当[154]。粗粒土壤有机质模型计算发现,HCBD的扩散系数与六氯苯相近,预测两种物质在土壤中的迁移行为相似。与六氯苯一样,HCBD也会在土壤中富集并存在扩散到深层土壤中的可能性[155]。

植物的根系会吸附/吸收受污染土壤中的HCBD,并将其转运到植物其他部位中,受污染空气中的HCBD也可能通过陆生植物的叶和茎富集到植物体内。实验室水培南瓜暴露HCBD试验结果表明,南瓜中HCBD主要来自根系吸收[156]。不同陆生植物对HCBD的积累能力存在差异,HCBD在构树叶和结缕草等中的检出含量明显高于其他物种。我国东部太仓郊区农场中胡萝卜、莴苣、水稻和南瓜中HCBD的生物积累因子的范围为8.5～38.1[157]。

4. 其他生物群体

除了水生生物和陆生植物外,哺乳动物、鸟类、昆虫和其他动物也经常被用作环境污染的生物指示物。我国某地郊区农场蝗虫、青虫、菜青虫、蝴蝶、蚯蚓、蟾蜍样品中 HCBD 均有检出，含量为 1.30～8.20ng/g 脂重[157]。北欧的野生红鸢肩胛羽毛中 HCBD 含量（平均值为 0.25ng/g 干重，中位数为 0.21ng/g 干重）与西班牙的圈养红鸢肩胛羽毛中 HCBD 含量（平均值为 0.23ng/g 干重，中位数为 0.21ng/g 干重）相当，且其含量不受年龄、性别和身体状况的影响[158]。

尽管在挪威北极区北极鸥的卵和血液中未检出 HCBD（低于检出限 0.07ng/g 脂重）[159]，仍有一些偏远地区的生物群落受到了 HCBD 污染。麋鹿是加拿大西北地区居民的重要传统食物，其肝脏中 HCBD 的含量范围为 0.003～0.014ng/g 湿重（0.05～0.24ng/g 脂重）。该含量与麋鹿体内脂含量呈正相关，也与其长期觅食地点有关。在曾经使用过氯化溶剂的城镇和相关基础设施附近持续觅食的动物体内 HCBD 含量会有所上升[160]。

四、毒性作用过程及效应

HCBD 对水生生物有剧毒，急性半数致死浓度一般介于 0.032～4.5mg/L 之间。基于水-沉积物平衡分配模型，甲壳类动物等底栖生物的临界毒性值估计为 20.8μg/g 干重。细菌和植物对 HCBD 的敏感度低于鱼类和无脊椎动物[161]。

动物研究表明，进入生物体内的 HCBD 大多可通过尿液和粪便排出体外，残留在体内的 HCBD 主要分布在肝脏、大脑、肾脏以及脂肪组织中。HCBD 倾向于蓄积在肝脏中并发生生物转化，与谷胱甘肽结合的代谢产物能转移至其他部位，形成的半胱氨酸-S-共轭物会造成肾中毒及其他毒性[162]。肾脏是 HCBD 毒作用的主要靶器官，其次为肝脏。Wistar 大鼠经口暴露 HCBD 后，肾脏中出现病理效应，且该效应具有性别差异，在雌性大鼠的肾脏中出现得更早、更显著[163]。家畜（小牛）体内注入 5μg/g 体重剂量的 HCBD 时，其肝损伤的血清标记物数量增多，出现肾周积液水肿及肝肿大，肾小管上皮细胞普遍肿大，且伴有退行性变化；注入剂量若提高至 50μg/g 体重，5d 后小牛则死亡[164]。

Sprague-Dawley 大鼠经口暴露 20μg/（g·d）体重剂量的 HCBD 后，除肾脏组织出现病理效应外，神经系统也受到了影响，肾小管腺瘤和恶性腺瘤的发病率增加[165]。Wistar 大鼠同时暴露 HCBD 和致癌物亚硝基乙基羟乙胺后，HCBD 使亚硝基乙基羟乙胺引发的腺瘤型增生和肾小管腺瘤的发病率提高约 2 倍[166]。

HCBD 对生殖也具有一定的影响。妊娠期的雌性大鼠接触 HCBD 后，母体器官重量发生变化，胚胎发育延迟[167]。大鼠暴露一定剂量的 HCBD 后再进行妊娠，母体器官出现明显病变，其幼崽活力降低、体重增加缓慢、周边血液发生变化且动作协调性丧失[168]。HCBD 还具有潜在的遗传毒性。吸入及口服接触 HCBD 的小鼠，其骨髓细胞体内染色体畸变测试结果为阳性[169]。

五、人体暴露风险

由于关于 HCBD 的致癌性证据有限，2017 年 10 月世界卫生组织国际癌症研究机构（IARC）将 HCBD 归类为三类致癌物（对人类致癌性可疑，尚无充分的人体或动物数据）。美国环保局将 HCBD 归入致癌性分组的 C 组（具有潜在致癌性物质）。日本国家产品评价技术基础机构（National Institute of Technology and Evaluation，NITE）根据全球统一制度分类标准，将 HCBD 认定为第二类致癌物"疑似人类致癌物"。

当前并没有统一的关于 HCBD 的环境质量标准。英国毒性研究委员会（Committee on Toxicity，COT）设定了居住环境中 HCBD 的安全空气浓度为 $0.6\mu g/m^3$。世界卫生组织（WHO）和欧洲委员会（European Commission，EC）将饮用水和地表水中 HCBD 的指导值均设定为 $0.6\mu g/L$。欧洲委员会制定了鱼、贝壳等生物中 HCBD 的健康参考水平为 $55ng/g$ 湿重。我国曾在环境保护行业标准《展览会用地土壤环境质量评价标准（暂行）》（HJ 350—2007）中规定未受污染的土壤的 HCBD 含量水平不大于 $1mg/kg$，当其含量超过 $21mg/kg$ 时场地必须实施土壤修复工程。但该标准已在 2008 年 8 月废止。加拿大萨斯喀彻温省环境部也曾针对农田土壤设定 HCBD 的参考限值为 $10ng/g$。现有报道的 HCBD 环境浓度一般远远低于这些质量标准，可以初步判断，一般情况下人体接触环境中 HCBD 的健康风险较小。

一些 HCBD 排放源以及污染严重区域环境中 HCBD 的含量较高，暴露风险大。通过人体血液、组织、脂肪等样品中的 HCBD 分析，或根据人群直接接触的介质中的 HCBD 含量以及不同接触途径的暴露参数，计算人体暴露 HCBD 的水平。国际化学品安全方案提到，在人体脂肪组织和肝脏中 HCBD 均有检出，其含量水平分别在 $0.8\sim 8ng/g$ 湿重和 $5.7\sim 13.7ng/g$ 湿重的范围内[169]。世界卫生组织针对 HCBD 设定了 $0.2\mu g/(kg\cdot d)$ 体重的耐受量值。目前，关于人体通过饮食、呼吸和皮肤接触等多种途径摄入 HCBD 量值的研究仍十分缺乏，尚不清楚各个途径对总摄入量的贡献程度。

第六节 多溴二苯醚

一、结构及理化性质

多溴二苯醚（polybrominated diphenyl ethers, PBDEs）是全球范围内生产和使用极为广泛的一类溴代阻燃剂（brominated flame retardants, BFRs）。根据苯环上溴代数目和位置不同，PBDEs 共有 209 个单体，按照溴化程度分为一溴代 PBDEs 至十溴代 PBDEs 的 10 个同系物组别。PBDEs 的结构式见图 6-5。PBDEs 工业品具有高效阻燃性，沸点较高，热稳定性好，少量添加即可满足材料性能要求且不影响材料本身性质。

PBDEs 单体的理化性质和环境行为参数见表 6-6[170-172]。在室温下，PBDEs 的蒸气压较低，具有一定的挥发性，属于半挥发性有机污染物，进入空气后，可通过大气传输进行长距离迁移。PBDEs 的溶解度非常小，但

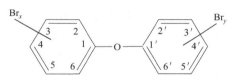

图 6-5 PBDEs 的结构式（$x+y=1\sim10$）

其亲脂性较强，生物富集因子和生物积累因子的对数值均大于 5，易富集累积在生物体中。PBDEs 的化学结构稳定，通过物理、化学以及生物的方法很难使其降解。由于溴原子与苯环的结合能力较氯原子弱，与高氯代 PCBs 不同，高溴代 PBDEs 存在脱溴行为，可降解为低溴代单体。鉴于 PBDEs 对健康存在潜在危害性，斯德哥摩尔缔约国大会第四届会议已于 2009 年将商用五溴联苯醚、商用八溴联苯醚列入《斯德哥尔摩公约》受控 POPs 名单中，十溴联苯醚也于 2017 年被增列为《斯德哥尔摩公约》受控 POPs。

表 6-6　PBDEs 单体的理化性质和环境行为参数[170-172]

名称	$-\lg[S_w^*/(mol/L)]$	$-\lg(p_i/Pa)$	$\lg K_{OA}$	$\lg K_{OW}$	$\lg BCF$	$\lg BAF$
BDE17	—	2.71	9.31	5.79	5.71	5.70
BDE28	7×10^{-2}	2.78	9.40	5.88	5.96	6.49
BDE47	1.5×10^{-2}	3.50	10.10	6.77	5.97	6.40
BDE66	1.8×10^{-2}	3.61	10.25	6.55	6.14	7.08
BDE71	—	3.55	10.20	—	6.03	6.68
BDE85	6×10^{-3}	4.34	11.03	7.66	6.23	7.07
BDE99	9×10^{-3}	4.27	10.96	6.84	6.23	6.19
BDE100	$3\times10^{-2}\sim5\times10^{-2}$	4.11	10.82	6.86	6.13	6.27

续表

名称	$-\lg[S_w^*/(\text{mol/L})]$	$-\lg(p_i/\text{Pa})$	$\lg K_{OA}$	$\lg K_{OW}$	lgBCF	lgBAF
BDE138	—	5.08	11.81	7.91	5.95	6.92
BDE153	$8.1\times10^{-4}\sim9.3\times10^{-4}$	5.03	11.77	7.62	5.95	5.94
BDE154	$7.8\times10^{-4}\sim9.6\times10^{-4}$	4.92	11.66	7.39	5.90	6.20
BDE183	$1.2\times10^{-3}\sim1.8\times10^{-3}$	5.75	12.52	$8.01\sim8.53$	5.67	5.95
BDE209	1×10^{-4}	8.41	15.26	12.1	5.33	5.74

注：S_w^* 为水中溶解度；p_i 为25℃时的挥发蒸气压（Pa）；K_{OA} 为正辛醇-空气分配系数；K_{OW} 为正辛醇-水分配系数；BCF为生物富集因子；BAF为生物积累因子。

二、生产与应用

20世纪70年代，PBDEs作为阻燃剂开始被生产和使用，被广泛地添加入聚合物材料如塑料、泡沫、树脂和黏合剂当中，质量比重可达10%～30%。历史上，商品化五溴代工业品、八溴代工业品和十溴代工业品曾被大量生产和使用。五溴代工业品主要用于聚氨酯泡沫及纺织品生产，主要单体包括BDE47、BDE99、BDE100、BDE153、BDE154，比例约为9∶12∶2∶1∶1。八溴代工业品主要用于ABS树脂生产，主要包括六溴、七溴、八溴和九溴代单体，单体比例约为12∶44∶35∶11。十溴代工业品是一种通用阻燃剂，几乎可用于任何类型的聚合物（包括聚碳酸酯、聚酯树脂、聚烯烃、ABS树脂、聚氨酯、聚氯乙烯和橡胶等）的生产。十溴代工业品中主要单体为BDE209，含量一般在97%～98%之间，同时含有少量九溴代单体。全球生产和使用量最大的是十溴代产品。根据不同的用途，这些工业品的主要生产和使用地区也存在差异。1999年和2001年全球五溴代工业品的主要生产和使用地区为美国，占全球生产和使用的95%以上。欧洲地区主要生产八溴代和五溴代工业品，亚洲地区主要生产十溴代工业品[173]。

2004年以来，欧洲和美国等发达国家和地区停止了五溴代和八溴代PBDEs的生产和使用。之后，欧盟和美国亦逐渐停止了十溴代PBDEs的生产，全球PBDEs的生产和使用情况出现了变化，逐渐向中国、印度、印度尼西亚等发展中国家转移。近年来，我国逐渐成为全球溴代阻燃剂的主要生产和使用国之一。2000～2005年，我国PBDEs工业品产量提高了3倍，主要产品为十溴代工业品，也包括部分五溴代工业品[174]。2005年，我国十溴代工业品产量约为30000吨，生产厂家主要集中在山东省[175]。

三、环境赋存

PBDEs通常被"添加"进材料，而非与材料"化学键合"。因此，与"键合"类阻燃剂相比，PBDEs 更容易在生产、商品使用、商品废弃等过程中向环境释放和迁移。PBDEs 是最早在环境中被发现的一类溴代阻燃剂。20 世纪 70~90 年代，随着 PBDEs 消耗量的逐渐增加，全球各类环境介质和生物体内均有 PBDEs 检出，且其含量呈上升趋势[176]。近年来，随着主要商用 PBDEs 的停产和禁用，环境和人体中的 PBDEs 含量呈逐渐下降趋势，但由于在部分缺乏替代品的领域中十溴代产品仍继续被使用以及一些 PBDEs 源的二次释放，PBDEs 的环境浓度仍处于较高水平[177]。

1. 大气

大气中 PBDEs 含量与当地工业化水平、人口密度、历史生产和使用产品类型情况密切相关。城市工业生产（包括废物焚烧和电子垃圾粗放式拆解等）以及密集的居民活动会导致这类污染物的排放。亚洲大气中 8 种 PBDEs 含量在 1~660pg/m³ 之间，其中我国大气中 PBDEs 含量低于日本和新加坡，高于韩国[178]。由于亚洲地区主要生产和使用十溴代工业品，BDE209 是我国城市大气中的主要 PBDEs 单体。广州地区城市大气中 BDE209 占 PBDEs 总量的 70% 以上，其含量明显高于北美和欧洲地区[179]。

含 PBDEs 的产品在室内家具和电子产品中应用较多，因此，室内空气和灰尘中 PBDEs 含量较高。一项加拿大渥太华地区室内外空气研究发现，室内空气中 PBDEs 含量（120pg/m³）约为室外（<0.1~4.4pg/m³）的 50 倍，其中室内空气中的主要单体为 BDE47，约占 PBDEs 总量的 61.5%。室外空气中的主要单体为 BDE99，约占 PBDEs 总量的 50%[180]。室内空气中 PBDEs 单体分布与当地经常使用的五溴代工业品组成并不相似，说明存在多种不同 PBDEs 工业品的影响。办公室因使用含阻燃剂家具更多，其室内空气中 PBDEs 含量（4700pg/m³）明显高于家庭环境（92pg/m³）[181]。

PBDEs 在大气中可存在于气相或附着于颗粒相上，一般低溴代单体在气相中比例较高，而高溴代单体倾向于附着在颗粒相上。这是由于 PBDEs 在气相和颗粒相中的分配系数（K_p）受到不同单体物化性质的影响，K_p 的对数值与过冷液体蒸气压（P_L）的对数值呈现显著负相关，而 K_p 则随着 K_{OA} 的对数值的增长呈现上升趋势[179]。PBDEs 的大气传输是其全球再分布的主要途径。低溴代单体更易挥发进入大气中，并随大气进行长距离迁移，导致大气中的低溴代单体含量通常高于高溴代单体。PBDEs 单体存在质量分馏现象，与高溴代单体相比，BDE47、BDE99 等低溴代单体可迁移到距离点源较远的区域，甚至包括人迹罕至的南极[182]。

2. 土壤

土壤是环境中 PBDEs 主要的存贮介质。人口密度是影响土壤中 PBDEs 含量的重要指示因子之一，一般人类活动密集地区土壤中 PBDEs 含量水平较高。相应地，经济发达地区和城市附近土壤中 PBDEs 的含量常高于经济欠发达地区以及乡村地区，并成为周边地区 PBDEs 的污染源。BFRs 生产厂家或电子垃圾拆解地等点源区域土壤中 PBDEs 含量往往也较高。污水处理厂的活性污泥由于富含有机质等营养成分，常被用于土壤修复和农田土壤改良。但这类活性污泥经污水处理后富集了 PBDEs 等 POPs 类有机污染物，再将其用于农田土质改良时易造成土壤中 PBDEs 含量的升高。未使用活性污泥的土壤中 PBDEs 含量分别是使用一次活性污泥和多次使用活性污泥后的土壤中 PBDEs 含量的 1/3 和 1/10。土壤中 PBDEs 的半减期较长，估计 BDE209 在土壤中的半减期可长达 28 年[183]。

土壤中 PBDEs 单体分布的情况能够反映当地 PBDEs 工业品的历史生产和使用的差异。全球土壤调查发现，不同地区 PBDEs 单体基本上与当地市场历史使用的工业品单体构成类似[184]。近年来，东亚超越美国，成为十溴代 PBDEs 工业品的主要生产和使用地区。除越南表层土中的 PBDEs 以五溴代 PBDEs 单体为主外，其他四个国家（中国、日本、韩国和印度）表层土中的 PBDEs 均以十溴代 PBDEs 单体为主，且土壤中 PBDEs 的含量水平与当地工业发展程度呈正相关[185]。此外，五溴代 PBDEs 工业品中的主要单体 BDE47、BDE99、BDE100、BDE153 和 BDE154 也是土壤中常见的含量较高的 PBDEs 单体。八溴代 PBDEs 工业品的主要成分 BDE183 的检出率也较高，但其含量偏低[184]。这是由于八溴代工业品产量小于另外两种工业品，且 BDE183 不稳定，在环境中会脱溴降解为低溴代单体。

另外，PBDEs 的气固分配、土壤亲和力等也是影响其在土壤中累积和单体分布的重要因素。不同于大气中 PBDEs 单体的分布特征，BDE209 等高溴代单体的挥发性较差、亲脂性较强，更易于被有机质吸附而赋存于土壤中，是土壤中主要的 PBDEs 单体。

3. 水体和沉积物

底泥是 PBDEs 的重要"汇"和"二次源"。PBDEs 易吸附在可溶有机质、悬浮颗粒物或者胶质上，进而影响其在水生系统中的迁移行为。某人造湖水体和底泥中 PBDEs 的含量水平分别在 0.16～11.0ng/L 和 1.3～18700ng/g 干重之间，其中水体中 PBDEs 主要来源于悬浮颗粒物的贡献[186]。底泥中 PBDEs 含量往往与总有机碳（TOC）的含量呈正相关，K_{ow} 较高的高溴代单体更容易吸附在颗粒相上。因此，水体中 PBDEs 以 BDE47 等低溴代单体为主，而底泥中 PBDEs 则以 BDE209 等高溴代单体为主。尽管目前 PBDEs 的生产和使用已基本得到了控制，但一些典型污染区域水体和底泥中 PBDEs 含量仍然很高。如传统电子垃圾拆解地贵屿地区底泥中 BDE209 含量在 7.02～66573ng/g 之间，其他 PBDEs 的总含量在 2.57～21207ng/g 之间，远高于珠江口底泥中 BDE209 含量（12.2～244ng/g）和其他 PBDEs 的总含量（0.31～38.9ng/g）[187]。低压电器生产地附近水域中 PBDEs 含量（18.9ng/L）与电子垃圾拆解地附近水样中 PBDEs 含量（22.4ng/L）相当，这两个区域采集的底泥样品中 PBDEs 含量比附近其他地区高出几个数量级[188]。

河口区域水流速度减缓，河流在流域中接收的污染物易吸附在泥沙上，在河口地区沉降，造成该区域污染物水平升高。我国珠江口和南海地区表层底泥样品中三溴代～七溴代 PBDEs 单体的含量在 0.04～94.7ng/g 干重之间，十溴代单体含量在 0.4～7340ng/g 干重之间。当地电子产品生产量加大，十溴代工业品的使用量增大，导致表层底泥中 BDE209 的含量呈快速上升的趋势[189]。近年来，一些新型 BFRs 涌现，珠江口地区部分底泥中十溴二苯乙烷（DBDPE）的含量超过了 BDE209 的含量，成为主要污染物[190]。这些高污染地区底泥中 PBDEs 以及新型 BFRs 可能二次释放，水体和底泥中 PBDEs 相互迁移，应注意其对水生生态系统造成的健康风险。

4. 生物

环境中 PBDEs 可通过空气、灰尘、水、膳食等途径和介质进入生物体内，进而对当地生物和人类健康构成威胁。工业密集区、垃圾焚烧区、电子垃圾拆解地等点源区域生态系统中的 PBDEs 污染较为严重。某低压电器生产地附近生物体中 PBDEs 含量比附近城市采集的生物样品高出几个数量级，前者采集藻类中 PBDEs 含量为后者的 10 多倍[188]。另一电子垃圾回收地区生物体中 PBDEs 含量（52.7～1702ng/g 湿重）也远高于对照区域（13.0～20.5ng/g 湿重）[191]。从全球数据来看，与 PCBs 相比，PBDEs 在处于食物链顶级的鲸类、海豹等大型海洋哺乳动物体中的含量水平仍偏低。如韩国沿海地区鲸脂样品中 PBDEs 含量在 30～430ng/g 之间，仍低于 PCBs（390～6200ng/g）和 DDT（270～11000ng/g）等传统有机污染物含量[192]。水生生物中 PBDEs 的分布受当地工业品生产和使用影响较为明显。北美河口软体动物中 PBDEs 的总量在 9～106ng/g 干重之间，BDE47、BDE99 和 BDE100 是主要单体，这与北美地区主要生产和使用五溴代工业品的特征是一致的[193]。全球每年近 1/3 捕获量的海洋鱼被制成鱼粉，作为蛋白饲料原料。全球鱼粉中 27 种 PBDEs 含量在

0.1～1498ng/g 脂重之间，平均值为 75.8ng/g 脂重。美国、欧洲和亚洲生产的鱼粉中 PBDEs 的含量水平分别与当地五溴代、八溴代和十溴代工业品的历史产量具有相关性[194]。

四、毒性作用过程及效应

1. 生物过程

PBDEs 能够在生物体中蓄积，并沿食物链富集放大。PBDEs 在水生生态系统中的食物链富集放大效应较为明显。在一条由"浮游植物→无脊椎动物→鱼→海鸟"构成的食物链中，BDE28、BDE47、BDE100、BDE119 单体含量以及 PBDEs 的总含量与其营养级放大因子（TMF）之间存在着显著性相关关系。营养级越高的生物体中 PBDEs 含量越高，且不同营养级生物之间 BDE99 转化为 BDE47 的效率存在差异，导致高营养级动物中 BDE47 含量更高[195]。PBDEs 在生物体内的迁移、转化、代谢与生物种类以及 PBDEs 单体物化性质有关。鲑鱼养殖试验显示，饲料中 95% 的 PBDEs 在鲑鱼体内累积，其中 35%～59% 的 PBDEs 存在于肌肉组织中[196]。研究奶牛的饲料、粪便、牛奶和组织间的质量平衡发现，BDE209 是饲料、器官、脂肪组织及粪便中的主要单体，但较难迁移到牛奶中[197]。脂肪组织中高溴代单体（七溴代～十溴代 PBDEs）含量是牛奶中的 9～80 倍。随着单体 K_{ow} 值的上升（$\lg K_{ow} >$ 6.5），单体向牛奶的迁移能力开始减弱，牛奶中的主要单体为 BDE47 和 BDE99 等低溴代单体。脂肪组织中也存在大量的 BDE207、BDE196、BDE197、BDE182 等单体，这些单体可能是 BDE209 在牛体内脱溴代谢的产物。不同物种之间对高溴代 PBDEs 单体的代谢能力存在很大的差异，鱼体中 BDE209 的脱溴代谢并不明显。

2. 毒性效应

PBDEs 具有内分泌干扰作用、生殖和神经发育毒性等。PBDEs 的甲状腺激素干扰作用是其发挥毒性作用的重要途径之一。甲状腺激素在维持和调控人体新陈代谢、促进生长发育和器官分化以及基因调控表达等方面起至关重要的作用。在促甲状腺激素（TSH）调节下，甲状腺滤泡细胞可分泌并释放具有生物活性的甲状腺激素（TH），包括甲状腺素（T4）和三碘甲状腺原氨酸（T3）。前者与后者的比例约为 93∶7，但后者的活性约为前者的 5 倍。T4 和 T3 释放进入血液后，可以与血液中甲状腺激素转运蛋白（TTR）结合，并被运输到特定组织中。在脱碘酶作用下，T4 转化成活性更强的 T3，并发挥作用。T4 和 T3 还可以与 TTR 分离，形成游离态 T4、T3，进入靶细胞发挥作用，两者可相互转化以维持动态平衡。由于甲状腺激素的合成与分泌主要受下丘脑-垂体-甲状腺轴的调节，游离态 T3 和 T4 水平又对 TSH 的分泌起到负反馈作用[198]。PBDEs 的化学结构与内源性激素存在相似性，能够影响正常的内分泌过程。PBDEs 可与 T4 竞争结合甲状腺激素转运蛋白、甲状腺激素受体，导致啮齿类动物体内 T4 水平下降。目前尚未发现 PBDEs 对下丘脑-垂体-甲状腺轴的直接干扰作用[199]。人群研究同样也证实 PBDEs 具有甲状腺激素干扰作用。北美人群队列研究表明，PBDEs 含量与 T4 水平成反比，人血清中 BDE47 浓度每升高 1ng/g，T4 浓度则下降 $2.6\mu g/dL$，说明 PBDEs 暴露能降低 T4 与血清中 T4 结合蛋白的结合力[200]。

PBDEs 的内分泌干扰效应还表现为性激素干扰作用。部分 PBDEs 及其衍生物结构与 17β-雌二醇及睾酮相似，可以与雌激素受体（ER）或雄激素受体（AR）结合，从而改变细胞信号通路。小鼠暴露 BDE99 后，其睾酮合成能力明显受到抑制[201]。T47D 人乳腺癌细胞系暴露 PBDEs 后，BDE100、BDE75、BDE51、BDE30 和 BDE119 表现出较强的雌激素受体激动剂活性，且具有剂量-效应关系，但该活性远低于天然激素雌二醇的活性。低溴代 PBDEs 单体具有雌激素的活性，高溴代 PBDEs 单体则表现出抗雌激素的活性[202]。

PBDEs 暴露产生的甲状腺干扰效应会进一步影响动物神经发育，并对生殖系统造成影响。婴幼体在大脑发育的关键阶段暴露 PBDEs 会表现出神经发育的行为异常，如进入新环境时行为活性降低以及随后的过度兴奋等行为[203]。低溴代 PBDEs 可诱导小鼠出现持续性的功能障碍（如紊乱的自发行为、学习和记忆缺陷、胆碱能系统紊乱等）。流行病学研究发现，胎儿时期暴露 PBDEs 的儿童，暴露水平与其阅读能力和智商水平成反比，与儿童外化行为问题则呈正相关[204]。围生期婴儿在母体内的 PBDEs 暴露与儿童 5～7 岁期间出现注意力、处理问题速度、感知推理能力和全面智商下降有显著或者弱相关性[205]。

五、人体暴露风险

随着 PBDEs 生产和使用的限制，人体内 PBDEs 含量呈逐渐下降趋势。PBDEs 与 PCBs 具有类似的结构、化学性质和环境行为，但其停产时间较 PCBs 晚。与 PCBs 密封式使用不同，PBDEs 曾被广泛用于家具、电子产品，因此，其暴露途径和风险更为复杂。

饮食摄入是人体 PBDEs 负荷的主要来源，其中动物源性食品贡献较大。

动物体内的 PBDEs 向蛋、奶等动物产品中迁移,与肉、内脏等动物源性食品一同最终导致人类 PBDEs 的暴露。美国居民膳食中鱼、肉和奶制品是其暴露 PBDEs 的主要来源,但不同地区、不同年份膳食中 PBDEs 的主要贡献食品略有差异,如 2006 年美国居民膳食摄入 PBDEs 的主要食品贡献为肉类＞奶制品＞鱼类,而 2009 年奶制品成为摄入 PBDEs 的最大贡献食品。我国肉类和水产品中 PBDEs 含量高于其他种类食品中的含量,成人通过膳食摄入 PBDEs 的水平为 0.76ng/(kg·d) 体重,远低于欧洲食品安全局(EFSA)建议的限量标准[206]。食用不同来源的食物以及具有不同饮食习惯的居民暴露 PBDEs 的水平也会存在差异。养殖鲑鱼体内 PBDEs 含量显著高于野生鲑鱼体内 PBDEs 含量,养殖动物体内 PBDEs 主要来源于饲料的摄入[207]。污染物通过"饲料→养殖动物→人体"暴露比环境污染直接作用于人体的影响更为重要。

呼吸摄入污染物是人类特别是婴幼儿暴露 PBDEs 的另一重要途径。尽管人通过呼吸摄入的 PBDEs(如 6.9ng/d)低于通过膳食摄入的量(90.5ng/d),但是鉴于生活环境的差异(如办公室空气中 PBDEs 含量是家庭环境空气中的 8.5 倍),高危人群通过呼吸暴露 PBDEs 的总量应当引起关注。职业工人体内 PBDEs 含量明显高于普通人群,职业工人体内低氯代 PCBs 以及高溴代 PBDEs 的主要来源并非饮食暴露,而是工作环境中的灰尘吸入和摄入。婴幼儿是 PBDEs 暴露的敏感人群,由于婴幼儿的手口行为,在同样的环境中,婴幼儿通过呼吸和灰尘摄入 PBDEs 的量明显高于成人,通过室内空气和灰尘暴露 PBDEs 的量可占其日摄入 PBDEs 总量的 80% 以上[208]。婴幼儿体重较轻,即使污染物暴露量低于成人,其单位体重的暴露风险也更高。另外,母乳也是婴儿体内污染物暴露的重要途径。我国浙江地区母乳调查显示,城市母乳中 PBDEs 含量[(2679±944)pg/g 脂重]与农村地区母乳中 PBDEs 含量[(2731±1093)pg/g 脂重]相差不大[209]。

第七节　双酚 A

一、结构及理化性质

双酚 A(bisphenol A,BPA),学名为 4,4'-二羟基-2,2-联苯基丙烷,具有双苯环平面结构及 2 个酚官能团,其分子式为 $C_{15}H_{16}O_2$,分子量为 228.29,三维结构式见图 6-6。BPA 在室温下为白色针状结晶或片状粉末,其理化性质和环境行为参数如表 6-7 所示[210]。

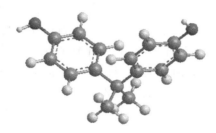

图 6-6 BPA 的三维结构式

表 6-7 BPA 的理化性质和环境行为参数[210]

属性	数值	属性	数值
熔点	158～159℃	$\lg K_{OW}$	3.43
沸点	220℃(4mmHg)	水溶性	120mg/L(25℃)
溶解性	微溶于水,溶于甲醇、乙酸、丙酮和乙醚等	BCF	172.7L/kg 湿重
密度	1.195～1.2g/cm³(25℃)	BAF	172.8L/kg 湿重
pK_a	10.1	半减期/d	337.5(沉积物);75.0(土壤);37.5(水)
蒸气压	5.3×10⁻⁶Pa(25℃);87Pa(190℃)		

注:K_{OW} 为正辛醇-水分配系数,BCF 为生物富集因子,BAF 为生物积累因子。

二、生产与应用

1891 年,俄国有机化学家首次在实验室酸催化条件下将苯酚与丙酮缩聚合成了 BPA。1923 年,德国化工厂利用 BPA 生产合成虫胶漆,这是 BPA 首次被应用于化工合成领域。20 世纪 30 年代,酚醛树脂开始得到广泛应用,BPA 被用于脂溶性酚醛树脂的表面修饰、橡胶和塑料的抗氧化剂等。20 世纪 50 年代,聚碳酸酯(polycarbonate,PC)和环氧树脂(epoxy resin,ER)开始大规模生产,BPA 是主要的合成单体。PC 是增长速度最快的通用工程塑料之一,由 BPA 和碳酸二苯酯反应制得。ER 是一类热固性材料,主要用作黏着剂和涂料。BPA 型 ER 是其中产量最大、应用最多的一个品种,约占总产量 85%以上。目前工业生产的 BPA 约 66%用于生产 PC,30%用于生产 ER[210]。

BPA 还可用于合成聚砜树脂、聚苯醚树脂、不饱和聚酯树脂等多种高分子材料,也可用于生产增塑剂、阻燃剂、抗氧化剂、热稳定剂、橡胶防老剂、农药等精细化工产品。BPA 的年产量和需求量逐年攀升。全球 BPA 产能从 1999 年的 238.9 万吨,到 2008 年升为 490 万吨。截至 2018 年底,全球 BPA 总产量为 710 万吨/年,我国总产量为 143 万吨/年。BPA 已经全方位介入到各个领域。生活中含 BPA 的常见产品包括矿泉水瓶、眼镜镜片、运动器材、热敏打印机收据、化妆品、女性卫生用品、牙科填充密封物、食品包装和饮料罐内侧涂层等。然而，随着环境毒理学研究的深入，作为重要工业原料的 BPA 被确证为一种环境内分泌干扰物（endocrine disrupting chemicals，EDCs），具有强抗雄激素作用和弱雌激素效应。鉴于 BPA 具有一定的溶出性，包括我国在内的多个国家目前已经禁止婴儿奶瓶中使用 BPA。

三、环境赋存

除工业生产源排放外，BPA 还会通过其他人类活动释放到环境中。在工业合成高分子聚合物时，部分未反应的 BPA 可能残留在聚合物产品中，并在随后的产品使用和废物处置过程中释放到环境中。

1. 空气和灰尘

全球大气气溶胶中的 BPA 无处不在，其浓度范围为 $1\sim17400pg/m^3$，其中，我国北京大气中 BPA 的含量（$380\sim1260pg/m^3$）与印度金奈（$200\sim17400pg/m^3$）及日本大阪（$10\sim1920pg/m^3$）处于同一水平，而偏远地区、海洋和极地地区 BPA 的含量在低于检测限到几十 pg/m^3 的范围内。人口密集的陆地城市大气中 BPA 的浓度明显高于其他地区，露天焚烧生活垃圾尤其是塑料垃圾是大气中 BPA 的重要来源[211]。

虽然 BPA 可在大气中经直接光解或光催化氧化而发生光降解，但仍有一部分 BPA 会附着在小颗粒上，经呼吸进入肺部，因此，大气暴露也是一种重要的接触途径。一项关于美国、中国、日本以及韩国的室内灰尘中 8 种双酚类化合物（bisphenols，BPs）的分布研究发现，BPs 的总含量范围为 $0.026\sim111\mu g/g$ 干重，其中 BPA、BPS（双酚 S）和 BPF（双酚 F）是最主要的 3 种单体（占总量的 98% 以上），其他单体的含量较低或几乎没有检出[212]。2016 年 $2\sim4$ 月采集的上海市区 4 种典型室内环境灰尘样品中 BPA 的含量在 $0.20\sim4.70\mu g/g$ 之间，中值为 $0.65\mu g/g$，远高于北京、济南、广州、乌鲁木齐室内环境中 BPA 的中值浓度（$0.075\mu g/g$），但仍低于韩国、日本住宅灰尘中 BPA 的含量[212,213]。不同类型室内环境中 BPA 的含量排序一般为：办公室≈超市＞大学生宿舍＞普通居民住宅。BPA 在收银票据、报纸、餐巾纸等热敏纸质用品中也被频繁检出，这可能是办公室和超市内空气中 BPA 的重要来源。

2. 土壤

关于土壤中 BPA 赋存现状的研究较少。在西班牙不同地区的表层土壤中均检出了 BPA，工业土壤中 BPA 的含量（1.1~44.5ng/g）要高于农业土壤（0.7~4.6ng/g）[214]。我国北京某典型灌区表层土壤中 BPA 的含量范围为 7.19~48.8μg/kg 干重，对应农田出产的农产品如小麦籽粒、玉米籽粒和果蔬中也检出了 BPA[215]。

3. 水体和沉积物

BPA 的溶解度为 0.12g/L（25℃），相对于其他难溶性有机化合物，BPA 在全球大部分区域甚至极地和深海水体中被广泛检出，其浓度在小于 ng/L 到数千 ng/L 范围之间。我国北京地区河水中 BPA 的平均浓度为 44.9ng/L，地下水中 BPA 的平均浓度为 4.85ng/L[216]。北美和欧洲地表水中 BPA 的中值浓度分别为 80ng/L 和 10ng/L[217]。BPA 的工业生产过程向环境中的直接排放或使用过程中的无序排放是水环境中 BPA 的主要来源。雨水冲刷废弃的建筑垃圾和塑料树脂等含 BPA 的产品，是另一重要来源。污水中的 BPA 并不能完全被降解或吸附去除，在城市污水处理厂出水和活性污泥中 BPA 仍可被检出[218]。这些残留的 BPA，将随污水排放以及污泥土壤应用处置等途径再次进入环境。除此之外，垃圾填埋场中 BPA 污染严重，如日本和德国垃圾渗滤液中 BPA 的浓度范围分别为 1.3~17200μg/L 和 4200~25000μg/L[219,220]，也是 BPA 潜在的二次污染源。

水体污染可导致沉积物中 BPA 的含量升高。美国、日本和韩国工业区沉积物中 BPs 的总含量最高可达到 25300ng/g 干重，平均值为 201ng/g 干重[212]。BPA 和 BPF 为主要污染物，分别占 BPs 总量的 64% 和 30%。另外，美国的泥芯中 BPs 的含量与以往相比呈下降趋势。日本东京湾的沉积物中 BPA 的含量也呈下降趋势，但 BPS 在泥芯中的高检出率表明其近几十年的生产和使用的增加，这与日本自 2001 年开始选用 BPS 来取代 BPA 的部分应用有关。

4. 生物

BPA 的 $\lg K_{OW}$ 为 3.43，理论上其生物积累性较低，在生物组织中的含量一般低于 μg/g 水平。但在珠江河口野狸岛海域中的 3 种鱼、3 种贝和 3 种虾中均检出了较高含量的 BPA[221]。鱼中 BPA 的含量范围为 0.69~2.01μg/g 干重，出现鳃、肌肉、肝脏递增的趋势；贝类中 BPA 的含量范围为 0.79~4.95μg/g 干重，出现内脏团、鳃、闭壳肌递增的趋势；虾中 BPA 的含量范围为 1.51~3.29μg/g 干重，肌肉中的含量均高于头部和胸部。该区域海洋生物中 BPA 的含量明显高于其他报道，需警惕其不断增大的潜在健康风险。

四、毒性作用过程及效应

早在20世纪30年代，英国研究人员在寻找天然雌激素的替代物时发现BPA是一种能够模仿天然雌激素的物质。但是，直到近60年后，人们才开始关注BPA的雌激素活性问题。1992年，斯坦福大学David Feldman教授在用塑料容器培养酵母菌时发现了雌激素分子，并证实该分子是从塑料容器中析出的BPA。此后，越来越多的学者投入到BPA生物毒性的研究中，并不断刷新人类对BPA的认知。BPA作为一种外源性雌激素，能够与雌激素受体相结合，主要影响雌性激素、雄性激素、甲状腺激素以及其他内分泌相关的信号通路[222]。高浓度的BPA会对大鼠和小鼠产生母体毒性和胚胎毒性，导致胎鼠体重降低、每胎成活数减少、成活率降低等问题。当孕鼠接触BPA后，后代40%的卵子染色体出现异常，而且这种异常还会继续影响下一代。全胚胎培养模型研究证实，BPA能诱发胚胎发育异常，包括头部形态异常、小眼、腮弓发育异常、心脏发育迟滞、前肢芽小或无以及体位异常[223]。即使低剂量的BPA也依然具有高毒性，能够导致乳腺损伤、前列腺损伤、提前发育、行为问题，甚至影响小鼠的脑部发育和行为遗传。在斑马鱼体外和体内试验中，即使BPA的剂量低至10^{-9} mol/L（已接近于环境浓度），发现BPA仍可直接影响甲状腺滤泡细胞，抑制甲状腺激素受体的转录，进而干扰甲状腺一些特定基因的表达[224]。

BPA能够引起生殖功能障碍。2007~2016年发表的有关BPA对女性生育潜在影响的文献报道表明，BPA可能与女性不孕有关。动物模型研究显示，BPA可通过影响输卵管、子宫、卵巢和下丘脑-垂体-卵巢轴的形态和功能来改变女性的整体生殖能力。此外，BPA会破坏发情周期性和受精卵着床。BPA也能够通过破坏血睾屏障，降低睾酮合成酶的表达及活性，抑制与精子生成相关蛋白的表达，损伤睾丸细胞和精子质量，最终影响雄性生殖能力[225]。同时，BPA代谢过程中消耗了大量的抗氧化酶，产生氧自由基，其氧化产物可能会对睾丸和附睾的损伤形成二次打击[226]。BPA还具有潜在的致癌性，会增加试验动物的造血细胞的癌变，诱发睾丸肿瘤、早发型前列腺癌症、恶性乳腺癌、卵巢癌。另外，在肥胖症患者的尿液中BPA的含量水平普遍较高，推测接触过多的BPA可能会引发肥胖症、糖尿病和心脏病等一系列疾病[227]。

基于以上BPA的毒性效应介绍，可以预见在未来的几年，国内外对BPA的管控措施会越来越严格，其受限制范围将会越来越大。但是，由于BPA在化工合成中的重要性，较难完全禁用，因此，化工界也在积极寻找BPA的替代品，这些替代品的安全性问题也需要引起高度重视。

五、人体暴露风险

BPA 在环境中普遍存在，可以通过多种途径进入人体，并对人体产生危害。生产 BPA 原料或含 BPA 的 PC 和 ER 等高聚物的化工厂以及各种使用聚酯材料产品的企业和电子垃圾拆解地区是 BPA 的重要污染源。这些地方的从业人员可能通过呼吸道接触和皮肤接触等途径职业暴露较高浓度的 BPA，属于高危人群。职业暴露于 BPA 污染环境的工人血清中 BPA 浓度高于普通人群血清中 BPA 浓度。针对我国华中和华东地区 ER 和 BPA 生产工厂工人职业暴露 BPA 的调查结果显示，工人血液中 BPA 的检出率高达 90%，尿液中 BPA 含量与车间空气中 BPA 含量相关[228]。

膳食暴露是非职业暴露人群的主要暴露途径。一项关于我国 9 个城市 13 种食品（鱼类及海产品、饮料、水果、豆制品、谷物及谷物制品、饼干、蔬菜、蛋类、牛奶及奶制品、食用油、肉类及肉制品、调味品等）中 8 种 BPs 的调查结果显示，所有食品中均存在 BPs。大部分食品中 BPA 是主要污染物，其含量占 BPs 总量的 79.6%～99.4%，而肉类和蛋类中的主要污染物分别是 BPS 和 BPF[229]。BPA 在鱼类及海产品中的赋存水平较高（平均含量为 14.1ng/g 湿重，检出率为 100%），在肉类及肉制品中的赋存水平较低（平均含量为 0.58ng/g 湿重，检出率为 55%）。另外，婴幼儿日常用品如奶瓶、水杯、食品容器的内壁涂层中广泛存在 BPA，其中，聚合不完全的游离的 BPA 可以在产品使用和处理过程中（特别是高温条件下）释放出来。婴幼儿通过使用 PC 奶瓶摄入 BPA 的水平估计在 400～1690ng/（kg·d）体重［平均值为 792ng/（kg·d）体重］[230]。尽管该值低于美国环保局（EPA）推荐的 BPA 的每日容许摄入量［50μg/（kg·d）体重］，但与已有动物研究的低剂量 BPA 暴露对机体产生损害的剂量相当，而且胚胎和婴幼体对内分泌干扰物的敏感程度往往大于成体。

此外，BPA 还存在医源性暴露。BPA 广泛用于育婴箱、腹腔镜、血液透析器、注射器、牙科填充材料、人造关节和体内电子器件如起搏器等。欧洲食品安全局估计了不同使用场景下来自医疗器械导致的 BPA 暴露量，其中使用 PVC 医疗设备导致的 BPA 暴露水平最高[231]。早产儿短期和长期使用 PVC 医疗设备的 BPA 暴露量分别达到 12000ng/（kg·d）体重和 7000ng/（kg·d）体重，分别为成人暴露量的 2.4 倍和 7 倍。

第八节 四溴双酚A

一、结构及理化性质

四溴双酚A（tetrabromobisphenol A，TBBPA）是双酚A两个苯环结构上的4个氢原子被溴原子取代后的产物，可通过溴化双酚A合成，其分子式为$C_{15}H_{12}Br_4O_2$，分子量为543.9，三维结构式见图6-7。TBBPA在室温下为白色至灰白色结晶粉末状化合物，其主要理化性质和环境行为参数如表6-8所示[232]。TBBPA在25℃下的蒸气压为6.24×10^{-6}Pa，$\lg K_{OW}$为5.90。特别值得注意的是，TBBPA的溶解度受温度和pH值的影响非常明显，当pH值从5升高到9，溶解度升高15.8倍；在纯水里，当温度从21℃升高到25℃，溶解度升高3.8倍。这些差异导致TBBPA在不同环境和生物体内的分布和行为受到影响。

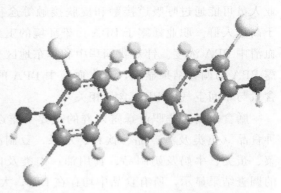

图6-7 TBBPA的三维结构式

表6-8 TBBPA的理化性质和环境行为参数[232]

属性	数值	属性	数值
沸点	约316℃（200~300℃时分解）	水溶性	0.148mg/L（pH=5，25℃），1.26mg/L（pH=7，25℃），2.34mg/L（pH=9，25℃），纯水中0.063mg/L（21℃）或0.24mg/L（25℃）
熔点	181~182℃	$\lg K_{OW}$	5.90
密度	2.12g/cm³	酸解离常数	$pK_{a_1}=7.5$，$pK_{a_2}=8.5$
蒸气压	6.24×10^{-6}Pa（25℃）	亨利常数	<0.1Pa·m³/mol（20~25℃）

二、生产与应用

据《中国四溴双酚A市场调研与投资战略报告（2020版）》显示，TBBPA被广泛用作反应型阻燃剂制造溴化环氧树脂、酚醛树脂和含溴聚碳酸酯，是目前世界上产量和用量最大的溴系阻燃剂。2004 年，TBBPA 的全球供应量就达到了 17 万吨，在欧洲禁止使用十溴二苯醚后，TBBPA 作为其替代品用于一些聚合物的生产中，并且产量呈现逐年增加的趋势[233]。TBBPA 的产地主要分布在以色列、约旦、美国、日本和中国。2009 年，溴科学与环境论坛公布数据显示，在亚洲地区，80% 的 TBBPA 用作反应型阻燃剂，用于生产聚合物和衍生物；20% 的 TBBPA 用作添加型阻燃剂，用于生产塑料制品。目前国内 TBBPA 的年产量约为 18 万吨。

四溴双酚 S（tetrabromobisphenol S，TBBPS）具有与 TBBPA 相似的骨架结构，是 TBBPA 的一种替代型阻燃剂，其化学反应类型和产品用途与 TBBPA 类似，具有优越的阻燃性能。TBBPA 与 TBBPS 的小分子衍生物主要有 TBBPA-BAE、TBBPA-BDBPE、TBBPA-BHEE、TBBPA-BGE 和 TBBPS-BDBPE（表 6-9）。TBBPA-BAE 主要作为反应型阻燃剂生产聚苯乙烯泡沫材料；TBBPA-BDBPE 主要用作添加型阻燃剂生产聚烯烃类和共聚物，进而用于建筑材料、纺织品和电子电器元件等的生产中；TBBPA-BHEE 作为添加型阻燃剂用于生产工程聚合物、热塑性聚酯等聚合物，进而用于电路板、黏合剂和涂料的生产中；TBBPA-BGE 则是生产高分子量溴化环氧树脂的重要中间产物；TBBPS-BDBPE 具有与 TBBPA-BDBPE 同样的应用方式，但是其阻燃性能却明显优于 TBBPA-BDBPE。

表 6-9　TBBPA 和 TBBPS 及其衍生物的结构式与分子量信息

类别	英文缩写	结构式	分子量
四溴双酚 A/S	TBBPA		543.87
	TBBPS		565.85
衍生物①	TBBPA-BAE		624.00
	TBBPA-BDBPE		943.61

续表

类别	英文缩写	结构式	分子量
衍生物①	TBBPA-BHEE	(结构式)	631.98
	TBBPA-BGE	(结构式)	656.00
	TBBPS-BDBPE	(结构式)	965.60

① 衍生物是工厂生产的工业品，通过对 TBBPA 及 TBBPS 双端的酚羟基修饰得到，其产量较大，也是工厂的目标产物。

三、环境赋存

TBBPA 在反应型阻燃剂的生产过程中，以共价键的形式稳定地成为整个产品中不可分割的一部分，较难从聚合物中解离进入周围环境，仅残留极少量的 TBBPA（过量未反应的部分，估计为 0.06%）可释放到环境中。尽管生产工艺都是在密闭容器内完成的，反应过程几乎没有 TBBPA 粉尘的外泄，但在 TBBPA 物料的储存、搬运、投放以及包装 TBBPA 的容器的收集、丢弃过程中，无法完全避免向环境的排放。TBBPA 在添加型阻燃剂的生产过程中也会有上述排放，而且由于该类产品中 TBBPA 不与聚合物发生化学反应，在磨损、风化和高温等客观因素作用下，TBBPA 可能从产品中逸出并进入室内环境。

1. 空气和灰尘

TBBPA 在室内环境中广泛存在，且其浓度往往高于室外。英国各种室内环境样品中 TBBPA 均有检出，TBBPA 在公共场所（平均值为 26 pg/m^3）、家庭（平均值为 16 pg/m^3）、办公室（平均值为 16 pg/m^3）和汽车（平均值为 3 pg/m^3）内空气样品中的平均浓度比普通室外空气中（平均值为 0.8 pg/m^3）高出几个数量级[234]。美国家庭的室内灰尘中 TBBPA 的检出率也高于 95%，最高含量达到了 6560 ng/g 干重[235]。印刷电路板和高抗冲聚苯乙烯树脂封装的电子产品（如电视和电脑）是室内高浓度 TBBPA 及其衍生物的主要来源。TBBPA 类溴代阻燃剂在日用品中的应用，如含 TBBPA 与 TBBPA-BDBPE 的食用塑料器皿，也是室内 TBBPA 类 BFRs 的重要来源。另外，特殊场所室内环境中 TBBPA 的污染可能更严重。瑞典的电子产品回收场所以及其他生产环境的室内空气中有较高浓度 TBBPA 的检出，浓度在 $0.035\sim140\mathrm{ng/m^3}$ 范围内[236]。

2. 土壤

含有 TBBPA 废物的回收和处置被认为是 TBBPA 的重要污染途径。在对我国电子垃圾整治前，一些城市存在很多电子垃圾回收小型作坊，电子产品的原始粗放拆解行为致使其中 TBBPA 释放，造成这些地区大气、土壤等环境中 TBBPA 污染严重。我国南部的电子垃圾拆解地土壤中 TBBPA 的含量随着距离电子垃圾拆解地距离的加大而逐渐变小，且 TBBPA 在表层土壤中的含量分布受到垃圾回收、露天焚烧和电子产品拆解区域的影响。在非电子垃圾拆解地采集的土壤中，TBBPA 的含量明显降低。我国东部地区土壤样品中 TBBPA 的含量范围在低于检测限到 78.6ng/g 干重之间，其中工厂区和垃圾填埋区附近土壤中 TBBPA 的含量最高[237]。重庆市土壤中 TBBPA 的含量范围在低于检测限到 33.8ng/g 干重之间，在居住区土壤中的含量一般高于商业区和工业区，公园和偏远地区相对较低[238]。道路扬尘样本中 TBBPA 的含量范围在低于检测限到 74.1ng/g 干重之间，并无明显的空间分布规律。挥发和磨损是 TBBPA 从产品迁移到尘埃的两种重要途径，道路粉尘中与颗粒结合的 TBBPA 可能主要来自磨损过程中的释放。

3. 水体和沉积物

TBBPA 的工业生产和应用也会造成内陆河流湖泊的污染。尽管 TBBPA 在水中的溶解度较低，但仍然能够在多个国家水体样本中检测到它的存在。英国的 9 个淡水湖水中 TBBPA 的浓度范围为 $0.14\sim3.20\mathrm{ng/L}$[239]。溴代阻燃剂生产工厂、垃圾填埋场、污水处理厂以及电子垃圾拆解地周边水体是 TBBPA 及其衍生物污染较为严重的区域。我国典型电子废物拆解地区内表层水中 TBBPA 平均浓度高达 230ng/L[240]。挪威某一金属回收工厂的渗滤液中 TBBPA-BAE 和 TBBPA-BDBPE 的浓度分别为 2ng/L 和 81ng/L，TBBPA-BDBPE 在污水处理厂废水中的浓度为 18ng/L[241]。

底泥作为环境有机污染物重要的"汇"，汇集了较高含量的 TBBPA 及其衍生物。我国珠江三角洲地区的底泥样品中 TBBPA 和 TBBPA-BDBPE 的含量范围分别为 $0.06\sim304\mathrm{ng/g}$ 干重和 $<1.5\sim2300\mathrm{ng/g}$ 干重[242,243]。英国东北部的 Skerne 河底泥中 TBBPA 的检出含量最高达到 9800ng/g 干重[244]。因 TBBPA 具有长距离传输的特性，在偏远地区，如北极沉积物中 TBBPA 也有检出，含量为 1.24ng/g 干重[245]。TBBPA 进入水生环境后，可能会部分降解

为低溴代类似物，如在五大湖的底泥样品中检测到了 TBBPA 的同时，也检测到了其代谢物三溴双酚 A。

4. 生物

在水生环境中，TBBPA 具有一定的生物富集能力。据报道，TBBPA 在淡水鱼类中的含量一般都较低，如在英国淡水鱼类样品中 TBBPA 的含量范围为<0.29~1.7ng/g 脂重[239]。我国广东清远电子垃圾处理地池塘中鲤鱼和黑鱼体内的 TBBPA 平均含量分别为 4.3ng/g 脂重和 9.7ng/g 脂重[246]。鱼体内 TBBPA 的最高含量一般出现在肾脏，其次是肝脏、肌肉和脂肪[247]。海洋生物中 TBBPA 的含量略高于淡水鱼，如佛罗里达海域的宽吻海豚、牛鲨和大西洋剑吻鲨，这 3 种高营养级动物的肌肉组织中 TBBPA 的含量分别为（1.2±3）ng/g 脂重、（9.5±12）ng/g 脂重和（0.87±0.5）ng/g 脂重[248]。另外，TBBPA 在北极地区的植物（0.019~0.14ng/g 湿重）、鸟蛋（0.1~900ng/g 脂重）和海鱼样品（0.35~1.31ng/g 湿重）中都有检出[245]。在企鹅肌肉、脂肪、肝脏、大脑和企鹅蛋中 TBBPA 的含量范围为 3.12~14.78ng/g 脂重，TBBPA 主要分布在肝脏中，同时发现 TBBPA 主要通过粪便排出体外或通过母体进入卵[249]。然而，在西地中海意大利撒丁岛海域采集的养殖双壳软体动物和野生鱼样品中 TBBPA 的含量都低于方法检测限（0.05ng/g 湿重）[250]。这可能与 TBBPA 的添加方式有关，TBBPA 与塑料和纺织品化学键合时不易被生物利用，不具有很高的生物可利用性。

四、毒性作用过程及效应

关于 TBBPA 的毒性效应，在过去几十年一直存在各种持相反意见的结论，包括欧盟在内的很多发达国家，早期的风险评估得出的结论是接触 TBBPA 对人类健康没有风险。TBBPA 对哺乳动物（如大鼠、小鼠和兔）的毒性影响微弱，达到一定的量（g/kg 数量级）后才能够引起明显的毒害效应。例如，大鼠的单剂量经口 LD_{50}>5g/kg 体重，小鼠的单剂量经口 LD_{50}>4g/kg 体重，兔子的经皮 LD_{50}>2g/kg 体重[251]。连续 20d 单独和联合暴露 Cd 和 TBBPA 对雌性大鼠的发育、抗氧化防御系统以及甲状腺功能进行亚慢性毒性研究发现，仅在高剂量暴露中，大鼠体重增长较慢，卵巢重量下降，机体发生氧化损伤，肾脏重量改变，促甲状腺激素（TSH）水平轻微升高[252]。

但最近的研究认为，TBBPA "可能对人类具有致癌性"，短时间（1h）暴露后能够引起人体外周血自然杀伤细胞溶菌功能的丧失，具有长期性效应，抑制效应不随用药量的降低而消失,增加了人类罹患癌症的风险。TBBPA 会显著地抑制鼠的脾脏细胞白细胞介素 2 受体 α 链 (CD25) 的表达,且抑制作用明显高于十溴二苯醚、三溴苯酚、四氯联苯,证明 TBBPA 是疑似免疫毒性化合物[253]。用浓度为 16μg/mL 的 TBBPA 处理气道上皮细胞 48h 后,细胞活力显著降低,但 caspase-3 活性、ROS 生成和 MDA 含量增加。超微结构观察表明,细胞在 64μg/mL TBBPA 作用下发生形态学损伤,线粒体损伤严重,光滑内质网扩张[254]。

TBBPA 具有一定的内分泌干扰效应,能够对动物体甲状腺和生殖器官产生损害。TBBPA 与三碘甲状腺原氨酸 (T3) 和甲状腺素 (T4) 的化学结构类似,能够取代 T3 和 T4 参与机体调节过程,扰乱机体甲状腺系统和其他分泌系统的平衡,从而产生内分泌干扰效应。TBBPA 暴露对斑马鱼的甲状腺激素干扰效应比 BPA 更为严重。BPA 只能影响与促甲状腺激素相关的基因表达,而 TBBPA 会影响幼鱼体内与甲状腺激素受体 α、促甲状腺激素、甲状腺素运载蛋白相关的基因表达,还影响甲状腺激素引起的组蛋白和 RNA 聚合酶 II 的修饰,可能影响甲状腺激素受体介导的表观遗传学的基因表达[255]。TBBPA 暴露胎盘 JEG-3 细胞,在较宽的浓度范围 ($1\times10^{-8} \sim 5\times10^{-5}$ mol/L) 内引起细胞内雌二醇的分泌,通过影响 CYP19 蛋白表达改变 JEG-3 细胞的雌激素合成,在孕早期可能影响胎盘的生长[256]。

TBBPA 还具有潜在的遗传发育和神经毒性,对于鱼类和无脊椎动物尤为明显。使用斑马鱼体系评价常见溴代阻燃剂母体遗传特性的研究发现,TBBPA 趋向于通过鱼体进入鱼卵中,能够引起斑马鱼的产卵量降低,且孵化率随 TBBPA 暴露浓度的升高而降低,并导致斑马鱼幼鱼的畸形和鱼卵的凝固,成活率显著降低,出现血液流动障碍、心包水肿,引起斑马鱼成年鱼严重丧失方向感并嗜睡[257]。TBBPA 诱导产生异常 DNA 片段,干扰鱼精蛋白分布、改变精子染色体表观遗传性状的潜能,使精子的 DNA 损伤程度增加[258]。TBBPA 暴露能抑制蚯蚓的生长速度 (在 200μg/g 和 400μg/g 的暴露浓度下,抑制率分别达到 13.7% 和 22%),引起氧化应激基因 (Hsp70) 转录水平的显著上调[259]。在环境浓度的暴露水平下,TBBPA 可以改变线虫的寿命、切断信号通路和神经进程,引起蛋白质水解。低 pH 值和二甲基亚砜 (DMSO) 的引入会增加 TBBPA 对水生动物的急性毒性,TBBPA 通过氧化应激对鱼类肝脏产生病理损伤。然而,用 Sprague-Dawley 大鼠对 TBBPA 的生殖毒性进行评价,发现即使在暴露浓度 (经口方式) 达到 1000μg/(g·d) 体重时,TBBPA 也未表现出明显的生殖、发育、生存和行为能力的影响,且未检测到发育神经毒性方面有关的效应,大鼠的死亡率与 TBBPA 的暴露不存在明显相关性[260]。

五、人体暴露风险

TBBPA 可通过多种途径如呼吸、皮肤接触、饮食对人类形成暴露。日本冲绳地区母乳和血液样品中 TBBPA 的检出率为 80%，平均浓度值达到 1035pg/g 脂重。饮食是人体暴露 TBBPA 的一个重要途径[261]。我国 12 个省的多种食品中广泛含有 TBBPA，其在水产食品、肉类/肉类产品、牛奶/奶制品、蛋/蛋制品中的平均含量分别为 0.738ng/g 干重、0.263ng/g 干重、0.211ng/g 干重、0.194ng/g 干重[242]。我国成年人通过动物源食物摄入 TBBPA 的估计量为 0.256ng/(g·d) 体重，肉和肉类产品是主要贡献者[242]。婴幼儿还可能通过母乳或奶粉暴露 TBBPA。日本的一项研究发现，母乳喂养过程中 TBBPA 的平均摄入量为 3.4ng/(kg·d) 体重，比临时耐受每日摄入量（provisional tolerable daily intake，PTDI）[1μg/(g·d) 体重] 低几个数量级[261]。西班牙药房和超市采集的不同品牌、不同阶段的婴儿配方奶粉中 TBBPA 的检出率为 10%，平均浓度值为 0.57μg/L；母乳样品的检出率仅为 5.7%，平均浓度值为 0.58μg/L[262]，因此，母乳和婴儿配方奶粉能否引起婴幼儿膳食暴露风险需要得到更多的数据支持。接触食品的容器和包装中的污染也应计入估算。此外，日本产妇的脐带样本中检测到的 TBBPA [(8.4±8.1) pg/g 湿重]，证明胎儿的产前暴露也不容忽视[263]。

随着电子产品的应用，配备大量电子电气设备的现代室内环境中 TBBPA 也能泄漏和释放，室内空气和灰尘成为 TBBPA 对人类暴露的另一重要途径。通过室内灰尘吸入和摄入的 TBBPA，可能比通过饮食途径日常接触到的 TBBPA 更多。另外，在 TBBPA 的生产场所、添加 TBBPA 溴代阻燃剂的生产场所以及添加 TBBPA 聚合物生产场所的室内空气、灰尘及周边区域大气、水、沉积物样本中，都能检测到比普通对照区高几个数量级的 TBBPA[232]。相关产业工人以及电子垃圾拆解工人通过空气和粉尘吸入、皮肤接触等途径暴露 TBBPA 的风险较大，做好个人防护、改善生产的密闭工艺、优化电子垃圾的安全回收步骤等是有效减少职业暴露的必要措施。

第九节　药物和个人护理用品

一、结构及理化性质

药物和个人护理用品（pharmaceuticals and personal care products，

PPCPs)是日常生活中大量使用和排放的药用化合物与个人护理用品的统称。PPCPs涵盖范围极为广泛，数量多达几千种，包括抗生素、雌激素、消炎药、杀菌消毒剂、镇静剂、抗癫痫药、显影剂、止痛药、降压药、避孕药、催眠药、减肥药、香料、化妆品、遮光剂、染发剂、发胶、香皂、洗发水等。合成麝香和甲基硅氧烷类化合物是PPCPs的两类典型的代表污染物，下面就这两类物质进行具体讨论。

合成麝香是一类人工合成的香料物质，具有与天然麝香相似的香味，且价格低廉，因此，逐渐成为香精香料行业中天然麝香的替代品，被广泛应用于各种化妆品、洗涤用品和日用产品中。合成麝香主要包括硝基麝香（nitro musks）、多环麝香（polycyclic musks）和大环麝香（macrocyclic musks）3大类，目前市场上使用较多的是前两类。常见的合成麝香的结构式及其理化性质参数如表6-10所示。

表6-10　常见的合成麝香的结构式及其理化性质参数（25℃）

类别	化合物	结构式	$\lg K_{OW}$	BCF	溶解度/(mg/L)	蒸气压/Pa
硝基麝香	二甲苯麝香		4.2	760	0.15	0.00003
	酮麝香		4.9	3800	0.46	0.00004
多环麝香	佳乐麝香		5.9	1584	1.75	0.0727
	吐纳麝香		5.7	597	1.25	0.0608
	萨利麝香		5.4	—	0.22	0.0192
	特拉斯麝香		6.3	—	0.09	0.0091

续表

类别	化合物	结构式	$\lg K_{OW}$	BCF	溶解度/(mg/L)	蒸气压/Pa
多环麝香	粉檀麝香	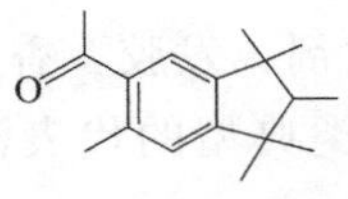 (结构式)	5.8	—	0.25	0.0196

甲基硅氧烷（methyl siloxane）是指主链由饱和—Si—O—Si—键构成，支链由 Si 原子上连接的—CH₃ 键构成的一类硅酮类化合物。甲基硅氧烷按照主链结构分为环形硅氧烷（通常用字母 D 命名）和线形硅氧烷（通常用字母 L 命名）（表 6-11）。甲基硅氧烷的 Si—O 键能大于一般有机物中的 C—C 键能和 C—O 键能。Si—O 链的分子间作用力极低，具有化学惰性，且甲基侧链具有高表面活性，使得这类化合物具有表面张力低、热稳定性好、化学性质稳定等基本性能，以及疏水性、电绝缘性与润滑性、黏度系数小、憎水憎油、耐腐蚀、生理惰性等优异特性。

表 6-11 常见甲基硅氧烷结构式

类别	环形硅氧烷	线形硅氧烷
分子结构	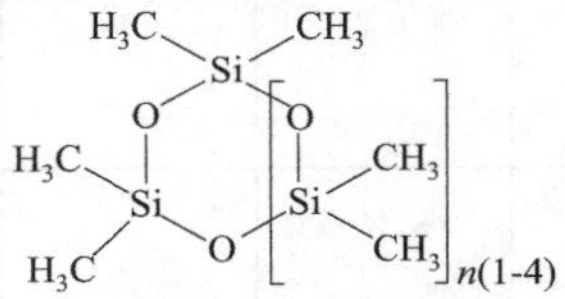 (环形结构式) n(1-4)	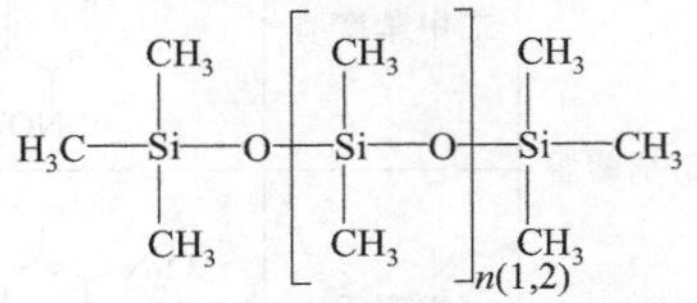 (线形结构式) n(1,2)
物质分类	$D_4 \sim D_6$	$L_4 \sim L_{16}$

二、生产与应用

1. 合成麝香

1987~1996 年，全球的合成麝香产量从 7000 吨/年增长到 8000 吨/年。硝基麝香是最早使用的合成麝香，主要包括酮麝香（4-叔丁基-2,6-二甲基-3,5-二硝基苯乙酮）、二甲苯麝香（5-叔丁基-1,3-二甲基-2,4,6-三硝基苯）、葵子麝香（4-叔丁基-3-甲氧基-2,6-二硝基甲苯）和伞花麝香（1,1,3,3,5-五甲基-4,6-二硝基茚满）等。随着葵子麝香光敏性和二甲苯麝香致癌性的发现，各国逐渐采取措施对硝基麝香的使用加以限制。1996 年，全世界硝基麝香的消耗量只占总麝香的 12% 左右。多环麝香自 20 世纪 50 年代首次合成后，因其比硝基麝香更优良的芳香性和定香能力，越来越受到市场的欢迎。市场上使用较多的是吐纳麝香（1,1,3,4,4,6-六甲基-7-乙酰基萘满）、佳乐麝香（4,6,6,7,

8,8-六甲基异色满)、萨利麝香（1,1-二甲基-4-乙酰基-6-叔丁基茚满）等。2000年，欧洲地区佳乐麝香和吐纳麝香的消耗量大约在358吨和1473吨，占多环麝香总量的90%～95%。我国作为生产合成麝香的重要国家，过去几年的合成麝香产量已达到8000吨/年[264]。

2. 甲基硅氧烷

甲基硅氧烷因具有延展性、热稳定性、疏水性、润滑性等多种优良性能，被大量应用于工业生产和日常生活中，其中最常见的是被用作各行各业的消泡剂、液压油、疏水剂、助溶剂、润滑剂、填料表面处理剂和破乳剂、乳胶促凝剂等。线形硅氧烷主要用于抛光剂及基底材料涂层、建筑涂层等，环形硅氧烷则主要被添入牙膏、洗发剂、保湿露、止汗剂、化妆品等个人护理品中[265]。我国硅氧烷主要用于电子产业（36%）、建筑业（25%）、纺织业（10%）、工业助剂（8%）及个人护理品（6%）等。自20世纪80年代后期开始，世界范围内的甲基硅氧烷的生产及应用得到迅速发展。2006年全球硅氧烷年产量已经超过了100万吨。目前，美国八甲基环四硅氧烷（D_4）和十甲基环五硅氧烷（D_5）的年产量均已超过20万吨，十二甲基环六硅氧烷（D_6）的年产量为2万吨。经济合作与发展组织（OECD）、美国环保局（EPA）及欧洲委员会（EC）已经将D_4和D_5认定为高产量化学品（HPV）[264]。我国硅氧烷产业发展迅速，其产量从2009年的10万吨增长到2010年的80万吨，约占全球总产量的30%。我国生产的环硅氧烷中，75%为D_4（60万吨/年），而D_4产量的80%用于进一步合成各种线形硅氧烷（主要产品是二甲硅油PDMS）同系物[266]。

三、环境赋存

在生产、使用和废物处置过程中，PPCPs通过工业污水排放、人体排泄、游泳水排放、废物焚烧等途径进入环境中。大部分PPCPs在环境中痕量存在，其测定需要高分辨率和高灵敏度的分析方法。近年来随着检测技术的不断改进完善，环境中越来越多的PPCPs被检测和报道。

1. 合成麝香

合成麝香广泛存在于个人护理品中，属于半挥发性化合物，因此，其在生产和使用过程中一部分会进入室内大气与灰尘中。德国柏林的公寓及幼儿园室内空气中多种合成麝香被检出，其中佳乐麝香的浓度水平最高（浓度范围为15～299ng/m^3，平均浓度为101ng/m^3）[267]。加拿大室内灰尘中合成麝香也被广泛检出,佳乐麝香和吐纳麝香是主要污染物,其含量范围分别为 39~9000ng/g 和 208~1990ng/g[268]。我国上海室内灰尘中合成麝香的含量相对较低,总含量范围为 4.42~688ng/g,同样以佳乐麝香和吐纳麝香为主[269]。这些结果与合成麝香的生产种类和应用模式一致,佳乐麝香和吐纳麝香约占合成麝香总生产量的 95% 以上。

现有污水处理系统不能完全去除合成麝香,这类物质仍会随着污水处理厂出水或工业及生活污水无组织排放进入受纳水体中,并造成附近土壤或沉积物的污染。我国太湖水体中合成麝香总浓度范围为 7.12~214.76ng/L,佳乐麝香和吐纳麝香的浓度范围分别为 3.13~212.04ng/L 和 0.71~6.07ng/L[270]。北极地区水体中也能检测到佳乐麝香和吐纳麝香,其含量范围分别为 12~2030pg/L 和 3~965pg/L[271]。

合成麝香亲脂性较强,从污染环境中可进一步进入生物体内。瑞典偏远地区的高山湖受人类活动影响很小,但在湖内鱼体中仍然可以检测到合成麝香的存在[272]。我国的中华鲟体内也检测出了佳乐麝香、酮麝香和吐纳麝香,其含量范围分别为 33.7~62.1ng/g 湿重、1.1~13ng/g 湿重和 1.0~5.4ng/g 湿重[273]。

2. 甲基硅氧烷

甲基硅氧烷的化学性质较为稳定,不易降解,经各种途径迁移到大气、灰尘、水体、土壤、沉积物等环境介质中,并持久性存在。低分子量的甲基硅氧烷挥发性较强,在生产、使用以及废物处置过程中绝大部分会直接挥发进入大气中。一部分高分子量的硅氧烷在高温条件(如焚烧处置)下也可能降解为低分子量的挥发性硅氧烷。在全球大气中,线形挥发性硅氧烷($L_3 \sim L_5$)在市区浓度较高[平均值为 (0.63 ± 0.49)ng/m^3],而在北极地区与背景区域浓度较低[(0.03 ± 0.04)ng/m^3],表明线形挥发性硅氧烷主要来源于各种护理品的使用及其他市内点源[274]。我国室内灰尘样品中可检出 11 种线形硅氧烷($L_4 \sim L_{14}$)和 4 种环形硅氧烷($D_4 \sim D_7$),甲基硅氧烷总浓度范围为 0.02~21μg/g[平均值为 (1.50 ± 2.85)μg/g],且其浓度与室内电器数目、人数具有相关性[275]。我国广州、澳门与南海城市大气样本中 D_3 和 D_4 均被检出,其最高检出浓度分别为 11.3μg/m^3 和 20.5μg/m^3,其中工业区、垃圾填埋场与污水处理厂区域大气中挥发性硅氧烷的含量较高,郊区和森林公园较低[276]。

同合成麝香一样,甲基硅氧烷也不能通过污水处理过程有效地去除,因此,污水排放也是水体中甲基硅氧烷的重要来源。英格兰东部地区河水中 D_5 的含量为 <0.01~0.029μg/L,污水处理厂出水中 D_5 的含量为 0.031~

0.4μg/L，受纳水体中 D_5 的浓度随其与污水出水口距离的增加而下降，表明污水处理厂是河水中 D_5 的重要排放源[277]。我国东北地区松花江底泥样品中环形硅氧烷（$D_4 \sim D_7$）与线形硅氧烷（$L_4 \sim L_{16}$）均被检出。环形硅氧烷含量（7.94～2040ng/g 干重）显著高于线形硅氧烷（1.14～79.9ng/g 干重）。硅氧烷在河流下游的浓度显著高于上游，且大城市河流下游的硅氧烷浓度高于小城市，说明地表水中硅氧烷的一部分来源于市区。甲基硅氧烷的直接排放（主要来自污水处理过程）是周围水环境中硅氧烷的重要点源[278]。

四、毒性作用过程及效应

1. 合成麝香

1953 年科研工作者发现了葵子麝香的光敏性，继而又发现二甲苯麝香的致癌性，硝基麝香的毒性作用引起了人们的关注。在 1979 年万山麝香被证实具有神经毒性后，世界各地针对多环麝香的毒理研究也逐渐展开。国际日用香料研究所报道了佳乐麝香和吐纳麝香经口（小白鼠）的 LD_{50} 分别为 >3mg/g 和 0.825mg/g，而经皮的急性毒性 LD_{50} 为 >5mg/g 和 7.94mg/g，说明佳乐麝香和吐纳麝香并无急性毒性[279]。用吐纳麝香、佳乐麝香和萨利麝香染毒桡足类纺锤水蚤成年个体，发现 48h 的 LC_{50} 分别为 2.5mg/L、0.47mg/L 和 0.71mg/L。这些浓度都比水体环境中的实际浓度高几个数量级，可认为这几种多环麝香对水生生物没有急性毒性作用[280]。关于佳乐麝香和吐纳麝香的雌激素毒性，目前普遍结论是两者具有很强的雌激素活性，但也有不少有争议的结论。关于合成麝香的人体毒性报道十分有限。合成麝香具有一定的遗传毒性，主要表现在诱变性上，其能增强有毒物质的诱变性，但本身的诱变性很小。佳乐麝香和吐纳麝香对皮肤能产生刺激作用，但人体通过皮肤吸收的剂量仅是暴露量的 1% 和 0.1%。在正常剂量下使用多环麝香化合物，对人体不会造成任何危害[279]。

2. 甲基硅氧烷

一些挥发性甲基硅氧烷既具有潜在的内分泌干扰效应，也表现出神经、免疫及繁殖毒性。高剂量的 D_4 和 D_5 可导致肝脏肿大、子宫肿大和卵巢减小。雌性大鼠暴露于高剂量 D_5 后，其患子宫肿瘤的风险显著增加。此外，甲基硅氧烷还可以作为多巴胺受体激动剂，危害人体神经系统。慢性毒性试验表明[281]，浓度为 15μg/L 的 D_4 可导致水蚤明显的致死率，其针对水蚤生存和繁殖的无效应浓度为 7.9μg/L，产生死亡的最低效应浓度为 15μg/L。D_4 的急性无效应浓度为 9.1μg/L（糠虾）和 6.3μg/L（杂色鳉）。从以上毒理数据可以看出，D_4 对于水体中一些敏感受试生物具有很明显的毒性效应，已经达到了欧盟制定的淡水及海洋水体生物的无效应浓度标准（<10μg/L）。将培养到幼年（65d）的黑头呆鱼持续暴露于不同浓度的 D_5（0.25~8.7μg/L）中，发现 D_5 对卵孵化、存活及生长无有害影响。D_5 对黑头呆鱼的无效应浓度为 8.7μg/L[282]。关于 D_5 和 D_6 的毒理试验均发现，在接近水溶解极限浓度范围内的这两类物质对生物并不会产生明显的有害影响。

五、人体暴露风险

人体可能通过呼吸、皮肤暴露及食物摄取等途径暴露 PPCPs。佳乐麝香和吐纳麝香在人体脂肪和血液中均已被检出。美国纽约和韩国的成年人脂肪中佳乐麝香和吐纳麝香的含量水平和母乳中的浓度水平处在同一数量级。意大利成人脂肪中多环麝香的平均含量为美国成人脂肪中含量的 2~3 倍[283~285]。我国东部地区一个硅氧烷工厂的工人血液样本中 D_4、D_5 和 D_6 的检出率均为 100%，其平均浓度分别为 206ng/g、215ng/g 和 88.7ng/g。工人血液中硅氧烷的浓度与暴露时间无明显的相关性。而普通人群血液样品中仅在少数样品中检出了低浓度的 D_4（1.2~3.6ng/g）和 D_5（2.0~5.0ng/g）[286]。在一项关于理发店、普通家庭、学生宿舍及洗浴室 4 大类场所室内环境中的合成麝香和甲基硅氧烷的调查中发现，理发店灰尘中合成麝香和甲基硅氧烷的含量比其他 3 类场所高出 1~2 个数量级。多环麝香大约占合成麝香总量的 89.4%，而佳乐麝香和吐纳麝香大约共占多环麝香总含量的 98%，其含量范围分别为 12.2~8.4×10^5 ng/g 和 13.2~3.5×10^5 ng/g。室内灰尘中合成麝香和甲基硅氧烷的含量与个人护理品的消费量具有明显的正相关关系。由于理发店及洗浴室等每天会消耗大量的洗发水、发胶、护发素等头发护理品，此类场所一般通风效果较差，挥发出的合成麝香和甲基硅氧烷不易扩散，加之两者结构稳定而不易发生降解/转化，因此，理发师通过灰尘摄入合成麝香和甲基硅氧烷的量高于普通人群的摄入量。这些职业人群高剂量暴露合成麝香和甲基硅氧烷等 PPCPs 所带来的健康风险应引起高度重视。

参考文献

[1] Organisation for Economic Co-operation and Development (OECD). Hazard assessment of perfluorooctanesulfonate (PFOS) and its salts, ENV/JM/RD (2002) 17/FINAL [EB/OL]. 2002

[2020-10-26]. http://www.oecd.org/chemicalsafety/risk-assessment/2382880.pdf.

[2] United States Environmental Protection Agency (U.S. EPA). Draft risk assessment of the potential human health effects associated with exposure to perfluorooctanoic acid and its salts [EB/OL]. 2005 [2020-10-26]. https://nepis.epa.gov.

[3] United Nations Environment Programme (UNEP). Risk profile for perfluorooctane sulfonate, UNEP/POPS/POPRC. 2/17/Add. 5 [EB/OL]. 2006 [2020-10-26]. http://chm.pops.int/Implementation/IndustrialPOPs/PFOS/Overview/tabid/5221/Default.aspx.

[4] Prevedouros K, Cousins I T, Buck R C, et al. Sources, fate and transport of perfluorocarboxylates [J]. Environmental Science & Technology, 2006, 40 (1): 32-44.

[5] Xie S W, Wang T Y, Liu S J, et al. Industrial source identification and emission estimation of perfluorooctane sulfonate in China [J]. Environment International, 2013, 52: 1-8.

[6] Prevedouros K, Cousins I T, Buck R C, et al. Sources, fate and transport of perfluorocarboxylates [J]. Environmental Science & Technology, 2006, 40 (1): 32-44.

[7] Wang T Y, Khim J S, Chen C L, et al. Perfluorinated compounds in surface waters from Northern China: Comparison to level of industrialization [J]. Environment International, 2012, 42: 37-46.

[8] Shi Y L, Pan Y Y, Wang J M, et al. Distribution of perfluorinated compounds in water, sediment, biota and floating plants in Baiyangdian Lake, China [J]. Journal of Environmental Monitoring, 2012, 14 (2): 636-642.

[9] Nakayama S, Strynar M J, Helfant L, et al. Perfluorinated compounds in the Cape Fear Drainage Basin in North Carolina [J]. Environmental Science & Technology, 2007, 41 (15): 5271-5276.

[10] Clara M, Gans O, Weiss S, et al. Perfluorinated alkylated substances in the aquatic environment: An Austrian case study [J]. Water Research, 2009, 43 (18): 4760-4768.

[11] Wei S, Chen L Q, Taniyasu S, et al. Distribution of perfluorinated compounds in surface seawaters between Asia and Antarctica [J]. Marine Pollution Bulletin, 2007, 54 (11): 1813-1818.

[12] Senthilkumar K, Ohi E, Sajwan K, et al. Perfluorinated compounds in river water, river sediment, market fish, and wildlife samples from Japan [J]. Bulletin of Environmental Contamination and Toxicology, 2007, 79 (4): 427-431.

[13] Furdui V I, Crozier P W, Reiner E J, et al. Trace level determination of perfluorinated compounds in water by direct injection [J]. Chemosphere, 2008, 73 (1): S24-S30.

[14] Li F, Zhang C J, Qu Y, et al. Quantitative characterization of short- and long-chain perfluorinated acids in solid matrices in Shanghai, China [J]. Science of The Environment, 2010, 408 (3): 617-623.

[15] Higgins C P, Field J A, Criddle C S, et al. Quantitative determination of perfluorochemicals in sediments and domestic sludge [J]. Environmental Science & Technology, 2005, 39 (11): 3946-3956.

[16] Becker A M, Gerstmann S, Frank H. Perfluorooctanoic acid and perfluorooctane sulfonate in the sediment of the Roter Main river, Bayreuth, Germany [J]. Environmental Pollution, 2008, 156 (3): 818-820.

[17] Strynar M J, Lindstrom A B, Nakayama S F, et al. Pilot scale application of a method for the

analysis of perfluorinated compounds in surface soils [J]. Chemosphere, 2012, 86 (3): 252-257.

[18] Wang Y W, Fu J J, Wang T, et al. Distribution of perfluorooctane sulfonate and other perfluorochemicals in the ambient environment around a manufacturing facility in China [J]. Environmental Science & Technology, 2010, 44 (21): 8062-8067.

[19] Cai M H, Zhao Z, Yang H Z, et al. Spatial distribution of per-and polyfluoroalkyl compounds in coastal waters from the East to South China Sea [J]. Environmental Pollution, 2012, 161: 162-169.

[20] Gao Y, Fu J J, Zeng L X, et al. Occurrence and fate of perfluoroalkyl substances in marine sediments from the Chinese Bohai Sea, Yellow Sea, and East China Sea [J]. Environmental Pollution, 2014, 194: 60-68.

[21] Barber J L, Berger U, Chaemfa C, et al. Analysis of per- and polyfluorinated alkyl substances in air samples from Northwest Europe [J]. Journal of Environmental Monitoring, 2007, 9 (6): 530-541.

[22] Zhou Z, Shi Y L, Vestergren R, et al. Highly elevated serum concentrations of perfluoroalkyl substances in fishery employees from Tangxun Lake, China [J]. Environmental Science & Technology, 2014, 48 (7): 3864-3874.

[23] Shi Y L, Pan Y Y, Yang R Q, et al. Occurrence of perfluorinated compounds in fish from Qinghai-Tibetan Plateau [J]. Environment International, 2010, 36 (1): 46-50.

[24] Zhou Z, Liang Y, Shi Y L, et al. Occurrence and transport of perfluoroalkyl acids (PFAAs), including short-chain PFAAs in Tangxun Lake, China [J]. Environmental Science & Technology, 2013, 47 (16): 9249-9257.

[25] Ruan T, Szostek B, Folsom P W, et al. Aerobic soil biotransformation of 6 : 2 fluorotelomer iodide [J]. Environmental Science & Technology, 2013, 47: 11504-11511.

[26] Zhao S Y, Fang S H, Zhu L Y, et al. Mutual impacts of wheat (*Triticum aestivum* L.) and earthworms (*Eisenia fetida*) on the bioavailability of perfluoroalkyl substances (PFASs) in soil [J]. Environmental Pollution, 2014, 184: 495-501.

[27] Chu S G, Wang J, Leong G, et al. Perfluoroalkyl sulfonates and carboxylic acids in liver, muscle and adipose tissues of black-footed albatross (*Phoebastria nigripes*) from Midway Island, North Pacific Ocean [J]. Chemosphere, 2015, 138: 60-66.

[28] Fang S H, Zhao S Y, Zhang Y F, et al. Distribution of perfluoroalkyl substances (PFASs) with isomer analysis among the tissues of aquatic organisms in Taihu Lake, China [J]. Environmental Pollution, 2014, 193: 224-232.

[29] Müller C E, De Silva A O, Small J, et al. Biomagnification of perfluorinated compounds in a remote terrestrial food chain: lichen-caribou-wolf [J]. Environmental Science & Technology, 2011, 45: 8665-8673.

[30] Wolf C J, Schmid J E, Lau C, et al. Activation of mouse and human peroxisome proliferator-activated receptor-alpha (PPARα) by perfluoroalkyl acids (PFAAs): Further investigation of C4-C12 compounds [J]. Reproductive Toxicology, 2012, 33: 546-551.

[31] Lau C, Thibodeaux J R, Hanson R G, et al. Effects of perfluorooctanoic acid exposure during

pregnancy in the mouse [J]. Toxicological Sciences, 2006, 90 (2): 510-518.

[32] Chen Y M, Guo L H. Fluorescence study on site-specific binding of perfluoroalkyl acids to human serum albumin [J]. Archives of Toxicology, 2009, 83 (3): 255-261.

[33] Ankley G T, Kuehl D W, Kahl M D, et al. Reproductive and developmental toxicity and bioconcentration of perfluorooctanesulfonate in a partial life-cycle test with the fathead minnow (*Pimephales promelas*) [J]. Environmental Toxicology and Chemistry, 2005, 24 (9): 2316-2324.

[34] Klaunig J E, Babich M A, Baetcke K P, et al. PPARα agonist-induced rodent tumors: Modes of action and human relevance [J]. Critical Reviews in Toxicology, 2003, 33 (6): 655-780.

[35] Wang Y, Jin Y H. Perfluorooctane sulfonate (PFOS) and calcium channel downstream signaling molecules [J]. Toxicology Research, 2012, 1: 103-107.

[36] Wang C, Nie X K, Zhang Y, et al. Reactive oxygen species mediate nitric oxide production through ERK/JNK MAPK signaling in HAPI microglia after PFOS exposure [J]. Toxicology and Applied Pharmacology, 2015, 288: 143-151.

[37] Qian Y, Ducatman A, Ward R, et al. Perfluorooctane sulfonate (PFOS) induces reactive oxygen species (ROS) production in human microvascular endothelial cells: Role in endothelial permeability [J]. Journal of Toxicology and Environmental Health, 2010, 73 (12): 819-836.

[38] Wang X, Li B, Zhao W D, et al. Perfluorooctane sulfonate triggers tight junction "opening" in brain endothelial cells via phosphatidylinositol 3-kinase [J]. Biochemical and Biophysical Research Communications, 2011, 410 (2): 258-263.

[39] 姚晓峰, 仲来福. 全氟辛酸对 HepG2 细胞的遗传毒性及氧化性 DNA 损伤 [J]. 毒理学杂志, 2005, 19 (3): 216-217.

[40] Aedellatiff A G, Preat V. Peroxisome proliferation and modulation of rat liver carcinogensis by 2, 4-dichlorophenoxyacetic acid, 2, 4, 5-trichlorophenoxyacetic acid, perfluorooctanoic acid and nafenopin [J]. Carcinogenesis, 1990, 11 (11): 1899-1902.

[41] Lundin J I, Alexander B H, Olsen G W, et al. Ammonium perfluorooctanoate production and occupational mortality [J]. Epidemiology, 2009, 20: 921-928.

[42] Zhang Y F, Beesoon S, Zhu L Y, et al. Isomers of perfluorooctanesulfonate and perfluorooctanoate and total perfluoroalkyl acids in human serum from two cities in North China [J]. Environment International, 2013, 53: 9-17.

[43] Gao Y, Fu J J, Cao H M, et al. Differential accumulation and elimination behavior of perfluoroalkyl acid isomers in occupational workers in a manufactory in China [J]. Environmental Science & Technology, 2015, 49 (11): 6953-6962.

[44] Wong F, MacLeod M, Mueller J F, et al. Enhanced elimination of perfluorooctane sulfonic acid by menstruating women: Evidence from population-based pharmacokinetic modeling [J]. Environmental Science & Technology, 2014, 48: 8807-8814.

[45] Olsen G W, Burris J M, Ehresman D J, et al. Half-life of serum elimination of perfluorooctanesulfonate, perfluorohexanesulfonate, and perfluorooctanoate in retired fluorochemical production workers [J]. Environmental Health Perspectives, 2007, 115 (9): 1298-1305.

[46] Wang J M, Shi Y L, Pan Y Y, et al. Perfluorooctane sulfonate (PFOS) and other fluorochemi-

[47] Wang J M, Shi Y L, Pan Y Y, et al. Perfluorinated compounds in milk, milk powder and yoghurt purchased from markets in China [J]. Chinese Science Bulletin, 2010, 55 (11): 1020-1025.

[48] Wu Y N, Wang Y X, Li J G, et al. Perfluorinated compounds in seafood from coastal areas in China [J]. Environment International, 2012, 42: 67-71.

[49] 刘嘉颖. 我国居民典型全氟有机化合物人体暴露水平与暴露途径研究 [D]. 北京:中国疾病预防控制中心, 2009.

[50] Mak Y L, Taniyasu S, Yeung L W Y, et al. Perfluorinated compounds in tap water from China and several other countries [J]. Environmental Science & Technology, 2009, 43 (13): 4824-4829.

[51] So M K, Yamashita N, Taniyasu S, et al. Health risks in infants associated with exposure to perfluorinated compounds in human breast milk from Zhoushan, China [J]. Environmental Science & Technology, 2006, 40 (9): 2924-2929.

[52] Environment Canada (EC). European Union risk assessment report alkanes, C_{10-13}, chloro. Technical report. [EB/OL]. 2000 [2020-10-26]. https://echa.europa.eu/documents/10162/c157d3ab-0ba7-4915-8f30-96427de56f84.

[53] Glüge J, Wang Z Y, Bogdal C, et al. Global production, use, and emission volumes of short-chain chlorinated paraffins - a minimum scenario [J]. Science of the Total Environment, 2016, 573: 1132-1146.

[54] Zeng L X, Wang T, Ruan T, et al. Levels and distribution patterns of short chain chlorinated paraffins in sewage sludge of wastewater treatment plants in China [J]. Environmental Pollution, 2012, 160: 88-94.

[55] Zeng L X, Wang T, Wang P, et al. Distribution and trophic transfer of short-chain chlorinated paraffins in an aquatic ecosystem receiving effluents from a sewage treatment plant [J]. Environmental Science & Technology, 2011, 45 (13): 5529-5535.

[56] Zeng L X, Wang T, Han W, et al. Spatial and vertical distribution of short chain chlorinated paraffins in soils from wastewater irrigated farmlands [J]. Environmental Science & Technology, 2011, 45 (6): 2100-2106.

[57] Luo X J, Sun Y X, Wu J P, et al. Short-chain chlorinated paraffins in terrestrial bird species inhabiting an e-waste recycling site in South China [J]. Environmental Pollution, 2015, 198: 41-46.

[58] Li H J, Fu J J, Pan W X, et al. Environmental behaviour of short-chain chlorinated paraffins in aquatic and terrestrial ecosystems of Ny-Ålesund and London Island, Svalbard, in the Arctic [J]. Science of the Total Environment, 2017, 590-591: 163-170.

[59] Iozza S, Müller C E, Schmid P, et al. Historical profiles of chlorinated paraffins and polychlorinated biphenyls in a dated sediment core from Lake Thun (Switzerland) [J]. Environmental Science & Technology, 2008, 42 (4): 1045-1050.

[60] Marvin C H, Painter S, Tomy G T, et al. Spatial and temporal trends in short-chain chlorinated

paraffins in Lake Ontario sediments [J]. Environmental Science & Technology, 2003, 37 (20): 4561-4568.

[61] Ma X D, Chen C, Zhang H J, et al. Congener-specific distribution and bioaccumulation of short-chain chlorinated paraffins in sediments and bivalves of the Bohai Sea, China [J]. Marine Pollution Bulletin, 2014, 79 (1-2): 299-304.

[62] Yuan B, Wang T, Zhu N, et al. Short chain chlorinated paraffins in mollusks from coastal waters in the Chinese Bohai Sea [J]. Environmental Science & Technology, 2012, 46 (12): 6489-6496.

[63] Zeng L, Lam J C, Wang Y, et al. Temporal trends and pattern changes of short- and medium-chain chlorinated paraffins in marine mammals from the South China Sea over the past decade [J]. Environmental Science & Technology, 2015, 49 (19): 11348-11355.

[64] Renberg L, Tarkpea M, Sundstrom G. The use of the bivalve Mytilus edulis as a test organism for bioconcentration studies [J]. Ecotoxicology and Environmental Safety, 1986, 11 (3): 361-372.

[65] Fisk A T, Cymbalisty C D, Tomy G T, et al. Dietary accumulation and depuration of individual C_{10}-, C_{11}- and C_{14}-polychlorinated alkanes by juvenile rainbow trout (Oncorhynchus mykiss) [J]. Aquatic Toxicology, 1998, 43: 209-221.

[66] Li H J, Fu J J, Zhang A Q, et al. Occurrence, bioaccumulation and long-range transport of short-chain chlorinated paraffins on the Fildes Peninsula at King George Island, Antarctica [J]. Environment International, 2016, 94: 408-414.

[67] Ma X D, Zhang H J, Wang Z, et al. Bioaccumulation and trophic transfer of short chain chlorinated paraffins in a marine food web from Liaodong Bay, North China [J]. Environmental Science & Technology, 2014, 48: 5964-5971.

[68] Zhou Y H, Yin G, Du X Y, et al. Short-chain chlorinated paraffins (SCCPs) in a freshwater food web from Dianshan Lake: Occurrence level, congener pattern and trophic transfer [J]. Science of the Total Environment, 2018, 615: 1010-1018.

[69] Fisk A T, Tomy G T, Muir D C G. Toxicity of C_{10-}, C_{11-}, C_{12-}, and C_{14-} Polychlorinated alkanes to Japanese medaka (Oryzias latipes) embryos [J]. Environmental Toxicology & Chemistry, 1999, 18 (12): 2894-2902.

[70] Cooley H M, Fisk A T, Wiens S C, et al. Examination of the behavior and liver and thyroid histology of juvenile rainbow trout (Oncorhynchus mykiss) exposed to high dietary concentrations of C_{10-}, C_{11-}, C_{12-} and C_{14-}polychlorinated n-alkanes [J]. Aquatic Toxicology, 2001, 54: 81-99.

[71] Thompson R S, Hutchings M J, Gillings E. Medium-chain chlorinated paraffin (52% chlorinated, C_{14-17}): Effects in sediment on the survival, growth and reproduction of the freshwater oligochaete, Lumbriculus variegatus [R]. AstraZeneca Confidential report BL7090/B, 2001.

[72] Warnasuriya G D, Elcombe B M, Foster J R, et al. A Mechanism for the induction of renal tumours in male Fischer 344 rats by short-chain chlorinated paraffins [J]. Archives of Toxicology, 2010, 84 (3): 233-243.

[73] Zhang Q, Wang J H, Zhu J Q, et al. Assessment of the endocrine-disrupting effects of short-chain chlorinated paraffins in in vitro, models [J]. Environment International, 2016, 94: 43-50.

[74] Wang Y, Gao W, Wu J, et al. Development of matrix solid-phase dispersion method for the extraction of short-chain chlorinated paraffins in human placenta [J]. Journal of Environmental Sciences, 2017, 62: 154-162.

[75] Wang Y, Gao W, Wang Y W, et al. Distribution and pattern profiles of chlorinated paraffins in human placenta of Henan province, China [J]. Environmental Science & Technology Letters, 2018, 5 (1): 9-13.

[76] Cao Y, Harada K H, Hitomi T, et al. Lactational exposure to short-chain chlorinated paraffins in China, Korea, and Japan [J]. Chemosphere, 2017, 173: 43-48.

[77] Xia D, Gao L R, Zheng M H, et al. Human exposure to short- and medium-chain chlorinated paraffins via mothers' milk in chinese urban population [J]. Environmental Science & Technology, 2017, 51 (1): 608-615.

[78] Li T, Wan Y, Gao S X, et al. High-throughput determination and characterization of short-, medium-, and long- chain chlorinated paraffins in human blood [J]. Environmental Science & Technology, 2017, 51 (6): 3346-3354.

[79] Iino F, Takasuga T, Senthilkumar K, et al. Risk assessment of short-chain chlorinated paraffins in Japan based on the first market basket study and species sensitivity distributions [J]. Environmental Science & Technology, 2005, 39 (3): 859-866.

[80] Wang R H, Gao L R, Zheng M H, et al. Short- and medium-chain chlorinated paraffins in aquatic foods from 18 Chinese provinces: Occurrence, spatial distributions, and risk assessment [J]. Science of the Total Environment, 2018, 615 (15): 1199-1206.

[81] Gao W, Cao D D, Wang Y J, et al. External exposure to short- and medium-chain chlorinated paraffins for the general population in Beijing, China [J]. Environmental Science & Technology, 2018, 52 (1): 32-39.

[82] Gao W, Wu J, Wang Y W, et al. Distribution and congener profiles of short-chain chlorinated paraffins in indoor/outdoor glass window surface films and their film-air partitioning in Beijing, China [J]. Chemosphere, 2015, 144: 1327-1333.

[83] Persistent Organic Pollutants Review Committee (POPRC). Risk profile on chlorinated naphthalenes, UNEP/POPS/POPRC.8/16/Add.1 [EB/OL]. 2012 [2020-10-26]. http://chm.pops.int/.

[84] Environment Canada (EC). Ecological screening assessment chlorinated naphththalenes. (Information submitted under Annex E) [EB/OL]. 2011 [2020-10-26]. http://www.ec.gc.ca/ese-ees/835522FE-AE6C-405A-A729-7BC4B7C794BF/CNs_SAR_En.pdf.

[85] Yamashita N, Kannan K, Imagawa T, et al. Concentrations and profiles of polychlorinated naphthalene congeners in eighteen technical polychlorinated biphenyl preparations [J]. Environmental Science & Technology, 2000, 34 (19): 4236-4241.

[86] Meijer S N, Harner T, Helm P A, et al. Polychlorinated naphthalenes in U. K. soils: Time trends, markers of source, and equilibrium status [J]. Environmental Science & Technology, 2001, 35 (21): 4205-4213.

[87] Pan X H, Tang J H, Chen Y J, et al. Polychlorinated naphthalenes (PCNs) in riverine and marine sediments of the Laizhou Bay area, North China [J]. Environmental Pollution, 2011, 159

(12): 3515-3521.

[88] Nie Z Q, Zheng M H, Liu G R, et al. A preliminary investigation of unintentional POP emissions from thermal wire reclamation at industrial scrap metal recycling parks in China [J]. Journal of Hazardous Materials, 2012, 215: 259-265.

[89] Nie Z Q, Liu G R, Liu W B, et al. Characterization and quantification of unintentional POP emissions from primary and secondary copper metallurgical processes in China [J]. Atmospheric Environment, 2012, 57: 109-115.

[90] Kannan K, Imagawa T, Blankenship A L, et al. Isomer-specific analysis and toxic evaluation of polychlorinated naphthalenes in soil, sediment, and biota collected near the site of a former chlor-alkali plant [J]. Environmental Science & Technology, 1998, 32 (17): 2507-2514.

[91] Schuhmacher M, Nadal M, Domingo J L. Levels of PCDD/Fs, PCBs, and PCNs in soils and vegetation in an area with chemical and petrochemical industries [J]. Environmental Science & Technology, 2004, 38 (7): 1960-1969.

[92] Helm P A, Bidleman T F. Current combustion-related sources contribute to polychlorinated naphthalene and dioxin-like polychlorinated biphenyl levels and profiles in air in Toronto, Canada [J]. Environmental Science & Technology, 2003, 37 (6): 1075-1082.

[93] Lee S C, Harner T, Pozo K, et al. Polychlorinated naphthalenes in the global atmospheric passive sampling (GAPS) study [J]. Environmental Science & Technology, 2007, 41 (8): 2680-2687.

[94] Wang Y, Li Q L, Xu Y, et al. Improved correction method for using passive air samplers to assess the distribution of PCNs in the Dongjiang River basin of the Pearl River Delta, South China [J]. Atmospheric Environment, 2012, 54: 700-705.

[95] Lin Y L, Zhao Y F, Qiu X H, et al. Spatial distribution of polychlorinated naphthalenes in the atmosphere across North China based on gridded field observations [J]. Environmental Pollution, 2013, 180: 27-33.

[96] Li Q L, Xu Y, Li J, et al. Levels and spatial distribution of gaseous polychlorinated biphenyls and polychlorinated naphthalenes in the air over the northern South China Sea [J]. Atmospheric Environment, 2012, 56: 228-235.

[97] Jaward F M, Farrar N J, Harner T, et al. Passive air sampling of polycyclic aromatic hydrocarbons and polychlorinated naphthalenes across europe [J]. Environmental Toxicology and Chemistry, 2004, 23 (6): 1355-1364.

[98] Harner T H, Shoeib M, Gouin T, et al. Polychlorinated naphthalenes in Great Lakes air: Assessing spatial trends and combustion inputs using PUF disk passive air samplers [J]. Environmental Science & Technology, 2006, 40 (17): 5333-5339.

[99] Mari M, Schuhmacher M, Feliubadaló J, et al. Air concentrations of PCDD/Fs, PCBs and PCNs using active and passive air samplers [J]. Chemosphere, 2008, 70 (9): 1637-1643.

[100] Baek S Y, Choi S D, Lee S J, et al. Assessment of the spatial distribution of coplanar PCBs, PCNs, and PBDEs in a multi-industry region of South Korea using passive air samplers [J]. Environmental Science & Technology, 2008, 42 (19): 7336-7340.

[101] Xu Y, Li J, Chakraborty P, et al. Atmospheric polychlorinated naphthalenes (PCNs) in India

and Pakistan [J]. Science of The Total Environment, 2014, 466: 1030-1036.

[102] Hogarh J N, Seike N, Kobara Y, et al. Atmospheric polychlorinated naphthalenes in Ghana [J]. Environmental Science & Technology, 2012, 46 (5): 2600-2606.

[103] Hogarh J N, Seike N, Kobara Y, et al. Seasonal variation of atmospheric polychlorinated biphenyls and polychlorinated naphthalenes in Japan [J]. Atmospheric Environment, 2013, 80: 275-280.

[104] Wang Y, Cheng Z N, Li J, et al. Polychlorinated naphthalenes (PCNs) in the surface soils of the Pearl River Delta, South China: Distribution, sources, and air-soil exchange [J]. Environmental Pollution, 2012, 170: 1-7.

[105] Liu G R, Cai M W, Zheng M H, et al. Levels and profiles of unintentionally produced persistent organic pollutants in surface soils from Shanxi province, China [J]. Bulletin of Environmental Contamination and Toxicology, 2011, 86 (5): 535-538.

[106] Pan J, Yang Y L, Zhu X H, et al. Altitudinal distributions of PCDD/Fs, dioxin-like PCBs and PCNs in soil and yak samples from Wolong high mountain area, eastern Tibet-Qinghai Plateau, China [J]. Science of The Total Environment, 2013, 444: 102-109.

[107] Nadal M, Schuhmacher M, Domingo JL. Levels of metals, PCBs, PCNs and PAHs in soils of a highly industrialized chemical/petrochemical area: Temporal trend [J]. Chemosphere, 2007, 66 (2): 267-276.

[108] Pan J, Yang Y L, Xu Q, et al. PCBs, PCNs and PBDEs in sediments and mussels from Qingdao coastal sea in the frame of current circulations and influence of sewage sludge [J]. Chemosphere, 2007, 66 (10): 1971-1982.

[109] Zhao X F, Zhang H J, Fan J F, et al. Dioxin-like compounds in sediments from the Daliao River Estuary of Bohai Sea: Distribution and their influencing factors [J]. Marine Pollution Bulletin, 2011, 62 (5): 918-925.

[110] Lundgren K, Tysklind M, Ishaq R, et al. Flux estimates and sedimentation of polychlorinated naphthalenes in the northern part of the baltic sea [J]. Environmental Pollution, 2003, 126 (1): 93-105.

[111] Yamashita N, Kannan K, Imagawa T, et al. Vertical profile of polychlorinated dibenzo-p-dioxins, dibenzofurans, naphthalenes, biphenyls, polycyclic aromatic hydrocarbons, and alkylphenols in a sediment core from Tokyo Bay, Japan [J]. Environmental Science & Technology, 2000, 34 (17): 3560-3567.

[112] Castells P, Parera J, Santos F J, et al. Occurrence of polychlorinated naphthalenes, polychlorinated biphenyls and short-chain chlorinated paraffins in marine sediments from Barcelona (Spain) [J]. Chemosphere, 2008, 70 (9): 1552-1562.

[113] Helm P A, Gewurtz S B, Whittle D M, et al. Occurrence and biomagnification of polychlorinated naphthalenes and non- and mono-ortho PCBs in Lake Ontario sediment and biota [J]. Environmental Science & Technology, 2008, 42 (4): 1024-1031.

[114] Brack W, Kind T, Schrader S, et al. Polychlorinated naphthalenes in sediments from the industrial region of Bitterfeld [J]. Environmental Pollution, 2003, 121 (1): 81-85.

[115] 王学彤, 贾金盼, 李元成, 等. 电子废物拆解区河流沉积物中多氯萘的污染水平、分布特征及来

源 [J]. 环境科学学报, 2011, 31 (12): 2707-2713.

[116] Stevens J L, Northcott G L, Stern G A, et al. PAHs, PCBs, PCNs, organochlorine pesticides, synthetic Musks, and polychlorinated n-alkanes in U. K. sewage sludge: Survey results and implications [J]. Environmental Science & Technology, 2003, 37 (3): 462-467.

[117] Roig N, Sierra J, Nadal M, et al. Relationship between pollutant content and ecotoxicity of sewage sludges from Spanish wastewater treatment plants [J]. Science of The Total Environment, 2012, 425: 99-109.

[118] Guo L, Zhang B, Xiao K, et al. Levels and distributions of polychlorinated naphthalenes in sewage sludge of urban wastewater treatment plants [J]. Chinese Science Bulletin, 2008, 53 (4): 508-513.

[119] Zhang H Y, Xiao K, Liu J Y, et al. Polychlorinated naphthalenes in sewage sludge from wastewater treatment plants in China [J]. Science of the Total Environment, 2014, 490 (15): 555-560.

[120] Rotander A, van Bavel B, Rigét F, et al. Polychlorinated naphthalenes (CNs) in sub-Arctic and Arctic marine mammals, 1986-2009 [J]. Environmental Pollution, 2012, 164: 118-124.

[121] Liu G R, Cai Z W, Zheng M. Sources of unintentionally produced polychlorinated naphthalenes [J]. Chemosphere, 2014, 94: 1-12.

[122] Fennell D E, Nijenhuis I, Wilson S T, et al. *Dehalococcoides ethenogenes* Strain 195 Reductively Dechlorinates Diverse Chlorinated Aromatic Pollutants [J]. Environmental Science & Technology, 2004, 38 (7): 2075-2081.

[123] Kitano S, Mori T, Kondo R. Degradation of polychlorinated naphhtalenes by the lignin-degrading basidiomycete *Phlebia lindtneri* [J]. Organohalogen Compounds, 2003, 61: 369-372.

[124] Ishaq R, Persson N J, Zebühr Y, et al. PCNs, PCDD/Fs, and non-orthoPCBs, in water and bottom sediments from the industrialized norwegian grenlandsfjords [J]. Environmental Science & Technology, 2009, 43 (10): 3442-3447.

[125] Opperhuizen A, Volde E W v d, Gobas F A P C, et al. Relationship between bioconcentration in fish and steric factors of hydrophobic chemicals [J]. Chemosphere, 1985, 14 (11-12): 1871-1896.

[126] Corsolini S, Kannan K, Imagawa T, et al. Polychloronaphthalenes and other dioxin-like compounds in Arctic and Antarctic marine food webs [J]. Environmental Science & Technology, 2002, 36 (16): 3490-3496.

[127] Evenset A, Christensen G N, Kallenborn R. Selected chlorobornanes, polychlorinated naphthalenes and brominated flame retardants in Bjørnøya (Bear Island) freshwater biota [J]. Environmental Pollution, 2005, 136 (3): 419430.

[128] Åkerblom N, Olsson K, Berg A H, et al. Impact of polychlorinated naphthalenes (PCNs) in juvenile Baltic salmon, *Salmo salar*: Evaluation of estrogenic effects, development, and CYP1A induction [J]. Archives of Environmental Contamination, 2000, 38 (2): 225-233.

[129] Villeneuve D L, Kannan K, Khim J S, et al. Relative potencies of individual polychlorinated naphthalenes to induce dioxin-like responses in fish and mamalian in vitro bioassays [J]. Archives of Environmental Contamination and Toxicology, 2000, 39 (3): 273-281.

[130] Kilanowicz A, Sitarek K, Skrzypinska-Gawrysiak M, et al. Prenatal developmental toxicity of polychlorinated naphthalenes (PCNs) in the rat [J]. Ecotoxicology and Environmental Safety, 2011, 74 (3): 504-512.

[131] Villalobos S A, Papoulias D M, Meadows J, et al. Toxic responses of medaka, d-rR strain, to polychlorinated naphthalene mixtures after embryonic exposure by in ovo nanoinjection: A partial life-cycle assessment [J]. Environmental Toxicology and Chemistry, 2000, 19 (2): 432-440.

[132] Kilanowicz A, Wiaderna D, Lutz P, et al. Behavioral effects following repeated exposure to hexachloronaphthalene in rats [J]. Neurotoxicology, 2012, 33: 361-369.

[133] Hayward D. Identification of bioaccumulating polychlorinated naphthalenes and their toxicological significance [J]. Environmental Research, 1998, 76 (1): 1-18.

[134] Blankenship A L, Kannan K, Villalobos S A, et al. Relative potencies of individual polychlorinated naphthalenes and Halowax mixtures to induce Ah receptor-mediated responses [J]. Environmental Science & Technology, 2000, 34 (15): 3153-3158.

[135] Omura M, Masuda Y, Hirata M, et al. Onset of spermatogenesis is accelerated by gestational administration of 1, 2, 3, 4, 6, 7-hexachlorinated naphthalene in male rat offspring [J]. Environmental Health Perspectives, 2000, 108 (6): 539-544.

[136] Martí-Cid R, Llobet J M, Castell V, et al. Human exposure to polychlorinated naphthalenes and polychlorinated diphenyl ethers from foods in Catalonia, Spain: Temporal trend [J]. Environmental Science & Technology, 2008, 42 (11): 4195-4201.

[137] Fernandes A, Mortimer D, Gem M, et al. Polychlorinated naphthalenes (PCNs): Congener specific analysis, occurrence in food, and dietary exposure in the UK [J]. Environmental Science & Technology, 2010, 44 (9): 3533-3538.

[138] 杨永亮,潘静,朱晓华,等. 青岛及崇明岛食用鱼和鸭中共平面多氯联苯与多氯萘的研究 [J]. 环境科学学报, 2009, 22 (2): 187-193.

[139] Hu J C, Zheng M H, Liu W B, et al. Occupational exposure to polychlorinated dibenzo-p-dioxins and dibenzofurans, dioxin-like polychlorinated biphenyls, and polychlorinated naphthalenes in workplaces of secondary nonferrous metallurgical facilities in China [J]. Environmental Science & Technology, 2013, 47 (14): 7773-7779.

[140] Persistent Organic Pollutants Review Committee (POPRC). Risk profile on hexachlorobutadiene, UNEP/POPS/POPRC.8/16/Add.2 [EB/OL]. 2012 [2020-10-26]. http://chm.pops.int.

[141] Wang L, Bie P J, Zhang J B. Estimates of unintentional production and emission of hexachlorobutadiene from 1992 to 2016 in China [J]. Environmental Pollution, 2018, 238: 204-212.

[142] Zhang H Y, Shen Y T, Liu W C, et al. A review of sources, environmental occurrences and human exposure risks of hexachlorobutadiene and its association with some other chlorinated organics [J]. Environmental Pollution, 2019, 253: 831-840.

[143] van Drooge B L, Marco E, Grimalt J O. Atmospheric pattern of volatile organochlorine compounds and hexachlorobenzene in the surroundings of a chlor-alkali plant [J]. Science of the Total Environment, 2018, 628-629: 782-790.

[144] Juang D F, Lee C H, Chen W C, et al. Do the VOCs that evaporate from a heavily polluted river

threaten the health of riparian residents? [J]. Science of the Total Environment，2010，408 (20)：4524-4531.

[145] Cheng Z W，Sun Z T，Zhu S J，et al. The identification and health risk assessment of odor emissions from waste landfilling and composting [J]. Science of the Total Environment，2019，649：1038-1044.

[146] Liu L H，Zhou H D. Investigation and assessment of volatile organic compounds in water sources in China [J]. Environmental Monitoring & Assessment，2011，173 (1-4)：825-836.

[147] Chen X C，Luo Q，Wang D H，et al. Simultaneous assessments of occurrence, ecological, human health, and organoleptic hazards for 77 VOCs in typical drinking water sources from 5 major river basins，China [J]. Environmental Pollution，2015，206：64-72.

[148] Cho E，Khim J，Chung S，et al. Occurrence of micropollutants in four major rivers in Korea [J]. Science of The Total Environment，2014，491-492：138-147.

[149] Maire J，Coyer A，Fatin-Rouge N. Surfactant foam technology for in situ removal of heavy chlorinated compounds-DNAPLs [J]. Journal of Hazardous Materials，2015，299：630-638.

[150] Pinto M I，Vale C，Sontag G，et al. Pathways of priority pesticides in sediments of coastal lagoons：The case study of Óbidos Lagoon，Portugal [J]. Marine Pollution Bulletin，2016，106 (1-2)：335-340.

[151] Jürgens M D，Johnson A C，Jones K C，et al. The presence of EU priority substances mercury，hexachlorobenzene，hexachlorobutadiene and PBDEs in wild fish from four English rivers [J]. Science of the Total Environment，2013，461-462 (7)：441-452.

[152] Macgregor K，Oliver I W，Harris L，et al. Persistent organic pollutants (PCB，DDT，HCH，HCB & BDE) in eels (*Anguilla anguilla*) in Scotland：Current levels and temporal trends [J]. Environmental Pollution，2010，158 (7)：2402-2411.

[153] Lava R，Majoros L I，Dosis I，et al. A practical example of the challenges of biota monitoring under the Water Framework Directive [J]. Trends in Analytical Chemistry，2014，59：103-111.

[154] Zhang H Y，Wang Y W，Sun C，et al. Levels and distributions of hexachlorobutadiene and three chlorobenzenes in biosolids from wastewater treatment plants and in soils within and surrounding a chemical plant in China [J]. Environmental Science & Technology，2014，48 (3)：1525-1531.

[155] Feng H R，Zhang H Y，Cao H M，et al. Application of a novel coarse-grained soil organic matter model in the environment [J]. Environmental Science & Technology，2018，52 (24)：14228-14234.

[156] Hou X W，Zhang H Y，Li Y L，et al. Bioaccumulation of hexachlorobutadiene in pumpkin seedlings after waterborne exposure [J]. Environmental Science Processes & Impacts，2017，19 (10)：1327-1335.

[157] Tang Z W，Huang Q F，Cheng J L，et al. Distribution and accumulation of hexachlorobutadiene in soils and terrestrial organisms from an agricultural area，East China [J]. Ecotoxicology & Environmental Safety，2014，108：329-334.

[158] Monclús L，Ballesteros-Cano R，De La Puente J，et al. Influence of persistent organic pollutants

on the endocrine stress response in free-living and captive red kites (*Milvus milvus*) [J]. Environmental Pollution, 2018, 242: 329-337.

[159] Verreault J, Letcher R J, Muir D C, et al. New organochlorine contaminants and metabolites in plasma and eggs of glaucous gulls (*Larus hyperboreus*) from the Norwegian Arctic [J]. Environmental Toxicology & Chemistry, 2010, 24 (10): 2486-2499.

[160] Larter N C, Muir D, Wang X W, et al. Persistent organic pollutants in the livers of moose harvested in the southern Northwest Territories, Canada [J]. Alces, 2017, 53: 65-83.

[161] Canadian Environmental Protection Act. Priority substance list assessment report for hexachlorobutadiene, ISBN: 0-662-29297-9 [EB/OL]. 2001 [2020-10-26]. http://www.hc-sc.gc.ca/ewh-semt/pubs/contaminants/psl2-lsp2/hexachlorobutadiene/index-eng.php.

[162] International Agency for Research on Cancer (IARC). IARC monographs on the evaluation of carcinogenic risks to humans Volume 73: Some chemicals that cause tumours of the kidney or urinary bladder in rodents and some other substances [EB/OL]. 2012 [2020-10-26]. http://monographs.iarc.fr/ENG/Monographs/vol73/volume73.pdf.

[163] Trevisan A, Cristofori P, Beggio M, et al. Segmentary effects on the renal proximal tubule due to hexachloro-1, 3-butadiene in rats: Biomarkers related to gender [J]. Journal of Applied Toxicology, 2005, 25 (1): 13-19.

[164] Lock E A, Sani Y, Moore R B, et al. Bone marrow and renal injury associated with haloalkene cysteine conjugates in calves [J]. Archives of Toxicology, 1996, 70 (10): 607-619.

[165] Kociba R J, Keyes D G, Jersey G C, et al. Results of a 2-year chronic toxicity study with hexachlorobutadiene in rats [J]. American Industrial Hygiene Association Journal, 1977, 38 (11): 589-602.

[166] Nakagawa Y, Kitahori Y. Cho M. Effects of hexachloro-1, 3-butadiene on renal carcinogenesis in male rats pretreated with N-ethyl-N-hydroxyethylnitrosamine [J]. Toxicologic Pathology, 1998, 26 (3): 361-366.

[167] Hardin B D, Bond G P, Sikov M R. Testing of selected workplace chemicals for teratogenic potential [J]. Scandinavian Journal of Work Environment & Health, 1981, 7: 66-75.

[168] Poteryaeva G E. Effect of hexachlorbutadiene on the offspring of albino rats [J]. Journal of Water Santation and Hygiene for Develoment, 1966, 31 (1-3): 331-335.

[169] IPCS. Environmental health criteria: Hexachlorobutadiene [EB/OL]. 2012 [2020-10-26]. http://www.inchem.org/documents/ehc/ehc/ehc156.htm.

[170] Tittlemier S A, Halldorson T, Stern G A, et al. Vapor pressures, aqueous solubilities, and Henry's law constants of some brominated flame retardants [J]. Environmental Toxicology & Chemistry, 2002, 21 (9): 1804-1810.

[171] Wang Z Y, Zeng X L, Zhai Z C. Prediction of supercooled liquid vapor pressures and n-octanol/air partition coefficients for polybrominated diphenyl ethers by means of molecular descriptors from DFT method [J]. Science of the Total Environment, 2008, 389 (2-3): 296-305.

[172] Mansouri K, Consonni V, Durjava M K, et al. Todeschini, assessing bioaccumulation of polybrominated diphenyl ethers for aquatic species by QSAR modeling [J]. Chemosphere, 2012, 89 (4): 433-444.

[173] Hites R A. Polybrominated diphenyl ethers in the environment and in people: A meta-analysis of concentrations [J]. Environmental Science & Technology, 2004, 38 (4): 945-956.

[174] Chen S J, Luo X J, Lin Z, et al. Time trends of polybrominated diphenyl ethers in sediment cores from the Pearl River Estuary, South China [J]. Environmental Science & Technology, 2007, 41 (16): 5595-5600.

[175] Zou M Y, Ran Y, Gong J, et al. Polybrominated diphenyl ethers in watershed soils of the Pearl River Delta, China: Occurrence, inventory, and fate [J]. Environmental Science & Technology, 2007, 41 (24): 8262-8267.

[176] Antignac J P, Cariou R, Zalko D, et al. Exposure assessment of French women and their newborn to brominated flame retardants: Determination of tri- to deca- polybromodiphenylethers (PBDE) in maternal adipose tissue, serum, breast milk and cord serum [J]. Environmental Pollution, 2009, 157 (1): 164-173.

[177] Li X, Dong S, Wang R, et al. Novel brominated flame retardant (NBFR) concentrations and spatial distributions in global fishmeal [J]. Ecotoxicology and Environmental Safety, 2019, 170: 306-313.

[178] Jaward F M, Zhang G, Nam J J, et al. Passive air sampling of polychlorinated biphenyls, organochlorine compounds, and polybrominated diphenyl ethers across Asia [J]. Environmental Science & Technology, 2005, 39 (22): 8638-8645.

[179] Chen L G, Mai B X, Bi X H, et al. Concentration levels, compositional profiles, and gas-particle partitioning of polybrominated diphenyl ethers in the atmosphere of an urban city in South China [J]. Environmental Science & Technology, 2006, 40 (4): 1190-1196.

[180] Wilford B H, Harner T, Zhu J, et al. Passive sampling survey of polybrominated diphenyl ether flame retardants in indoor and outdoor air in Ottawa, Canada: Implications for sources and exposure [J]. Environmental Science & Technology, 2004, 38 (20): 5312-5318.

[181] Björklund J A, Thuresson K, Cousins A P, et al. Indoor air is a significant source of tri-decabrominated diphenyl ethers to outdoor air via ventilation systems [J]. Environmental Science & Technology, 2012, 46 (11): 5876-5884.

[182] Vecchiato M, Zambon S, Argiriadis E, et al. Polychlorinated biphenyls (PCBs) and polybrominated diphenyl ethers (PBDEs) in Antarctic ice-free areas: Influence of local sources on lakes and soils [J]. Microchemical Journal, 2015, 120: 26-33.

[183] Andrade N A, McConnell L L, Torrents A, et al. Persistence of polybrominated diphenyl ethers in agricultural soils after biosolids applications [J]. Journal of Agricultural and Food Chemistry, 2010, 58 (5): 3077-3084.

[184] McGrath T J, Ball A S, Clarke B O. Critical review of soil contamination by polybrominated diphenyl ethers (PBDEs) and novel brominated flame retardants (NBFRs): concentrations, sources and congener profiles [J]. Environmental Pollution, 2017, 230: 741-757.

[185] Li W L, Ma W L, Jia H L, et al. Polybrominated diphenyl ethers (PBDEs) in surface soils across five asian countries: Levels, spatial distribution, and source contribution [J]. Environmental Science & Technology, 2016, 50 (23): 12779-12788.

[186] Moon H B, Choi M, Yu J, et al. Contamination and potential sources of polybrominated diphen-

yl ethers (PBDEs) in water and sediment from the artificial Lake Shihwa, Korea [J]. Chemosphere, 2012, 88 (7): 837-843.

[187] Huang Y, Zhang D, Yang Y, et al. Distribution and partitioning of polybrominated diphenyl ethers in sediments from the Pearl River Delta and Guiyu, South China [J]. Environmental Pollution, 2018, 235: 104-112.

[188] Wang J, Lin Z, Lin K, et al. Polybrominated diphenyl ethers in water, sediment, soil, and biological samples from different industrial areas in Zhejiang, China [J]. Journal of Hazardous Materials, 2011, 197: 211-219.

[189] Mai B X, Chen S J, Luo X J, et al. Distribution of polybrominated diphenyl ethers in sediments of the Pearl River Delta and Adjacent South China Sea [J]. Environmental Science & Technology, 2005, 39 (10): 3521-3527.

[190] Zhu B Q, Lam J C W, Lam P K S. Halogenated flame retardants (HFRs) in surface sediment from the Pearl River Delta region and Mirs Bay, South China [J]. Marine Pollution Bulletin, 2018, 129 (2): 899-904.

[191] Wu J P, Luo X J, Zhang Y, et al. Bioaccumulation of polybrominated diphenyl ethers (PBDEs) and polychlorinated biphenyls (PCBs) in wild aquatic species from an electronic waste (e-waste) recycling site in South China [J]. Environment International, 2008, 34 (8): 1109-1113.

[192] Moon H B, Kannan K, Choi M, et al. Chlorinated and brominated contaminants including PCBs and PBDEs in minke whales and common dolphins from Korean coastal waters [J]. Journal of Hazardous Materials, 2010, 179 (1-3): 735-741.

[193] Oros D R, Hoover D, Rodigari F, et al. Levels and distribution of polybrominated diphenyl ethers in water, surface sediments, and bivalves from the San Francisco Estuary [J]. Environmental Science & Technology, 2005, 39 (1): 33-41.

[194] Li X, Dong S, Zhang W, et al. Global occurrence of polybrominated diphenyl ethers and their hydroxylated and methoxylated structural analogues in an important animal feed (fishmeal) [J]. Environmental Pollution, 2018, 234: 620-629.

[195] Wan Y, Hu J, Zhang K, et al. Trophodynamics of polybrominated diphenyl ethers in the marine food web of Bohai Bay, North China [J]. Environmental Science & Technology, 2008, 42 (4): 1078-1083.

[196] Isosaari P, Lundebye A K, Ritchie G, et al. Dietary accumulation efficiencies and biotransformation of polybrominated diphenyl ethers in farmed Atlantic salmon (*Salmo salar*) [J]. Food Additives & Contaminants, 2005, 22 (9): 829-837.

[197] Kierkegaard A, Asplund L, de Wit C A, et al. Fate of higher brominated PBDEs in lactating cows [J]. Environmental Science & Technology, 2007, 41 (2): 417-423.

[198] Talsness C E. Overview of toxicological aspects of polybrominated diphenyl ethers: A flame-retardant additive in several consumer products [J]. Environmental Research, 2008, 108 (2): 158-167.

[199] Meerts I A T M, van Zanden J J, Luijks E A C, et al. Potent competitive interactions of some brominated flame retardants and related compounds with human transthyretin in vitro [J]. Toxicological Sciences, 2000, 56 (1): 95-104.

[200] Makey C M, McClean M D, Braverman L E, et al. Polybrominated diphenyl ether exposure and thyroid function tests in north american adults [J]. Environmental Health Perspectives, 2016, 124 (4): 420-425.

[201] Lilienthal H, Hack A, Roth-Härer A, et al. Effects of developmental exposure to 2, 2′, 4, 4′, 5-pentabromodiphenyl ether (PBDE-99) on sex steroids, sexual development, and sexually dimorphic behavior in rats [J]. Environmental Health Perspectives, 2006, 114 (2): 194-201.

[202] Meerts I A, Letcher R J, Hoving S, et al. In vitro estrogenicity of polybrominated diphenyl ethers, hydroxylated PDBEs, and polybrominated bisphenol A compounds [J]. Environmental Health Perspectives, 2001, 109 (4): 399-407.

[203] Eriksson P, Jakobsson E, Fredriksson A. Brominated flame retardants: A novel class of developmental neurotoxicants in our environment? [J]. Environmental Health Perspectives, 2001, 109 (9): 903-908.

[204] Zhang H M, Yolton K, Webster G M, et al. Prenatal PBDE and PCB exposures and reading, cognition, and externalizing behavior in children [J]. Environmental Health Perspectives, 2017, 125 (4): 746-752.

[205] Eskenazi B, Chevrier J, Rauch S A, et al. In utero and childhood polybrominated diphenyl ether (PBDE) exposures and neurodevelopment in the CHAMACOS study [J]. Environmental Health Perspectives, 2013, 121 (2): 257-262.

[206] Zhang L, Li J, Zhao Y, et al. Polybrominated diphenyl ethers (PBDEs) and indicator polychlorinated biphenyls (PCBs) in foods from China: Levels, dietary intake, and risk assessment [J]. Journal of Agricultural and Food Chemistry, 2013, 61 (26): 6544-6551.

[207] Hites R A, Foran J A, Schwager S J, et al. Global assessment of polybrominated diphenyl ethers in farmed and wild salmon [J]. Environmental Science & Technology, 2004, 38 (19): 4945-4949.

[208] Wilford B H, Shoeib M, Harner T, et al. Polybrominated diphenyl ethers in indoor dust in Ottawa, Canada: Implications for sources and exposure [J]. Environmental Science & Technology, 2005, 39 (18): 7027-7035.

[209] Shen H, Ding G, Wu Y, et al. Polychlorinated dibenzo-p-dioxins/furans (PCDD/Fs), polychlorinated biphenyls (PCBs), and polybrominated diphenyl ethers (PBDEs) in breast milk from Zhejiang, China [J]. Environment International, 2012, 42: 84-90.

[210] Chen D, Kannan K, Tan H, et al. Bisphenol analogues other than BPA: Environmental occurrence, human exposure, and toxicity-A review [J]. Environmental Science & Technology, 2016, 50 (11): 5438-5453.

[211] Fu P, Kawamura K. Ubiquity of bisphenol A in the atmosphere [J]. Environmental Pollution, 2010, 158 (10): 3138-3143.

[212] Liao C Y, Liu F, Guo Y, et al. Occurrence of eight bisphenol analogues in indoor dust from the united states and several Asian Countries: Implications for human exposure [J]. Environmental Science & Technology, 2012, 46 (16): 9138-9145.

[213] 刘文龙,王玉洁,刘烨,等. 室内灰尘中邻苯二甲酸酯和双酚A的污染暴露[J]. 上海大学学报,2019,25(2):282-292.

[214] Sánchez-Brunete C, Miguel E, Tadeo J L. Determination of tetrabromobisphenol-A, tetrachlorobisphenol-A and bisphenol-A in soil by ultrasonic assisted extraction and gas chromatography-mass spectrometry [J]. Journal of Chromatography A, 2009, 1216 (29): 5497-5503.

[215] 李艳, 顾华, 杨胜利, 等. 北京典型灌区表层土壤与农产品酚类含量及人体健康风险评估 [J]. 生态环境学报, 2018, 27 (12): 2343-2351.

[216] Li J Z, Fu J, Zhang H L, et al. Spatial and seasonal variations of occurrences and concentrations of endocrine disrupting chemicals in unconfined and confined aquifers recharged by reclaimed water: A field study along the Chaobai River, Beijing [J]. Science of the Total Environment, 2013, 450: 162-168.

[217] Klečka G M, Staples C A, Clark K E, et al. Exposure analysis of bisphenol A in surface water systems in North America and Europe [J]. Environmental Science & Technology, 2009, 43 (16): 6145-6150.

[218] Bolz U, Hagenmaier H, Körner W. Phenolic xenoestrogens in surface water, sediments, and sewage sludge from Baden-Württemberg, South-west Germany [J]. Environmental Pollution, 2001, 115 (2): 291-301.

[219] Yamamoto T, Yasuhara A, Shiraishi H, et al. Bisphenol A in hazardous waste landfill leachates [J]. Chemosphere, 2001, 42 (4): 415-418.

[220] Schwarzbauer J, Heim S, Brinker S, et al. Occurrenceand alteration of organic contaminants in seepage and leakage waterfrom a waste deposit landfill [J]. Water Research, 2002, 36 (9): 2275-2287.

[221] Niu Y M, Zhang J, Wu Y N, et al. Analysis of bisphenol A and alkylphenols in cereals by automated on-line solid-phase extraction and liquid chromatography tandem mass spectrometry [J]. Journal of Agricultural and Food Chemistry, 2012, 60 (24): 6116-6122.

[222] Watson C S, Jeng Y J, Guptarak J. Endocrine disruption via estrogen receptors that participate innongenomic signaling pathways [J]. Journal of Steroid Biochemistry and Molecular Biology, 2011, 127 (1-2): 44-50.

[223] 龙鼎新, 李小玲, 李勇, 等. 应用全胚胎培养模型研究双酚A的胚胎毒性 [J]. 美国中华临床医学杂志, 2002, 4 (4): 264-266.

[224] Gentilcore D, Immacolata P, Rizzo F, et al. Bisphenol A interferes with thyroid specific gene expression [J]. Toxicology, 2013, 304: 21-31.

[225] Liu X Q, Miao M H, Zhou Z J, et al. Exposure to bisphenol-A and reproductive hormones among male adults [J]. Environmental Toxicology and Pharmacology, 2015, 39 (2): 934-941.

[226] Othman A I, Edress G M, EI-Missiry M A, et al. Melatonin controlled apoptosis and protected the testes and sperm quality against bisphenol A-induced oxidative toxicity [J]. Toxicology and Industrial Health, 2016, 32 (9): 1537-1549.

[227] Li D K, Miao M, Zhou Z, et al. Urine bisphenol-A level in relation to obesity and overweight in school-age children [J]. Plos One, 2013, 8 (6): 1-6.

[228] He Y H, Miao M H, Wu C H, et al. Occupational exposure levels of bisphenol A among Chinese workers [J]. Journal of Occupational Health, 2009, 51 (5): 432-436.

[229] Liao C K, Kannan K. A survey of bisphenol A and other bisphenol analogues in foodstuffs from nine cities in China [J]. Food additives & contaminants Part A-Chemistry Analysis Control Exposure & Risk Assessment, 2013, 31 (2): 319-329.

[230] Von Goetz N, Wormut M, Scheringer M, et al. Bisphenol A: How the most relevant exposure sources contribute to total consumer exposure [J]. Risk Analysis, 2010, 30 (3): 473-487.

[231] 寇小琴, 柯军. 医疗器械中双酚A的应用及安全评价 [J]. 中国医疗器械杂志, 2016, 40 (6): 438-440+444.

[232] Abdallah M A E. Environmental occurrence, analysis and human exposure to the flame retardant tetrabromobisphenol-A (TBBP-A) -A review [J]. Environment International, 2016, 94: 235-250.

[233] Covaci A, Voorspoels S, Abdallah M A E, et al. Analytical and environmental aspects of the flame retardant tetrabromobisphenol-A and its derivatives [J]. Journal of chromatography A, 2009, 1216 (3): 346-363.

[234] Abdallah M A E, Harrad S, Covaci A. Hexabromocyclododecanes and tetrabromobisphenol-A in indoor air and dust in Birmingham, UK: Implications for human exposure [J]. Environmental Science & Technology, 2008, 42 (18): 6855-6861.

[235] Schreder E D, La Guardia M J. Flame retardant transfers from US households (dust and laundry wastewater) to the aquatic environment [J]. Environmental Science & Technology, 2014, 48 (19): 11575-11583.

[236] Sjodin A, Carlsson H, Thuresson K, et al. Flame retardants in indoor air at an electronics recycling plant and at other work environments [J]. Environmental Science & Technology, 2001, 35 (3): 448-454.

[237] Tang J F, Feng J Y, Li X H, et al. Levels of flame retardants HBCD, TBBPA and TBC in surface soils from an industrialized region of East China [J]. Environmental Science: Processes & Impacts, 2014, 16 (5): 1015-1021.

[238] Lu J F, He M J, Yang Z H, et al. Occurrence of tetrabromobisphenol a (TBBPA) and hexabromocyclododecane (HBCD) in soil and road dust in Chongqing, western China, with emphasis on diastereoisomer profiles, particle size distribution, and human exposure [J]. Environmental Pollution, 2018, 242: 219-228.

[239] Harrad S, Abdallah M A E, Rose N L, et al. Current-use brominated flame retardants in water, sediment, and fish from English lakes [J]. Environmental Science & Technology, 2009, 43 (24): 9077-9083.

[240] Xiong J K, An T C, Zhang C S, et al. Pollution profiles and risk assessment of PBDEs and phenolic brominated flame retardants in water environments within a typical electronic waste dismantling region [J]. Environmental Geochemistry and Health, 2015, 37 (3): 457-473.

[241] Nyholm J R, Grabic R, Arp H P H, et al. Environmental occurrence of emerging and legacy brominated flame retardants near suspected sources in Norway [J]. Science of the Total Environment, 2013, 443: 307-314.

[242] Shi T, Chen S J, Luo X J, et al. Occurrence of brominated flame retardants other than polybrominated diphenyl ethers in environmental and biota samples from southern China [J]. Chemo-

sphere, 2009, 74 (7): 910-916.

[243] Feng A H, Chen S J, Chen M Y, et al. Hexabromocyclododecane (HBCD) and tetrabromobisphenol A (TBBPA) in riverine and estuarine sediments of the Pearl River Delta in Southern China, with emphasis on spatial variability in diastereoisomer-and enantiomer-specific distribution of HBCD [J]. Marine Pollution Bulletin, 2012, 64 (5): 919-925.

[244] Morris S, Allchin C R, Zegers B N, et al. Distribution and fate of HBCD and TBBPA brominated flame retardants in North Sea Estuaries and aquatic food webs [J]. Environmental Science & Technology, 2004, 38 (21): 5497-5504.

[245] De Wit C A, Alaee M, Muir D C. Levels and trends of brominated flame retardants in the Arctic [J]. Chemosphere, 2006, 64 (2): 209-233.

[246] Tang B, Zeng Y H, Luo X J, et al. Bioaccumulative characteristics of tetrabromobisphenol A and hexabromocyclododecanes in multi-tissues of prey and predator fish from an e-waste site, South China [J]. Environmental Science and Pollution Research, 2015, 22 (16): 12011-12017.

[247] Yang S W, Wang S R, Liu H L, et al. Tetrabromobisphenol A: Tissue distribution in fish, and seasonal variation in water and sediment of Lake Chaohu, China [J]. Environmental Science and Pollution Research, 2012, 19 (9): 4090-4096.

[248] Boris J R, Douglas H A, Kurunthachalam K. Tetrabromobisphenol A (TBBPA) and hexabromocyclododecanes (HBCDs) in tissues of humans, dolphins, and sharks from the United States [J]. Chemosphere, 2007, 70 (11): 1935-1944.

[249] Reindl A R, Falkowska L. Flame retardants at the top of a simulated baltic marine food web—A case study concerning African penguins from the Gdansk Zoo [J]. Archives of Environmental Contamination and Toxicology, 2015, 68 (2): 259-264.

[250] Chessa G, Cossu M, Fiori G, et al. Occurrence of hexabromocyclododecanes and tetrabromobisphenol A in fish and seafood from the sea of Sardinia-FAO 37.1.3 area: Their impact on human health within the European Union marine framework strategy directive [J]. Chemosphere, 2019, 228: 249-257.

[251] Lai D Y, Kacew S, Dekant W. Tetrabromobisphenol A (TBBPA): Possible modes of action of toxicity and carcinogenicity in rodents [J]. Food and Chemical Toxicology, 2015, 80: 206-214.

[252] Yu Y J, Ma R X, Yu L, et al. Combined effects of cadmium and tetrabromobisphenol a (TBBPA) on development, antioxidant enzymes activity and thyroid hormones in female rats [J]. Chemico-Biological Interactions, 2018, 289: 23-31.

[253] Pullen S, Boecker R, Tiegs G. The flame retardants tetrabromobisphenol A and tetrabromobisphenol A-bisallylether suppress the induction of interleukin-2 receptor α chain (CD25) in murine splenocytes [J]. Toxicology, 2003, 184 (1): 11-22.

[254] Wu S J, Wu M, Qi M T, et al. Effects of novel brominated flame retardant TBBPA on human airway epithelial cell (A549) in vitro and proteome profiling [J]. Environmental Toxicology, 2018, 33 (12): 1245-1253.

[255] Otsuka S, Ishihara A, Yamauchi K. Ioxynil and tetrabromobisphenol A suppress thyroid-hor-

mone-induced activation of transcriptional elongation mediated by histone modifications and RNA polymerase Ⅱ phosphorylation [J]. Toxicological Sciences, 2014, 138 (2): 290-299.

[256] Honkisz E, Wójtowicz A K. Modulation of estradiol synthesis and aromatase activity in human choriocarcinoma JEG-3 cells exposed to tetrabromobisphenol A [J]. Toxicology in Vitro, 2015, 29 (1): 44-50.

[257] Kuiper R, van den Brandhof E, Leonards P, et al. Toxicity of tetrabromobisphenol A (TBB-PA) in zebrafish (*Danio rerio*) in a partial life-cycle test [J]. Archives of Toxicology, 2007, 81 (1): 1-9.

[258] Linhartova P, Gazo I, Shaliutina - Kolesova A, et al. Effects of tetrabrombisphenol A on DNA integrity, oxidative stress, and sterlet (*Acipenser ruthenus*) spermatozoa quality variables [J]. Environmental Toxicology, 2015, 30 (7): 735-745.

[259] Shi Y J, Xu X B, Zheng X Q, et al. Responses of growth inhibition and antioxidant gene expression in earthworms (*Eisenia fetida*) exposed to tetrabromobisphenol A, hexabromocyclododecane and decabromodiphenyl ether [J]. Comparative Biochemistry and Physiology Part C: Toxicology &. Pharmacology, 2015, 174: 32-38.

[260] Cope R B, Kacew S, Dourson M. A reproductive, developmental and neurobehavioral study following oral exposure of tetrabromobisphenol A on Sprague-Dawley rats [J]. Toxicology, 2015, 329: 49-59.

[261] Fujii Y, Nishimura E, Kato Y, et al. Dietary exposure to phenolic and methoxylated organohalogen contaminants in relation to their concentrations in breast milk and serum in Japan [J]. Environment International, 2014, 63: 19-25.

[262] Martínez M Á, Castro I, Rovira J, et al. Early-life intake of major trace elements, bisphenol A, tetrabromobisphenol A and fatty acids: Comparing human milk and commercial infant formulas [J]. Environmental Research, 2019, 169: 246-255.

[263] Yukiko K, Hideki F, Mariko O I, et al. Perinatal exposure to brominated flame retardants and polychlorinated biphenyls in Japan [J]. Endocrine Journal, 2008, 55 (6): 1071-1084.

[264] Liu N N, Shi Y L, Li W H, et al. Concentrations and distribution of synthetic musks and siloxanes in sewage sludge of wastewater treatment plants in China [J]. Science of the Total Environment, 2014, 476: 65-72.

[265] Horii Y, Kannan K. Survey of organosilicone compounds, including cyclic and linear siloxanes, in personal-care and household products [J]. Archives Environmental Contamination and Toxicology, 2008, 55 (4): 701-710.

[266] 加拿大发现两种硅氧烷有毒对我国影响巨大 [J]. 有机硅氟资讯, 2009, 5: 10.

[267] Fromme H, Lahrz T, Piloty M, et al. Occurrence of phthalates and musk fragrances in indoor air and dust from apartments and kindergartens in Berlin (Germany) [J]. Indoor Air-international Journal of Indoor Air Quality and Climate, 2004, 14 (3): 188-195.

[268] Kubwabo C, Fan X H, Rasmussen P E, et al. Determination of synthetic musk compounds in indoor house dust by gas chromatography-ion trap mass spectrometry [J]. Analytical and Bioanalytical Chemistry, 2012, 404 (2): 467-477.

[269] Lu Y, Yuan T, Yun S H, et al. Occurrence of synthetic musks in indoor dust from China and

[269] implications for human exposure [J]. Archives of Environmental Contamination and Toxicology, 2011, 60 (1): 182-189.

[270] Guo G H, Wu F C, He H P, et al. Screening level ecological risk assessment for synthetic musks in surface water of Lake Taihu, China [J]. Stochastic Environmental Research and Risk Assessment, 2013, 27 (1): 111-119.

[271] Xie Z Y, Ebinghaus R, Temme C, et al. Air-sea exchange fluxes of synthetic polycyclic musks in the worth sea and the Arctic [J]. Environmental Science & Technology, 2007, 41 (16): 5654-5659.

[272] Schmid P, Kohler M, Gujer E, et al. Persistent organic pollutants, brominated flame retardants and synthetic musks in fish from remote alpine lakes in Switzerland [J]. Chemosphere, 2007, 67 (9): S16-S21.

[273] Wan Y, Wei Q W, Hu J Y, et al. Levels, tissue distribution, and age-related accumulation of synthetic musk fragrances in Chinese sturgeon (*Acipenser sinensis*): Comparison to organochlorines [J]. Environmental Science & Technology, 2007, 41 (2): 424-430.

[274] Genualdi S, Harner T, Cheng Y, et al. Global distribution of linear and cyclic volatile methyl siloxanes in air [J]. Environmental Science & Technology, 2011, 45 (8): 3349-3354.

[275] Lu Y, Yuan T, Yun S H, et al. Occurrence of cyclic and linear siloxanes in indoor dust from China, and implications for human exposures [J]. Environmental Science & Technology, 2010, 44 (16): 6081-6087.

[276] Wang X M, Lee S C, Sheng G Y, et al. Cyclic organosilicon compounds in ambient air in Guangzhou, Macau and Nanhai, Pearl River Delta [J]. Applied Geochemistry, 2001, 16 (11-12): 1447-1454.

[277] Sparham C, van Egmond R, Hastie C, et al. Determination of decamethylcyclopentasiloxane in river and estuarine sediments in the UK [J]. Journal of Chromatography A, 2011, 1218 (6): 817-823.

[278] Zhang Z F, Qi H, Ren N Q, et al. Survey of cyclic and linear siloxanes in sediment from the Songhua River and in sewage sludge from wastewater treatment plants, Northeastern China [J]. Archives of Environmental Contamination and Toxicology, 2011, 60 (2): 204-211.

[279] Ford R A. The human safety of the polycyclic musks AHTN and HHCB in fragrances - A review [J]. Deutsche Lebensmittel-Rundschau, 1998, 94 (8): 268-275.

[280] Wollenberger L, Breitholtz M, Kusk K O, et al. Inhibition of larval development of the marine copepod Acartia tonsa by four synthetic musk substances [J]. Science of the Total Environment, 2003, 305 (1-3): 53-64.

[281] Sousa J V, Mcnamara P C, Putt A E, et al. Effects of octamethylcyclotetrasiloxane (OMCTS) on fresh-water and marine organisms [J]. Environmental Toxicology and Chemistry, 1995, 14 (10): 1639-1647.

[282] Parrott J L, Alaee M, Wang D, et al. Fathead minnow (*Pimephales promelas*) embryo to adult exposure to decamethylcyclopentasiloxane (D5) [J]. Chemosphere, 2012, 93 (5): 813-818.

[283] Kannan K, Reiner J L, Yun S H, et al. Polycyclic musk compounds in higher trophic level

aquatic organisms and humans from the United States [J]. Chemosphere, 2005, 61 (5): 693-700.

[284] Moon H B, Lee D H, Lee Y S, et al. Occurrence and accumulation patterns of polycyclic aromatic hydrocarbons and synthetic musk compounds in adipose tissues of Korean females [J]. Chemosphere, 2012, 86 (5): 485-490.

[285] Schiavone A, Kannan K, Horii Y, et al. Polybrominated diphenyl ethers, polychlorinated naphthalenes and polycyclic musks in human fat from Italy: Comparison to polychlorinated biphenyls and organochlorine pesticides [J]. Environmental Pollution, 2010, 158 (2): 599-606.

[286] Xu L, Shi Y L, Wang T, et al. Methyl siloxanes in environmental matrices around a siloxane production facility, and their distribution and elimination in plasma of exposed population [J]. Environmental Science & Technology, 2012, 46 (21): 11718-11726.

索 引

A

艾氏剂 …………………………… 141
安全剂量 ………………………… 219
氨基甲酸酯 ……………………… 144
氨基甲酸酯类农药 ……………… 176
氨基甲酸酯农药 ………………… 141

B

靶器官 …………………………… 284
半减期 …………………………… 13
半数致死浓度 …………………… 289
半衰期 …………………………… 13
伴生矿 ……………………… 84，89
暴露 ……………………………… 87
暴露风险评估 …………………… 27
暴露评估 ………………………… 28
北大西洋公约组织 ……………… 236
北极食物链 ……………………… 231
贝类 ……………………………… 284
背景值 …………………………… 84
本底值 …………………………… 116
苯并［a］芘 …………………… 242
苯基汞 ……………………… 92，95
苯甲酰脲类农药 ………………… 166
苯系物 …………………… 250，253
变压器 …………………………… 223
病虫害 …………………………… 141

C

残留量 …………………………… 168
草甘膦 …………………………… 142
长链氯化石蜡 …………………… 272
肠道菌群 ………………………… 193
超氧化物歧化酶 ………………… 126
超氧化物歧化酶（SOD） ……… 194
车间空气 ………………………… 92
沉积物 ……………… 192，229，267，279，
　　　　　　　287，294，301，307
城市分馏效应 …………………… 229
持久性有机污染物 ……………… 220
除草剂 …………………… 142，146
除莠剂 …………………………… 146
储量 ………………………… 89，115
传统农药 ………………………… 145
船舶防污涂料 …………………… 110
雌黄矿 …………………………… 114
雌激素效应 ……………………… 155
雌性激素 ………………………… 302
促甲状腺激素 ……… 14，166，296，308

D

大环麝香 ………………………… 311
大气 … 5，82，90，96，105，157，164，
　　　　174，191，225，267，279，287，293
大气沉降 …………………… 98，154
大气传输 ………………………… 239

大气颗粒物 …………………… 121，153
大气气溶胶 …………………………… 87
代谢 ………………………………… 100
单萜烯 ……………………………… 251
单质汞 ……………………………… 92
滴滴涕 ……………………………… 141
狄氏剂 ……………………………… 141
底泥 …………………………… 97，118
底栖生物 …………………………… 231
地表径流 …………………………… 154
地表水 ……………………………… 117
地下水 ………………………… 117，183
电镀 ………………………………… 81
电化学氟化法 ……………………… 266
电容器 ……………………………… 223
电子垃圾 …………………………… 278
电子垃圾拆解地 ……………… 2，229
调料 ………………………………… 113
动物源食品 ………………………… 235
毒杀芬 ……………………………… 141
毒性当量 …………………………… 223
毒性当量（TEQ） ………………… 237
毒性当量浓度 ……………………… 284
毒性当量因子 ………………… 223，237
毒性当量因子（toxic equivalent
　factor，TEF） ………………… 236
毒性作用过程及效应 ……………… 85
短链氯化石蜡 ……………………… 272
对硫磷 ……………………………… 143
对映异构体 ………………………… 272
多巴胺受体激动剂 ………………… 315
多环芳烃 ……………………… 219，242
多环麝香 …………………………… 311
多介质模型 ………………………… 33
多氯代烷烃 ………………………… 272
多氯联苯 ……………………… 219，221
多氯萘 ………………………… 264，276
多溴二苯醚 …………………… 264，291
DNA-蛋白质交联 ………………… 254
DNA 加合物 ……………………… 179
DNA 损伤 …………… 14，166，247，254
DNA 损伤试验 …………………… 51
惰性组分 …………………………… 145

E

饵料 ………………………………… 199
二噁英 ………………… 219，236，284，
二噁英类 …………………………… 221
二噁英类多氯联苯 ………………… 221
二噁英类化合物 …………………… 221
二次释放 …………………………… 229
二次污染源 ………………………… 229
二次源 ……………………………… 154
二甲基砷 …………………………… 116
二甲基砷酸 ………………………… 116
二甲基锡 …………………………… 109
二价汞 ……………………………… 95
二硝基苯胺 ………………………… 142

F

发育毒性 …………………………… 56
法律法规 …………………………… 16
繁殖能力 …………………………… 169
反应型阻燃剂 ………………… 304，306
芳基镉 ……………………………… 88
芳基汞 ……………………………… 101
芳香化酶 …………………………… 155
芳香烃受体 …………………… 155，241
仿生农药 …………………………… 160
纺织品 ……………………………… 273
非酶蛋白质 ………………………… 91
非脂溶性 …………………………… 124
废水 ………………………………… 117
废物焚烧 …………………………… 278

废渣	117	固体废物	81
分类标识	28	固体废物焚烧	282
分子连接指数	37	管理公约	15
焚烧	238	光化学	10
风险防控	15, 17	光降解	8, 123, 300
风险评估	150	广谱类杀虫剂	156
孵化率	193	国际癌症研究机构	116
腐殖质	11	国际纯粹与应用化学联合会	221
赋存	157	国际组织	15
		果蔬	255
		过敏性皮炎	106
		过氧化应激效应	14

G

干湿沉降	245
肝肠循环	100
肝毒性	283
肝脏	86
镉	88
镉蒸气	91
个人护理用品	264
个体暴露	159
铬	102
铬矿	103
铬铁矿	103
工业废水	2
工业来源	106
工业燃煤排放	244
工业热过程	282
工业污染源	80
汞	92
汞合金	94
汞矿	94
汞矿区	99
汞齐	95
汞循环	98
汞蒸气	92
共轭体系	242
谷胱甘肽	126, 248
骨骼畸形	86

H

海产品	113, 284
海水	110
海洋生物	98, 110
含氟调聚醇	266
合成麝香	311, 312, 315
河流	164
亨利常数	228
呼吸道	120
呼吸道接触	303
呼吸毒性评价	64
湖水	118
虎鲸	225
化工原料	115
化学结构分类	150
化学农药	141
化学品	1
化学品安全技术说明书	28
化学品环境暴露	35
化学形态	116
化妆品	88
环境安全评价	27
环境背景值	85
环境持久性	238, 265

环境风险	15	甲醛	219, 250
环境赋存	84, 264	甲状腺激素	296, 302
环境管理	15	甲状腺激素转运蛋白	270
环境管理技术体系	22	检测方法标准	17
环境健康效应	13	降解	168
环境问题	2	交通排放	245
环境质量标准	17	角质化	121
磺酰脲类除草剂	180	解毒	44
灰尘	276, 300, 306	金矿	101
挥发性砷	119	金属	79
挥发性有机物	250	金属硫蛋白	91
汇	98, 229	金属切削液	273
混汞法	101	金属硫蛋白	99
活化	44	经口暴露	88, 289
活性氧	194	洒水	113
		局部损伤	14

J

机动车尾气	244, 251		
肌酸酐	166	抗胆碱酯酶	158
基础毒性	45	抗菌剂	145
基因突变	179, 247, 254	抗凝血	195
基因突变试验	50	抗氧化剂	299
激活基因	155	抗原抗体复合物	106
急性毒性	46	颗粒物	276
急性铬中毒	106	空气	276, 300, 306
急性中毒	85, 166	空气模型	29
几丁质	166	矿床	115
技术联盟	15		
技术系统	15	## L	
剂量-效应关系	185	垃圾焚烧	3
佳乐麝香	315	雷酸汞	94
家庭燃煤	244	类固醇雄激素	270
甲基汞	92, 95, 101	类激素效应	14
甲基硅氧烷	312, 313	冷捕集	239
甲基硅氧烷类药物	264	冷捕集效应	226
甲基化	95, 98, 115	离子传输蛋白	112
甲基化反应	95	离子梯度	112

理化性质	28	纳米材料	122
联合毒性	49	纳米农药	201
联合毒性作用	101	纳米银	123
联合执法机制	22	钠离子通道	165
联席会议制度	22	耐火材料	104
两极地区	266	男性不育	186
林丹	141	脑组织	101
临时耐受每日摄入量	310	内分泌干扰毒性	57, 166
淋巴组织	159	内分泌干扰物	155, 176
零价汞	95	内分泌干扰效应	14, 283
硫丹	141	内分泌系统	14, 169
硫化物	84	内源性化合物	248
六价铬	104	拟除虫菊酯类农药	142, 160
六六六	141	凝血系统	199
六氯丁二烯	264, 285	凝血因子	199
卤代化学品	219	农田	184
陆地水	110	农药	141
氯丹	141	农药残留	150
氯化石蜡	264, 272	农药管理	151
		农药生产	142
		农药使用量	142
		农业污染源	80
		农作物	121

M

慢性毒性	48
慢性铬中毒	107
慢性中毒	85, 159
毛细血管	200
媒染剂	104
每日耐受摄入量	37, 113, 271
每日允许摄入量	37, 113
每日最高允许摄入量	284
孟山都	223
免疫毒性评价	62
免疫功能	112
母乳	235, 276, 284
母婴传递	235
目标对象分类	146

O

OCPs	152
OPPs	156

P

排泄	100
PCBs 单体	221
perfluorinated carboxylic acids, PFCAs	268
胚胎存活率	193
胚胎毒性	283
烹饪	255
皮肤	120

N

纳米材料	118

皮肤暴露	165	热处理	238
皮肤接触	194，303	热过程	278
葡萄糖醛酸	248	热稳定剂	299
		人工合成	122

Q

七氯	141	人群体	235
气态铅	87	人体暴露风险	87
汽车尾气	246	人为源	96
迁移	7，168	日常消费产品	127
迁移转化	7	日平均摄入量（ADD）	119
铅	83	容纳能力	154
铅尘	87	溶解态	229
铅绞痛	86	溶解态有机质	8
铅资源	84	鞣草剂	104
前驱体	267	软体动物	110
亲核物质	194		
亲脂性	238		

S

青藏高原	98，266	萨利麝香	315
丘脑-垂体-甲状腺轴	270	三苯基锡	109
蚯蚓急性毒性试验	43	三丁基锡	109
全氟碘烷类	266	三甲基砷	116
全氟丁酸	268	三甲基砷氧	116
全氟及多氟烷基化合物	264	三甲基砷氧化物	116
全氟己酸	269	三甲基锡	109
全氟羧酸类	268	三价铬	104
全氟戊酸	269	三类致癌物	290
全氟辛基磺酰氟	265	三磷酸腺苷	200
全氟辛酸	265	三氯代单体	228
全氟辛烷磺酸	265	三嗪类	142
全胚胎培养模型	302	三嗪类除草剂	171
全球性污染物	266	三氧化二砷	114
全身症状	101	"三致"效应	41
醛类	250	色素沉着	121
		杀虫剂	141，148

R

		杀菌剂	148，186
		杀螨剂	149
染色体	14	杀鼠剂	150，195
染色体畸变试验	50	膳食	235，242，276

膳食暴露	303	生物有效性	121
摄入途径	87	生物质能源	244
砷	114	生物转化	13
砷胆碱	116	生物转化因子	37
砷化氢	114	生殖毒性	55, 85
砷黄铁矿	114	生殖发育毒性	270
砷酸	114	生殖系统	160, 193
砷糖	116	施药者	194
砷甜菜碱	116	石油燃料	245
神经毒性	100, 101, 125, 166, 270, 309	食材	164
		食品	113, 164, 168, 178, 284
神经毒性评价	60	食物链	98, 157, 267
神经膜	165	食物网	98
神经系统	86	适应性	112
肾脏	86	室内灰尘	314
生产与应用	84	蔬菜	178, 192
生长抑制	112	双酚A	264, 298
生活污染源	80	双酚类化合物	300
生态毒性评价	41	水	82, 90, 96, 178, 287
生物	295, 301, 308	水产品	121
生物标志物	166	水稻	99
生物毒性	150	水果	192
生物放大	90, 274	水-颗粒相分配系数	230
生物放大因子	45, 269	水泥	81
生物富集	90	水气交换	157
生物富集潜力阈值	170	水生生物	287
生物富集性	167	水体	104, 154, 168, 225, 267, 294, 301, 307
生物富集因子	269, 291	水体模型	30
生物活化作用	13	水俣病	101
生物积累因子	291	斯德哥尔摩公约	220, 265
生物累积效应	265	四甲基锡	109
生物累积性	238	四溴双酚A	264, 304
生物农药	145	四溴双酚S	305
生物体	12, 225	饲料	231
生物蓄积性	13		
生物有效态	116	**T**	
生物有效性	13	胎儿	200

胎盘 …………………………… 200，275
胎盘屏障 ……………………… 100，235
糖代谢 …………………………… 105
特殊毒性 ………………………… 50
特征单体 ………………………… 282
体内（in vivo）试验 …………… 233
体外暴露 ………………………… 171
替代品 …………………………… 266
天然水 …………………………… 4
天然源 …………………………… 96
烃类 ……………………………… 250
同系物单体 ……………………… 282
同族体 …………………………… 272
铜矿 ……………………………… 115
涂料 ……………………………… 273
土气分配系数 …………………… 228
土气交换 ………………………… 239
土壤 … 6，82，90，97，105，118，154，
　　　158，164，168，174，178，183，184，
　　　　　199，225，267，279，307
土壤模型 ………………………… 31
土壤有机质 ……………………… 228
吐纳麝香 ………………………… 315
T 细胞 …………………………… 159

V

VOCs ……………………………… 251

W

外部暴露 ………………………… 39
外源性雌激素 …………………… 302
玩具 ……………………………… 127
烷基镉 …………………………… 88
烷基汞 …………………………… 101
危害 ……………………………… 27
危险废物焚烧 …………………… 282
危险系数（HQ） ………………… 119

微管蛋白 ………………………… 186
维生素 K 环氧化物还原酶 ……… 199
污泥 ……………………………… 280
污染排放控制标准 ……………… 17
污水处理系统 …………………… 314
无机汞 …………………………… 92，101
无机汞化合物 …………………… 92
无机砷 …………………………… 116
无机污染物 ……………………… 2
五氧化二砷 ……………………… 114

X

吸附 ……………………………… 11
稀释效应 ………………………… 240
锡 ………………………………… 107
溪流 ……………………………… 192
细胞膜损伤 ……………………… 112
细胞色素 P450 ………………… 175
线粒体 …………………………… 200
相对危险度 ……………………… 234
橡胶 ……………………………… 273
橡胶防老剂 ……………………… 299
消化道 …………………………… 120
消化系统 ………………………… 86
硝基麝香 ………………………… 311
协同 ……………………………… 86
心血管毒性评价 ………………… 65
新型化学农药、生物农药 ……… 201
新型化学品 ……………………… 15，264
新型污染物 ……………………… 3
信息共享机制 …………………… 22
形态 ……………………………… 85
形态分析 ………………………… 101
性腺指数 ………………………… 283
雄黄矿 …………………………… 114
雄性激素 ………………………… 302
溴系阻燃剂 ……………………… 305

悬浮颗粒物	229	饮食	121
血红蛋白	120	饮食暴露	101
血浆蛋白	120	饮用水	276
血脑屏障	100	婴幼儿	235
血清	284	营养级	230
血液	276	营养级放大因子	45, 269, 296
血液系统	86	优先控制污染物	79
		有机镉	88
		有机汞	92, 98

Y

亚急性毒性	47	有机汞化合物	92
亚慢性毒性	47	有机金属化合物	109
亚砷酸	114	有机磷农药	141, 156
炎症反应	125	有机氯农药	141, 152, 219
阳宗海	117	有机铅	83
氧化镉	91	有机砷	116
氧化磷酸化	112	有机砷化合物	119
氧化损伤	194	有机污染物	2
氧化应激	124	有机锡	107, 109
氧化应激	247	有机质	228
氧化应激性	125	有色金属	81
药品	273	有效组分	145
药物和个人护理用品	310	鱼类急性毒性试验	41
一甲基砷	116	远距离迁移	265

Z

一甲基砷酸	116		
一甲基锡	109		
一价汞	95	增强	86
医疗产品	127	增塑剂	273, 299
医疗废物焚烧	282	蚱蜢跳效应	9, 226
胰岛素	105	蒸馏	239
遗传毒性	14, 50, 101, 270, 309	蒸馏效应	226
乙基汞	92, 95	正辛醇-空气分配系数	228
乙基化	97	正辛醇-水分配系数	228, 229
乙酰苯胺	142	正辛醇-水分配系数（K_{OW}）	236
乙酰胆碱酯酶	158	正辛醇-水分配系数（K_{OW}）	272
乙酰乳酸合成酶（ALS）	184	脂肪	185
异狄氏剂	141	脂肪	284
异构体	272	脂溶性	100
异戊二烯	251	脂质过氧化	155, 248
饮料	113	脂重	234, 276

职业暴露 …………… 91，107，127，303
职业人群 ………………………………… 235
植物排放 ………………………………… 251
酯类 ……………………………………… 250
致癌毒性 ………………………………… 85
致癌效应 ………………………………… 166
致癌性 …………………………… 233，270
致癌性评价 ……………………………… 53
致癌作用 …………………………… 86，107
致畸毒性 ………………………………… 85
致畸性评价 ……………………………… 54
致突变性 ………………………………… 50
致突变作用 ……………………………… 107
中链氯化石蜡 …………………………… 272
中枢神经系统 …………………… 180，195
中药 ……………………………………… 99
重金属 …………………………………… 2，79
猪油 ……………………………………… 110
转化 ……………………………………… 8
自由基 …………………………………… 8
自由基反应 ……………………………… 124
总毒性当量（toxic equivalent
　quantity，TEQ）………………………… 236
总悬浮颗粒物浓度 ……………………… 227
阻燃剂 ……………………… 2，273，292，299
阻滞 ……………………………………… 238
阻滞剂 …………………………………… 238
最大无作用剂量 ………………………… 37
最低可观察效应浓度 …………………… 275

其他

5d 鸟类饲喂毒性试验 …………………… 43
21d 溞类繁殖试验 ……………………… 42
48h 水溞急性毒性试验 ………………… 42
72h 藻类生长抑制试验 ………………… 42
Ⅰ类致癌物 ……………………………… 241
Ⅰ相反应 ………………………………… 248
Ⅱ相反应 ………………………………… 248

文前

化学品环境安全 ………………………… 2
危险化学品安全丛书 …………………… 2
迁移转化 ………………………………… 11
存在形态 ………………………………… 11
环境健康效应 …………………………… 11
化学品全生命周期 ……………………… 11
持久性有机污染物 ……………………… 11
演变趋势 ………………………………… 11
控制原理 ………………………………… 11
环境行为 ………………………………… 11
毒性效应 ………………………………… 11
控制技术 ………………………………… 11
环境暴露 ………………………………… 11
健康危害机制 …………………………… 11
环境化学与生态毒理学国家重点实
　验室 …………………………………… 11
环境行为 ………………………………… 11
健康风险防控 …………………………… 11
环境安全评价 …………………………… 11
金属 ……………………………………… 11
有机金属化合物 ………………………… 11
农药 ……………………………………… 11
有机污染物 ……………………………… 12
新型有机污染物 ………………………… 12
中国科学院生态环境研究中心 ………… 12
华北电力大学 …………………………… 12
国家海洋环境监测中心 ………………… 12
国科大杭州高等研究院 ………………… 12
中国农业科学院 ………………………… 12
中国石油大学 …………………………… 12
江汉大学 ………………………………… 12
郑州轻工业大学 ………………………… 12